全国硕士研究生农学门类
入学考试辅导丛书

数学

历年真题与全真模拟题解析

2025

王来生◎主　编

中国农业大学出版社
China Agricultural University Press
·北京·

图书在版编目(CIP)数据

数学历年真题与全真模拟题解析/王来生主编.—北京：中国农业大学出版社，2020.6
(2024.5 重印)
(全国硕士研究生农学门类入学考试辅导丛书)
ISBN 978-7-5655-2385-4

Ⅰ.①数… Ⅱ.①王… Ⅲ.①高等数学-硕士生入学考试-题解 Ⅳ.①O13-44

中国版本图书馆 CIP 数据核字(2020)第 113189 号

书　　名 数学历年真题与全真模拟题解析
作　　者 王来生　主编

策划编辑 席　清　丛晓红　张　蕊　　**责任编辑** 韩元凤　张　玉
封面设计 李尘工作室
出版发行 中国农业大学出版社
社　　址 北京市海淀区圆明园西路 2 号　　**邮政编码** 100193
电　　话 发行部 010-62733489,1190　　读者服务部 010-62732336
编辑部 010-62732617,2618　　出　版　部 010-62733440
网　　址 http://www.caupress.cn　　**e-mail** cbsszs@cau.edu.cn
经　　销 新华书店
印　　刷 河北朗祥印刷有限公司
版　　次 2020 年 7 月第 1 版　　2024 年 5 月第 4 次印刷
规　　格 787×1 092　16 开本　17.5 印张　437 千字
定　　价 52.00 元

封面图片出处：© IMAGEMORE Co.,Ltd.　　**读者反馈邮箱** zhangrui973@126.com

编 写 人 员

主　　编　王来生（中国农业大学）

副 主 编　王云诚（山东农业大学）

张良云（南京农业大学）

崔克俭（山西农业大学）

杨丽明（中国农业大学）

钟　萍（中国农业大学）

出版说明

最新版“全国硕士研究生农学门类入学考试辅导丛书”如期和广大考生见面了。本版辅导丛书是以教育部最新考试大纲为依据，分析往年农学门类联考试题及考试情况，征询有关权威专家的意见和建议，充分吸纳各有关高校辅导老师的教学经验，以前数版为基础，经过必要的扩充和修改而成的。

本丛书包括“复习指南暨习题解析”和“历年真题与全真模拟题解析”两个系列，根据考生复习备考的通常做法，按照基础知识的复习、知识的梳理与归纳以及冲刺模拟训练等不同阶段分别组织编写而成。

“复习指南暨习题解析”系列辅导书，主要是依据考纲对知识点进行全面阐述和总结梳理，按照数学（含高等数学、线性代数、概率论与数理统计）、化学（含无机及分析化学、有机化学）、动物生理学、植物生理学、生物化学 5 个科目分别组织编写和出版。其中，对重点难点进行详细的剖析，对疑点作了详尽的解释；对考点、要点、重要公式和结论也都一一总结和梳理；对例题进行详解，每个步骤做到详细、不缺步跳步，便于考生理解和熟悉解题思路；每章后还附有一定量的习题，对复习内容及时进行训练和巩固。

“历年真题与全真模拟题解析”系列辅导书，是考生在冲刺阶段的复习用书，采取历年真题加模拟题的训练和解析的模式编写。真题部分包含了十余年的统考试题，其中包含了诸多有价值的信息，如出题角度、试题题型、内容的涵盖面以及出题规律等。考生可以通过这部分的演练进一步掌握命题规律，查缺补漏，了解考研试题的解答方式、得分点以及解题的技巧，达到“观千剑而后识器”的目的。模拟题针对考生在复习阶段出现的问题，从考研热考内容和重点题型中多角度设计题目，旨在冲刺阶段进行考前摸底与练兵，增强考生在应试中的变通能力。

为了编好这套书，我们邀请了学术水平高、治学严谨、经验丰富、权威性强的知名专家学者担任主编，编写队伍汇聚了教育部直属的多所国家重点农林高校和多所省属重点高校常年从事相关学科教学的骨干教师和考研辅导专家，各位编写人员本着为考生着想、对教学负责的态度，牺牲了大量休息时间，反复斟酌拿捏内容的广度和深度，把握例题、习题和模拟题的代表性，尽心尽力从考生的角度去组织内容和体系。这种高度的责任心和奉献精神使我们深受感动，在此向他们表示诚挚的感谢和崇高的敬意！

自该套丛书出版发行以来，受到农学门类考生的格外青睐。这既是在全国范围内率先正式出版发行、最系统全面的农学门类考研辅导书，同时也是目前权威性高、适用性广、实用性强的考研宝典。我们真诚地希望考生能通过这套丛书的学习和引导，熟悉各科考试大纲，温习贯通考试内容,巩固和掌握所学知识,提高解题能力和应试技巧。同时,希望本丛书也能成为大学生在校学习有关课程的好帮手、好伙伴。

尽管我们本着帮助考生更好地系统复习和备考的良好愿望,尽力组织编写好和出版好这套书,但仍不免有疏漏之处,恳请各位同学及老师们批评指正,以利于我们今后不断地改进和提高。

最后,预祝各位考生取得好成绩!

中国农业大学出版社
2021 年 6 月

前　言

为帮助农学门类考研学生系统地复习和备考，在分析历年真题及有关课程教材、吸纳各有关高校辅导老师教学经验的基础上，我们精心组织编写了《数学复习指南暨习题解析》，同时配套编写了《数学历年真题与全真模拟题解析》，希望考生能通过这套书的学习和引导，温习贯通考试内容，巩固和掌握所学知识，提高解题能力和应试技巧。

《数学历年真题与全真模拟题解析》由两部分内容组成，第一部分是 16 套考研模拟试题，同时附有详细参考答案，并进行了详解，建议考生先做模拟试题，然后再看参考答案；第二部分给出历年考研真题及参考答案，供同学复习时参考。此次修订我们对模拟题进行了部分更换，同时对以往的错误试题进行了订正。

尽管本着为考生着想、对教学负责的态度，反复斟酌和拿捏内容的广度和深度，把握例题、习题和模拟题的代表性，尽心尽力编写好这套书，但仍不免有疏漏之处，恳请各位同学及老师批评指正，以利于我们今后不断地改进和提高。

预祝各位考生取得好成绩！

编　者

目　录

全真模拟试题及解析

模拟试题一…… 3
模拟试题二…… 6
模拟试题三…… 9
模拟试题四 …… 12
模拟试题五 …… 15
模拟试题六 …… 17
模拟试题七 …… 20
模拟试题八 …… 23
模拟试题九 …… 26
模拟试题十 …… 29
模拟试题十一 …… 32
模拟试题十二 …… 35
模拟试题十三 …… 38
模拟试题十四 …… 41
模拟试题十五 …… 44
模拟试题十六 …… 47
模拟试题一参考答案及解析 …… 50
模拟试题二参考答案及解析 …… 55
模拟试题三参考答案及解析 …… 59
模拟试题四参考答案及解析 …… 63
模拟试题五参考答案及解析 …… 68
模拟试题六参考答案及解析 …… 72
模拟试题七参考答案及解析 …… 76
模拟试题八参考答案及解析 …… 80
模拟试题九参考答案及解析 …… 84
模拟试题十参考答案及解析 …… 89
模拟试题十一参考答案及解析 …… 93
模拟试题十二参考答案及解析 …… 97
模拟试题十三参考答案及解析…… 102
模拟试题十四参考答案及解析…… 107
模拟试题十五参考答案及解析…… 111
模拟试题十六参考答案及解析…… 116

历年真题及解析

2008 年全国硕士研究生入学统一考试农学门类联考数学试题 …………………………… 123
2008 年全国硕士研究生入学统一考试农学门类联考数学试题参考答案及解析 ………… 126
2009 年全国硕士研究生入学统一考试农学门类联考数学试题 …………………………… 130
2009 年全国硕士研究生入学统一考试农学门类联考数学试题参考答案及解析 ………… 133
2010 年全国硕士研究生入学统一考试农学门类联考数学试题 …………………………… 139
2010 年全国硕士研究生入学统一考试农学门类联考数学试题参考答案及解析 ………… 142
2011 年全国硕士研究生入学统一考试农学门类联考数学试题 …………………………… 148
2011 年全国硕士研究生入学统一考试农学门类联考数学试题参考答案及解析 ………… 151
2012 年全国硕士研究生入学统一考试农学门类联考数学试题 …………………………… 157
2012 年全国硕士研究生入学统一考试农学门类联考数学试题参考答案及解析 ………… 160
2013 年全国硕士研究生入学统一考试农学门类联考数学试题 …………………………… 166
2013 年全国硕士研究生入学统一考试农学门类联考数学试题参考答案及解析 ………… 169
2014 年全国硕士研究生招生考试农学门类联考数学试题 ………………………………… 175
2014 年全国硕士研究生招生考试农学门类联考数学试题参考答案及解析 ……………… 178
2015 年全国硕士研究生招生考试农学门类联考数学试题 ………………………………… 184
2015 年全国硕士研究生招生考试农学门类联考数学试题参考答案及解析 ……………… 187
2016 年全国硕士研究生招生考试农学门类联考数学试题 ………………………………… 192
2016 年全国硕士研究生招生考试农学门类联考数学试题参考答案及解析 ……………… 195
2017 年全国硕士研究生招生考试农学门类联考数学试题 ………………………………… 201
2017 年全国硕士研究生招生考试农学门类联考数学试题参考答案及解析 ……………… 204
2018 年全国硕士研究生招生考试农学门类联考数学试题 ………………………………… 209
2018 年全国硕士研究生招生考试农学门类联考数学试题参考答案及解析 ……………… 212
2019 年全国硕士研究生招生考试农学门类联考数学试题 ………………………………… 219
2019 年全国硕士研究生招生考试农学门类联考数学试题参考答案及解析 ……………… 222
2020 年全国硕士研究生招生考试农学门类联考数学试题 ………………………………… 229
2020 年全国硕士研究生招生考试农学门类联考数学试题参考答案及解析 ……………… 232
2021 年全国硕士研究生招生考试农学门类联考数学试题 ………………………………… 240
2021 年全国硕士研究生招生考试农学门类联考数学试题参考答案及解析 ……………… 243
2022 年全国硕士研究生招生考试农学门类联考数学试题 ………………………………… 249
2022 年全国硕士研究生招生考试农学门类联考数学试题参考答案及解析 ……………… 252
2023 年全国硕士研究生招生考试农学门类联考数学试题 ………………………………… 258
2023 年全国硕士研究生招生考试农学门类联考数学试题参考答案及解析 ……………… 261

全真模拟试题及解析

模拟试题一

答案见第 50 页

一、选择题:1～10 小题,每小题 5 分,共 50 分. 下列每题给出的四个选项中,只有一个选项是符合题目要求的. 请将所选项前的字母填在括号内.

(1) $\lim\limits_{x\to1}\dfrac{x^2-1}{x-1}e^{\frac{1}{x-1}}=$(　　).

(A)等于 2.　　(B)等于 0.　　(C)为∞.　　(D)不存在,但也不为∞.

(2)已知 $y=f\left(\dfrac{3x-2}{3x+2}\right)$,$f'(x)=\arctan x^2$,则$\left.\dfrac{dy}{dx}\right|_{x=0}=$(　　).

(A)$\dfrac{4\pi}{3}$.　　(B)$\dfrac{3\pi}{4}$.　　(C)$\dfrac{2\pi}{3}$.　　(D)$\dfrac{3\pi}{2}$.

(3)设函数 $f(x)=\dfrac{1}{x}+e^{\frac{\sin x}{|x|}}$,则 $x=0$ 为 $f(x)$ 的(　　).

(A)可去间断点.　　(B)跳跃间断点.　　(C)震荡间断点.　　(D)无穷间断点.

(4)$\int_0^2\sqrt{\dfrac{x}{2-x}}\,dx=$(　　).

(A)$-\pi$.　　(B)0.　　(C)π.　　(D)发散.

(5)已知 $\boldsymbol{A}$,$\boldsymbol{B}$ 为 n 阶可逆矩阵,则以下结论正确的是(　　).

(A)可用行初等变换把 $\boldsymbol{A}$ 变为 $\boldsymbol{B}$.　　(B)$|\boldsymbol{A}+\boldsymbol{B}|=|\boldsymbol{A}|+|\boldsymbol{B}|$.

(C)$\boldsymbol{A}-\boldsymbol{B}$ 可逆.　　(D)$\boldsymbol{A}+\boldsymbol{B}$ 可逆.

(6)设线性方程组$\begin{cases}x_1+a_1x_2+a_1^2x_3=a_1^3\\x_1+a_2x_2+a_2^2x_3=a_2^3\\x_1+a_3x_2+a_3^2x_3=a_3^3\\x_1+a_4x_2+a_4^2x_3=a_4^3\end{cases}$,若 a_1,a_2,a_3,a_4 两两不同,则此方程组(　　).

(A)有无穷多组解.　　(B)有唯一解.　　(C)无解.　　(D)不确定.

(7)已知 3 阶行列式 $\begin{vmatrix}3a_{11}&2a_{13}&-a_{12}\\3a_{21}&2a_{23}&-a_{22}\\3a_{31}&2a_{33}&-a_{32}\end{vmatrix}=6$,则 $\begin{vmatrix}a_{11}&a_{12}&a_{13}\\a_{21}&a_{22}&a_{23}\\a_{31}&a_{32}&a_{33}\end{vmatrix}=$(　　).

(A)2.　　(B)6.　　(C)-1.　　1.

(8)设 $0<P(A)<1$,$0<P(B)<1$,$P(B\mid\overline{A})=P(B)$,则与上式不等价的是(　　).

(A)A 与 B 不相容.　　(B)$P(B\mid A)=P(B\mid\overline{A})$.

(C)$P(\overline{A}\mid\overline{B})=P(\overline{A})$.　　(D)$P(A\mid\overline{B})=P(A)$.

(9)设总体 X 服从参数为 λ 的泊松分布,$X_1,\cdots,X_n$ 是来自 X 的样本,$\overline{X}$ 为样本均值,则(　　).

(A)$E(\overline{X})=\frac{1}{\lambda},D(\overline{X})=\frac{1}{n\lambda^2}$.　　(B)$E(\overline{X})=\lambda,D(\overline{X})=\frac{\lambda}{n}$.

(C)$E(\overline{X})=\frac{\lambda}{n},D(\overline{X})=\frac{\lambda}{n^2}$.　　(D)$E(\overline{X})=\lambda,D(\overline{X})=\frac{1}{n\lambda}$.

(10)设随机变量 X 的分布律为:

x_i	-1	2	10
$P\{X=x_i\}$	0.2	0.5	0.3

则 X 的分布函数(　　).

(A)$F(x)=\begin{cases}0, & x<-1\\ 0.2, & -1\leqslant x<2\\ 0.7, & 2\leqslant x<10\\ 1, & x\geqslant 10\end{cases}$.　　(B)$F(x)=\begin{cases}0, & x<-1\\ 0.2, & -1\leqslant x<2\\ 0.5, & 2\leqslant x<10\\ 1, & x\geqslant 10\end{cases}$.

(C)$F(x)=\begin{cases}0, & x<-1\\ 0.3, & -1\leqslant x<2\\ 0.7, & 2\leqslant x<10\\ 1, & x\geqslant 10\end{cases}$.　　(D)$F(x)=\begin{cases}0, & x<-1\\ 0.5, & -1\leqslant x<2\\ 0.7, & 2\leqslant x<10\\ 1, & x\geqslant 10\end{cases}$.

二、填空题:11~16 小题,每小题 5 分,共 30 分.请将答案写在横线上.

(11)$\lim\limits_{x\to 0}\left(\frac{\sin x}{x}\right)^{\frac{1}{1-\cos x}}=$________.

(12)设 $z=f\left(\frac{\sin x}{y},\frac{y}{\ln x}\right)$,其中 f 是可微函数,则$\frac{\partial z}{\partial x}=$________.

(13)由方程 $x-y+\frac{1}{2}\sin y=0$ 所确定的隐函数 $y=y(x)$ 的导数$\frac{\mathrm{d}y}{\mathrm{d}x}=$________.

(14)若函数 $f(x)$ 在区间$[0,3]$上连续,且$\int_0^3 f(x)\mathrm{d}x=10$,$\int_1^3 f(x)\mathrm{d}x=6$,则$\int_0^1 f(x)\mathrm{d}x=$________.

(15)设$\boldsymbol{A}=(a_{ij})_{3\times 3}$,$|\boldsymbol{A}|=2$,$A_{ij}$ 表示$|\boldsymbol{A}|$中元素 a_{ij} 的代数余子式$(i,j=1,2,3)$,则$(a_{11}A_{21}+a_{12}A_{22}+a_{13}A_{23})^2+(a_{21}A_{21}+a_{22}A_{22}+a_{23}A_{23})^2+(a_{31}A_{21}+a_{32}A_{22}+a_{33}A_{23})^2=$________.

(16)若事件 A、B 满足 $P(AB)=P(\overline{A}\,\overline{B})$,且 $P(A)=p$,则 $P(B)=$________.

三、解答题:17～22 小题,共 70 分. 请将解答写在指定位置上. 解答应写出文字说明、证明过程或演算步骤.

(17)(本题满分 10 分)

求不定积分 $I=\int\left(1+x-\frac{1}{x}\right)\mathrm{e}^{x+\frac{1}{x}}\mathrm{d}x$.

(18)(本题满分 12 分)

求函数 $y=2x^3+3x^2-12x+14$ 在$[-3,4]$上的最大值和最小值.

(19)(本题满分 12 分)

计算二重积分$\iint\limits_D(x+y)\mathrm{d}x\mathrm{d}y$,其中 $D:x^2+y^2\leqslant 2x$.

(20)(本题满分 12 分)

求由曲线 $y=x^2$ 和 $y=x$ 围成的图形 S 的面积及图形 S 绕 x 轴旋转所得的旋转体的体积.

(21)(本题满分 12 分)

设 3 阶实对称矩阵 $\boldsymbol{A}$ 特征值为 $\lambda_1=1,\lambda_2=0,\lambda_3=-1$,对应的特征向量依次为 $\boldsymbol{\xi}_1=(1,2,2)^{\mathrm{T}}$,$\boldsymbol{\xi}_2=(2,-2,1)^{\mathrm{T}}$,$\boldsymbol{\xi}_3=(-2,-1,2)^{\mathrm{T}}$,求矩阵 $\boldsymbol{A}$.

(22)(本题满分 12 分)

有朋友自远方来访,他乘火车、轮船、汽车、飞机来的概率分别是 0.3,0.1,0.4 和 0.2. 如果他乘火车、轮船、汽车、飞机来的话,迟到的概率分别为$\frac{1}{3}$,$\frac{2}{7}$,$\frac{2}{5}$,$\frac{1}{6}$,结果他未迟到,试问他乘火车来的概率是多少?

模拟试题二

答案见第 55 页

一、选择题:1～10 小题,每小题 5 分,共 50 分. 下列每题给出的四个选项中,只有一个选项是符合题目要求的. 请将所选项前的字母填在括号内.

(1)函数 $f(x)=\dfrac{|x|\sin(x-2)}{x(x-1)(x-2)^2}$ 在下列哪个区间内有界(　　).

(A)$(-1,0)$.　　(B)$(0,1)$.　　(C)$(1,2)$.　　(D)$(2,3)$.

(2)设函数 $f(x)=\begin{cases} x^2\sin\dfrac{1}{x}, & x\neq 0 \\ 0, & x=0 \end{cases}$,则下列做法正确的是(　　).

(A)当 $x\neq 0$ 时,$f'(x)=2x\sin\dfrac{1}{x}-\cos\dfrac{1}{x}$,$f'(x)$ 在 $x=0$ 处无意义,所以 $f(x)$ 在 $x=0$ 处不可导.

(B)因为 $\lim\limits_{x\to 0}f'(x)=\lim\limits_{x\to 0}\left(2x\sin\dfrac{1}{x}-\cos\dfrac{1}{x}\right)$ 不存在,所以 $f(x)$ 在 $x=0$ 处不可导.

(C)因为 $f'(0)=\lim\limits_{x\to 0}\dfrac{f(x)-f(0)}{x}=\lim\limits_{x\to 0}\dfrac{x^2\sin\dfrac{1}{x}-0}{x}=\lim\limits_{x\to 0}x\sin\dfrac{1}{x}=0$.

(D)因为 $f'(0)=\lim\limits_{x\to 0}\dfrac{f(x)-f(0)}{x}=\lim\limits_{x\to 0}\dfrac{x^2\sin\dfrac{1}{x}-0}{x}=\lim\limits_{x\to 0}x\sin\dfrac{1}{x}=\lim\limits_{x\to 0}\dfrac{\sin\dfrac{1}{x}}{\dfrac{1}{x}}=1$.

(3)若在 (a,b) 内函数 $f(x)$ 的一阶导数 $f'(x)>0$,二阶导数 $f''(x)<0$,则函数 $f(x)$ 在此区间内(　　).

(A)单调减少,曲线是凹的.　　(B)单调减少,曲线是凸的.

(C)单调增加,曲线是凹的.　　(D)单调增加,曲线是凸的.

(4)若函数 $f(x)$ 满足关系式 $f(x)=\int_0^{2x}f\left(\dfrac{t}{2}\right)\mathrm{d}t+\ln 2$,则 $f(x)$ 等于(　　).

(A)$\mathrm{e}^x\ln 2$.　　(B)$\mathrm{e}^{2x}\ln 2$.　　(C)$\mathrm{e}^x+\ln 2$.　　(D)$\mathrm{e}^{2x}+\ln 2$.

(5)设 $\boldsymbol{A}$ 是方阵,如有矩阵关系 $\boldsymbol{AB}=\boldsymbol{AC}$,则必有(　　).

(A)$\boldsymbol{A}=\boldsymbol{0}$.　　(B)$\boldsymbol{B}\neq\boldsymbol{C}$ 时,$\boldsymbol{A}=\boldsymbol{0}$.

(C)$\boldsymbol{A}\neq\boldsymbol{0}$ 时,$\boldsymbol{B}=\boldsymbol{C}$.　　(D)$|\boldsymbol{A}|\neq 0$ 时,$\boldsymbol{B}=\boldsymbol{C}$.

(6)设 $\boldsymbol{A},\boldsymbol{B}$ 为满足 $\boldsymbol{AB}=\boldsymbol{0}$ 任意两个非零矩阵,则必有(　　).

(A)$\boldsymbol{A}$ 的列向量组线性相关,$\boldsymbol{B}$ 的行向量组线性相关.

(B)$\boldsymbol{A}$ 的列向量组线性相关,$\boldsymbol{B}$ 的列向量组线性相关.

(C)$\boldsymbol{A}$ 的行向量组线性相关,$\boldsymbol{B}$ 的行向量组线性相关.

(D)$\boldsymbol{A}$ 的行向量组线性相关,$\boldsymbol{B}$ 的列向量组线性无关.

(7)设 $\boldsymbol{A}$ 是 $m\times n$ 矩阵，$\boldsymbol{Ax}=\boldsymbol{0}$ 是非齐次线性方程组 $\boldsymbol{Ax}=\boldsymbol{b}$ 对应的齐次线性方程组，则下列结论正确的是(　　).

(A)若 $\boldsymbol{Ax}=\boldsymbol{0}$ 仅有零解，则 $\boldsymbol{Ax}=\boldsymbol{b}$ 有唯一解.

(B)若 $\boldsymbol{Ax}=\boldsymbol{0}$ 有非零解，则 $\boldsymbol{Ax}=\boldsymbol{b}$ 有无穷多解.

(C)若 $\boldsymbol{Ax}=\boldsymbol{b}$ 有无穷多解，则 $\boldsymbol{Ax}=\boldsymbol{0}$ 仅有零解.

(D)若 $\boldsymbol{Ax}=\boldsymbol{b}$ 有无穷多解，则 $\boldsymbol{Ax}=\boldsymbol{0}$ 有非零解.

(8)设随机变量 X 服从正态分布 $N(\mu,\sigma^2)$，则随着 σ 的增大，概率 $P(|X-\mu|<\sigma)$ 将(　　).

(A)单调增大.　　(B)单调减少.　　(C)保持不变.　　(D)增减不定.

(9)下列命题中(　　)是正确的。

(A)若 $P(X\leqslant 0)=P(X\geqslant 0)$，则 $P(X\leqslant 0)=\dfrac{1}{2}$.

(B)若 X 服从泊松分布，则 $E(X^2)=8$.

(C)在假设检验中，犯第一类错误与犯第二类错误的概率之和为 1.

(D)$\lim\limits_{x\to+\infty}(F(x)+F(-x))=1$，$F(x)$ 为随机变量 X 的分布函数.

(10)设随机变量 X 与 Y 相互独立，且分别从正态分布 $X\sim N(\mu,\sigma^2)$，$Y\sim N(\mu,2\sigma^2)(\sigma>0)$，令 $Z=X-Y$，则随机变量 Z 的数学期望 $E(Z)$ 和方差 $D(Z)$ 为(　　).

(A)$E(Z)=0,D(Z)=\sigma^2$.　　(B)$E(Z)=\mu,D(Z)=\sigma^2$.

(C)$E(Z)=0,D(Z)=3\sigma^2$.　　(D)$E(Z)=0,D(Z)=\sigma^2$.

二、填空题：11～16 小题，每小题 5 分，共 30 分. 请将答案写在横线上.

(11)已知 $f(x)$ 在 $(-\infty,+\infty)$ 内可导，且 $\lim\limits_{x\to\infty}f'(x)=\mathrm{e}$，$\lim\limits_{x\to\infty}\left(\dfrac{x+c}{x-c}\right)^x=\lim\limits_{x\to\infty}[f(x+1)-f(x-1)]$，则 $c=$________.

(12)$\displaystyle\int_{-1}^{1}\left(\frac{x^3}{\sqrt{1+x^2}}+\sqrt{1-x^2}\right)\mathrm{d}x=$________.

(13)已知曲线 $y=f(x)$ 过点 $\left(0,-\dfrac{1}{2}\right)$，且其上任一点 (x,y) 处的切线斜率为 $x\ln(1+x^2)$，则 $f(x)=$________.

(14)交换积分次序：$\displaystyle\int_0^1\mathrm{d}x\int_0^{x^2}f(x,y)\mathrm{d}y+\int_1^3\mathrm{d}x\int_0^{\frac{1}{2}(3-x)}f(x,y)\mathrm{d}y=$________.

(15)设 $\boldsymbol{A},\boldsymbol{B}$ 均为四阶方阵，且 $|\boldsymbol{A}|=1$，$|\boldsymbol{B}|=-2$，$\boldsymbol{A}^*$ 是 $\boldsymbol{A}$ 的伴随矩阵，则 $\left||\boldsymbol{B}|\boldsymbol{A}^*\boldsymbol{B}\right|=$________.

(16)设随机变量 X 与 Y 的联合密度函数为

$$f(x,y)=\begin{cases}24xy, & (x,y)\in G\\ 0, & \text{其他}\end{cases},$$

其中 G 为坐标轴与直线 $x+y-1=0$ 所围的三角形区域，则 $E(X)=$______，$D(X)=$______.

三、解答题:17~22 小题,共 70 分.请将解答写在指定位置上.解答应写出文字说明、证明过程或演算步骤.

(17)(本题满分 12 分)

设函数 $f(x)$ 连续,且 $f(x)=\dfrac{1}{2}\int_0^x (x-t)^2 g(t)\mathrm{d}t$,试求 $f'(x)$.

(18)(本题满分 12 分)

求微分方程 $\dfrac{\mathrm{d}y}{\mathrm{d}x}+2xy=2x\mathrm{e}^{-x^2}$ 的通解.

(19)(本题满分 12 分)

求由 $x^2+(y-5)^2=16$ 所围成的平面图形绕 x 轴旋转一周所得旋转体的体积.

(20)(本题满分 10 分)

计算二重积分 $\iint\limits_D (y^2+3x+9)\mathrm{d}x\mathrm{d}y$,其中 $D=\{(x,y)\mid x^2+y^2\leqslant 1\}$.

(21)(本题满分 12 分)

设 n 阶行列式 $D_n=\begin{vmatrix} a+1 & a & a & \cdots & a \\ a & a+2 & a & \cdots & a \\ a & a & a+3 & \cdots & a \\ \vdots & \vdots & \vdots & & \vdots \\ a & a & a & \cdots & a+n \end{vmatrix}$,求 D_n.

(22)(本题满分 12 分)

设随机变量 $X\sim U[0,1]$,求 $Y=X^2-4X+1$ 的概率密度 $f_Y(y)$ 及数学期望 $E(Y)$.

模拟试题三

答案见第 59 页

一、选择题:1～10 小题,每小题 5 分,共 50 分.下列每题给出的四个选项中,只有一个选项是符合题目要求的.请将所选项前的字母填在括号内.

(1) $\lim\limits_{n\to\infty}\left(\dfrac{1}{n}\sin n - n\sin\dfrac{1}{n}\right)=$(　　).

(A)0.　　(B)不存在.　　(C)1.　　(D)-1.

(2) 设函数 $f(x)$ 在 $x=0$ 处可导,$f'(0)=6$,则$\lim\limits_{h\to 0}\dfrac{f(-2h)-f(h)}{3h}=$(　　).

(A)-2.　　(B)2.　　(C)-6.　　(D)6.

(3) 已知 $f(x)=\int_0^x \sin(t-x)\mathrm{d}t$,则 $f'(x)=$(　　).

(A)0.　　(B)$\sin x$.　　(C)$-\sin x$.　　(D)$\cos x$.

(4) 反常积分 $\int_{\mathrm{e}}^{+\infty}\dfrac{1}{x\ln^2 x}\mathrm{d}x=$(　　).

(A)-1.　　(B)0.　　(C)1.　　(D)发散.

(5) 设 $\boldsymbol{A}$ 为 n 阶非零矩阵,$\boldsymbol{E}$ 为 n 阶单位矩阵.若 $\boldsymbol{A}^3=\boldsymbol{0}$,则下列结论正确的是(　　).

(A)$\boldsymbol{E}-\boldsymbol{A}$ 不可逆,$\boldsymbol{E}+\boldsymbol{A}$ 不可逆.　　(B)$\boldsymbol{E}-\boldsymbol{A}$ 不可逆,$\boldsymbol{E}+\boldsymbol{A}$ 可逆.

(C)$\boldsymbol{E}-\boldsymbol{A}$ 可逆,且 $\boldsymbol{E}+\boldsymbol{A}$ 可逆.　　(D)$\boldsymbol{E}-\boldsymbol{A}$ 可逆,$\boldsymbol{E}+\boldsymbol{A}$ 不可逆.

(6) 设 $\boldsymbol{A}=\begin{pmatrix} a & -1 & 1\\ -1 & 0 & 1\\ 1 & b & 0\end{pmatrix}$,$\boldsymbol{\alpha}=\begin{pmatrix}1\\-1\\1\end{pmatrix}$为 $\boldsymbol{A}$ 属于特征值 λ 的特征向量,则 a,b 的值为(　　).

(A)$a=-2,b=1$.　　(B)$a=2,b=-1$.

(C)$a=-2,b=-1$.　　(D)$a=2,b=1$.

(7)下列矩阵中,不能相似于对角阵的是(　　).

(A)$\begin{pmatrix}0&0&1\\0&1&0\\1&0&0\end{pmatrix}$.　　(B)$\begin{pmatrix}1&1&1\\0&2&2\\0&0&3\end{pmatrix}$.

(C)$\begin{pmatrix}1&-2&1\\2&-4&2\\1&-2&1\end{pmatrix}$.　　(D)$\begin{pmatrix}-2&1&1\\0&2&0\\-4&0&3\end{pmatrix}$.

(8) 已知随机变量 X 的分布函数为 $F(x)$,则下列结论不正确的是(　　).

(A)如果 $F(a)=0$,则对任意 $x\leqslant a$ 有 $F(x)=0$.

(B)如果 $F(a)=1$,则对任意 $x\geqslant a$ 有 $F(x)=1$.

(C)如果 $F(a)=\frac{1}{2}$,则有 $P(X\leqslant a)=\frac{1}{2}$.

(D)如果 $F(a)=\frac{1}{2}$,则有 $P(X\geqslant a)=\frac{1}{2}$.

(9) 设随机变量 X 的概率密度函数为 $f(x)=\frac{1}{2}e^{-|x|}$,则对随机变量 $|X|$ 与 X,下列结论成立的是(　　).

(A)相互独立.　　(B)分布相同.　　(C)不相关.　　(D)同期望.

(10)设 A,B 是两个事件,$P(A)\neq P(B)>0$,且 $B\subset A$,则一定成立的是(　　).

(A)$P(B|A)=1$.　　(B)$P(A|B)=1$.

(C)$P(B|\overline{A})=1$.　　(D)$P(A|\overline{B})=1$.

二、填空题:11～16 小题,每小题 5 分,共 30 分. 请将答案写在横线上.

(11) 设函数 $f(x)=\begin{cases}\dfrac{1-e^{\tan x}}{\arcsin\dfrac{x}{2}}, & x>0\\ ae^{2x}, & x\leqslant 0\end{cases}$ 在 $x=0$ 处连续,则 $a=$________.

(12) 设 $u=f(x^2+y^2+z^2)$,f 具有连续偏导数,则 $\frac{\partial^2 u}{\partial x\partial y}=$________.

(13) 设 $\begin{cases}x=\cos t\\ y=\sin t\end{cases}$,则 $\frac{d^2y}{dx^2}=$________.

(14) $\int_0^{\sqrt{2}}\sqrt{2-x^2}\,dx=$________.

(15) 设 2 阶矩阵 $\mathbf{A}$ 有两个不同的特征值,$\boldsymbol{\alpha}_1,\boldsymbol{\alpha}_2$ 是 $\mathbf{A}$ 的线性无关的特征向量,且满足 $\mathbf{A}^2(\boldsymbol{\alpha}_1+\boldsymbol{\alpha}_2)=\boldsymbol{\alpha}_1+\boldsymbol{\alpha}_2$,则 $\mathbf{A}$ 相似于对角阵____________.

(16) 设 $X_i\sim N(0,4)$,$i=1,2,3$ 相互独立,且 $\frac{X_2+X_3}{a}\sim N(0,1)$,则 $a=$________.

三、解答题:17～22 小题,共 70 分. 请将解答写在指定位置上. 解答应写出文字说明、证明过程或演算步骤.

(17) (本题满分 10 分)

求 $\int_0^1 e^{\sqrt{x}}\,dx$.

(18) (本题满分 12 分)

求微分方程 $y'+y\cos x=e^{-\sin x}$ 的通解.

(19) (本题满分 12 分)

设区域 $D=\{(x,y)\mid x^2+y^2\leqslant 1\}$,计算二重积分 $\iint\limits_D(\sin^2 x+\cos^2 y)\,dx\,dy$.

(20) (本题满分 12 分)

证明:当 $x>1$ 时,$2\sqrt{x}>3-\frac{1}{x}$.

(21)(本题满分 12 分)

已知 3 阶矩阵 $\boldsymbol{A}$ 的第一行是(a,b,c),a,b,c 不全为零,矩阵 $\boldsymbol{B}=\begin{pmatrix}1&2&3\\2&4&6\\3&6&k\end{pmatrix}$($k$ 为常数),且 $\boldsymbol{AB}=\boldsymbol{0}$,求线性方程组 $\boldsymbol{Ax}=\boldsymbol{0}$ 的通解.

(22)(本题满分 12 分)

编号为 1,2,3 的三个球随意放入编号为 1,2,3 的三个盒子中,每盒只放一个球,令

$$X_i=\begin{cases}1, & i\text{ 号球落入 }i\text{ 号盒子中},\\0, & \text{否则},\end{cases}\qquad i=1,2,$$

求:(Ⅰ)(X_1,X_2) 的联合分布;

(Ⅱ)X_1,X_2 的相关系数.

模拟试题四

答案见第 63 页

一、选择题:1～10 小题,每小题 5 分,共 50 分.下列每题给出的四个选项中,只有一个选项是符合题目要求的.请将所选项前的字母填在括号内.

(1) $x \to 0$ 时,与 $e^{2x}-1$ 等价的无穷小量为(　　).

(A)x.　　(B)$2x$.　　(C)$4x$.　　(D)x^2.

(2) 方程$\begin{cases} \dfrac{x^2}{4}+\dfrac{y^2}{9}=1 \\ z=1 \end{cases}$在空间解析几何中表示(　　).

(A)椭圆柱面.　　(B)两个平行平面.　　(C)椭圆曲线.　　(D)两条平行直线.

(3) $\lim\limits_{x\to 0}\dfrac{x-\int_0^x \frac{\sin t}{t}dt}{x-\sin x}=$(　　).

(A)1.　　(B)0.　　(C)$\dfrac{1}{2}$.　　(D)$\dfrac{1}{3}$.

(4) 设函数 $y=\dfrac{x}{1-e^{\frac{x}{1-x}}}$,则 $x=1$(　　).

(A)不是 $f(x)$的间断点.　　(B)是 $f(x)$的跳跃间断点.

(C)是 $f(x)$的无穷间断点.　　(D)是 $f(x)$的可去间断点.

(5) n 阶行列式 $\begin{vmatrix} 2 & 0 & \cdots & 0 & 2 \\ -1 & 2 & \cdots & 0 & 2 \\ \vdots & \vdots & \ddots & \vdots & \vdots \\ 0 & 0 & \cdots & 2 & 2 \\ 0 & 0 & \cdots & -1 & 2 \end{vmatrix}=$(　　).

(A)2^n.　　(B)2^{n+1}.　　(C)$2^{n+1}-1$.　　(D)$2^{n+1}-2$.

(6) 设 $\boldsymbol{A}$ 为 $n(n\geqslant 2)$ 阶不可逆方阵,$\boldsymbol{A}$ 中有一元素 a_{ij} 的代数余子式 $A_{ij}\neq 0$,则方程组 $\boldsymbol{Ax}=\boldsymbol{0}$ 的基础解系所含向量个数为(　　)个.

(A)1.　　(B)2.　　(C)$n-1$.　　(D)n.

(7)设 n 维列向量组 $\boldsymbol{\alpha}_1,\cdots,\boldsymbol{\alpha}_m(m<n)$线性无关,则 n 维列向量组 $\boldsymbol{\beta}_1,\cdots,\boldsymbol{\beta}_m$ 线性无关的充分必要条件为(　　).

(A)向量组 $\boldsymbol{\alpha}_1,\cdots,\boldsymbol{\alpha}_m$ 可由向量组 $\boldsymbol{\beta}_1,\cdots,\boldsymbol{\beta}_m$ 线性表示.

(B)向量组 $\boldsymbol{\beta}_1,\cdots,\boldsymbol{\beta}_m$ 可由向量组 $\boldsymbol{\alpha}_1,\cdots,\boldsymbol{\alpha}_m$ 线性表示.

(C)向量组 $\boldsymbol{\alpha}_1,\cdots,\boldsymbol{\alpha}_m$ 与向量组 $\boldsymbol{\beta}_1,\cdots,\boldsymbol{\beta}_m$ 等价.

(D)矩阵 $\boldsymbol{A}=(\boldsymbol{\alpha}_1,\cdots,\boldsymbol{\alpha}_m)$ 的秩 $\boldsymbol{R}(\boldsymbol{A})$ 等于矩阵 $\boldsymbol{B}=(\boldsymbol{\beta}_1,\cdots,\boldsymbol{\beta}_m)$ 的秩 $\boldsymbol{R}(\boldsymbol{B})$.

(8) 设两个相互独立的随机变量 X 和 Y 分别服从正态分布 $N(0,1)$ 和 $N(1,1)$,则(　　).

(A)$P(X+Y\leqslant 0)=\dfrac{1}{2}$.　　(B)$P(X+Y\leqslant 1)=\dfrac{1}{2}$.

(C)$P(X-Y\leqslant 0)=\dfrac{1}{2}$.　　(D)$P(X-Y\leqslant 1)=\dfrac{1}{2}$.

(9) 设随机变量 X 和 Y 的相关系数为 0.5,且 $E(X)=E(Y)=0$,$E(X^2)=E(Y^2)=2$,则 $E(X+Y)^2=$(　　).

(A)10.　　(B)4.　　(C)6.　　(D)1.

(10)设总体 X 存在 2 阶矩阵,总体期望 $E(X)=\mu$,总体方差 $D(X)=\sigma^2$,$(X_1,X_2,\cdots,X_n)$ 是从中抽取的一个样本,$\overline{X}$ 是样本均值,S^2 是样本方差,则方差 $D(\overline{X})=$(　　).

(A)$\dfrac{\sigma^2}{n-1}$.　　(B)σ^2.　　(C)$\dfrac{\sigma^2}{n}$.　　(D)$\dfrac{n\sigma^2}{n-1}$.

二、填空题:11～16 小题,每小题 5 分,共 30 分,请将答案写在题目中的横线上.

(11) 已知 $f(x)$ 的一个原函数为 $(1+\sin x)\ln x$,则 $\int xf'(x)\mathrm{d}x=$________.

(12) 设 $\ln\sqrt{x^2+y^2}=\arctan\dfrac{x}{y}$,则 $\dfrac{\mathrm{d}y}{\mathrm{d}x}$________.

(13) $\int_0^x f(t)\mathrm{d}t=\mathrm{e}^x+x$,求 $f(x)=$________.

(14) $\int_{-1}^{1}\dfrac{x^2\sin^3 x+1}{1+x^2}\mathrm{d}x=$________.

(15)已知 n 阶矩阵 $\boldsymbol{A}$ 满足方程 $\boldsymbol{A}^2+2\boldsymbol{A}+3\boldsymbol{E}=\boldsymbol{O}$,则 $\boldsymbol{A}^{-1}=$________.

(16) 设随机变量 X 服从 $B(2,p)$,Y 服从 $B(3,p)$,若 $P\{X\geqslant 1\}=\dfrac{5}{9}$,则 $P\{Y\geqslant 1\}=$________.

三、解答题:17～22 小题,共 70 分,解答应写出文字说明、证明过程或演算步骤.

(17) (本题满分 10 分)

设 $\begin{cases}x=2\cos t\\ y=-4\sin t\end{cases}$,求 $\dfrac{\mathrm{d}^2y}{\mathrm{d}x^2}$.

(18) (本题满分 12 分)

计算二重积分 $\iint\limits_D(x^2+y^2+2y)\mathrm{e}^{-(x^2+y^2)}\mathrm{d}x\mathrm{d}y$,其中 $D:1\leqslant x^2+y^2\leqslant 4$.

(19) (本题满分 12 分)

求微分方程 $x^2y'+xy=y^2$ 满足初始条件 $y|_{x=1}=1$ 的特解.

(20)(本题满分 12 分)

试证:当 $x>0$ 时,$(x^2-1)\ln x>(x-1)^2$.

(21)(本题满分 12 分)

设 $\boldsymbol{A}$,$\boldsymbol{B}$ 为两个 n 阶方阵,且 $\boldsymbol{A}$ 的 n 个特征值互异.若 $\boldsymbol{A}$ 的特征向量也是 $\boldsymbol{B}$ 的特征向量,试证明:$\boldsymbol{AB}=\boldsymbol{BA}$.

(22)(本题满分 12 分)

设随机变量 X 的概率密度为 $f_X(x)=\begin{cases}\dfrac{1}{2}, & -1<x<0\\ \dfrac{1}{4}, & 0\leqslant x<2\\ 0, & \text{其他}\end{cases}$.

令 $Y=X^2$,$F(x,y)$ 为二维随机变量 (X,Y) 的分布函数,求:

(1)Y 的概率密度;

(2)$F\left(-\dfrac{1}{2},4\right)$.

模拟试题五

答案见第 68 页

一、选择题:1～10 小题,每小题 5 分,共 50 分.下列每题给出的四个选项中,只有一个选项是符合题目要求的.请将所选项前的字母填在括号内.

(1)设函数 $f(x)=\dfrac{\sin\pi x}{x^3-x}$,则 $f(x)$(　　).

(A)有 1 个无穷间断点.　　(B)有 2 个无穷间断点.

(C)有 1 个跳跃间断点.　　(D)有 3 个可去间断点.

(2)若 $\lim\limits_{x\to\infty}\dfrac{x(x-1)(x-2)(x-3)}{(2x-1)^k}=\dfrac{1}{16}$,则 $k=$(　　).

(A)1.　　(B)2.　　(C)3.　　(D)4.

(3)若 $f''(x)$ 连续,$f'(0)=0$,$\lim\limits_{x\to0}\dfrac{f''(x)}{|x|}=1$,那么 $f(x)$ 在 $x=0$ 处是(　　).

(A)$x=0$ 是 $f(x)$的极小值点.　　(B)$x=0$ 是 $f(x)$的极大值点.

(C)$(0,f(0))$是曲线的拐点.　　(D)不能确定.

(4)$y=y(x)$是微分方程 $y''+3y'=e^{2x}$ 的解,且 $y'(x_0)=0$,则必有(　　).

(A)$y(x)$在 x_0 某邻域内单调增加.　　(B)$y(x)$在 x_0 某邻域内单调减少.

(C)$y(x)$在 x_0 处取极小值.　　(D)$y(x)$在 x_0 处取极大值.

(5)设 $\boldsymbol{A}$ 是 $m\times n$ 矩阵,$\boldsymbol{Ax}=\boldsymbol{0}$ 是非齐次线性方程组 $\boldsymbol{Ax}=\boldsymbol{b}$ 对应的齐次线性方程组,则下列结论正确的是(　　).

(A)若 $\boldsymbol{Ax}=\boldsymbol{0}$ 仅有零解,则 $\boldsymbol{Ax}=\boldsymbol{b}$ 有唯一解.

(B)若 $\boldsymbol{Ax}=\boldsymbol{0}$ 有非零解,则 $\boldsymbol{Ax}=\boldsymbol{b}$ 有无穷多解.

(C)若 $\boldsymbol{Ax}=\boldsymbol{b}$ 有无穷多解,则 $\boldsymbol{Ax}=\boldsymbol{0}$ 仅有零解.

(D)若 $\boldsymbol{Ax}=\boldsymbol{b}$ 有无穷多解,则 $\boldsymbol{Ax}=\boldsymbol{0}$ 有非零解.

(6)设 $\boldsymbol{A}$ 是 3×4 矩阵,$R(\boldsymbol{A})=2$,$\boldsymbol{B}=\begin{pmatrix}0&2&-1\\1&1&2\\-1&-1&-1\end{pmatrix}$,则 $R(\boldsymbol{BA})$为(　　).

(A)4.　　(B)3.

(C)2.　　(D)1.

(7)设 $\boldsymbol{A}=(\boldsymbol{a}_{ij})$是 3 阶方阵,满足 $\boldsymbol{A}^*=\boldsymbol{A}^{\mathrm{T}}$,其中 $\boldsymbol{A}^*$ 为 $\boldsymbol{A}$ 的伴随矩阵,$|\boldsymbol{A}|$为 $\boldsymbol{A}$ 的行列式,则 $|\boldsymbol{A}|=$(　　).

(A)0.　　(B)0 或 1.　　(C)-1.　　(D)1.

(8)设事件 A,B 互不相容,则下列结论中,正确的是(　　).

(A)$\overline{A},\overline{B}$ 互不相容.　　(B)$\overline{A},\overline{B}$ 相容.

(C)A,B 相互独立.　　(D)$P(A-B)=P(A)$.

(9)设 $X_1,X_2,\cdots,X_n$ 是总体($N(\mu,\sigma^2)$)的样本,$\overline{X}$ 和 S^2 分别是样本均值和样本方差,则 $\dfrac{(n-1)S^2}{\sigma^2}$ 服从的分布是(　　).

(A)$N(0,1)$.　　(B)$\chi^2(n-1)$.　　(C)$\chi^2(n)$.　　(D)$t(n-1)$.

(10)设 A、B、C 为三个事件,则 A、B、C 恰好有一个发生是(　　).

(A)ABC.　　(B)$A\cup B\cup C$.

(C)$A\overline{B}\overline{C}\cup\overline{A}B\overline{C}\cup\overline{A}\overline{B}C$.　　(D)$\overline{A}BC\cup A\overline{B}C\cup AB\overline{C}$.

二、填空题:11～16 小题,每小题 5 分,共 30 分.请将答案写在题目中的横线上.

(11) 若 $f(x)$ 的一个原函数是 $\cos x$,则 $\int f'(x)\mathrm{d}x=$________.

(12) $\int_0^x f(t)\mathrm{d}t=\dfrac{x^4}{2}$,则 $\int_0^4\dfrac{1}{\sqrt{x}}f(\sqrt{x})\mathrm{d}x=$________.

(13) 曲线 $\mathrm{e}^y+xy=\mathrm{e}$ 在点 $P(0,1)$ 的切线方程是________.

(14) 交换积分顺序,有 $\int_0^1\mathrm{d}y\int_{-y}^{\sqrt{2y-y^2}}f(x,y)\mathrm{d}x=$________.

(15)已知 $\boldsymbol{A}$ 为 3 阶方阵,且 $|\boldsymbol{A}|=-2$,$\boldsymbol{A}^*$ 为 $\boldsymbol{A}$ 的伴随矩阵,则 $|\boldsymbol{A}\boldsymbol{A}^*|=$________.

(16)设事件 A 与 B 相互独立,$P(A)=a$,$P(B)=0.3$,$P(\overline{A}\cup B)=0.7$,则 $a=$________.

三、解答题:17～22 小题,共 70 分.解答应写出文字说明、证明过程或演算步骤.

(17)(本题满分 10 分)

计算 $\lim\limits_{x\to0}\dfrac{\tan x-\sin x}{x^3}$.

(18)(本题满分 12 分)

在曲线 $y=\dfrac{1}{x^2}$ 上求点 M,使过该点的切线被两坐标轴所截得的线的长度最短,并求出其最短时的长度.

(19)(本题满分 12 分)

计算二重积分 $\iint\limits_D\dfrac{x+y}{x^2+y^2}\mathrm{d}x\mathrm{d}y$,其中 $D=\{(x,y)\mid x^2+y^2\leqslant1,x+y\geqslant1\}$.

(20)(本题满分 12 分)

求微分方程 $y'\cos x-y\sin x=2x$ 的通解.

(21)(本题满分 12 分)

设 3 阶实对称矩阵 $\boldsymbol{A}$ 的特征值为 1,2,3;$\boldsymbol{A}$ 的属于特征值 1,2 的特征向量为 $\boldsymbol{\alpha}_1=(-1,-1,1)^{\mathrm{T}}$,$\boldsymbol{\alpha}_2=(1,-2,-1)^{\mathrm{T}}$.

(1)求 $\boldsymbol{A}$ 的属于特征值 3 的特征向量.

(2)求方阵 $\boldsymbol{A}$.

(22)(本题满分 12 分)

设 X 和 Y 是两个相互独立的随机变量,且均服从$(-b,b)$上的均匀分布.

(Ⅰ)求 X 和 Y 的联合概率密度.

(Ⅱ)求 t 的二次方程 $t^2+Xt+Y=0$ 有实根的概率.

模拟试题六

答案见第 72 页

一、选择题：1～10 小题，每小题 5 分，共 50 分．下列每题给出的四个选项中，只有一个选项是符合题目要求的．请将所选项前的字母填在括号内．

(1)极限 $\lim\limits_{n\to\infty}\dfrac{1+3^{n+1}}{1+3^n}=$(　　).

(A)3.　　(B)2.　　(C)$\dfrac{1}{2}$.　　(D)$\dfrac{1}{3}$.

(2)设函数 $f(x)=\begin{cases}e^{\frac{1}{x}}, & x>-1\\ \ln(2+x), & -2<x\leqslant -1\end{cases}$，则 $f(x)$ 的间断点为(　　).

(A)$x=0$ 为第一类，$x=-1$ 为第一类.　(B)$x=0$ 为第一类，$x=-1$ 为第二类.

(C)$x=0$ 为第二类，$x=-1$ 为第二类.　(D)$x=0$ 为第二类，$x=-1$ 为第一类.

(3) 若 $F(x)$ 为 $f(x)$ 的一个原函数，则 $\int xf'(x)\,dx=$(　　).

(A)$xF'(x)-f(x)+C$.　　(B)$xF'(x)-F(x)+C$.

(C)$xf'(x)-F(x)+C$.　　(D)$xf'(x)-f(x)+C$.

(4) 设区域 D 由 $x=0, y=-1, y=-x$ 所围成．则 $\iint\limits_D f(x,y)\,dx\,dy=$(　　).

(A)$\int_0^1 dx\int_{-1}^{0} f(x,y)\,dy$.　　(B)$\int_0^1 dx\int_0^{-x} f(x,y)\,dy$.

(C)$\int_0^1 dx\int_{-1}^{-x} f(x,y)\,dy$.　　(D)$\int_0^{-1} dy\int_0^{-y} f(x,y)\,dx$.

(5)设 $\boldsymbol{A}$ 是 5×6 矩阵，而且 $\boldsymbol{A}$ 的行向量线性无关，则(　　).

(A)$\boldsymbol{A}$ 的列向量线性无关.

(B)线性方程组 $\boldsymbol{Ax}=\boldsymbol{B}$ 的增广矩阵 $\overline{\boldsymbol{A}}$ 的行向量线性无关.

(C)线性方程组 $\boldsymbol{Ax}=\boldsymbol{B}$ 的增广矩阵 $\overline{\boldsymbol{A}}$ 的任意 4 个列向量线性无关.

(D)线性方程组 $\boldsymbol{Ax}=\boldsymbol{B}$ 有唯一解.

(6)设 $\boldsymbol{A}$ 是 4 阶矩阵，且 $\boldsymbol{A}$ 的行列式 $|\boldsymbol{A}|=0$，则 $\boldsymbol{A}$ 中(　　).

(A)必有一列元素全为 0.

(B)必有两列元素成比例.

(C)必有一列向量是其余列向量的线性组合.

(D)任意列向量是其余列向量的线性组合.

(7)设 $\boldsymbol{A}$ 为 3 阶方阵，交换 $\boldsymbol{A}$ 的第 1 行与第 2 行得到矩阵 $\boldsymbol{B}$，再把 $\boldsymbol{B}$ 的第 3 列的 2 倍加到第 1 列得单位矩阵，记 $\boldsymbol{P}_1=\begin{pmatrix}0&1&0\\1&0&0\\0&0&1\end{pmatrix}$，$\boldsymbol{P}_2=\begin{pmatrix}1&0&0\\0&1&0\\2&0&1\end{pmatrix}$，则 $\boldsymbol{A}=$(　　).

(A)$\boldsymbol{P}_1\boldsymbol{P}_2$.　　(B)$\boldsymbol{P}_2\boldsymbol{P}_1$.　　(C)$\boldsymbol{P}_2^{-1}\boldsymbol{P}_1^{-1}$.　　(D)$\boldsymbol{P}_1^{-1}\boldsymbol{P}_2^{-1}$.

(8)随机变量 $\xi=X+Y$ 与 $\eta=X-Y$ 不相关的充要条件为(　　).

(A)$E(X)=E(Y)$.　　(B)$D(X)=D(Y)$.

(C)$D(X^2)=D(Y^2)$.　　(D)$E(X^2)+[E(X)]^2=E(Y^2)+[E(Y)]^2$.

(9)设 A,B 是两个随机事件,且 $0<P(A)<1,P(B|A)=P(B|\overline{A})$,则必有(　　).

(A)$P(A|B)=P(\overline{A}|B)$.　　(B)$P(A|B)\neq P(\overline{A}|B)$.

(C)$P(AB)=P(A)P(B)$.　　(D)$P(AB)\neq P(A)P(B)$.

(10)设随机变量 X 与 Y 相互独立,$X\sim N(1,4)$,Y 服从$[0,1]$上的均匀分布,则 $D(2X-3Y)=$(　　).

(A)$\frac{191}{13}$.　　(B)$\frac{201}{12}$.　　(C)$\frac{193}{11}$.　　(D)$\frac{193}{12}$.

二、填空题:11~16 小题,每小题 5 分,共 30 分.请将答案写在题目中的横线上.

(11)设 $f(x)=\begin{cases}x\sin\frac{1}{x}, & x>0\\ a+x^2, & x<0\end{cases}$,若极限 $\lim\limits_{x\to0}f(x)$ 存在,则 $a=$________.

(12) 已知 $\lim\limits_{x\to0}\frac{\ln(1+3x^2)}{x(1-e^{kx})}=1$,则 $k=$________.

(13) 求曲线 $y=2\sin x+x^2$ 在原点处的切线方程为________.

(14) 交换累次积分的顺序 $\int_0^1 dx\int_{x^2}^{x} f(x,y)dy=$________.

(15) 设 n 阶矩阵 $\boldsymbol{A}$ 与 $\boldsymbol{B}$ 相似,且 $|\boldsymbol{A}-3\boldsymbol{E}|=0$,则 $\boldsymbol{B}^2+3\boldsymbol{E}$ 的一个特征值为________.

(16) 有一批产品,其验收方案如下:从中任取 10 件,经检验无次品则接受这批产品.若产品的次品率为 10%,则这批产品经检验就能接受的概率为________.

三、解答题:17~22 小题,共 70 分.解答应写出文字说明、证明过程或演算步骤.

(17)(本题满分 10 分)

设二元函数 $z=xy+f\left(xy,\frac{x}{y}\right)$,其中函数 f 具有二阶连续的偏导数,求 $\frac{\partial^2 z}{\partial x\partial y}$.

(18)(本题满分 12 分)

试求 $y''=x$ 的经过点 $M(0,1)$ 且在此点与直线 $y=\frac{x}{2}+1$ 相切的积分曲线.

(19)(本题满分 12 分)

在 xOy 坐标平面上,连续曲线 L 过点 $M(1,0)$,其上任意点 $P(x,y)(x>0)$ 处切线斜率与直线 OP 的斜率之差等于 x.

(Ⅰ)求 L 的方程;

(Ⅱ)L 与 x 轴所围成区域绕 x 轴旋转一周所成的体积.

(20)(本题满分 12 分)

设函数 $f(x)$ 在$[a,b]$上连续,在(a,b)内二阶可导,又连接 $A(a,f(a))$,$B(b,f(b))$两点的直线交曲线 $y=f(x)$ 于 $C(c,f(c))$,且 $a<c<b$,试证在(a,b)内至少存在一点 ξ,使得 $f''(\xi)=0$.

(21)(本题满分 12 分)

λ 为何值时,下述线性方程组有解?有解时,求出它的全部解.

$$\begin{cases} x_1+2x_2+x_3=1 \\ 2x_1+x_2+2x_3=2 \\ 2x_1+4x_2+2x_3=\lambda \end{cases}$$

(22)(本题满分 12 分)

编号为 1、2、3 的 3 台仪器正在工作的概率分别为 0.9、0.8 和 0.4,从中任选一台.

(Ⅰ)求此台仪器正在工作的概率;

(Ⅱ)已知选到的仪器正在工作,求它编号为 2 的概率.

模拟试题七

答案见第 76 页

一、选择题:1～10 小题,每小题 5 分,共 50 分.下列每题给出的四个选项中,只有一个选项是符合题目要求的.请将所选项前的字母填在括号内.

(1)设函数 $f(x)=\dfrac{2^{\frac{1}{x}}-1}{2^{\frac{1}{x}}+1}$,则(　　).

(A)$x=0$ 是 $f(x)$的第一类间断点.　　(B)$x=0$ 是 $f(x)$的第二类间断点.

(C)$x=0$ 是 $f(x)$的连续点.　　(D)$x=0$ 是 $f(x)$的可导点.

(2)曲线 $y=x^{\frac{1}{3}}$的凹弧区间是(　　).

(A)$(-\infty,+\infty)$.　　(B)$[0,+\infty)$.

(C)$(-\infty,0]$.　　(D)不存在凹弧区间.

(3)设函数 $f(x)=x\sin x+\cos x$,下列命题中正确的是(　　).

(A)$f(0)$是极大值,$f\left(\dfrac{\pi}{2}\right)$是极小值.　　(B)$f(0)$是极小值,$f\left(\dfrac{\pi}{2}\right)$是极大值.

(C)$f(0)$是极大值,$f\left(\dfrac{\pi}{2}\right)$也是极大值.　　(D)$f(0)$是极小值,$f\left(\dfrac{\pi}{2}\right)$也是极小值.

(4)设 $J_i=\iint\limits_{D_i}e^{-(x^2+y^2)}\,dx\,dy$,$i=1,2,3$,其中 $D_1=\{(x,y)\mid x^2+y^2\leqslant R^2\}$,$D_2=\{(x,y)\mid x^2+y^2\leqslant 2R^2\}$,$D_3=\{(x,y)\mid |x|\leqslant R,|y|\leqslant R\}$,则 J_1,J_2,J_3 之间的大小顺序为(　　).

(A)$J_1<J_2<J_3$.　　(B)$J_3<J_2<J_1$.

(C)$J_2<J_1<J_3$.　　(D)$J_1<J_3<J_2$.

(5)设 $\boldsymbol{\alpha}_1,\boldsymbol{\alpha}_2,\cdots,\boldsymbol{\alpha}_s$ 与 $\boldsymbol{\beta}_1,\boldsymbol{\beta}_2,\cdots,\boldsymbol{\beta}_t$ 为两个 n 维向量组,且 $R(\boldsymbol{\alpha}_1,\boldsymbol{\alpha}_2,\cdots,\boldsymbol{\alpha}_s)=R(\boldsymbol{\beta}_1,\boldsymbol{\beta}_2,\cdots,\boldsymbol{\beta}_t)=r$,则(　　).

(A)两向量组等价.

(B)$R(\boldsymbol{\alpha}_1,\boldsymbol{\alpha}_2,\cdots,\boldsymbol{\alpha}_s,\boldsymbol{\beta}_1,\boldsymbol{\beta}_2,\cdots,\boldsymbol{\beta}_t)=r$.

(C)当 $\boldsymbol{\alpha}_1,\boldsymbol{\alpha}_2,\cdots,\boldsymbol{\alpha}_s$ 被 $\boldsymbol{\beta}_1,\boldsymbol{\beta}_2,\cdots,\boldsymbol{\beta}_t$ 线性表示时,$\boldsymbol{\beta}_1,\boldsymbol{\beta}_2,\cdots,\boldsymbol{\beta}_t$ 也被 $\boldsymbol{\alpha}_1,\boldsymbol{\alpha}_2,\cdots,\boldsymbol{\alpha}_s$ 线性表示.

(D)当 $s=t$ 时,两向量组等价.

(6)设 $\boldsymbol{A},\boldsymbol{B}$ 都是 n 阶方阵,齐次线性方程组 $\boldsymbol{Ax}=\boldsymbol{0}$ 与 $\boldsymbol{Bx}=\boldsymbol{0}$ 有相同的基础解系 ξ_1,ξ_2,ξ_3,则 ξ_1,ξ_2,ξ_3 也是下列方程组的基础解系(　　).

(A)$(\boldsymbol{A}+\boldsymbol{B})\boldsymbol{x}=\boldsymbol{0}$.　　(B) $\boldsymbol{ABx}=\boldsymbol{0}$.

(C)$\begin{pmatrix}\boldsymbol{A}\\ \boldsymbol{B}\end{pmatrix}\boldsymbol{x}=\boldsymbol{0}$.　　(D)以上都不对.

(7)若二次型 $f(x_1,x_2,x_3)=2x_1^2+ax_3^2+2x_2x_3$ 经正交变换 $x=Py$ 可化成标准形 $y_1^2+by_2^2-y_3^2$,则(　　).

(A)$a=1,b=2$.　(B)$a=0,b=2$.　(C)$a=1,b=-2$.　(D)$a=0,b=-2$.

(8)对于任意两个随机变量 X,Y,若 $E(XY)=E(X)\cdot E(Y)$,则(　　).

(A)$D(XY)=D(X)\cdot D(Y)$.　(B)$D(X+Y)=D(X)+D(Y)$.

(C)X,Y 相互独立.　(D)X,Y 不独立.

(9)设随机变量 $X\sim N(0,1)$,则方程 $t^2+2Xt+4=0$ 没有实根的概率为(　　).

(A)$2\Phi(2)-1$.　(B)$\Phi(4)-\Phi(2)$.

(C)$\Phi(-4)-\Phi(-2)$.　(D)$\Phi(2)-\Phi(4)$.

(10)设 3 台机器正常工作的概率分别为:0.4,0.8 和 0.9,求从中任选一台机器正常工作的概率是(　　).

(A)0.7.　(B)0.5.　(C)0.6.　(D)0.8.

二、填空题:11~16 小题,每小题 5 分,共 30 分. 请将答案写在题目中的横线上.

(11)$\lim\limits_{x\to\infty}\left[x-x^2\ln\left(1+\dfrac{1}{x}\right)\right]=$________.

(12)$y=\dfrac{3x^2+5}{5x+3}\sin\dfrac{2}{x}$的水平渐近线的方程为 $y=$________.

(13)设函数 $y=y(x)$由方程 $e^{x+y}+\cos(xy)=0$ 确定,则$\dfrac{dy}{dx}=$________.

(14)函数 $z=xe^{x+y}+(x+1)\ln(1+y)$在点(1,0)处的全微分 $dz|_{(1,0)}=$________.

(15)设 $\boldsymbol{A}$ 为 3 阶矩阵,且$|\boldsymbol{A}+2\boldsymbol{E}|=|\boldsymbol{A}+\boldsymbol{E}|=|\boldsymbol{A}-3\boldsymbol{E}|=0$,则$|\boldsymbol{A}^*+5\boldsymbol{E}|=$________.

(16)设随机变量 X 在[1,6]上服从均匀分布,则方程 $x^2+Xx+1=0$ 有实根的概率为________.

三、解答题:17~22 小题,共 70 分. 解答应写出文字说明、证明过程或演算步骤.

(17)(本题满分 10 分)

设极限 $\lim\limits_{x\to 0}\dfrac{\cos 2x-\sqrt{\cos 2x}}{x^k}=a\neq 0$,试求常数 k 与 a.

(18)(本题满分 12 分)

设 $f(x)$有一个原函数是$\dfrac{\sin x}{x}$,计算定积分 $I=\int_{\frac{\pi}{2}}^{\pi}xf'(x)dx$.

(19)(本题满分 12 分)

计算二重积分 $I=\int_0^{\frac{\pi}{2}}dy\int_y^{\sqrt{\frac{\pi y}{2}}}\dfrac{\sin x}{x}dx$.

(20)(本题满分 12 分)

设二元函数 $z=y\cdot f\left(\dfrac{x}{y}\right)+x\cdot g\left(\dfrac{y}{x}\right)$,其中函数 f 和 g 具有二阶连续的导数,求 $x\dfrac{\partial^2 z}{\partial x^2}+$

$y\dfrac{\partial^2 z}{\partial x\partial y}$.

(21)(本题满分 12 分)

向量组 $\boldsymbol{A}:\boldsymbol{\alpha}_1=\begin{pmatrix}1\\1\\2\\3\end{pmatrix},\boldsymbol{\alpha}_2=\begin{pmatrix}a\\1\\1\\1\end{pmatrix},\boldsymbol{\alpha}_3=\begin{pmatrix}1\\b\\3\\5\end{pmatrix}$,且 $\boldsymbol{A}$ 的秩为 2.

(1)求 a,b.

(2)求向量组 $\boldsymbol{A}$ 的一个最大无关组,并把其余向量用最大无关组的线性表示.

(22)(本题满分 12 分)

一袋中装有 20 个大小相同的 3 种颜色的球,其中第一种红色球有 16 个,第二种黄色球有 3 个,第三种绿色球有 1 个.现在随机地从中任取一球,如果记

$$X_i=\begin{cases}1, & \text{若取到第 } i \text{ 种球}, i=1,2,3\\0, & \text{其他}\end{cases}.$$

(Ⅰ)求随机变量 X_1,X_2 的联合分布;

(Ⅱ)问随机变量 X_1 与 X_2 是否相关?

模拟试题八

答案见第 80 页

一、选择题：1～10 小题，每小题 5 分，共 30 分. 下列每题给出的四个选项中，只有一个选项是符合题目要求的. 请将所选项前的字母填在括号内.

(1)设函数 $f(x)=\lim\limits_{n\to\infty}\dfrac{1+x}{1+x^{2n}}$，讨论函数 $f(x)$ 的间断点，其结论为(　　).

(A)不存在间断点.　　(B)存在间断点 $x=1$.

(C)存在间断点 $x=0$.　　(D)存在间断点 $x=-1$.

(2) 设 $f(x)=\int_0^{\sin x}\sin t^2\mathrm{d}t$，$g(x)=x^3+x^4$，则当 $x\to 0$ 时，$f(x)$ 是 $g(x)$ 的(　　).

(A)等价无穷小.　　(B)同阶但非等价无穷小.

(C)高价无穷小.　　(D)低价无穷小.

(3)已知 $f(x)$ 在 $x=0$ 的某个邻域内连续，且 $f(0)=0$，$\lim\limits_{x\to 0}\dfrac{f(x)}{1-\cos x}=2$，则 $f(x)$ 在点 $x=0$ 处(　　).

(A)不可导.　　(B)可导且 $f'(x)\neq 0$.

(C)取得极大值.　　(D)取得极小值.

(4)设在区间 $[a,b]$ 上 $f(x)>0$，$f'(x)<0$，$f''(x)>0$，令 $S_1=\int_a^b f(x)\mathrm{d}x$，$S_2=f(b)(b-a)$，$S_3=\dfrac{1}{2}[f(a)+f(b)](b-a)$，则(　　).

(A)$S_1<S_2<S_3$.　　(B)$S_2<S_1<S_3$.

(C)$S_3<S_1<S_2$.　　(D)$S_2<S_3<S_1$.

(5)设 $\boldsymbol{A}_{m\times n}$ 为实矩阵，则线性方程组 $\boldsymbol{Ax}=\boldsymbol{0}$ 只有零解是矩阵 $(\boldsymbol{A}^{\mathrm{T}}\boldsymbol{A})$ 为正定矩阵的(　　).

(A)充分条件.　　(B)必要条件.

(C)充分必要条件.　　(D)无关条件.

(6)设 $\boldsymbol{A}$ 为 $m\times n$ 矩阵，$\boldsymbol{B}$ 为 $n\times m$ 矩阵，则下列结论正确的是(　　).

(A)若 $\boldsymbol{AB}=\boldsymbol{E}$，则矩阵 $\boldsymbol{A}$ 列向量组线性无关.

(B)若 $\boldsymbol{AB}=\boldsymbol{E}$，则矩阵 $\boldsymbol{A}$ 列向量组线性相关.

(C)若 $\boldsymbol{BA}=\boldsymbol{E}$，则矩阵 $\boldsymbol{A}$ 列向量组线性无关.

(D)若 $\boldsymbol{BA}=\boldsymbol{E}$，则矩阵 $\boldsymbol{A}$ 列向量组线性相关.

(7)线性方程组 $\boldsymbol{Ax}=\boldsymbol{b}$ 的系数矩阵 $\boldsymbol{A}$ 是 3×4 的矩阵，且 $\boldsymbol{A}$ 的行向量组线性无关，则下列命题错误的是(　　).

(A)$\boldsymbol{A}^{\mathrm{T}}\boldsymbol{x}=\boldsymbol{0}$ 只有零解.　　(B)$\boldsymbol{A}^{\mathrm{T}}\boldsymbol{Ax}=\boldsymbol{0}$ 必有无穷多解.

(C)对任意 $\boldsymbol{b}$，$\boldsymbol{A}^{\mathrm{T}}\boldsymbol{x}=\boldsymbol{b}$ 总有唯一解.　　(D)对任意 $\boldsymbol{b}$，$\boldsymbol{Ax}=\boldsymbol{b}$ 总有无穷多解.

(8)设 A，B 是两个随机事件，且 $0<P(A)<1$，$P(B)>0$，$P(B|A)=P(B|\bar{A})$，则必有(　　).

(A)$P(A|B)=P(\bar{A}|B)$.　　(B)$P(A|B)\neq P(\bar{A}|B)$.

(C)$P(AB)=P(A)P(B)$.　　(D)$P(AB)\neq P(A)P(B)$.

(9)设随机变量 X,Y 均服从正态分布,$X\sim N(\mu,4^2)$,$Y\sim N(\mu,5^2)$,记 $p_1=P\{X\leqslant\mu-4\}$,$p_2=P\{Y\geqslant\mu+5\}$,则(　　).

(A)对任何实数 μ,都有 $p_1=p_2$.　　(B)对任何实数 μ,都有 $p_1<p_2$.

(C)只有对 μ 的个别值,才有 $p_1=p_2$.　　(D)对任何实数 μ,都有 $p_1>p_2$.

(10)设 A、B 为任意两事件,则 $P(A-B)=$(　　).

(A)$P(A)-P(B)$.　　(B)$P(A)-P(B)+P(A\overline{B})$.

(C)$P(A)+P(AB)$.　　(D)$P(A)-P(AB)$.

二、填空题:11～16 小题,每小题 5 分,共 30 分.请将答案写在题目中的横线上.

(11)$\lim\limits_{x\to 0}(1+3x)^{\frac{2}{\sin x}}=$________.

(12)曲线 $y=\dfrac{1+e^{-x^2}}{1-e^{-x^2}}$ 的铅直渐近线为________.

(13)设 $f(x,y)=x^y$,则 $\dfrac{\partial^2 f}{\partial x\partial y}=$________.

(14) 积分 $\int_0^2 dx\int_x^2 e^{-y^2}dy$ 的值等于________.

(15)设 $\boldsymbol{A}$ 为 3 阶方阵且特征值为 1,2,3,则 $\dfrac{1}{|\boldsymbol{A}|}(A_{11}+A_{22}+A_{33})=$________.

(16)将三个球随机地放入 4 个杯子中,问杯子中球的最大个数是 1 的概率为________.

三、解答题:17～22 小题,共 70 分.解答应写出文字说明、证明过程或演算步骤.

(17)(本题满分 10 分)

设 $\int_x^{2\ln 2}\dfrac{dt}{\sqrt{e^t-1}}=\dfrac{\pi}{6}$,求 x.

(18)(本题满分 12 分)

计算二重积分 $\iint\limits_D(4x^2+2y^2+xy+\sin x^3y+4)dx\,dy$,

其中 $D=\{(x,y)\mid x^2+y^2\leqslant 3\}$.

(19)(本题满分 12 分)

若 $0\leqslant x\leqslant 1$,$p>1$,试证 $\dfrac{1}{2^{p-1}}\leqslant x^p+(1-x)^p\leqslant 1$.

(20)(本题满分 12 分)

设函数 $f(x)$ 及其反函数 $g(x)$ 都可导,且有关系式 $\int_1^{f(x)}g(t)dt=\dfrac{1}{3}(x^{\frac{3}{2}}-8)$,求函数 $f(x)$.

(21)(本题满分 12 分)

设 $\boldsymbol{\alpha}_1,\boldsymbol{\alpha}_2,\boldsymbol{\alpha}_3,\boldsymbol{\alpha}_4$ 为 4 维列向量,$\boldsymbol{\alpha}_1,\boldsymbol{\alpha}_2,\boldsymbol{\alpha}_3$ 线性无关,$\boldsymbol{\alpha}_4=\boldsymbol{\alpha}_1+\boldsymbol{\alpha}_2+2\boldsymbol{\alpha}_3$,且已知方程组 $(\boldsymbol{\alpha}_1-\boldsymbol{\alpha}_2,\boldsymbol{\alpha}_2+\boldsymbol{\alpha}_3,-\boldsymbol{\alpha}_1+a\boldsymbol{\alpha}_2+\boldsymbol{\alpha}_3)\boldsymbol{x}=\boldsymbol{\alpha}_4$ 有无穷多解,

(Ⅰ)求 a 的值;

(Ⅱ)求该方程组的通解.

(22)(本题满分 12 分)

假设随机变量 X 服从指数分布,其密度函数为:

$$f(x)=\begin{cases}3e^{-3x}, & x>0\\ 0, & x\leqslant 0\end{cases}$$

(1)求 $Y=1-e^{-3x}$ 的分布;

(2)求 $E(Y),D(Y)$.

模拟试题九

答案见第 84 页

一、选择题:1～10 小题,每小题 5 分,共 50 分.下列每题给出的四个选项中,只有一个选项是符合题目要求的.请将所选项前的字母填在括号内.

(1)设函数 $f(x)=\dfrac{\ln(1+x^2)}{k-e^{cx}}$ 在$(-\infty,+\infty)$上连续,且 $\lim\limits_{x\to+\infty}f(x)=0$,则应有(　　).

(A)$k<0,c<0$.　　(B)$k>0,c>0$.

(C)$k\leqslant0,c>0$.　　(D)$k\geqslant0,c<0$.

(2)已知 $\int_{-\infty}^{+\infty}e^{-x^2}dx=\sqrt{\pi}$,$\mu$ 和 σ 为实数且 $\sigma>0$,则 $\int_{-\infty}^{+\infty}e^{-\frac{(x-\mu)^2}{\sigma}}dx=$(　　).

(A)$\sqrt{\sigma\pi}$.　　(B)$\sqrt{\dfrac{\pi}{\sigma}}$.

(C)$\sqrt{\pi}$.　　(D)$\sqrt{\dfrac{|\mu|\pi}{\sigma}}$.

(3)设可微函数 $f(x,y)$在点(x_0,y_0)取得极小值,则下列结论正确的是(　　).

(A)$f(x_0,y)$在 $y=y_0$ 处的导数等于零.　　(B)$f(x_0,y)$在 $y=y_0$ 处的导数大于零.

(C)$f(x_0,y)$在 $y=y_0$ 处的导数小于零.　　(D)$f(x_0,y)$在 $y=y_0$ 处的导数不存在.

(4)函数 $f(x,y)=x^2+xy+y^2-3x-6y$(　　).

(A)无极值.　　(B)有极小值.

(C)有极大值.　　(D)有无极值无法判断.

(5)设 $\boldsymbol{\alpha}_1=(1,4,3,-1)^T$,$\boldsymbol{\alpha}_2=(2,t,-1,-1)^T$,$\boldsymbol{\alpha}_3=(-2,3,1,t+1)^T$,则(　　).

(A)对任意的 t,$\boldsymbol{\alpha}_1,\boldsymbol{\alpha}_2,\boldsymbol{\alpha}_3$ 线性无关.　　(B)仅当 $t=-3$ 时,$\boldsymbol{\alpha}_1,\boldsymbol{\alpha}_2,\boldsymbol{\alpha}_3$ 线性无关.

(C)当 $t=0$ 时,$\boldsymbol{\alpha}_1,\boldsymbol{\alpha}_2,\boldsymbol{\alpha}_3$ 线性相关.　　(D)仅 $t\neq0$ 且 $t\neq-3$ 时,$\boldsymbol{\alpha}_1,\boldsymbol{\alpha}_2,\boldsymbol{\alpha}_3$ 线性无关.

(6)设 $\boldsymbol{A}$ 是 3 阶矩阵,其特征值是 1,3,−2,相应的特征向量依次为 $\boldsymbol{\alpha}_1,\boldsymbol{\alpha}_2,\boldsymbol{\alpha}_3$,若 $\boldsymbol{P}=(\boldsymbol{\alpha}_1,2\boldsymbol{\alpha}_3,-\boldsymbol{\alpha}_2)$,则 $\boldsymbol{P}^{-1}\boldsymbol{AP}=$(　　).

(A)$\begin{pmatrix}3&&\\&-2&\\&&1\end{pmatrix}$.　　(B)$\begin{pmatrix}1&&\\&-2&\\&&3\end{pmatrix}$.

(C)$\begin{pmatrix}1&&\\&-2&\\&&-3\end{pmatrix}$.　　(D)$\begin{pmatrix}1&&\\&3&\\&&-2\end{pmatrix}$.

(7)设矩阵 $\boldsymbol{A}=\begin{pmatrix}3&0&-2\\2&1&3\\0&2&1\end{pmatrix}$,$R(\boldsymbol{B})=2$,则 $R(\boldsymbol{AB})=$(　　).

(A)0.　　(B)1.　　(C)2.　　(D)3.

(8)设随机变量 X 服从正态分布 $N(\mu,\sigma^2)$，则随着 σ 的增大，概率 $P\{|X-\mu|<\sigma\}$ 将会(　　).

(A)增大.　　(B)减小.　　(C)保持不变.　　(D)增减不定.

(9)设随机变量 $X\sim N(1,2)$，$Y\sim N(2,4)$，且 X 与 Y 相互独立，则(　　).

(A)$2X-Y\sim N(0,1)$.　　(B)$\dfrac{2X-Y}{2\sqrt{3}}\sim N(0,1)$.

(C)$2X-Y+1\sim N(1,9)$.　　(D)$\dfrac{2X-Y+1}{2\sqrt{3}}\sim N(0,1)$.

(10)设随机变量 X 和 Y 都服从正态分布，且它们不相关，则(　　).

(A)X 与 Y 一定独立.　　(B)(X,Y) 服从二维正态分布.

(C)X 与 Y 未必独立.　　(D)$X+Y$ 服从一维正态分布.

二、填空题：11～16 小题，每小题 5 分，共 30 分. 请将答案写在题目中的横线上.

(11)极限 $\lim\limits_{x\to\infty}x\sin\dfrac{3x}{x^2+2}=$________.

(12)设 $y=\dfrac{x+3}{3x-1}$，则 $y^{(n)}=$________.

(13)设 $a>0$，则 $\int_{-a}^{a}\sqrt{a^2-x^2}\ln\dfrac{x+\sqrt{1+x^2}}{2}\mathrm{d}x$ ________.

(14)二次积分 $\int_0^1\mathrm{d}y\int_y^1\sqrt{x^2-y^2}\,\mathrm{d}x=$________.

(15)设 n 阶矩阵 $\boldsymbol{A}$ 可逆，其每一行元素之和都等于 a，则 $\boldsymbol{A}^{-1}$ 的每一行元素之和为________.

(16)袋中有 a 只白球，b 只黑球，从中任意取一球，不放回也不看，再取第二次，则第二次取到白球的概率为________.

三、解答题：17～22 小题，共 70 分. 解答应写出文字说明、证明过程或演算步骤.

(17)(本题满分 10 分)

求极限 $\lim\limits_{x\to1^-}\ln x\cdot\ln(1-x)$.

(18)(本题满分 12 分)

计算 $\iint\limits_D\sqrt{x^2+y^2}\,\mathrm{d}x\,\mathrm{d}y$，其中积分区域 D 是由圆 $x^2+y^2=2y$ 所围成.

(19)(本题满分 12 分)

设 $\mathrm{e}<a<b<\mathrm{e}^2$，证明：$\ln^2b-\ln^2a>\dfrac{4}{\mathrm{e}^2}(b-a)$.

(20)(本题满分 12 分)

已知 $f(x)$ 是 $(0,+\infty)$ 上的连续函数，且满足

$$\frac{x}{2}[1+f(x)]-\int_1^x f(t)\mathrm{d}t=\frac{x^3+2}{6}，求 f(x).$$

(21)(本题满分 12 分)

设矩阵 $\boldsymbol{A}=\begin{pmatrix}1&2&-3\\-1&4&-3\\1&a&5\end{pmatrix}$ 的特征方程有一个二重根，试求 a 的值，并讨论 $\boldsymbol{A}$ 是否可相似

对角化.

(22)(本题满分 12 分)

设 A,B 为随机事件,且 $P(A)=\frac{1}{4}$,$P(B|A)=\frac{1}{3}$,$P(A|B)=\frac{1}{2}$,令

$$X=\begin{cases}1, A\text{ 发生}\\0, A\text{ 不发生}\end{cases},\quad Y=\begin{cases}1, B\text{ 发生}\\0, B\text{ 不发生}\end{cases}.$$

求:(Ⅰ)二维随机变量 (X,Y) 的联合概率分布;

(Ⅱ)X 和 Y 的相关系数 ρ_{XY}.

模拟试题十

答案见第 89 页

一、选择题:1～10 小题,每小题 5 分,共 50 分.下列每题给出的四个选项中,只有一个选项是符合题目要求的.请将所选项前的字母填在括号内.

(1)函数 $f(x)=\dfrac{e^{2x}-1}{x(x-1)}$ 的可去间断点为(　　).

(A)$x=0,1$.　　(B)$x=1$.

(C)$x=0$.　　(D)无可去间断点.

(2)函数 $F(x)=\int_1^x\left(2-\dfrac{1}{\sqrt{t}}\right)dt\ (x>0)$ 的单调减少区间是(　　).

(A)$\left(0,\dfrac{1}{4}\right)$.　　(B)$(0,2)$.

(C)$\left(0,\sqrt{\dfrac{1}{4}}\right)$.　　(D)不存在单调区间.

(3)当 $x>0$ 时,曲线 $y=x\sin\dfrac{1}{x}$,(　　).

(A)有且仅有水平渐近线.　　(B)有且仅有铅直渐近线.

(C)既有水平渐近线也有铅直渐近线.　　(D)既无水平渐近线也无铅直渐近线.

(4)积分 $\int\dfrac{dx}{1+e^x}=$(　　).

(A)$x+\ln(1+e^x)+C$.　　(B)$-x-\ln(1+e^x)+C$.

(C)$\ln(1+e^x)-x+C$.　　(D)$x-\ln(1+e^x)+C$.

(5)非齐次线性方程组 $\boldsymbol{A}_{5\times5}\boldsymbol{x}=\boldsymbol{b}$ 在以下(　　)情形下有无穷多解.

(A)$R(\boldsymbol{A})=4,R(\boldsymbol{A},\boldsymbol{b})=5$.　　(B)$R(\boldsymbol{A})=3,R(\boldsymbol{A},\boldsymbol{b})=4$.

(C)$R(\boldsymbol{A})=4,R(\boldsymbol{A},\boldsymbol{b})=4$.　　(D)$R(\boldsymbol{A})=5,R(\boldsymbol{A},\boldsymbol{b})=5$.

(6)若 $\boldsymbol{A}=\begin{pmatrix}a_{11}&a_{12}&\cdots&a_{1n}\\a_{21}&a_{22}&\cdots&a_{2n}\\\vdots&\vdots&&\vdots\\a_{n1}&a_{n2}&\cdots&a_{nn}\end{pmatrix}$ 是实正交阵,则下列说法不正确的是(　　).

(A)$\boldsymbol{A}\boldsymbol{A}^{T}=\boldsymbol{A}^{T}\boldsymbol{A}=\boldsymbol{E}$.　　(B)$|\boldsymbol{A}|=1$.

(C)$a_{11}^2+a_{12}^2+\cdots+a_{1n}^2=1$.　　(D)$a_{11}a_{21}+a_{12}a_{22}+\cdots+a_{1n}a_{2n}=0$.

(7)设 $\boldsymbol{A}=\begin{pmatrix}a&1&1\\-1&0&1\\1&b&0\end{pmatrix}$,$\boldsymbol{\alpha}=\begin{pmatrix}1\\-1\\1\end{pmatrix}$ 为 $\boldsymbol{A}$ 属于特征值 λ 的特征向量,则 a,b 的值为(　　).

(A)$a=-2,b=1$.　　(B)$a=2,b=-1$.

(C)$a=-2,b=-1$.　　(D)$a=2,b=1$.

(8)已知随机变量 X 服从二项分布,且 $E(X)=2.4$,$D(X)=1.44$,则二项分布的参数 n,p 的值为(　　).

(A)$n=4,p=0.6$.　　(B)$n=6,p=0.4$.

(C)$n=8,p=0.3$.　　(D)$n=24,p=0.1$.

(9)设有二维随机变量(X,Y),已知 $D(X)=9$,$D(Y)=4$;X,Y 的相关系数为 $\rho_{XY}=\frac{1}{3}$,则 $D(X-2Y)=$(　　).

(A)15.　　(B)17.　　(C)13.　　(D)5.

(10)设 $0<P(B)<1$,则 $P(A|B)+P(\overline{A}|\overline{B})=1$ 是随机事件 A 与 B 相互独立的(　　)条件.

(A)充分必要.　　(B)充分.

(C)必要.　　(D)既不是充分也不是必要.

二、填空题:11~16 小题,每小题 5 分,共 30 分. 请将答案写在题目中的横线上.

(11)$\lim\limits_{n\to\infty}\frac{2\cdot 3^n+3\cdot(-2)^n}{3^n}=$________.

(12)设 $z=\sin(xy)+\varphi\left(x,\frac{x}{y}\right)$,$\varphi(u,v)$具有二阶连续偏导数,则$\frac{\partial^2 z}{\partial x\partial y}=$________.

(13)设$\begin{cases}x=1+t^2\\ y=\cos t\end{cases}$,则$\frac{\mathrm{d}^2 y}{\mathrm{d}x^2}=$________.

(14)$\int_0^{+\infty}\frac{1}{x^2+4x+8}\mathrm{d}x=$________.

(15)设 $\boldsymbol{A}$ 为 $m\times n$ 矩阵,$\boldsymbol{B}$ 为 $n\times m$ 矩阵,且 $m>n$,则$|\boldsymbol{AB}|=$________.

(16)三个人独立地破译一个密码,他们能单独译出的概率分别为$\frac{1}{5},\frac{1}{3},\frac{1}{4}$,则此密码被译出的概率为________.

三、解答题:17~22 小题,共 70 分. 解答应写出文字说明、证明过程或演算步骤.

(17)(本题满分 10 分)

已知 $\lim\limits_{x\to\infty}\left(\frac{x+a}{x-a}\right)^{2x}=\frac{1}{\mathrm{e}}$,求常数 a.

(18)(本题满分 12 分)

设函数 $f(x)$满足 $3f(x)+4x^2f\left(-\frac{1}{x}\right)+\frac{7}{x}=0$,求函数 $f(x)$的极大值和极小值.

(19)(本题满分 12 分)

计算二重积分 $I=\iint\limits_D(x+y)^2\mathrm{d}x\mathrm{d}y$ 的值,其中 D 为 $x^2+y^2\leqslant 2ax$,$x^2+y^2\geqslant ax$ $(x>0)$.

(20)(本题满分 12 分)

证明:当 $0<x<1$ 时,有$(1-x)\mathrm{e}^{2x}<x+1$.

(21)(本题满分 12 分)

已知线性方程组$\begin{cases}x_1+a_1x_2+a_1^2x_3=a_1^3\\ x_1+a_2x_2+a_2^2x_3=a_2^3\\ x_1+a_3x_2+a_3^2x_3=a_3^3\\ x_1+a_4x_2+a_4^2x_3=a_4^3\end{cases}$,

（Ⅰ）若 a_1,a_2,a_3,a_4 两两不等，问该方程组是否有解？

（Ⅱ）若 $a_1=a_3=b,a_2=a_4=-b(b\neq 0)$，且已知方程的两个解 $\boldsymbol{\xi}_1=(1,1,-1)^{\mathrm{T}}$，$\boldsymbol{\xi}_2=(-1,1,1)^{\mathrm{T}}$ 试给出该方程组的通解.

(22)（本题满分 11 分）

一民航大巴载有 50 位旅客，从机场开出，旅客有 10 个车站可以下车，如到达一车站没有人下车就不停车，以 X 表示停车的次数，求 $E(X)$.（假设每位旅客在各个车站下车是等可能的，并且各旅客是否下车相互独立.）

模拟试题十一

答案见第 93 页

一、选择题:1～10 小题,每小题 5 分,共 50 分.下列每题给出的四个选项中,只有一个选项是符合题目要求的.请将所选项前的字母填在括号内.

(1)函数 $f(x)=\left(e^{\frac{1}{x^2}}-1\right)(2-\cos x)$ 在 $(-\infty,+\infty)$ 内是(　　).

(A)有界的偶函数.　　(B)无界的偶函数.

(C)有界的奇函数.　　(D)无界的奇函数.

(2)设 $f'(\ln x)=1+x$,且 $x>0$,则 $f(x)=$(　　).

(A)$\ln x+\frac{1}{2}\ln^2 x+C$.　　(B)$x+\frac{1}{2}x^2+C$.

(C)$x+e^x+C$.　　(D)$e^x+\frac{1}{2}e^{2x}+C$.

(3)极限 $\lim\limits_{x\to 0}\frac{e^x-e^{-x}}{x(1+x^2)}$ 的值为(　　).

(A)0.　　(B)1.　　(C)2.　　(D)3.

(4)设 $f(x)$ 为不恒等于零的奇函数,且 $f'(0)$ 存在,则函数 $g(x)=\frac{f(x)}{x}$(　　).

(A)在 $x=0$ 处左极限不存在.　　(B)有跳跃间断点 $x=0$.

(C)在 $x=0$ 处右极限不存在.　　(D)有可去间断点 $x=0$.

(5)设 ξ_1,ξ_2 是 n 元非齐次线性方程组 $\boldsymbol{Ax}=\boldsymbol{b}$ 的两个解,$\boldsymbol{A}$ 为 n 阶方阵,则下列命题成立的是(　　).

(A)$\boldsymbol{Ax}=\boldsymbol{0}$ 只有零解.

(B)$|\boldsymbol{A}|\neq 0$.

(C)存在一个非零向量与 $\boldsymbol{A}$ 的每一个行向量都正交.

(D)不存在非零向量与 $\boldsymbol{A}$ 的每一个行向量都正交.

(6)设 $\boldsymbol{A}$、$\boldsymbol{B}$ 为 n 阶方阵,且 $\boldsymbol{B}=\boldsymbol{B}^2$,$\boldsymbol{A}=\boldsymbol{E}+\boldsymbol{B}$,则 $\boldsymbol{A}^{-1}=$(　　).

(A)$\frac{1}{2}(3\boldsymbol{E}-\boldsymbol{A})$.　　(B)$\boldsymbol{B}^{-1}$.　　(C)$2\boldsymbol{E}$.　　(D)$-\boldsymbol{B}^{-1}$.

(7)设 $\boldsymbol{A},\boldsymbol{B}$ 都为 n 阶非零矩阵,且 $\boldsymbol{AB}=\boldsymbol{0}$,则(　　).

(A)方程组 $\boldsymbol{Ax}=\boldsymbol{b}$ 有无穷多解.　　(B)方程组 $\boldsymbol{Ax}=\boldsymbol{b}$ 有唯一解.

(C)方程组 $\boldsymbol{Ax}=\boldsymbol{0}$ 有无穷多解.　　(D)方程组 $\boldsymbol{Ax}=\boldsymbol{0}$ 仅有零解.

(8)设 X 表示 10 次独立重复射击目标的次数,每次命中目标的概率为 0.6,则数学期望 $E[X(X-1)]=$(　　).

(A)6.　　(B)2.4.　　(C)30.　　(D)32.4.

(9)设总体 X 服从正态分布 $N(\mu,\sigma^2)$,μ,σ^2 为未知参数,$(X_1,X_2,\cdots,X_n)$是来自总体 X 的样本,则下列结论正确的是(　　).

(A) $\frac{1}{n-1}\sum_{i=1}^{n}(X_i-\overline{X})^2$ 服从 $\chi^2(n-1)$ 分布.

(B) $\frac{1}{n}\sum_{i=1}^{n}(X_i-\overline{X})^2$ 服从 $\chi^2(n-1)$ 分布.

(C) $\frac{1}{\sigma^2}\sum_{i=1}^{n}(X_i-\overline{X})^2$ 服从 $\chi^2(n-1)$ 分布.

(D) $\frac{1}{\sigma^2}\sum_{i=1}^{n}(X_i-\overline{X})^2$ 服从 $\chi^2(n)$ 分布.

(10)若随机变量 $X\sim N(\mu,\sigma^2)$,$(X_1,X_2,\cdots,X_n)$是从中抽取的一个样本,$\overline{X}$ 是样本均值,S^2 是样本方差,则方差 $D(S^2)=$(　　).

(A)$\frac{\sigma^2}{n}$.　　(B)$\frac{\sigma^2}{n-1}$.　　(C)$\frac{\sigma^4}{n}$.　　(D)$\frac{2\sigma^4}{n-1}$.

二、填空题:11～16 小题,每小题 5 分,共 30 分.请将答案写在题目中的横线上.

(11)设函数 $f(x)$ 连续,则 $\frac{\mathrm{d}}{\mathrm{d}x}\int_0^x tf(x^2-t^2)\mathrm{d}t=$________.

(12)设 $z=\frac{1}{x}f(xy)+y\varphi(x+y)$,其中 f,φ 具有二阶连续导数,则 $\frac{\partial^2 z}{\partial x\partial y}=$________.

(13)设 $\varphi(x)$ 为连续函数,则 $F(x)=\int_{-1}^{1}[\varphi(x)-\varphi(-x)]\mathrm{d}x=$________.

(14)函数 $y=x2^x$ 的极小值点是________.

(15)设 $\boldsymbol{A}=\boldsymbol{E}-\boldsymbol{x}\boldsymbol{x}^{\mathrm{T}}$,其中 $\boldsymbol{x}$ 是 n 维列向量,且 $\boldsymbol{x}^{\mathrm{T}}\boldsymbol{x}=1$ 时,则 $|\boldsymbol{A}|=$________.

(16)甲、乙两人向同一目标独立地各射击一次,命中率分别为 $\frac{1}{3}$、$\frac{1}{2}$,现已知目标被击中,则它由甲击中的概率为________.

三、解答题:17～22 小题,共 70 分.解答应写出文字说明、证明过程或演算步骤.

(17)(本题满分 10 分)

已知 $\lim\limits_{x\to+\infty}(3x-\sqrt{ax^2+bx+1})=2$,求常数 a,b.

(18)(本题满分 12 分)

证明方程 $\sin x+x+1=0$ 在开区间 $\left(-\frac{\pi}{2},\frac{\pi}{2}\right)$ 内至少有一个根.

(19)(本题满分 12 分)

已知函数 $f(x)=\frac{1}{1+x^2}+\sqrt{1-x^2}\int_0^1 f(x)\mathrm{d}x$,求积分 $\int_0^1 f(x)\mathrm{d}x$ 的值.

(20)(本题满分 12 分)

求微分方程 $xy'\ln x+y=x(\ln x+1)$的通解.

(21)(本题满分 12 分)

已知矩阵 $\boldsymbol{A}$ 与 $\boldsymbol{B}$ 相似,且 $\boldsymbol{A}=\begin{pmatrix}1 & a & 1\\ a & 1 & b\\ 1 & b & 1\end{pmatrix}$,$\boldsymbol{B}=\begin{pmatrix}0 & 0 & 0\\ 0 & 1 & 0\\ 0 & 0 & 2\end{pmatrix}$

(Ⅰ)求出 a、b 的值.

(Ⅱ)求正交矩阵 $\boldsymbol{P}$,使 $\boldsymbol{P}^{-1}\boldsymbol{A}\boldsymbol{P}=\boldsymbol{B}$.

(22)(本题满分 12 分)

设在总体 $N(\mu,\sigma^2)$ 中抽取一个容量为 16 的样本,其中 μ,σ^2 未知,求 $P\left\{\dfrac{S^2}{\sigma^2}\leqslant 1.664\right\}$.

模拟试题十二

答案见第 97 页

一、选择题:1～10 小题,每小题 5 分,共 50 分. 下列每题给出的四个选项中,只有一个选项是符合题目要求的. 请将所选项前的字母填在括号内.

(1)设 $f(x)=\lim\limits_{n\to\infty}\dfrac{1+x}{1+x^{2n}}$,则 $f(x)$(　　).

(A)不存在间断点.　　(B)存在间断点 $x=1$.

(C)存在间断点 $x=0$.　　(D)存在间断点 $x=-1$.

(2)当 $x\to a$ 时,$f(x)$是(　　)时,必有 $\lim\limits_{x\to a}(x-a)f(x)=0$.

(A)任意函数.　　(B)有极限的函数.

(C)无穷小量.　　(D)无穷大量.

(3)若函数 $f(x)$在点 x_0 连续,若 x_0 是 $f(x)$的极值点,则必有(　　).

(A)$f'(x_0)=0$.　　(B)$f'(x_0)\neq 0$.

(C)$f'(x_0)=0$ 或 $f'(x_0)$不存在.　　(D)$f'(x_0)$不存在.

(4)设 $f(x)$的一个原函数为 $\ln x$,则 $f'(x)=$(　　).

(A)$\dfrac{1}{x}$.　　(B)e^x.

(C)$x\ln x$.　　(D)$-\dfrac{1}{x^2}$.

(5)设 $\boldsymbol{A}$ 为 3×4 矩阵,且 $R(\boldsymbol{A})=2$,矩阵 $\boldsymbol{P}=\begin{pmatrix}1&0&0\\2&2&0\\3&0&1\end{pmatrix}$,则 $R(\boldsymbol{PA})=$(　　).

(A)1.　　(B)2.

(C)3.　　(D)4.

(6)设 n 阶矩阵 $\boldsymbol{A}$ 与 $\boldsymbol{B}$ 相似,且 $\boldsymbol{A}+3\boldsymbol{E}$ 不可逆,则 $\boldsymbol{B}$ 的一个特征值为(　　).

(A)$\dfrac{1}{3}$.　　(B)$-\dfrac{1}{3}$.

(C)3.　　(D)-3.

(7)设 ξ_1,ξ_2,ξ_3 是方程组 $\boldsymbol{Ax}=\boldsymbol{0}$ 的基础解系,则下列向量组中也是方程组 $\boldsymbol{Ax}=\boldsymbol{0}$ 的基础解系的是(　　).

(A)$\xi_1+\xi_2,\xi_2+\xi_3,\xi_3+\xi_1$.　　(B)$\xi_1+\xi_2,\xi_2-\xi_3,\xi_3+\xi_1$.

(C)$\xi_1-\xi_2,\xi_2-\xi_3,\xi_3-\xi_1$.　　(D)$\xi_1+\xi_2-\xi_3,\xi_1+\xi_3,2\xi_1+\xi_2$.

(8)某人向同一目标独立重复射击,每次射击命中目标的概率为 $p(0<p<1)$,则此人第 4 次射击恰好第 2 次击中目标的概率为(　　).

(A)$3p(1-p)^2$.　　(B)$6p(1-p)^2$.

(C)$3p^2(1-p)^2$.　　(D)$6p^2(1-p)^2$.

(9)设二维随机变量(X,Y)的概率分布为

X \ Y	0	1
0	0.4	a
1	b	0.1

已知随机事件$\{X=0\}$与$\{X+Y=1\}$相互独立,则(　　).

(A)$a=0.2,b=0.3$.　　(B)$a=0.4,b=0.1$.

(C)$a=0.3,b=0.2$.　　(D)$a=0.1,b=0.4$.

(10)设A、B是两个随机事件,事件$(\overline{A}\cup\overline{B})(\overline{A}\cup B)$可简化为(　　).

(A)$A\cup B$.　　(B)AB.

(C)$\overline{A}$.　　(D)ABC.

二、填空题:11~16小题,每小题5分,共30分.请将答案写在题目中的横线上.

(11)$x=1$是函数$f(x)=\dfrac{x^2-1}{x^2-3x+2}$的第________类间断点.

(12)$\lim\limits_{x\to\infty}\left(\dfrac{3+x}{2+x}\right)^{5x}=$________.

(13)已知$f(x)$的一个原函数是$\dfrac{\cos x}{x}$,$\int xf'(x)\mathrm{d}x=$________.

(14)$\int\dfrac{\mathrm{d}x}{(1+\mathrm{e}^x)}=$________.

(15)若n阶下三角行列式$D_n=\begin{vmatrix}1 & & & & \\ 1 & 1 & & & \\ 1 & 1 & 1 & & \\ \vdots & \vdots & \vdots & \ddots & \\ 1 & 1 & 1 & \cdots & 1\end{vmatrix}$$(n\geqslant 2)$,则所有元素的代数余子式之和等于________.

(16)从数1,2,3,4中任取一个数,记为X,再从$1,2,\cdots,X$中任取一个数,记为Y,则$P\{Y=2\}=$________.

三、解答题:17~22小题,共70分.请将答案写在指定位置上,解答应写出文字说明、证明过程或演算步骤.

(17)(本题满分10分)

计算积分$I=\int_0^{\pi}\sqrt{\sin^3x-\sin^5x}\,\mathrm{d}x$

(18)(本题满分12分)

设函数$f(x)$在$(0,+\infty)$内连续,$f(1)=\dfrac{5}{2}$,且对所有$x,t\in(0,+\infty)$满足条件$\int_1^{xt}f(u)\mathrm{d}u=t\int_1^{x}f(u)\mathrm{d}u+x\int_1^{t}f(u)\mathrm{d}u$,求$f(x)$.

(19)(本题满分 12 分)

已知$\lim\limits_{x\to\infty}\left(\dfrac{x^2+1}{x+1}-ax+b\right)=3$,求常数 a,b.

(20)(本题满分 12 分)

计算二重积分:$\iint\limits_D |y-x^2|\,\mathrm{d}\sigma$,其中 D 是闭区域:$-1\leqslant x\leqslant 1,0\leqslant y\leqslant 1$.

(21)(本题满分 12 分)

问 a,b 为何值时,线性方程组$\begin{cases}x_1+x_2+x_3+x_4=0\\x_2+2x_3+2x_4=1\\-x_2+(a-3)x_3-2x_4=b\\3x_1+2x_2+x_3+ax_4=-1\end{cases}$有唯一解、无解、有无穷多组解?

并求出有无穷多解时的通解.

(22)(本题满分 12 分)

设随机变量 X 的概率密度为 $f_X(x)=\begin{cases}0.5, & -1<x<0\\0.25, & 0\leqslant x<2\\0, & 其他\end{cases}$,令 $Y=X^2$.

令 $Y=X^2$

(1)求随机变量 Y 的分布函数;

(2)随机变量 Y 的概率密度函数.

模拟试题十三

答案见第 102 页

一、选择题:1～10 小题,每小题 5 分,共 50 分.下列每题给出的四个选项中,只有一个选项是符合题目要求的.请将所选项前的字母填在括号内.

(1)设函数 $f(x)$在 $x=0$ 处连续,下列命题错误的是(　　).

(A)若$\lim\limits_{x\to 0}\dfrac{f(x)}{x}$存在,则 $f(0)=0$.

(B)若$\lim\limits_{x\to 0}\dfrac{f(x)+f(-x)}{x}$存在,则 $f(0)=0$.

(C)若$\lim\limits_{x\to 0}\dfrac{f(x)}{x}$存在,则 $f'(0)$存在.

(D)若$\lim\limits_{x\to 0}\dfrac{f(x)-f(-x)}{x}$存在,则 $f'(0)$存在.

(2)设函数 $f(x)$在区间$[-1,1]$上连续,则 $x=0$ 是函数 $F(x)=\dfrac{\int_0^x f(t)\mathrm{d}t}{x}$ 的(　　).

(A)跳跃间断点.

(B)可去间断点.

(C)无穷间断点.

(D)振荡间断点.

(3)设$\lim\limits_{x\to a}\dfrac{f(x)-f(a)}{\sqrt[3]{x-a}}=1$,则函数 $f(x)$在 $x=a$ 处(　　).

(A)取得极大值.

(B)取得极小值.

(C)不可导.

(D)可导.

(4)设函数 $f(x)$连续,则下列函数中一定为偶函数的是(　　).

(A) $\int_0^x f(t^2)\mathrm{d}t$.

(B) $\int_0^x f^2(t^2)\mathrm{d}t$.

(C) $\int_0^x t[f(t)-f(-t)]\mathrm{d}t$.

(D) $\int_0^x t[f(t)+f(-t)]\mathrm{d}t$.

(5)设矩阵 $\boldsymbol{A}$ 满足 $\boldsymbol{A}^2+\boldsymbol{A}-4\boldsymbol{E}=\boldsymbol{0}$,其中 $\boldsymbol{E}$ 为单位矩阵,则 $\boldsymbol{A}-\boldsymbol{E}$ 的逆阵为(　　).

(A)$\boldsymbol{A}-2\boldsymbol{E}$.

(B)$\boldsymbol{A}+2\boldsymbol{E}$.

(C)$\dfrac{1}{2}(\boldsymbol{A}-2\boldsymbol{E})$.

(D)$\dfrac{1}{2}(\boldsymbol{A}+2\boldsymbol{E})$.

(6)$\boldsymbol{\alpha}=\begin{pmatrix}1\\2\\3\end{pmatrix}$、$\boldsymbol{\beta}=\begin{pmatrix}1\\1\\1\end{pmatrix}$,$\boldsymbol{A}=\boldsymbol{\alpha}\boldsymbol{\beta}^{\mathrm{T}}$,则 $\boldsymbol{A}$ 的秩 $R(\boldsymbol{A})=$(　　).

(A)1.

(B)2.

(C)3.

(D)4.

(7)已知齐次方程组$(\boldsymbol{A}-2\boldsymbol{E})\boldsymbol{x}=\boldsymbol{0}$ 的基础解系有一个向量,则行列式$|\boldsymbol{A}^2-\boldsymbol{A}-2\boldsymbol{E}|=$(　　).

(A)2.

(B)0.

(C)1.

(D)3.

(8)设 X,Y 均服从正态分布,则协方差 $\mathrm{Cov}(X,Y)=0$ 是 X 与 Y 相互独立的(　　).

(A)充分条件.　　(B)必要条件.

(C)充要条件.　　(D)既不充分又不必要条件.

(9)设随机变量 X 服从正态分布 $N(0,\sigma^2)$,则随 σ 的增大,概率 $P(|X|<\sigma)$(　　).

(A)单调增大.　　(B)单调减小.

(C)保持不变.　　(D)增减不定.

(10)设事件 A、B 的概率均大于零小于 1,且 A、B 相互独立,则(　　).

(A)A、B 互不相容.　　(B)A、B 一定相容.

(C)$\overline{A}$、$\overline{B}$ 互不相容.　　(D)$\overline{A}$、B 互不相容.

二、填空题:11～16 小题,每小题 5 分,共 30 分.请将答案写在横线上.

(11)数列$\{\sqrt[n]{n}\}$中最大的项为________.

(12)设 $f(x,y)=\mathrm{e}\sqrt{x^2+y^4}$,则 $f_y'(0,0)=$________.

(13)若 $f(x)$满足 $f(0)=0,f'(0)=3$,则$\lim\limits_{x\to0}\dfrac{\int_0^x\left[\int_0^x f(u-t)\mathrm{d}t\right]\mathrm{d}u}{\sin x(1-\cos x)}=$________.

(14)交换积分次序 $\int_0^1\mathrm{d}y\int_0^{y^2}f(x,y)\mathrm{d}x+\int_1^2\mathrm{d}y\int_0^{\sqrt{2y-y^2}}f(x,y)\mathrm{d}x=$________.

(15)已知 $\boldsymbol{A}=\begin{pmatrix}1&2&0\\3&4&0\\5&5&7\end{pmatrix}$,且 $\boldsymbol{XA}+\boldsymbol{E}=\boldsymbol{A}^2-\boldsymbol{X}$,$\boldsymbol{X}=$________.

(16)设(X,Y)的联合密度函数为:$f(x,y)=\begin{cases}Ay(1-x), & 0\leqslant x\leqslant1,0\leqslant y\leqslant x\\0, & 其他\end{cases}$.

$E(XY)=$________.

三、解答题:17～22 小题,共 70 分.请将答案写在指定位置上,解答应写出文字说明、证明过程或演算步骤.

(17)(本题满分 10 分)

已知方程 $x^3-6x^2+9x-k=0$ 有且只有一个正根,求实数 k 的取值范围.

(18)(本题满分 12 分)

设有抛物线 $L:y=a-bx^2$,试确定常数 a,b 的值,使得:

(Ⅰ)L 与直线 $y=x+1$ 相切;

(Ⅱ)L 与 x 轴所围图形绕 y 轴旋转所得旋转体的体积最大.

(19)(本题满分 12 分)

设 $f(x)$在区间$[-a,a]$上可积.

(Ⅰ)证明:$\int_{-a}^a f(x)\mathrm{d}x=\int_0^a[f(x)+f(-x)]\mathrm{d}x$;

(Ⅱ)计算:$\int_{-\frac{\pi}{4}}^{\frac{\pi}{4}}\dfrac{\cos x}{1+\mathrm{e}^{-x}}\mathrm{d}x$.

(20)(本题满分 12 分)

设 $y=y(x)$在$[0,+\infty]$可导,在 $\forall x\in(0,+\infty)$处的增量 $\Delta y=y(x+\Delta x)-y(x)$满足

$\Delta y(1+\Delta y)=\dfrac{y\Delta x}{1+x}+\alpha$,其中 α 当 $\Delta x\to 0$ 时是与 Δx 等价的无穷小,又 $y(0)=1$. 求 $y(x)$.

(21)(本题满分 12 分)

已知向量 $\boldsymbol{\alpha}_1=\begin{pmatrix}1\\0\\2\\3\end{pmatrix},\boldsymbol{\alpha}_2=\begin{pmatrix}1\\1\\3\\5\end{pmatrix},\boldsymbol{\alpha}_3=\begin{pmatrix}1\\-1\\a+2\\1\end{pmatrix},\boldsymbol{\alpha}_4=\begin{pmatrix}1\\2\\4\\a+8\end{pmatrix}$,又 $\boldsymbol{\beta}=(1,1,b+3,5)^{\mathrm{T}}$,问 a,b 为何值时,

(Ⅰ)$\boldsymbol{\beta}$ 不能由 $\boldsymbol{\alpha}_1,\boldsymbol{\alpha}_2,\boldsymbol{\alpha}_3,\boldsymbol{\alpha}_4$ 线性表示;

(Ⅱ)$\boldsymbol{\beta}$ 能由 $\boldsymbol{\alpha}_1,\boldsymbol{\alpha}_2,\boldsymbol{\alpha}_3,\boldsymbol{\alpha}_4$ 线性表示,且表示式唯一;

(Ⅲ)$\boldsymbol{\beta}$ 能由 $\boldsymbol{\alpha}_1,\boldsymbol{\alpha}_2,\boldsymbol{\alpha}_3,\boldsymbol{\alpha}_4$ 线性表示,且表示式不唯一,并求一般表示式.

(22)(本题满分 12 分)

设总体 X 服从参数为 λ 的指数分布,即总体 X 的密度函数为

$$f(x)=\begin{cases}\lambda\mathrm{e}^{-\lambda x}, & x\geqslant 0\\ 0, & x<0\end{cases}$$

$X_1,X_2,\cdots,X_n$ 是来自 X 的样本. 求 $M=\min\{X_1,X_2,\cdots,X_n\}$ 的数学期望.

模拟试题十四

答案见第 107 页

一、选择题:1~10 小题,每小题 5 分,共 50 分. 下列每题给出的四个选项中,只有一个选项是符合题目要求的. 请将所选项前的字母填在括号内.

(1)若函数 $f(x)=\frac{|x|}{x}$,则 $\lim\limits_{x\to 0}f(x)=($　　$)$.

(A)0.　　(B)1.

(C)-1.　　(D)不存在.

(2)下列变量中,是无穷小量的为(　　).

(A)$\ln\frac{1}{x}(x\to 0^{+})$.　　(B)$\ln x(x\to 1)$.

(C)$\cos x(x\to 0)$.　　(D)$\frac{x-2}{x^2-4}(x\to 2)$.

(3)微分方程 $(2x-y)\mathrm{d}x+(2y-x)\mathrm{d}y=0$ 的通解为(　　).(C 为任意常数)

(A)$x^2+xy+y^2=C$.　　(B)$x^2-xy+y^2=C$.

(C)$2x^2-xy+3y^2=C$.　　(D)$2x^2+xy+3y^2=C$.

(4)下列积分值为零的是(　　).

(A)$\int_{-1}^{1}\sin x\,\mathrm{d}x$.　　(B)$\int_{-1}^{1}\cos x\,\mathrm{d}x$.

(C)$\int_{-1}^{1}x\,\mathrm{e}^{x}\,\mathrm{d}x$.　　(D)$\int_{-1}^{1}\mathrm{e}^{-2x}\,\mathrm{d}x$.

(5)设 $\boldsymbol{A}$、$\boldsymbol{B}$ 为同阶可逆矩阵,则(　　).

(A)$\boldsymbol{AB}=\boldsymbol{BA}$.　　(B)存在可逆矩阵 $\boldsymbol{P}$,使 $\boldsymbol{P}^{-1}\boldsymbol{AP}=\boldsymbol{B}$.

(C)存在可逆矩阵 $\boldsymbol{C}$,使 $\boldsymbol{C}^{\mathrm{T}}\boldsymbol{AC}=\boldsymbol{B}$.　　(D)存在可逆矩阵 $\boldsymbol{P}$、$\boldsymbol{Q}$,使 $\boldsymbol{PAQ}=\boldsymbol{B}$.

(6)设 $\boldsymbol{A}=(a_{ij})_{3\times 3}$,$|\boldsymbol{A}|=3$,$A_{ij}$ 是 a_{ij} 的代数余子式,则 $(a_{11}A_{11}+a_{12}A_{12}+a_{13}A_{13})^2+(a_{21}A_{11}+a_{22}A_{12}+a_{23}A_{13})^2+(a_{31}A_{11}+a_{32}A_{12}+a_{13}A_{33})^2=($　　$)$.

(A)0.　　(B)9.

(C)6.　　(D)3.

(7)设 $\boldsymbol{P}$ 为 3 阶非零矩阵,$\boldsymbol{Q}=\begin{pmatrix}1&2&3\\2&4&t\\3&6&9\end{pmatrix}$,且满足 $\boldsymbol{PQ}=\boldsymbol{0}$,则关于矩阵 $\boldsymbol{P}$ 的秩,下列说法正确的是(　　).

(A)$t=6$ 时,$\boldsymbol{P}$ 的秩必为 1.　　(B)$t=6$ 时,$\boldsymbol{P}$ 的秩必为 2.

(A)$t\neq 6$ 时,$\boldsymbol{P}$ 的秩必为 1.　　(B)$t\neq 6$ 时,$\boldsymbol{P}$ 的秩必为 2.

(8)设随机变量 X 服从 $(-1,1)$ 上的均匀分布,事件 $A=\{0<X<1\}$,$B=\left\{|X|<\frac{1}{4}\right\}$,则(　　).

(A)$P(AB)=0$.　　(B)$P(AB)=P(A)$.

(C)$P(A)+P(B)=1$.　　(D)$P(AB)=P(A)\cdot P(B)$.

(9)设 $X_1, X_2, \cdots, X_n$ 是来自正态总体 $N(\mu, \sigma^2)(\sigma>0)$ 的简单随机样本,记统计量 $T=\frac{1}{N}\sum_{i=1}^{n} X_i^2$,则 $E(T)=$(　　).

(A)σ^2.　　(B)μ^2.

(C)$\sigma^2+\mu^2$.　　(D)$\sigma^2-\mu^2$.

(10)设随机变量 X 服从参数为$\frac{1}{3}$的指数分布,$Y\sim U(0,6)$,且 $\rho_{XY}=\frac{1}{\sqrt{3}}$,根据切比晓夫不等式有:$P(-4\leqslant X-Y\leqslant 4)\geqslant$(　　).

(A)$\frac{1}{8}$.　　(B)$\frac{5}{8}$.

(A)$\frac{1}{4}$.　　(D)$\frac{2}{9}$.

二、填空题:11~16 小题,每小题 5 分,共 30 分.请将答案写在题目中的横线上.

(11)曲线 $y=e^x-x$ 在点(0,1)处的切线方程是________.

(12)设 $u=f(x+xy+xyz)$,其中 $f(u)$为可微函数,则$\frac{\partial u}{\partial x}=$________.

(13)由方程 $\sin y+e^x-xy^2=0$ 所决定的隐函数 $y(x)$的导数$\frac{dy}{dx}=$________.

(14)积分 $\int e^x \cos x\, dx=$________.

(15)设 $\boldsymbol{A}=\begin{pmatrix}1&2&3\\2&4&5\\3&6&9\end{pmatrix}$,$\boldsymbol{B}$ 为 3 阶非零矩阵,满足 $\boldsymbol{AB}=\boldsymbol{0}$,则 $R(\boldsymbol{B})=$________.

(16)设随机变量 X 的概率分布为 $P\{X=k\}=\theta(1-\theta)^{k-1}, k=1,2,\cdots$,其中 $0<\theta<1$,若 $P\{X\leqslant 2\}=\frac{5}{9}$,则 $P\{X=3\}=$________.

三、解答题:17~22 小题,共 70 分.请将答案写在指定位置上,解答应写出文字说明、证明过程或演算步骤.

(17)(本题满分 10 分)

设 $f(x)=\begin{cases}\frac{1}{1+e^x}, & x<0\\ \frac{1}{1+x}, & x\geqslant 0\end{cases}$,求积分 $\int_0^2 f(x-1)dx$ 的值.

(18)(本题满分 12 分)

求由方程 $x^2+y^3-xy=0$ 所确定的函数 $y=y(x)$在$(0,+\infty)$内的极值,并判断是极大值还是极小值.

(19)(本题满分 12 分)

求微分方程$\frac{dy}{dx}+2xy=2xe^{-x^2}$ 的通解.

(20)(本题满分 12 分)

计算二重积分 $\iint\limits_{D} x\,\mathrm{d}x\,\mathrm{d}y$,其中 D 是由抛物线 $y=\frac{1}{2}x^2$ 及直线 $y=x+4$ 所围成的区域.

(21)(本题满分 12 分)

设 2 阶矩阵 $\boldsymbol{A}$ 的特征值为 1,2,对应的特征向量依次为 $\boldsymbol{\alpha}_1=\begin{pmatrix}0\\1\end{pmatrix}$,$\boldsymbol{\alpha}_2=\begin{pmatrix}1\\1\end{pmatrix}$.

(Ⅰ)求矩阵 $\boldsymbol{A}$;

(Ⅱ)求 $\boldsymbol{A}^{2014}$.

(22)(本题满分 12 分)

袋中有 1 个红球,2 个黑球与 3 个白球,现有放回地从袋中取球两次,每次取 1 个球,以 X,Y,Z 分别表示两次取球所取得的红球、黑球与白球的个数.

(Ⅰ)求 $P(X=1|Z=0)$;

(Ⅱ)求二维随机变量(X,Y)的概率分布.

模拟试题十五

答案见第 111 页

一、选择题:1~10 小题,每小题 5 分,共 50 分.下列每题给出的四个选项中,只有一个选项是符合题目要求的.请将所选项前的字母填在括号内.

(1)设函数 $y=\dfrac{x}{1-\mathrm{e}^{\frac{x}{1-x}}}$,则 $x=1$(　　).

(A)不是 $f(x)$的间断点.　　(B)是 $f(x)$的跳跃间断点.

(C)是 $f(x)$的无穷间断点.　　(D)是 $f(x)$的可去间断点.

(2)以下四个命题中,正确的是(　　).

(A)若 $f'(x)$在$(0,1)$内连续,则 $f(x)$在$(0,1)$内有界.

(B)若 $f(x)$在$(0,1)$内连续,则 $f(x)$在$(0,1)$内有界.

(C)若 $f'(x)$在$(0,1)$内有界,则 $f(x)$在$(0,1)$内有界.

(D)若 $f(x)$在$(0,1)$内有界,则 $f'(x)$在$(0,1)$内有界.

(3)设 $f(x)$在$(-\infty,+\infty)$上连续,$F(x)$为其原函数.下列结论中,正确的是(　　).

(A)若 $f(x)$是奇函数,则 $F(x)$必为偶函数.

(B)若 $f(x)$是偶函数,则 $F(x)$必为偶函数.

(C)若 $f(x)$是周期函数,则 $F(x)$必为周期函数.

(D)若 $f(x)$单调增加,则 $F(x)$必单调增加.

(4) 设区域 $D=\{(x,y)\mid x^2+y^2\leqslant 1,x\geqslant 0\}$,则 $I=\iint\limits_D \dfrac{2+x^2y}{1+x^2+y^2}\mathrm{d}x\,\mathrm{d}y=$(　　).

(A)$2\pi\ln 2$.　　(B)$-2\pi\ln 2$

(C)$-\pi\ln 2$.　　(D)$\pi\ln 2$.

(5)设 $\boldsymbol{\alpha}_1=\begin{pmatrix}0\\0\\c_1\end{pmatrix}$,$\boldsymbol{\alpha}_2=\begin{pmatrix}0\\1\\c_2\end{pmatrix}$,$\boldsymbol{\alpha}_3=\begin{pmatrix}1\\-1\\c_3\end{pmatrix}$,$\boldsymbol{\alpha}_4=\begin{pmatrix}-1\\1\\c_4\end{pmatrix}$,其中 c_1,c_2,c_3,c_4 为任意常数,则下列向量组线性相关的是(　　).

(A)$\boldsymbol{\alpha}_1,\boldsymbol{\alpha}_2,\boldsymbol{\alpha}_3$.　　(B)$\boldsymbol{\alpha}_1,\boldsymbol{\alpha}_2,\boldsymbol{\alpha}_4$.

(C)$\boldsymbol{\alpha}_1,\boldsymbol{\alpha}_3,\boldsymbol{\alpha}_4$.　　(D)$\boldsymbol{\alpha}_2,\boldsymbol{\alpha}_3,\boldsymbol{\alpha}_4$.

(6)设 $\boldsymbol{\alpha}_1,\boldsymbol{\alpha}_2,\boldsymbol{\alpha}_3$ 都是 3 维列向量,记矩阵

$$\boldsymbol{M}=(\boldsymbol{\alpha}_1,\boldsymbol{\alpha}_2,\boldsymbol{\alpha}_3),\ \boldsymbol{N}=(\boldsymbol{\alpha}_1+\boldsymbol{\alpha}_2+2\boldsymbol{\alpha}_3,\boldsymbol{\alpha}_1+2\boldsymbol{\alpha}_2+3\boldsymbol{\alpha}_3,\boldsymbol{\alpha}_1+3\boldsymbol{\alpha}_2+5\boldsymbol{\alpha}_3)$$

若$|\boldsymbol{M}|=1$,则$|\boldsymbol{N}|=$(　　).

(A)-1.　　(B)1.

(C)-2.　　(D)2.

(7)若二次型 $f(x_1,x_2,x_3)=\boldsymbol{x}_1^2+2\boldsymbol{x}_1\boldsymbol{x}_2+4\boldsymbol{x}_1\boldsymbol{x}_3+a\boldsymbol{x}_2^2+2\boldsymbol{x}_2\boldsymbol{x}_3+6\boldsymbol{x}_3^2$,为正定二次型,则(　　).

(A)$a>1$.　　(B)$a>\frac{3}{2}$.

(C)$a<1$.　　(C)$a<\frac{3}{2}$.

(8)设 A,B 为二随机事件,且 $A\cup B=A$,则下列式子不正确的是(　　).

(A)$P(A\cup B)=P(A-B)+P(AB)$　　(B)$P(A)=P(A\cup B)$

(C)$P(A)=P(AB)$　　(D)$P(A)=1-P(\overline{A}\overline{B})$.

(9)已知随机变量 X 服从$[0,2]$上的均匀分布,则$\frac{D(X)}{[E(X)]^2}=$(　　).

(A)$\frac{1}{6}$.　　(B)$\frac{1}{3}$.

(C)6.　　(D)3.

(10)设总体 $X\sim N(\mu,\sigma^2)$,$(X_1,X_2,\cdots,X_n)$是来自总体 X 的样本。$\overline{X},S^2$ 分别是样本均值和样本方差,$\overline{X}=\frac{1}{n}\sum\limits_{i=1}^{n}X_i$,$S^2=\frac{1}{n-1}\sum\limits_{i=1}^{n}(X_i-\overline{X})^2$。则下列结论不正确的选项是(　　).

(A)$\overline{X}$ 与 S^2 相互独立.　　(B)$\overline{X}$ 与$(n-1)S^2$ 相互独立.

(C)$\overline{X}$ 与$\frac{1}{\sigma^2}\sum\limits_{i=1}^{n}(X_i-\overline{X})^2$ 相互独立.　　(D)$\overline{X}$ 与$\frac{1}{\sigma^2}\sum\limits_{i=1}^{n}(X_i-\mu)^2$ 相互独立.

二、填空题:11～16 小题,每小题 5 分,共 30 分.请将答案写在题目中的横线上.

(11)已知$\lim\limits_{x\to 0}\frac{\ln(1+3x^2)}{x(1-e^{kx})}=1$,则 $k=$________.

(12)设由方程 $\sin(xy)-\ln\frac{x+1}{y}=1$ 确定的函数为 $y=y(x)$,则$\left.\frac{dy}{dx}\right|_{x=0}=$________.

(13)设 $y=\ln\left(\frac{a+bx}{a-bx}\right)$, 则 $y^{(n)}=$________.

(14) $\int\frac{\ln x+1}{(x\ln x)^3}dx=$________.

(15) 设矩阵 $\boldsymbol{A}$ 满足 $\boldsymbol{A}^2+\boldsymbol{A}-5\boldsymbol{E}=\boldsymbol{0}$,其中 $\boldsymbol{E}$ 为单位矩阵,则$(\boldsymbol{A}+2\boldsymbol{E})^{-1}=$________.

(16)设随机变量 X 的概率分布为 $P\{X=k\}=\theta(1-\theta)^{k-1},k=1,2,L$,其中 $0<\theta<1$,若 $P\{X\leqslant 2\}=\frac{5}{9}$,则 $P\{X=3\}=$________.

三、解答题:17～22 小题,共 70 分.解答应写出文字说明、证明过程或演算步骤.

(17)(本题满分 10 分)

设 $f(x)$ 可导且 $f(0)=0$,且 $F(x)=\begin{cases}\dfrac{\int_0^x f(t)dt}{x}, & x\neq 0\\ 0, & x=0\end{cases}$, 求 $F'(0)$.

(18)(本题满分 12 分)

已知曲线 L 的方程 $\begin{cases} x=t^2+1 \\ y=4t-t^2 \end{cases}$ $(t\geqslant 0)$.

(Ⅰ)讨论 L 的凹凸性;

(Ⅱ)过点$(-1,0)$引 L 的切线,求切点(x_0,y_0),并写出切线的方程.

(19)(本题满分 12 分)

已知 $z=xf\left(\dfrac{y}{x}\right)+2yf\left(\dfrac{x}{y}\right)$,其中 f 有二阶导数,若$\left.\dfrac{\partial^2 z}{\partial x\partial y}\right|_{x=1}=-y^2$,求 $f(y)$.

(20)(本题满分 12 分)

已知三角形的三条边长分别为 a,b,c,面积为 S,点 P 为三角形内部一点,由点 P 向三边作三条垂线,求使此三条垂线长的乘积为最大的点 P 的位置.

(21)(本题满分 12 分)

设 $\boldsymbol{A}=\begin{pmatrix} 1 & -1 & -1 \\ -1 & 1 & 1 \\ 0 & -4 & -2 \end{pmatrix}$,$\boldsymbol{\xi}_1=\begin{pmatrix} -1 \\ 1 \\ -2 \end{pmatrix}$.

(Ⅰ)求满足 $\boldsymbol{A\xi}_2=\boldsymbol{\xi}_1$,$\boldsymbol{A}^2\boldsymbol{\xi}_3=\boldsymbol{\xi}_1$ 的所有向量 $\boldsymbol{\xi}_2,\boldsymbol{\xi}_3$;

(Ⅱ)对(Ⅰ)中的任一向量 $\boldsymbol{\xi}_2,\boldsymbol{\xi}_3$,证明:$\boldsymbol{\xi}_1,\boldsymbol{\xi}_2,\boldsymbol{\xi}_3$ 线性无关.

(22)(本题满分 12 分)

设连续型随机变量 X 的密度函数为 $f(x)=\begin{cases} ax, & 0<x<2 \\ cx+b, & 2\leqslant x<4 \\ 0, & \text{其他} \end{cases}$,已知 $E(X)=2$,$P(1<X<3)=\dfrac{3}{4}$,求:

(Ⅰ)常数 a,b,c 的值;

(Ⅱ)随机变量 $Y=\mathrm{e}^X$ 的期望与方差.

模拟试题十六

答案见第 116 页

一、选择题:1～10 小题,每小题 5 分,共 50 分.下列每题给出的四个选项中,只有一个选项是符合题目要求的.请将所选项前的字母填在括号内.

(1)$x=\frac{\pi}{2}$是函数 $y=\tan x$ 的(　　).

(A)可去间断点.　　(B)跳跃间断点.

(C)无穷间断点.　　(D)振荡间断点.

(2)$\int_{-1}^{1}(x+\sqrt{4-x^2})^2\mathrm{d}x=$(　　).

(A) 4.　　(B)8.

(C)0 .　　(D)2.

(3)$\lim\limits_{x\to 0}\frac{\sqrt{2(1-\cos x)}}{\arcsin x}=$(　　).

(A)2.　　(B)-2.

(C)不存在.　　(D)0.

(4)积分$\int\frac{1}{x^2}\cos\frac{1}{x}\mathrm{d}x=$(　　).

(A)$\cos\frac{1}{x}+C$.　　(B)$-\cos\frac{1}{x}+C$.

(C)$\sin\frac{1}{x}+C$.　　(D)$-\sin\frac{1}{x}+C$.

(5)设$\boldsymbol{A}=(a_{ij})$是 3 阶非零矩阵,$|\boldsymbol{A}|$为 $\boldsymbol{A}$ 的行列式,A_{ij} 为 a_{ij} 的代数余子式.若 $a_{ij}+A_{ij}=0$ $(i,j=1,2,3)$,则$|\boldsymbol{A}|=$(　　).

(A) 0.　　(B) 1.

(C) -1.　　(D) 0 或-1.

(6)设$\boldsymbol{A}$、$\boldsymbol{B}$ 为 n 阶矩阵,记 $R(\boldsymbol{X})$为矩阵 $\boldsymbol{X}$ 的秩,$(\boldsymbol{X},\boldsymbol{Y})$表示分块矩阵,则(　　).

(A)$R(\boldsymbol{A},\boldsymbol{AB})=R(\boldsymbol{A})$.　　(B)$R(\boldsymbol{A},\boldsymbol{BA})=R(\boldsymbol{A})$.

(C)$R(\boldsymbol{A},\boldsymbol{B})=\max\{R(\boldsymbol{A}),R(\boldsymbol{B})\}$.　　(D) $R(\boldsymbol{A},\boldsymbol{B})=R(\boldsymbol{A}^{\mathrm{T}},\boldsymbol{B}^{\mathrm{T}})$.

(7)矩阵$\begin{pmatrix}1&a&1\\a&b&a\\1&a&1\end{pmatrix}$与$\begin{pmatrix}2&0&0\\0&b&0\\0&0&0\end{pmatrix}$相似的充要条件为(　　).

(A)$a=0$,b 为任意常数.　　(B)$a=0$,$b=2$.

(D)$a=2$,b 为任意常数.　　(D)$a=2$,$b=0$.

(8)设随机变量 X 的概率密度为 $f(x)=ce^{-x^2}(-\infty<x<+\infty)$,则常数 $c=$(　　).

(A)$\frac{1}{\sqrt{2\pi}}$.　　(B)$\frac{1}{\sqrt{\pi}}$.

(C)$-\frac{1}{\sqrt{\pi}}$.　　(D)$\frac{1}{\sqrt{\pi^2}}$.

(9)设二维随机变量$(X,Y)\sim N(\mu_1,\mu_2,\delta_1^2,\delta_2^2,\rho)$,若 $\rho_{XY}=0$,则(　　).

(A)X,Y 一定独立.　　(B)X,Y 一定不独立.

(C)X,Y 不一定独立.　　(D)ρ 不一定为 0.

(10)下列函数可作为连续型随机变量的概率密度(　　).

(A)$f(x)=\begin{cases}\sin x & \pi\leqslant x\leqslant\frac{3}{2}\pi \\ 0 & 其他\end{cases}$.　　(B)$g(x)=\begin{cases}-\sin x & \pi\leqslant x\leqslant\frac{3}{2}\pi \\ 0 & 其他\end{cases}$.

(C)$\varphi(x)=\begin{cases}\cos x & \pi\leqslant x\leqslant\frac{3}{2}\pi \\ 0 & 其他\end{cases}$.　　(D)$h(x)=\begin{cases}1-\cos x & \pi\leqslant x\leqslant\frac{3}{2}\pi \\ 0 & 其他\end{cases}$.

二、填空题:11～16 小题,每小题 5 分,共 30 分. 请将答案写在横线上.

(11) $\lim\limits_{n\to\infty}\left(\frac{1}{n^2}+\frac{2}{n^2}+\cdots+\frac{n}{n^2}\right)=$________.

(12) 设 $z=f(2x,xe^x,\sin x^2)$,f 具有连续偏导数,则$\frac{dz}{dx}=$________.

(13) 设$\begin{cases}x=\sqrt{1+t^2} \\ y=1+t^2\end{cases}$,则$\frac{d^2y}{dx^2}=$________.

(14) $\int_0^1\frac{1}{\sqrt{1-x^2}}dx=$________.

(15) 设二次型 $f(x_1,x_2,x_3)=(1-a)x_1^2+(1-a)x_2^2+2x_3^2+2(1+a)x_1x_2$ 的秩为 2 ,则 $a=$________.

(16)设 A、B 是两个事件,$P(A)\neq P(B)>0$,且 $B\subset A$,则一定成立的是________.

(A)$P(B|A)=1$.　　(B)$P(A|B)=1$.

(C)$P(B|\overline{A})=1$.　　(B)$P(A|\overline{B})=0$.

三、解答题:17～22 小题,共 70 分. 请将答案写在指定位置上,解答应写出文字说明、证明过程或演算步骤.

(17)(本题满分 10 分)

求极限 $\lim\limits_{n\to\infty}\frac{n\cdot\arctan nx}{\sqrt{n^2+n}}$.

(18)(本题满分 12 分)

求数列$\left\{\dfrac{(1+n)^3}{(1-n)^2}\right\}(n\geqslant 2)$的最小项的项数及该项的数值.

(19)(本题满分 12 分)

求微分方程 $x^2\mathrm{d}y+(2xy-x+1)\mathrm{d}x=0$ 的通解.

(20)(本题满分 12 分)

计算二重积分 $\int_0^1\mathrm{d}x\int_x^1\sin y^2\mathrm{d}y$.

(21)(本题满分 12 分)

设 $\boldsymbol{A}$ 是 n 阶方阵,$\boldsymbol{\alpha}_1,\boldsymbol{\alpha}_2,\boldsymbol{\alpha}_3$ 是 n 维列向量,且 $\boldsymbol{\alpha}_1\neq\boldsymbol{0},\boldsymbol{A\alpha}_1=\boldsymbol{\alpha}_1,\boldsymbol{A\alpha}_2=\boldsymbol{\alpha}_1+\boldsymbol{\alpha}_2,\boldsymbol{A\alpha}_3=\boldsymbol{\alpha}_2+\boldsymbol{\alpha}_3$,证明:向量组 $\boldsymbol{\alpha}_1,\boldsymbol{\alpha}_2,\boldsymbol{\alpha}_3$ 线性无关.

(22)(本题满分 12 分)

一个靶子是半径为 2 m 的圆盘,设击中靶上任一同心圆盘上的点的概率与该圆盘的面积成正比,并设射击都能中靶,以 X 表示弹着点与圆心的距离,求随机变量 X 的分布函数.

模拟试题一参考答案及解析

一、选择题:1～10 小题,每小题 5 分,共 50 分.下列每题给出的四个选项中,只有一个选项是符合题目要求的.请将所选项前的字母填在括号内.

(1)**【答案】**(D).

【解析】因为 $\lim\limits_{x\to1^+}\dfrac{x^2-1}{x-1}e^{\frac{1}{x-1}}=\lim\limits_{x\to1^+}(x+1)e^{\frac{1}{x-1}}=\infty$, $\lim\limits_{x\to1^-}\dfrac{x^2-1}{x-1}e^{\frac{1}{x-1}}=\lim\limits_{x\to1^-}(x+1)e^{\frac{1}{x-1}}=0$,故选(D).

(2)**【答案】**(B).

【解析】令 $u=\dfrac{3x-2}{3x+2}$,则 $y=f[u(x)]$,由链式法则,

$$\frac{dy}{dx}=\frac{dy}{du}\cdot\frac{du}{dx}=\arctan u^2\cdot\frac{12}{(3x+2)^2},$$

$$\left.\frac{dy}{dx}\right|_{x=0}=\arctan1\cdot\frac{12}{(0+2)^2}=\frac{3\pi}{4}$$,故选(B).

(3)**【答案】**(D).

【解析】$\lim\limits_{x\to0^+}f(x)=\lim\limits_{x\to0^+}\left(\dfrac{1}{x}+e^{\frac{\sin x}{|x|}}\right)=+\infty$,

$\lim\limits_{x\to0^-}f(x)=\lim\limits_{x\to0^-}\left(\dfrac{1}{x}+e^{\frac{\sin x}{|x|}}\right)=-\infty$,

则 $\lim\limits_{x\to0^+}f(x)\neq\lim\limits_{x\to0^-}f(x)$.又 $f(x)$ 在 $x=0$ 处没有定义,故 $x=0$ 为 $f(x)$ 的无穷间断点.

(4)**【答案】**(C).

【解析】令 $t=\sqrt{\dfrac{x}{2-x}}$,则 $x=2-\dfrac{2}{1+t^2}$, $dx=-2d\,\dfrac{1}{1+t^2}$,且 $x:0\to2$ 时,$t:0\to+\infty$.

故 $\displaystyle\int_0^2\sqrt{\frac{x}{2-x}}\,dx=-2\int_0^{+\infty}t\,d\,\frac{1}{1+t^2}=-2\frac{t}{1+t^2}\bigg|_0^{+\infty}+2\int_0^{+\infty}\frac{1}{1+t^2}dt$

$=2\arctan t\,\big|_0^{+\infty}=\pi$,故选(C).

(5)**【答案】**(A).

【解析】因为 $\boldsymbol{A},\boldsymbol{B}$ 为 n 阶可逆矩阵,则可以用初等行变换把 $\boldsymbol{A}$ 和 $\boldsymbol{B}$ 都变为单位矩阵 $\boldsymbol{E}$,所以可用初等行变换把 $\boldsymbol{A}$ 变为 $\boldsymbol{B}$.

(B)选项的运算公式是错误的,例如,$\boldsymbol{A}=\begin{pmatrix}2&0\\0&1\end{pmatrix}$,$\boldsymbol{B}=\begin{pmatrix}-2&0\\0&-1\end{pmatrix}$,$|\boldsymbol{A}+\boldsymbol{B}|=0$,而$|\boldsymbol{A}|+|\boldsymbol{B}|=4$.

(C)和(D)选项都可以举出反例,例如 $\boldsymbol{A}=\begin{pmatrix}2&0\\0&1\end{pmatrix}$,$\boldsymbol{B}=\begin{pmatrix}-2&0\\0&1\end{pmatrix}$都是可逆矩阵,但是 $\boldsymbol{A}-\boldsymbol{B}=\begin{pmatrix}4&0\\0&0\end{pmatrix}$不可逆,$\boldsymbol{A}+\boldsymbol{B}=\begin{pmatrix}0&0\\0&2\end{pmatrix}$也不可逆.

(6)【答案】(C).

【解析】这是一个非齐次线性方程组，系数矩阵为$\begin{pmatrix}1 & a_1 & a_1^2\\1 & a_2 & a_2^2\\1 & a_3 & a_3^2\\1 & a_4 & a_4^2\end{pmatrix}$．由于

$\begin{vmatrix}1 & a_1 & a_1^2\\1 & a_2 & a_2^2\\1 & a_3 & a_3^2\end{vmatrix}=(a_3-a_1)(a_2-a_1)(a_3-a_2)\neq 0$(注意这是一个范德蒙德行列式)，所以系数矩阵的秩为3.增广矩阵$\begin{pmatrix}1 & a_1 & a_1^2 & a_1^3\\1 & a_2 & a_2^2 & a_2^3\\1 & a_3 & a_3^2 & a_3^3\\1 & a_4 & a_4^2 & a_4^3\end{pmatrix}$的行列式不等于零，所以增广矩阵的秩为4.

所以方程组无解. 故选(C).

(7)【答案】(D).

【解析】$\begin{vmatrix}3a_{11} & 2a_{13} & -a_{12}\\3a_{21} & 2a_{23} & -a_{22}\\3a_{31} & 2a_{33} & -a_{32}\end{vmatrix}=3\times 2\times(-1)\begin{vmatrix}a_{11} & a_{13} & a_{12}\\a_{21} & a_{23} & a_{22}\\a_{31} & a_{33} & a_{32}\end{vmatrix}=$

$-6\times(-1)\begin{vmatrix}a_{11} & a_{12} & a_{13}\\a_{21} & a_{22} & a_{23}\\a_{31} & a_{32} & a_{33}\end{vmatrix}=6\begin{vmatrix}a_{11} & a_{12} & a_{13}\\a_{21} & a_{22} & a_{23}\\a_{31} & a_{32} & a_{33}\end{vmatrix}$，所以$\begin{vmatrix}a_{11} & a_{12} & a_{13}\\a_{21} & a_{22} & a_{23}\\a_{31} & a_{32} & a_{33}\end{vmatrix}=1$.

(8)【答案】(A).

【解析】由$0<P(A)<1, 0<P(B)<1, P(B\mid\overline{A})=P(B)$知，$A$与$B$相互独立，且$A$，$B$同时发生了，则(B),(C),(D)均成立. 故选(A).

(9)【答案】(B).

【解析】$X_1,\cdots,X_n$来自总体X，$E(X_i)=\lambda$，$\overline{X}=\dfrac{1}{n}\sum\limits_{i=1}^{n}X_i$，$E(\overline{X})=\lambda$，$D(\overline{X})=\dfrac{\lambda}{n}$，故选(B).

(10)【答案】(A).

【解析】$F(X)=P\{X\leqslant x\}$

当$x<-1$，$F(X)=P\{X\leqslant x\}=0$

当$-1\leqslant x<2$，$F(X)=P\{X=-1\}=0.2$

当$2\leqslant x<10$，$F(X)=P\{X=-1\}+P\{X=2\}=0.7$

当$x>10$，$F(X)=P\{X=-1\}+P\{X=2\}+P\{X=10\}=1$

即 $F(x)=\begin{cases}0, & X<-1\\0.2, & -1\leqslant x<2\\0.7, & 2\leqslant x<10\\1, & x\geqslant 10\end{cases}$.

故选项(A)正确.

二、填空题:11~16 小题,每小题 5 分,共 30 分.请将答案写在横线上.

(11)**【答案】**$e^{-\frac{1}{3}}$.

【解析】$\lim\limits_{x\to0}\left(\frac{\sin x}{x}\right)^{\frac{1}{1-\cos x}}=\lim\limits_{x\to0}\left(1+\frac{\sin x}{x}-1\right)^{\frac{1}{1-\cos x}}$

$$=\lim_{x\to0}\left[1+\left(\frac{\sin x}{x}-1\right)\right]^{\frac{1}{\left(\frac{\sin x}{x}-1\right)}\cdot\frac{1}{1-\cos x}\cdot\left(\frac{\sin x}{x}-1\right)}$$

$$=e^{\lim\limits_{x\to0}\frac{1}{1-\cos x}\cdot\left(\frac{\sin x}{x}-1\right)}=e^{\lim\limits_{x\to0}\frac{1}{1-\cos x}\cdot\left(\frac{\sin x-x}{x}\right)}=e^{\lim\limits_{x\to0}\frac{-\frac{1}{6}x^3}{\frac{1}{2}x^2}\cdot\frac{1}{x}}$$

$$=e^{-\frac{1}{3}}\left(x-\sin x\sim\frac{1}{6}x^3\right).$$

(12)**【答案】**$\frac{\partial z}{\partial x}=\frac{\cos x}{y}f_1'-\frac{y}{x\ln^2x}f_2'$.

【解析】由多元复合函数求导法则得,

$$\frac{\partial z}{\partial x}=f_1'\cdot\frac{1}{y}\cos x+f_2'\cdot\left(-\frac{1}{\ln^2x}\cdot\frac{1}{x}\right)\cdot y=\frac{\cos x}{y}f_1'-\frac{y}{x\ln^2x}\cdot f_2'.$$

(13)**【答案】**$\frac{\mathrm{d}y}{\mathrm{d}x}=\frac{2}{2-\cos y}$.

【解析】应用隐函数的求导方法,得

$$1-\frac{\mathrm{d}y}{\mathrm{d}x}+\frac{1}{2}\cos y\cdot\frac{\mathrm{d}y}{\mathrm{d}x}=0,$$

于是 $\frac{\mathrm{d}y}{\mathrm{d}x}=\frac{2}{2-\cos y}$.

(14)**【答案】**4.

【解析】由区间可加性得

$$\int_0^1f(x)\mathrm{d}x=\int_0^3f(x)\mathrm{d}x-\int_1^3f(x)\mathrm{d}x=10-6=4.$$

(15)**【答案】**4.

【解析】由行列式展开法则可知,

$a_{11}A_{21}+a_{12}A_{22}+a_{13}A_{23}=0$,$a_{21}A_{21}+a_{22}A_{22}+a_{23}A_{23}=|\boldsymbol{A}|$,$a_{31}A_{21}+a_{32}A_{22}+a_{33}A_{23}=0$

所以$(a_{11}A_{21}+a_{12}A_{22}+a_{13}A_{23})^2+(a_{21}A_{21}+a_{22}A_{22}+a_{23}A_{23})^2+(a_{31}A_{21}+a_{32}A_{22}+a_{33}A_{23})^2=4$.

(16)**【答案】**$1-p$.

【解析】$P(AB)=1-P(\overline{AB})=1-P(\bar{A}\cup\bar{B})=1-(P(\bar{A})+P(\bar{B})-P(\bar{A}\bar{B}))$,又$P(AB)=P(\bar{A}\bar{B})$,则有 $1=P(\bar{A})+P(\bar{B})$,则

$P(B)=1-P(\bar{B})=1-(1-P(\bar{A}))=p(\bar{A})=1-p$.

三、解答题:17～22 小题,共 70 分.请将解答写在指定位置上.解答应写出文字说明、证明过程或演算步骤.

(17)【解析】$I=\int\left(1+x-\frac{1}{x}\right)e^{x+\frac{1}{x}}dx=\int e^{x+\frac{1}{x}}dx+\int x\left(1-\frac{1}{x^2}\right)e^{x+\frac{1}{x}}dx$

$$=\int e^{x+\frac{1}{x}}dx+\int x\,de^{x+\frac{1}{x}}=\int e^{x+\frac{1}{x}}dx+xe^{x+\frac{1}{x}}-\int e^{x+\frac{1}{x}}dx=xe^{x+\frac{1}{x}}+C,$$

其中 C 为任意常数.

(18)【解析】$f(x)=2x^3+3x^2-12x+14$,$f'(x)=6x^2+6x-12=6(x+2)(x-1)$.

解方程 $f'(x)=0$,得到 $x_1=-2$,$x_2=1$ 由于

$f(-3)=23$;$f(-2)=34$;$f(1)=7$;$f(4)=142$.

比较可得 $f(x)$ 在 $x=4$ 取得它在$[-3,4]$上的最大值 $f(4)=142$,在 $x=1$ 取得它在$[-3,4]$上的最小值 $f(1)=7$.

(19)【解析】作极坐标变换 $x=r\cos\theta$,$y=r\sin\theta$,有

$$\iint_D(x+y)dxdy=\int_{-\frac{\pi}{2}}^{\frac{\pi}{2}}d\theta\int_0^{2\cos\theta}(\cos\theta+\sin\theta)r^2dr$$

$$=\frac{8}{3}\int_{-\frac{\pi}{2}}^{\frac{\pi}{2}}(\cos\theta+\sin\theta)\cos^3\theta d\theta=\pi.$$

(20)【解析】曲线 $y=x^2$ 和 $y=x$ 的交点为$(0,0)$,$(1,1)$,曲线 $y=x^2$ 和 $y=x$ 围成的图形的面积为:

$$A=\int_0^1(x-x^2)dx=\left(\frac{1}{2}x^2-\frac{1}{3}x^3\right)\Big|_0^1=\frac{1}{6}.$$

曲线 $y=x^2$ 和 $y=x$ 围成的图形绕 x 轴旋转所得的旋转体的体积为:

$$V=\pi\int_0^1(x^2-x^4)dx=\pi\left(\frac{1}{3}x^3-\frac{1}{5}x^5\right)\Big|_0^1=\frac{2\pi}{15}.$$

(21)【解析】由于 $\boldsymbol{A}$ 为实对称矩阵,且特征值为 $\lambda_1=1$,$\lambda_2=0$,$\lambda_3=-1$,故 $\boldsymbol{A}$ 与对角矩阵 $\boldsymbol{\Lambda}=\begin{pmatrix}1&0&0\\0&0&0\\0&0&-1\end{pmatrix}$相似,则必存在正交阵 $\boldsymbol{P}$,使得 $\boldsymbol{P}^{-1}\boldsymbol{AP}=\boldsymbol{\Lambda}$,故有 $\boldsymbol{A}=\boldsymbol{P\Lambda P}^{-1}$.

由于三个特征值不同,故 $\boldsymbol{\xi}_1,\boldsymbol{\xi}_2,\boldsymbol{\xi}_3$ 相互正交,令 $\boldsymbol{P}_1=(\boldsymbol{\xi}_1,\boldsymbol{\xi}_2,\boldsymbol{\xi}_3)=\begin{pmatrix}1&2&-2\\2&-2&-1\\2&1&2\end{pmatrix}$,将其对应的列向量单位化得正交矩阵 $\boldsymbol{P}=\begin{pmatrix}\frac{1}{3}&\frac{2}{3}&-\frac{2}{3}\\\frac{2}{3}&-\frac{2}{3}&-\frac{1}{3}\\\frac{2}{3}&\frac{1}{3}&\frac{2}{3}\end{pmatrix}$,由于 $\boldsymbol{P}$ 为正交矩阵,则 $\boldsymbol{P}^{-1}=\boldsymbol{P}^{\mathrm{T}}$,

则 $\boldsymbol{A}=\boldsymbol{P\Lambda P}^{\mathrm{T}}=\begin{pmatrix} -\frac{1}{3} & 0 & \frac{2}{3} \\ 0 & \frac{1}{3} & \frac{2}{3} \\ \frac{2}{3} & \frac{2}{3} & 0 \end{pmatrix}$

(22)【解析】设 B ="朋友来访迟到",

A_1 ="朋友乘火车来访",A_2 ="朋友乘轮船来访",

A_3 ="朋友乘汽车来访",A_4 ="朋友乘飞机来访".

所求概率为 $P(A_1 \mid \bar{B})$,由 Bayes 公式得

$$P(A_1|\bar{B})=\frac{P(A_1)P(\bar{B}|A_1)}{P(A_1)P(\bar{B}|A_1)+P(A_2)P(\bar{B}|A_2)+P(A_3)P(\bar{B}|A_3)+P(A_4)P(\bar{B}|A_4)}$$

$$=\frac{0.3\times\left(1-\frac{1}{3}\right)}{0.3\times\left(1-\frac{1}{3}\right)+0.1\times\left(1-\frac{2}{7}\right)+0.4\times\left(1-\frac{2}{5}\right)+0.2\times\left(1-\frac{1}{6}\right)}$$

$$=\frac{0.3\times\frac{2}{3}}{0.3\times\frac{2}{3}+0.1\times\frac{5}{7}+0.4\times\frac{3}{5}+0.2\times\frac{5}{6}}$$

$$=\frac{105}{356}=0.294\,943\,82.$$

模拟试题二参考答案及解析

一、选择题:1～10 小题,每小题 5 分,共 50 分.下列每题给出的四个选项中,只有一个选项是符合题目要求的.请将所选项前的字母填在括号内.

(1)【答案】(A).

【解析】$\lim\limits_{x\to1}f(x)=\infty,\lim\limits_{x\to2}f(x)=\infty$

$$\lim_{x\to0^+}f(x)=\frac{\sin2}{4},\lim_{x\to0^-}f(x)=-\frac{\sin2}{4}$$

所以函数 $f(x)$ 在$(-1,0)$内有界,故选(A).

(2)【答案】(C).

【解析】注意$\lim\limits_{x\to0}f'(x)$与 $f'(0)$ 的区别.

(3)【答案】(D).

(4)【答案】(B).

【解析】等式两端对 x 求导,得 $f'(x)=2f(x)$

解此方程得　$f(x)=Ce^{2x}$

由原方程知　$f(0)=\ln2$,代入 $f(x)=Ce^{2x}$ 得 $C=\ln2$.

则　$f(x)=e^{2x}\ln2$

故应选(B).

(5)【答案】(D).

【解析】当 $\boldsymbol{AB}=\boldsymbol{AC}$ 时,有 $\boldsymbol{A}(\boldsymbol{B}-\boldsymbol{C})=\boldsymbol{0}$. 当$|\boldsymbol{A}|\neq0$ 时,$\boldsymbol{A}$ 为可逆的矩阵. 在 $\boldsymbol{A}(\boldsymbol{B}-\boldsymbol{C})=\boldsymbol{0}$ 的等式两侧左乘 $\boldsymbol{A}^{-1}$,可得 $\boldsymbol{B}=\boldsymbol{C}$. 故应选(D).

(6)【答案】(A).

【解析】设 $\boldsymbol{A}$ 是 $m\times n$ 的矩阵,$\boldsymbol{B}$ 是 $n\times p$ 的矩阵,由于 $\boldsymbol{AB}=\boldsymbol{0}$,则 $R(\boldsymbol{A})+R(\boldsymbol{B})\leqslant n$. 又 $\boldsymbol{A},\boldsymbol{B}$ 是非零的矩阵,所以可得 $0<R(\boldsymbol{A})<n,0<R(\boldsymbol{B})<n$. 因此 $\boldsymbol{A}$ 的列向量组线性相关,$\boldsymbol{B}$ 的行向量组线性相关. 故应选(A).

(7)【答案】(D).

【解析】若 $\boldsymbol{Ax}=\boldsymbol{0}$ 仅有零解,则可知 $\boldsymbol{A}$ 的秩为 n,这时候不能判断增广矩阵$(\boldsymbol{A},\boldsymbol{b})$的秩,所以不知道 $\boldsymbol{Ax}=\boldsymbol{b}$ 解的情况。因此(A)不对。

若 $\boldsymbol{Ax}=\boldsymbol{0}$ 有非零解,则可知 $\boldsymbol{A}$ 的秩小于 n,这时候不能判断增广矩阵$(\boldsymbol{A},\boldsymbol{b})$的秩,所以不知道 $\boldsymbol{Ax}=\boldsymbol{b}$ 解的情况。因此(B)不对。

若 $\boldsymbol{Ax}=\boldsymbol{b}$ 有无穷多解,则可知 $\boldsymbol{A}$ 的秩与增广矩阵$(\boldsymbol{A},\boldsymbol{b})$的秩相等,并且都小于 n,所以可以得到 $\boldsymbol{Ax}=\boldsymbol{0}$ 有非零解. 故选择(D).

(8)【答案】(C).

【解析】随着 σ 的增大,概率 $P(|X-\mu|<\sigma)$ 不变. 故应选(C).

(9)【答案】(D).

$\lim\limits_{x\to+\infty}[F(x)+F(-x)]=F(+\infty)+F(-\infty)=1$. 应选(D).

(10)【答案】(C).

【解析】由题设知随机变量 X 与 Y 相互独立,故 $Z=X-Y$ 服从正态分布且 $Z\sim N(0,3\sigma^2)$,因此,$E(Z)=0,D(Z)=3\sigma^2$。故选(C).

二、填空题:11～16 小题,每小题 5 分,共 30 分.请将答案写在横线上.

(11)【答案】$\frac{1}{2}(1+\ln2)$.

【解析】$\lim\limits_{x\to\infty}\left(\frac{x+c}{x-c}\right)^x=\lim\limits_{x\to\infty}\frac{\left(1+\frac{c}{x}\right)^x}{\left(1-\frac{c}{x}\right)^x}=\frac{e^c}{e^{-c}}=e^{2c}$

由拉格朗日氏中值定理得

$[f(x+1)-f(x-1)]=f'(\xi)[(x+1)-(x-1)]=2f'(\xi)$

$\lim\limits_{x\to\infty}[f(x+1)-f(x-1)]=\lim\limits_{\substack{x\to\infty\\(\xi\to\infty)}}2f'(\xi)=2e$

所以 $e^{2c}=2e,2c=\ln2e=1+\ln2$,故 $c=\frac{1}{2}(1+\ln2)$.

(12)【答案】$\frac{\pi}{2}$.

【解析】$\frac{x^3}{\sqrt{1+x^2}}$ 为奇函数,所以

$\int_{-1}^{1}\left(\frac{x^3}{\sqrt{1+x^2}}+\sqrt{1-x^2}\right)dx=\int_{-1}^{1}\sqrt{1-x^2}\,dx=\frac{\pi}{2}$.

(13)【答案】$y=\frac{1}{2}(1+x^2)[\ln(1+x^2)-1]$.

【解析】由题设得微分方程$\begin{cases}\frac{dy}{dx}=x\ln(1+x^2)\\ y(0)=-\frac{1}{2}\end{cases}$.

$dy=x\ln(1+x^2)dx=\frac{1}{2}\ln(1+x^2)d(1+x^2)$,所以

$y=\frac{1}{2}(1+x^2)\ln(1+x^2)-\frac{1}{2}(1+x^2)+C$. 代入初始条件,得

$-\frac{1}{2}=y(0)=-\frac{1}{2}+C$,于是 $C=0$,

得特解 $y=\frac{1}{2}(1+x^2)[\ln(1+x^2)-1]$.

(14)【答案】$\int_0^1dy\int_{\sqrt{y}}^{3-2y}f(x,y)dx$.

【解析】$\int_0^1dx\int_0^{x^2}f(x,y)dy+\int_1^3dx\int_0^{\frac{1}{2}(3-x)}f(x,y)dy$ 的积分区域为两部分

$D_1: 0 \leqslant x \leqslant 1, 0 \leqslant y \leqslant x^2$

$D_2: 1 \leqslant x \leqslant 3, 0 \leqslant y \leqslant \frac{1}{2}(3-x)$

二重积分的积分区域由曲线 $y=x^2$，直线 $x+2y=3$ 及 x 轴所围成，改变积分次序，积分区域可记为

$D=D_1+D_2: 0 \leqslant y \leqslant 1, \sqrt{y} \leqslant x \leqslant 3-2y$

故 $\int_0^1 dx \int_0^{x^2} f(x,y) dy + \int_1^3 dx \int_0^{\frac{1}{2}(3-x)} f(x,y) dy = \int_0^1 dy \int_{\sqrt{y}}^{3-2y} f(x,y) dx$.

(15)【答案】-32.

【解析】因为 $|\boldsymbol{A}|=1$，且 $\boldsymbol{A}$ 是四阶方阵，所以 $|\boldsymbol{A}^*|=|\boldsymbol{A}|^3=1$，因此 $\left| |\boldsymbol{B}|\boldsymbol{A}^*\boldsymbol{B} \right| = |\boldsymbol{B}|^5 |\boldsymbol{A}^*| = -32$.

(16)【答案】$E(X)=\frac{2}{5}, D(X)=\frac{1}{25}$.

【解析】$E(X)=\int_0^1 \left(\int_0^{1-x} x \cdot 24xy\,dy\right) dx = \frac{2}{5}, E(X^2)=\frac{1}{5}, D(X)=\frac{1}{25}$.

三、解答题：17～22 小题，共 70 分. 请将解答写在指定位置上. 解答应写出文字说明、证明过程或演算步骤.

(17)【解析】$f(x)=\frac{1}{2}\int_0^x (x-t)^2 g(t) dt = \frac{x^2}{2}\int_0^x g(t) dt - x\int_0^x t g(t) dt + \frac{1}{2}\int_0^x t^2 g(t) dt$,

$$f'(x)=x\int_0^x g(t) dt + \frac{x^2}{2} g(x) - \int_0^x t g(t) dt - x^2 g(x) + \frac{x^2}{2} g(x)$$
$$= x\int_0^x g(t) dt - \int_0^x t g(t) dt.$$

(18)【解析】齐次微分方程 $\frac{dy}{dx}+2xy=0$ 的通解：$y=Ce^{-x^2}$（C 为任意常数）.

由常数变易法可得 $\frac{dy}{dx}+2xy=2xe^{-x^2}$，通解：$y=(x^2+C)e^{-x^2}$（$C$ 为任意常数）.

(19)【解析】由平面图形可知，绕 x 轴旋转一周所得的旋转体的体积.

$$V_x = \pi\int_{-4}^4 (5+\sqrt{16-x^2})^2 - (5-\sqrt{16-x^2})^2 \, dx$$
$$= 20\pi\int_{-4}^4 \sqrt{16-x^2}\, dx$$
$$= 20\pi\int_{-\frac{\pi}{2}}^{\frac{\pi}{2}} 16\cos^2 t\, dt$$
$$= 20\pi\int_{-\frac{\pi}{2}}^{\frac{\pi}{2}} 16 \cdot \frac{1+\cos^2 t}{2} dt$$
$$= 160\pi^2.$$

(20)【解析】$\iint\limits_D (y^2+3x+9) dx dy = \iint\limits_D y^2 dx dy + \iint\limits_D 3x dx dy + \iint\limits_D 9 dx dy$

$$=\iint_D y^2\,\mathrm{d}x\,\mathrm{d}y+0+9\pi=\int_0^{2\pi}\sin^2\theta\int_0^1\rho^3\,\mathrm{d}\rho+9\pi=\frac{37}{4}\pi.$$

(21)【解析】

$$D_n=\begin{vmatrix} a+1 & a & a & \cdots & a \\ a & a+2 & a & \cdots & a \\ a & a & a+3 & \cdots & a \\ \vdots & \vdots & \vdots & & \vdots \\ a & a & a & \cdots & a+n \end{vmatrix}=\begin{vmatrix} a+1 & a & a & \cdots & a \\ -1 & 2 & 0 & \cdots & 0 \\ -1 & 0 & 3 & \cdots & 0 \\ \vdots & \vdots & \vdots & & \vdots \\ -1 & 0 & 0 & \cdots & n \end{vmatrix}=$$

$$\begin{vmatrix} 1+\sum\limits_{i=1}^{n}\frac{a}{i} & a & a & \cdots & a \\ 0 & 2 & 0 & \cdots & 0 \\ 0 & 0 & 3 & \cdots & 0 \\ \vdots & \vdots & \vdots & & \vdots \\ 0 & 0 & 0 & \cdots & n \end{vmatrix}=n!\left(1+\sum_{i=1}^{n}\frac{a}{i}\right).$$

(22)【解析】(1) 分布函数方法：

$\forall y\in\mathbf{R}, F_Y(y)=P(Y\leqslant y)=P(X^2-4X+1\leqslant y)$

$=P((X-2)^2\leqslant y+3)$

又 $x\in[0,1]$ 所以 $1\leqslant(x-2)^2\leqslant 4$，同样 $1\leqslant y+3\leqslant 4$

所以 $-2\leqslant y\leqslant 1$；

于是当 $y<-2$ 时，$F_Y(y)=0$；

当 $y>1$ 时，$F_Y(y)=1$；

当 $-2\leqslant y\leqslant 1$ 时，$F_Y(y)=P((X-2)^2\leqslant y+3)$

$=P(2-\sqrt{y+3}\leqslant X\leqslant 2+\sqrt{y+3})$

$=P(2-\sqrt{y+3}\leqslant X\leqslant 1)+P(1\leqslant X\leqslant 2+\sqrt{y+3})$

$=1-(2-\sqrt{y+3})+0=\sqrt{y+3}-1$

所以 $F_Y(y)=\begin{cases}0, & y<-2\\ \sqrt{y+3}-1, & -2\leqslant y<1.\\ 1, & y\geqslant 1\end{cases}$

$f_Y(y)=\begin{cases}\dfrac{1}{2\sqrt{y+3}}, & -2\leqslant y\leqslant 1\\ 0, & 其他\end{cases}.$

(2) 由 $X\sim U[0,1]$ 知：$E(X)=\dfrac{1}{2}, D(X)=\dfrac{1}{12}, E(X^2)=(E(X))^2+D(X)=\dfrac{1}{3}$

$E(Y)=E(X^2-4X+1)=E(X^2)-4E(X)+1=-\dfrac{2}{3}.$

模拟试题三参考答案及解析

一、选择题:1～10 小题,每小题 5 分,共 50 分.下列每题给出的四个选项中,只有一个选项是符合题目要求的.请将所选项前的字母填在括号内.

(1)【答案】(D).

【解析】由无穷小与有界量的乘积,极限为$\lim\limits_{n\to\infty}\frac{1}{n}\sin n=0$;由重要极限,$\lim\limits_{n\to\infty}n\sin\frac{1}{n}=1$.

故选(D).

(2)【答案】(C).

【解析】因为函数 $f(x)$ 在 $x=0$ 处可导,$f'(0)=6$

故 $\lim\limits_{h\to 0}\frac{f(-2h)-f(h)}{-2h}=\lim\limits_{h\to 0}\left[\frac{f(-2h)-f(0)}{-2h}+\frac{f(h)-f(0)}{2h}\right]=\frac{3}{2}f'(0)$

则 $\lim\limits_{h\to 0}\frac{f(-2h)-f(h)}{3h}=\lim\limits_{h\to 0}\frac{f(-2h)-f(h)}{-2h}\cdot\frac{-2}{3}=-\frac{2}{3}\cdot\frac{3}{2}f'(0)=-6.$

(3)【答案】(C).

【解析】令 $t-x=u$,则 $f(x)=\int_0^x\sin(t-x)\mathrm{d}t=\int_{-x}^0\sin u\,\mathrm{d}u$,因此 $f'(x)=-\sin x$.

故选(C).

(4)【答案】(C).

【解析】因为$\int_{\mathrm{e}}^{+\infty}\frac{1}{x\ln^2 x}\mathrm{d}x=\int_{\mathrm{e}}^{+\infty}\frac{1}{\ln^2 x}\mathrm{d}(\ln x)=\left[-\frac{1}{\ln x}\right]_{\mathrm{e}}^{+\infty}=1$. 故选(C).

(5)【答案】(C).

【解析】$(\boldsymbol{E}-\boldsymbol{A})(\boldsymbol{E}+\boldsymbol{A}+\boldsymbol{A}^2)=\boldsymbol{E}-\boldsymbol{A}^3=\boldsymbol{E}$,$(\boldsymbol{E}+\boldsymbol{A})(\boldsymbol{E}-\boldsymbol{A}+\boldsymbol{A}^2)=\boldsymbol{E}+\boldsymbol{A}^3=\boldsymbol{E}$.
故 $\boldsymbol{E}-\boldsymbol{A}$,$\boldsymbol{E}+\boldsymbol{A}$ 均可逆.故应选(C).

(6)【答案】(A).

【解析】$\boldsymbol{A\alpha}=\begin{pmatrix}a&-1&1\\-1&0&1\\1&b&0\end{pmatrix}\begin{pmatrix}1\\-1\\1\end{pmatrix}=\begin{pmatrix}2+a\\0\\1-b\end{pmatrix}$

因为 $\boldsymbol{A\alpha}=\lambda\boldsymbol{\alpha}$,所以$\begin{pmatrix}2+a\\0\\1-b\end{pmatrix}=\lambda\begin{pmatrix}1\\-1\\1\end{pmatrix}$,因此可以得到 $\lambda=0$,$a=-2$,$b=1$,故选(A).

(7)【答案】(D).

【解析】

(A) 矩阵$\begin{pmatrix}0&0&1\\0&1&0\\1&0&0\end{pmatrix}$是实对称矩阵,能与对角阵相似;

(B) 矩阵$\begin{pmatrix}1&1&1\\0&2&2\\0&0&3\end{pmatrix}$有三个不同的特征值$\lambda=1,2,3$，则能对角化；

(C) 矩阵$\begin{pmatrix}1&-2&1\\2&-4&2\\1&-2&1\end{pmatrix}$特征值为$\lambda=0,0,3$，$\lambda=0$为二重特征值，但对应两个线性无关的特征向量，因此能对角化.

(D) 矩阵$\begin{pmatrix}-2&1&1\\0&2&0\\-4&0&3\end{pmatrix}$特征值$\lambda=2$为二重特征值，但对应一个线性无关的特征向量，因此不能对角化.

(8)【答案】(D).

【解析】根据分布函数的性质可知(A)、(B)、(C)正确。对于(D)，$P(X\geqslant a)=1-P\{X<a\}$不一定等于$\frac{1}{2}$.

(9)【答案】(C).

【解析】因$P(X\leqslant -2,|X|\leqslant 1)=0\neq P(X\leqslant -2)P(|X|\leqslant 1)$，故$|X|$与$X$不相互独立。又$\mathrm{Cov}(|X|,X)=E[|X|X-E(|X|)E(X)]=E(|X|X)=0$，故选(C).

(10)【答案】(B).

【解析】因$B\subset A$，则$P(AB)=P(B)$，$P(A\mid B)=\dfrac{P(AB)}{P(B)}=\dfrac{P(A)}{P(B)}=1$，故选(B).

二、填空题:11～16 小题，每小题 5 分，共 30 分. 请将答案写在横线上.

(11)【答案】$a=-2$.

【解析】$\lim\limits_{x\to 0^+}f(x)=\lim\limits_{x\to 0^+}\dfrac{1-e^{\tan x}}{\arcsin\dfrac{x}{2}}=\lim\limits_{x\to 0^+}\dfrac{-\tan x}{\dfrac{x}{2}}=-2$

$$\lim_{x\to 0^-}f(x)=\lim_{x\to 0^-}a e^{2x}=a$$

又$f(0)=a$，根据$f(x)$在$x=0$处连续，可知$a=-2$.

(12)【答案】$\dfrac{\partial^2 u}{\partial x\partial y}=4xyf''(x^2+y^2+z^2)$.

【解析】由多元复合函数求导法则得，

$$\frac{\partial u}{\partial x}=2xf'(x^2+y^2+z^2),\frac{\partial^2 u}{\partial x\partial y}=4xyf''(x^2+y^2+z^2).$$

(13)【答案】$\dfrac{d^2 y}{dx^2}=-\dfrac{1}{\sin^3 t}$.

【解析】$\dfrac{dy}{dx}=-\dfrac{\cos t}{\sin t}=-\cot t$，

$$\frac{d^2 y}{dx^2}=\frac{d}{dx}\left(\frac{dy}{dx}\right)=\frac{d}{dt}\left(\frac{dy}{dx}\right)\frac{1}{\frac{dx}{dt}}=\frac{\csc^2 t}{-\sin t}=-\frac{1}{\sin^3 t}.$$

(14)【答案】$\frac{\pi}{2}$.

【解析】由定积分的几何意义知,$\int_0^{\sqrt{2}}\sqrt{2-x^2}\,dx$ 的值就是圆 $x^2+y^2=2$ 在第一象限那部分的面积,为$\frac{(\sqrt{2})^2\pi}{4}=\frac{\pi}{2}$.

(15)【答案】$\begin{pmatrix}1&0\\0&-1\end{pmatrix}$或$\begin{pmatrix}-1&0\\0&1\end{pmatrix}$.

【解析】设 $\boldsymbol{\alpha}_1,\boldsymbol{\alpha}_2$ 对应的特征值分别为 λ_1,λ_2,由 $\boldsymbol{A}^2(\boldsymbol{\alpha}_1+\boldsymbol{\alpha}_2)=\boldsymbol{\alpha}_1+\boldsymbol{\alpha}_2$ 得

$(\lambda_1^2-1)\boldsymbol{\alpha}_1+(\lambda_2^2-1)\boldsymbol{\alpha}_2=\boldsymbol{0}$.

又 $\boldsymbol{\alpha}_1,\boldsymbol{\alpha}_2$ 线性无关,则 $\lambda_1^2-1=0,\lambda_2^2-1=0$.

由于 λ_1,λ_2 不同,则 $\boldsymbol{A}$ 相似于对角阵$\begin{pmatrix}1&0\\0&-1\end{pmatrix}$或$\begin{pmatrix}-1&0\\0&1\end{pmatrix}$.

(16)【答案】$2\sqrt{2}$.

【解析】$X_i\sim N(0,4),i=1,2,3$,相互独立,则 $X_2+X_3\sim N(0,8)$,因此$\frac{X_2+X_3}{2\sqrt{2}}\sim N(0,1)$.

三、解答题:17~22 小题,共 70 分.请将解答写在指定位置上.解答应写出文字说明、证明过程或演算步骤.

(17)【解析】先用换元法.令$\sqrt{x}=t$,则 $x=t^2,dx=2t\,dt$,且

当 $x=0$ 时,$t=0$;当 $x=1$ 时,$t=1$.

于是
$$\int_0^1 e^{\sqrt{x}}\,dx=2\int_0^1 t\,e^t\,dt$$

再用分部积分法计算上式右端的积分.于是
$$\int_0^1 t\,e^t\,dt=[t\,e^t]_0^1-\int_0^1 e^t\,dt=e-[e^t]_0^1$$
$$=e-(e-1)=1$$

因此
$$\int_0^1 e^{\sqrt{x}}\,dx=2.$$

(18)【解析】原方程是一阶线性非齐次微分方程,由求解公式 $y=e^{-\int P(x)dx}\left[\int Q(x)e^{\int P(x)dx}dx+C\right]$

可得通解为

$y=e^{-\int\cos x\,dx}\left(\int e^{-\sin x}e^{\int\cos x\,dx}dx+C\right)=(x+C)e^{-\sin x}$,其中 C 为任意常数.

(19)【解析】D 关于直线 $y=x$ 对称,所以有$\iint\limits_D(\sin^2x+\cos^2y)\,dx\,dy=\iint\limits_D(\sin^2y+\cos^2x)\,dx\,dy$

$=\frac{1}{2}\iint\limits_D(\sin^2x+\cos^2y+\sin^2y+\cos^2x)\,dx\,dy=\frac{2}{2}\iint\limits_D dx\,dy=\pi$.

(20)【解析】令 $f(x)=2\sqrt{x}-\left(3-\frac{1}{x}\right)$,则

$$f'(x)=\frac{1}{\sqrt{x}}-\frac{1}{x^2}=\frac{1}{x^2}(x\sqrt{x}-1).$$

$f(x)$ 在$[1,+\infty)$ 上连续，在$(1,+\infty)$ 内 $f'(x)>0$，因此在$[1,+\infty)$ 上 $f(x)$ 单调增加，从而当 $x>1$ 时，$f(x)>f(1)$.

由于 $f(1)=0$，故 $f(x)>f(1)=0$，即

$$2\sqrt{x}-\left(3-\frac{1}{x}\right)>0,$$

亦即
$$2\sqrt{x}>3-\frac{1}{x}\quad(x>1).$$

(21)【解析】由 $\boldsymbol{AB}=\boldsymbol{0}$ 知，$\boldsymbol{B}$ 每一列均为 $\boldsymbol{Ax}=\boldsymbol{0}$ 的解，且 $R(\boldsymbol{A})+R(\boldsymbol{B})\leqslant 3$.

(1) 若 $k\neq 9$，则 $R(\boldsymbol{B})=2$，于是 $R(\boldsymbol{A})\leqslant 1$，显然 $R(\boldsymbol{A})\geqslant 1$，故 $R(\boldsymbol{A})=1$. 可见此时 $\boldsymbol{Ax}=\boldsymbol{0}$ 的基础解系所含解向量的个数为 $3-R(\boldsymbol{A})=2$，矩阵 $\boldsymbol{B}$ 的第一、第三列线性无关，可作为其基础解系，故 $\boldsymbol{Ax}=\boldsymbol{0}$ 的通解为：

$$\boldsymbol{x}=k_1\begin{pmatrix}1\\2\\3\end{pmatrix}+k_2\begin{pmatrix}3\\6\\k\end{pmatrix},k_1\text{ 和 }k_2\text{ 为任意常数.}$$

(2) 若 $k=9$，则 $R(\boldsymbol{B})=1$，从而 $1\leqslant R(\boldsymbol{A})\leqslant 2$，

若 $R(\boldsymbol{A})=2$，则 $\boldsymbol{Ax}=\boldsymbol{0}$ 的通解为：$\boldsymbol{x}=k_1\begin{pmatrix}1\\2\\3\end{pmatrix}$，$k_1$ 为任意常数.

若 $R(\boldsymbol{A})=1$ 则 $\boldsymbol{Ax}=\boldsymbol{0}$ 的同解方程组为：$ax_1+bx_2+cx_3=0$，不妨设 $a\neq 0$，则其通解为

$$\boldsymbol{x}=k_1\begin{pmatrix}-\dfrac{b}{a}\\1\\0\end{pmatrix}+k_2\begin{pmatrix}-\dfrac{c}{a}\\0\\1\end{pmatrix},k_1\text{ 和 }k_2\text{ 为任意常数.}$$

(22)【解析】(Ⅰ) $P\{X_1=1\}=\frac{1}{3}$，$P\{X_1=0\}=\frac{2}{3}$，$P\{X_2=1\}=\frac{1}{3}$，$P\{X_2=0\}=\frac{2}{3}$.

$P\{X_1=0,X_2=0\}=\frac{1}{2}$，$P\{X_1=0,X_2=1\}=\frac{1}{6}$，$P\{X_1=1,X_2=0\}=\frac{1}{6}$，

$P\{X_1=1,X_2=1\}=\frac{1}{6}$，

$E(X_1)=E(X_2)=\frac{1}{3}$，$D(X_1)=D(X_2)=\frac{2}{3}\times\frac{1}{3}=\frac{2}{9}$，

$E(X_1X_2)=P(X_1=1,X_2=1)=\frac{1}{6}$.

(Ⅱ) 它们的相关系数为 $\rho=\dfrac{E(X_1X_2)-E(X_1)E(X_2)}{\sqrt{D(X_1)}\sqrt{D(X_2)}}=\dfrac{1/6-1/9}{2/9}=\dfrac{1}{4}$.

模拟试题四参考答案及解析

一、选择题:1～10 小题,每小题 5 分,共 50 分. 下列每题给出的四个选项中,只有一个选项是符合题目要求的. 请将所选项前的字母填在括号内.

(1)【答案】(B).

【解析】$\lim\limits_{x\to 0}\dfrac{e^{2x}-1}{2x}=1$.

(2)【答案】(C).

(3)【答案】(D).

【解析】应用洛必达法则得

$$\lim_{x\to 0}\frac{x-\int_0^x\frac{\sin t}{t}dt}{x-\sin x}=\lim_{x\to 0}\frac{1-\frac{\sin x}{x}}{1-\cos x}=\lim_{x\to 0}\frac{x-\sin x}{\frac{1}{2}x^3}=\lim_{x\to 0}\frac{1-\cos x}{\frac{3}{2}x^2}$$

$$=\lim_{x\to 0}\frac{\frac{1}{2}x^2}{\frac{3}{2}x^2}=\frac{1}{3}.$$

(4)【答案】(B).

【解析】$\lim\limits_{x\to 1^-}y=0,\lim\limits_{x\to 1^+}y=1$,所以 $x=1$ 是第一类跳跃间断点,选(B).

(5)【答案】(D).

【解析】按第一行展开得

$$D_n=\begin{vmatrix}2&0&\cdots&0&2\\-1&2&\cdots&0&2\\&&\cdots&&\\0&0&\cdots&2&2\\0&0&\cdots&-1&2\end{vmatrix}=2D_{n-1}+(-1)^{n+1}2(-1)^{n-1}=2D_{n-1}+2$$

$$=2(2D_{n-2}+2)+2=2^2D_{n-2}+2^2+2=2^n+2^{n-1}+\cdots+2$$

$$=2^{n+1}-2.$$

(6)【答案】(A).

【解析】因为 $\boldsymbol{A}$ 中元素 a_{ij} 的代数余子式 $A_{ij}\neq 0$,说明 $\boldsymbol{A}$ 中存在非零的 $n-1$ 阶子式,又 $|\boldsymbol{A}|=0$,所以 $R(\boldsymbol{A})=n-1$,从而方程组 $\boldsymbol{Ax}=\boldsymbol{0}$ 的基础解系所含向量个数为 $n-(n-1)=1$ 个.

(7)【答案】(D).

【解析】(A) 中令 $\boldsymbol{\alpha}_1=(1,0,0,0)^T,\boldsymbol{\alpha}_2=(0,1,0,0)^T;\boldsymbol{\beta}_1=(0,0,1,0)^T,\boldsymbol{\beta}_2=(0,0,0,1)^T$;

则(A)、(B)、(C) 都不成立.

在(D) 中若矩阵 $\boldsymbol{A}=(\boldsymbol{\alpha}_1,\cdots,\boldsymbol{\alpha}_m)$ 的秩 $\boldsymbol{R}(\boldsymbol{A})$ 等于矩阵 $\boldsymbol{B}=(\boldsymbol{\beta}_1,\cdots,\boldsymbol{\beta}_m)$ 的秩 $\boldsymbol{R}(\boldsymbol{B})$,由于 $\boldsymbol{\alpha}_1,\cdots,\boldsymbol{\alpha}_m(m<n)$ 线性无关,所以 $\boldsymbol{R}(\boldsymbol{B})=\boldsymbol{R}(\boldsymbol{A})=m$,则 $\boldsymbol{\beta}_1,\cdots,\boldsymbol{\beta}_m$ 线性无关;反之 $\boldsymbol{\beta}_1,\cdots,\boldsymbol{\beta}_m$ 线性无关,则 $\boldsymbol{R}(\boldsymbol{B})=m$。由于 $\boldsymbol{\alpha}_1,\cdots,\boldsymbol{\alpha}_m(m<n)$ 线性无关,所以 $\boldsymbol{R}(\boldsymbol{A})=m$,因此 $\boldsymbol{R}(\boldsymbol{B})=\boldsymbol{R}(\boldsymbol{A})$.

(8)【答案】(B).

【解析】因为 $X+Y\sim N(1,2)$,则 $P(X+Y\leqslant 1)=P\left(\dfrac{X+Y-1}{\sqrt{2}}\leqslant 0\right)=\Phi(0)=\dfrac{1}{2}$.

(9)【答案】(C).

【解析】因为 $D(X)=E(X^2)-[E(X)]^2=2, D(Y)=E(Y^2)-[E(Y)]^2=2$

$\mathrm{Cov}(X,Y)=E(XY)-E(X)E(Y), \rho_{XY}=\dfrac{\mathrm{Cov}(X,Y)}{\sqrt{D(X)}\sqrt{D(Y)}}$

则
$$\begin{aligned}E(X+Y)^2&=E(X^2)+2E(XY)+E(Y^2)\\&=4+2[\mathrm{Cov}(X,Y)+E(X)E(Y)]\\&=4+2\rho_{XY}\sqrt{D(X)}\sqrt{D(Y)}=4+2\times 0.5\times 2=6.\end{aligned}$$

故选(C).

(10)【答案】(C).

【解析】$D(\bar{X})=D\left(\dfrac{1}{n}\sum_{i=1}^{n}X_i\right)=\dfrac{1}{n^2}\sum_{i=1}^{n}D(X_i)=\dfrac{1}{n^2}\sum_{i=1}^{n}\sigma^2=\dfrac{1}{n^2}\cdot n\sigma^2=\dfrac{\sigma^2}{n}$,故选项为(C).

二、填空题:11~16 小题,每小题 5 分,共 30 分. 请将答案写在题目中的横线上.

(11)【答案】$x\cos x\ln x+(1+\sin x)(1-\ln x)+C$.

【解析】由已知得,$[(1+\sin x)\ln x]'=f(x)$,

由分部积分得,
$$\begin{aligned}\int xf'(x)\mathrm{d}x&=\int x\,\mathrm{d}f(x)=xf(x)-\int f(x)\mathrm{d}x\\&=x\cos x\ln x+(1+\sin x)(1-\ln x)+C.\end{aligned}$$

(12)【答案】$\dfrac{\mathrm{d}y}{\mathrm{d}x}=\dfrac{y-x}{x+y}$.

【解析】方程两边对 x 求导得,$\dfrac{\mathrm{d}y}{\mathrm{d}x}=\dfrac{y-x}{x+y}$.

(13)【答案】$f(x)=1+\mathrm{e}^x$.

【解析】由 $\int_0^x f(t)\mathrm{d}t=\mathrm{e}^x+x$,方程两边对 x 求导得 $f(x)=1+\mathrm{e}^x$.

(14)【答案】$\dfrac{\pi}{2}$.

【解析】$\displaystyle\int_{-1}^{1}\frac{x^2\sin^3x+1}{1+x^2}\mathrm{d}x=\int_{-1}^{1}\frac{x^2\sin^3x}{1+x^2}\mathrm{d}x+\int_{-1}^{1}\frac{1}{1+x^2}\mathrm{d}x$

因为 $\displaystyle\int_{-1}^{1}\frac{x^2\sin^3x}{1+x^2}\mathrm{d}x=0$,

所以$\int_{-1}^{1}\frac{x^2\sin^3x+1}{1+x^2}dx=0+\int_{-1}^{1}\frac{1}{1+x^2}dx=\arctan x\Big|_{-1}^{1}=\frac{\pi}{2}$.

(15)【答案】$-\frac{1}{3}(\boldsymbol{A}+2\boldsymbol{E})$.

【解析】由$\boldsymbol{A}^2+2\boldsymbol{A}+3\boldsymbol{E}=\boldsymbol{O}$可得$\boldsymbol{A}\left[-\frac{1}{3}(\boldsymbol{A}+2\boldsymbol{E})\right]=\boldsymbol{E}$,所以$\boldsymbol{A}^{-1}=-\frac{1}{3}(\boldsymbol{A}+2\boldsymbol{E})$.

(16)【答案】$\frac{19}{27}$.

【解析】$P(X\geqslant 1)=1-P(X<1)=1-(1-p)^2=\frac{5}{9}$,$p=\frac{1}{3}$,

则 $P(Y\geqslant 1)=1-P(Y<1)=1-(1-p)^3=1-\left(\frac{2}{3}\right)^3=\frac{19}{27}$.

三、解答题:17～22小题,共70分.解答应写出文字说明、证明过程或演算步骤.

(17)【解析】$\frac{dy}{dx}=\frac{-4\cos t}{-2\sin t}=2\cot t$,

$$\frac{d^2y}{dx^2}=\frac{-2\csc^2t}{-2\sin t}=\frac{1}{\sin^3t}.$$

(18)【解析】因为积分区域D关于x轴对称,$f(x,y)=2ye^{-(x^2+y^2)}$是关于y的奇函数,因此,

$\iint\limits_D 2ye^{-(x^2+y^2)}dxdy=0$,所以,

$$I=\iint\limits_D(x^2+y^2)e^{-(x^2+y^2)}dxdy=\int_0^{2\pi}d\theta\int_1^2 r^2e^{-r^2}rdr=\pi\int_1^2 r^2e^{-r^2}dr^2$$

$$=-\pi\int_1^2 r^2de^{-r^2}=-\pi\left[r^2e^{-r^2}\right]_1^2+\pi\int_1^2 e^{-r^2}dr^2$$

$$=-5\pi e^{-4}+2\pi e^{-1}=\pi e^{-1}(2-5e^{-3}).$$

(19)【解析】原方程改写为$y'=\left(\frac{y}{x}\right)^2-\frac{y}{x}$,

令$\frac{y}{x}=u$,代入原方程得$u+x\frac{du}{dx}=u^2-u$

分离变量并积分得$\int\frac{du}{u^2-2u}=\int\frac{dx}{x}$

得$\frac{1}{2}\ln\frac{u-2}{u}=\ln x+C_1$

即$\frac{u-2}{u}=Cx^2$

将$u=\frac{y}{x}$代入上式得$y-2x=Cx^2y$

由$y\Big|_{x=1}=1$得$C=-1$,则所求解为$y=\frac{2x}{1+x^2}$.

(20)【解析】令$\varphi(x)=(x^2-1)\ln x-(x-1)^2$,易知$\varphi(1)=0$,

$\varphi'(x)=2x\ln x+x-\frac{1}{x}-2(x-1)=2x\ln x-x-\frac{1}{x}+2$，因此，$\varphi'(1)=0$，又

$\varphi''(x)=2\ln x+1+\frac{1}{x^2}$，有 $\varphi''(1)=2>0$，

所以，$\varphi(x)$ 在 $x=1$ 处取得极小值. 又 $x=1$ 是 $\varphi(x)$ 在$(0,+\infty)$ 唯一的极值点，则 $\varphi(x)$ 在 $x=1$ 处取得区间$(0,+\infty)$ 上的最小值.

因此，$\varphi(x)\geqslant\varphi(1)=0$，即当 $x>0$ 时，$(x^2-1)\ln x>(x-1)^2$ 成立.

(21)【证明】设 A 的 n 个特征值为 $\lambda_1,\lambda_2,\cdots,\lambda_n$，对应的特征向量分别为 $P_1,P_2,\cdots,P_n$，则矩阵 $P=(P_1,P_2,\cdots,P_n)$ 为可逆矩阵. 又设 $P_1,P_2,\cdots,P_n$ 为 B 的属于特征值 $\mu_1,\mu_2,\cdots,\mu_n$ 的特征向量，

$$\text{则有 } P^{-1}AP=\begin{pmatrix}\lambda_1&&&\\&\lambda_2&&\\&&\ddots&\\&&&\lambda_n\end{pmatrix},P^{-1}BP=\begin{pmatrix}\mu_1&&&\\&\mu_2&&\\&&\ddots&\\&&&\mu_n\end{pmatrix}.$$

$$\text{于是}\quad AB=P\begin{pmatrix}\lambda_1&&&\\&\lambda_2&&\\&&\ddots&\\&&&\lambda_n\end{pmatrix}P^{-1}P\begin{pmatrix}\mu_1&&&\\&\mu_2&&\\&&\ddots&\\&&&\mu_n\end{pmatrix}P^{-1}$$

$$=P\begin{pmatrix}\lambda_1&&&\\&\lambda_2&&\\&&\ddots&\\&&&\lambda_n\end{pmatrix}\begin{pmatrix}\mu_1&&&\\&\mu_2&&\\&&\ddots&\\&&&\mu_n\end{pmatrix}P^{-1}$$

$$=P\begin{pmatrix}\mu_1&&&\\&\mu_2&&\\&&\ddots&\\&&&\mu_n\end{pmatrix}P^{-1}P\begin{pmatrix}\lambda_1&&&\\&\lambda_2&&\\&&\ddots&\\&&&\lambda_n\end{pmatrix}P^{-1}=BA$$

(22)【解析】

(1)Y 的分布函数为 $F_Y(y)=P(Y\leqslant y)=P(X^2\leqslant y)$.

当 $y\leqslant 0$，$F_Y(y)=0$，$f_Y(y)=0$；

当 $0<y<1$，

$$F_Y(y)=P(-\sqrt{y}\leqslant X\leqslant\sqrt{y})=\int_{-\sqrt{y}}^{0}\frac{1}{2}\mathrm{d}x+\int_{0}^{\sqrt{y}}\frac{1}{4}\mathrm{d}x=\frac{1}{2}\sqrt{y}+\frac{1}{4}\sqrt{y}=\frac{3}{4}\sqrt{y},$$

$$f_Y(y)=\frac{3}{8\sqrt{y}};$$

当 $1\leqslant y<4$，$F_Y(y)=\int_{-1}^{0}\frac{1}{2}\mathrm{d}x+\int_{0}^{\sqrt{y}}\frac{1}{4}\mathrm{d}x=\frac{1}{2}+\frac{1}{4}\sqrt{y}$，$f_Y(y)=\frac{1}{8\sqrt{y}}$；

当 $y\geqslant 4$，$F_Y(y)=1$，$f_Y(y)=0$.

Y 的概率密度为 $f_Y(y)=\begin{cases}\dfrac{3}{8\sqrt{y}}, & 0<y<1\\ \dfrac{1}{8\sqrt{y}}, & 1<y<4\\ 0, & \text{其他}\end{cases}$.

(2)$F\left(-\dfrac{1}{2},4\right)=P\left(X\leqslant -\dfrac{1}{2},Y\leqslant 4\right)=P\left(X\leqslant -\dfrac{1}{2},X^2\leqslant 4\right)$

$$P\left(X\leqslant -\frac{1}{2},-2\leqslant X\leqslant 2\right)=P\left(-2\leqslant X\leqslant -\frac{1}{2}\right)=\int_{-1}^{-\frac{1}{2}}\frac{1}{2}\mathrm{d}x=\frac{1}{4}.$$

模拟试题五参考答案及解析

一、选择题：1～10 小题，每小题 5 分，共 50 分. 下列每题给出的四个选项中，只有一个选项是符合题目要求的. 请将所选项前的字母填在括号内.

(1)【答案】(D).

【解析】显然 $x=-1,0,1$ 是 $f(x)$ 的三个间断点，又

$$\lim_{x\to 0}f(x)=\lim_{x\to 0}\frac{\sin\pi x}{x^3-x}=\lim_{x\to 0}\frac{\pi x}{x^3-x}=-\pi.$$

$$\lim_{x\to -1}f(x)\xlongequal{y=x+1}\lim_{y\to 0}\frac{\sin\pi(y-1)}{(y-1)(y-2)y}=\lim_{y\to 0}\frac{-\sin\pi y}{(y-1)(y-2)y}=-\frac{\pi}{2}.$$

$$\lim_{x\to 1}f(x)\xlongequal{y=x-1}\lim_{y\to 0}\frac{\sin\pi(y+1)}{(y+1)(y+2)y}=\lim_{y\to 0}\frac{-\sin\pi y}{(y+1)(y+2)y}=-\frac{\pi}{2}.$$

(2)【答案】(D).

【解析】由结论：$\lim\limits_{x\to\infty}\dfrac{a_0x^m+a_1x^{m-1}+\cdots+a_m}{b_0x^n+b_1x^{n-1}+\cdots+b_n}=\begin{cases}\dfrac{a_0}{b_0}, & n=m\\ 0, & n>m\\ \infty, & n<m\end{cases}$

可得答案.

(3)【答案】(A).

【解析】由 $\lim\limits_{x\to 0}\dfrac{f''(x)}{|x|}=1$ 可知，在 $x\in(-\varepsilon,\varepsilon)$ 上，$f''(x)>0$，所以 $f'(x)$ 单调增加，且由 $f'(0)=0$ 有，$f'(0-\varepsilon)<0$，$f'(0+\varepsilon)>0$，故 $x=0$ 是 $f(x)$ 的极小值点，故选(A).

(4)【答案】(C).

【解析】将 $x=x_0$ 代入 $y''+3y'=e^{2x}$，可得 $y''(x_0)+3y'(x_0)=e^{2x_0}$，又 $y'(x_0)=0$.

所以 $y''(x_0)=e^{2x_0}>0$，推出 $y(x)$ 在 x_0 处取极小值.

(5)【答案】(D).

【解析】因为 $\boldsymbol{Ax}=\boldsymbol{0}$ 有零解，$\boldsymbol{Ax}=\boldsymbol{b}$ 不一定有解，因此(A)、(B) 选项不正确；由方程组解的结构定理可知选项(D)正确.

(6)【答案】(C).

【解析】因为 $\boldsymbol{B}$ 可逆，所以选项(C)正确.

(7)【答案】(B).

【解析】由 $\boldsymbol{A}^*=\boldsymbol{A}^{\mathrm{T}}$ 得，$|\boldsymbol{A}^*|=|\boldsymbol{A}^{\mathrm{T}}|=|\boldsymbol{A}|$，

由于 $|\boldsymbol{A}^*|=|\boldsymbol{A}|^2$，得 $|\boldsymbol{A}|(|\boldsymbol{A}|-1)=0$，故 $|\boldsymbol{A}|=0$ 或 1.

(8)【答案】(D).

【解析】因为 A,B 互不相容，所以 $P(AB)=0$，又 $P(A-B)=P(A)-P(AB)$，所以选项(D)正确.

(9)【答案】(B).

【解析】由 Fisher 定理可得.

(10)【答案】(C).

【解析】A、B、C 恰好有一个发生即为随机事件：$A\bar{B}\bar{C}\cup\bar{A}B\bar{C}\cup\bar{A}\bar{B}C$ 故选项(C)正确.

二、填空题：11～16 小题，每小题 5 分，共 30 分. 请将答案写在题目中的横线上.

(11)【答案】$-\sin x+C$.

【解析】

$$f(x)=(\cos x)'=-\sin x,\int f'(x)\mathrm{d}x=f(x)+C=-\sin x+C.$$

(12)【答案】16.

【解析】

$$\int_0^4\frac{1}{\sqrt{x}}f(\sqrt{x})\mathrm{d}x=2\int_0^4 f(\sqrt{x})\mathrm{d}\sqrt{x}=2\int_0^2 f(t)\mathrm{d}t=2\times\frac{2^4}{2}=16.$$

(13)【答案】$y=1-\frac{1}{\mathrm{e}}x$.

【解析】对方程 $\mathrm{e}^y+xy=\mathrm{e}$ 两边同时对 x 求导，得

$\mathrm{e}^y\cdot y'+y+xy'=0$，解得 $y'=-\frac{y}{x+\mathrm{e}^y}$

将点 $P(0,1)$ 代入上式，得 $y'|_{\substack{x=0\\y=1}}=-\frac{1}{\mathrm{e}}$

故所求切线方程为：$y-1=-\frac{1}{\mathrm{e}}x$，即 $y=1-\frac{1}{\mathrm{e}}x$.

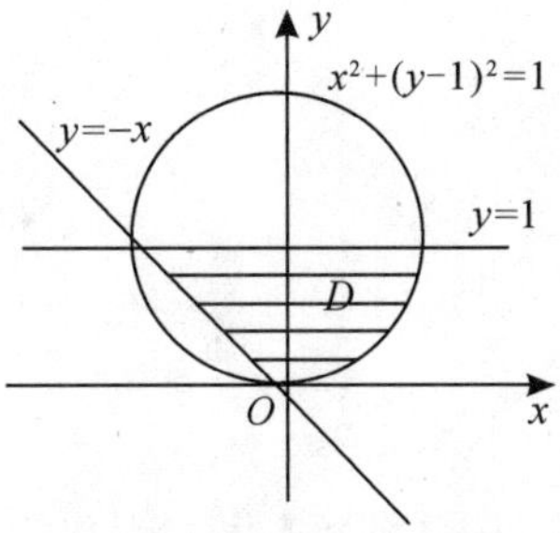

(14)【答案】$\int_{-1}^0\mathrm{d}x\int_{-x}^1 f(x,y)\mathrm{d}y+\int_0^1\mathrm{d}x\int_{1-\sqrt{1-x^2}}^1 f(x,y)\mathrm{d}y$.

(15)【答案】-8.

【解析】因为 $\boldsymbol{A}\boldsymbol{A}^*=|\boldsymbol{A}|\boldsymbol{E}$，又已知 $\boldsymbol{A}$ 为 3 阶方阵，且 $|\boldsymbol{A}|=-2$，所以 $|\boldsymbol{A}\boldsymbol{A}^*|=|\boldsymbol{A}|^3|\boldsymbol{E}|=|\boldsymbol{A}|^3=(-2)^3=-8$.

(16)【答案】$a=\frac{3}{7}$.

【解析】

$$\begin{aligned}P(\bar{A}\cup B)&=P(\bar{A})+P(B)-P(\bar{A}B)\\&=P(\bar{A})+P(B)-[P(B)-P(AB)]=1-P(A)+P(AB)\end{aligned}$$

当事件 A 与 B 相互独立时，$P(AB)=P(A)P(B)$，所以 $0.7=1-a+0.3a\Rightarrow a=\frac{3}{7}$.

三、解答题：17～22 小题，共 70 分. 解答应写出文字说明、证明过程或演算步骤.

(17)【解析】原式 $=\lim\limits_{x\to0}\frac{\sin x(1-\cos x)}{x^3\cdot\cos x}=\frac{1}{2}\lim\limits_{x\to0}\frac{\sin x}{x}\cdot\frac{\sin^2\frac{x}{2}}{\left(\frac{x}{2}\right)^2}\cdot\frac{1}{\cos x}=\frac{1}{2}$.

(18)【解析】设点 $M\left(t,\frac{1}{t^2}\right)$ 即为所求的切点，显然 $t\neq 0$，

切线方程为 $$y-\frac{1}{t^2}=-\frac{2}{t^3}(x-t)$$

两截距分别为 $\frac{3t}{2},\frac{3}{t^2}$，于是所截切线段长为 $l=\sqrt{\left(\frac{3t}{2}\right)^2+\left(\frac{3}{t^2}\right)^2}$，于是问题等价于求 $f(t)=\frac{t^2}{4}+\frac{1}{t^4}$ 的最小值点，又 $f(t)$ 为偶函数，不妨设 $t\in(0,+\infty)$.

由 $f'(t)=\frac{t}{2}-\frac{4}{t^5}=0$，得唯一驻点为 $t=\sqrt{2}$，且 $f''(\sqrt{2})>0$，$t=\sqrt{2}$ 是唯一的极小值点，由实际问题可知，$t=\sqrt{2}$ 是最小值点，由对称性知点 $\left(\pm\sqrt{2},\frac{1}{2}\right)$ 即为所求的全部极小点，且最短距离为 $\frac{3\sqrt{3}}{2}$.

(19)【解析】作极坐标变换 $x=r\cos\theta,y=r\sin\theta$，则积分区域 D 变为

$$0\leqslant\theta\leqslant\frac{\pi}{2},\frac{1}{\sin\theta+\cos\theta}\leqslant r\leqslant 1.$$

因此，

$$\begin{aligned}\iint_D\frac{x+y}{x^2+y^2}\mathrm{d}x\,\mathrm{d}y&=\int_0^{\frac{\pi}{2}}\mathrm{d}\theta\int_{\frac{1}{\sin\theta+\cos\theta}}^1\frac{r\cos\theta+r\sin\theta}{r^2}r\,\mathrm{d}r\\&=\int_0^{\frac{\pi}{2}}\mathrm{d}\theta\int_{\frac{1}{\sin\theta+\cos\theta}}^1(\cos\theta+\sin\theta)\,\mathrm{d}r\\&=\int_0^{\frac{\pi}{2}}(\sin\theta+\cos\theta-1)\,\mathrm{d}\theta\\&=2-\frac{\pi}{2}.\end{aligned}$$

(20)【解析】将方程化为 $y'-\frac{\sin x}{\cos x}y=\frac{2x}{\cos x}$，

令 $P(x)=-\frac{\sin x}{\cos x},Q(x)=\frac{2x}{\cos x}$

得 $$\begin{aligned}y&=\mathrm{e}^{-\int P(x)\mathrm{d}x}\left(\int Q(x)\mathrm{e}^{\int P(x)\mathrm{d}x}\mathrm{d}x+C\right)\\&=\mathrm{e}^{\int\frac{\sin x}{\cos x}\mathrm{d}x}\left(\int\frac{2x}{\cos x}\mathrm{e}^{-\int\frac{\sin x}{\cos x}\mathrm{d}x}\mathrm{d}x+C\right)\\&=\mathrm{e}^{-\ln\cos x}\left(\int\frac{2x}{\cos x}\mathrm{e}^{\ln\cos x}\mathrm{d}x+C\right)\\&=\frac{1}{\cos x}\left(\int 2x\,\mathrm{d}x+C\right)\\&=\frac{1}{\cos x}(x^2+C)\end{aligned}$$

(21)【解析】(1)设 $\boldsymbol{A}$ 的属于特征值 3 的特征向量为 $\boldsymbol{\alpha}_3=(x_1,x_2,x_3)^{\mathrm{T}}$，则 $\begin{cases}x^{\mathrm{T}}\boldsymbol{\alpha}_1=0\\x^{\mathrm{T}}\boldsymbol{\alpha}_2=0\end{cases}$，即 $\begin{cases}-x_1-x_2+x_3=0\\x_1-2x_2-x_3=0\end{cases}$，解得 $\boldsymbol{\alpha}_3=(1,0,1)^{\mathrm{T}}$.

(2)令 $\boldsymbol{P}=(\boldsymbol{\alpha}_1,\boldsymbol{\alpha}_2,\boldsymbol{\alpha}_3)$，则

$$\boldsymbol{A}=\boldsymbol{P}\begin{pmatrix}1&&\\&2&\\&&3\end{pmatrix}\boldsymbol{P}^{-1}=\begin{pmatrix}2\frac{1}{6}&-\frac{1}{3}&\frac{5}{6}\\-\frac{1}{3}&\frac{5}{3}&\frac{1}{3}\\\frac{5}{6}&\frac{1}{3}&2\frac{1}{6}\end{pmatrix}=\frac{1}{6}\begin{pmatrix}13&-2&5\\-2&10&2\\5&2&13\end{pmatrix}.$$

(22)【解析】(Ⅰ)由已知条件有

$$f_X(x)=\begin{cases}\frac{1}{2b}, & -b<x<b\\0, & 其他\end{cases},f_Y(Y)=\begin{cases}\frac{1}{2b}, & -b<y<b\\0, & 其他\end{cases}.$$

因为 X，Y 独立，所以 (X,Y) 的联合概率密度为

$$f(x,y)=f_X(x)f_Y(y)=\begin{cases}\frac{1}{4b^2}, & (x,y)\in D\\0, & (x,y)\notin D\end{cases},$$

其中 $D=\{(x,y)\mid -b<x<b,-b<y<b\}$

(Ⅱ)由方程有实根得 $\Delta=X^2-4Y\geqslant0$，$X^2\geqslant4Y$

$$P\{X^2\geqslant4Y\}=\iint\limits_{x^2\geqslant4y}f(x,y)\mathrm{d}x\,\mathrm{d}y$$

当 $0<b\leqslant4$ 时，

$$P\{X^2\geqslant4Y\}=\iint\limits_{\substack{x^2\geqslant4y\\(x,y)\in D}}\frac{1}{4b^2}\mathrm{d}x\,\mathrm{d}y=\frac{1}{4b^2}\iint\limits_{\substack{x^2\geqslant4y\\(x,y)\in D}}\mathrm{d}x\,\mathrm{d}y$$

$$=\frac{1}{4b^2}\left(2b^2+2\int_0^b\frac{x^2}{4}\mathrm{d}x\right)=\frac{1}{2}+\frac{b}{24};$$

当 $b>4$ 时，

$$P\{X^2\geqslant4Y\}=\frac{1}{4b^2}\iint\limits_{\substack{x^2\geqslant4y\\(x,y)\in D}}\mathrm{d}x\,\mathrm{d}y=\frac{1}{4b^2}\left(4b^2-2\int_0^b2\sqrt{y}\,\mathrm{d}y\right)$$

$$=\frac{1}{4b^2}\left(4b^2-\frac{8}{3}b\sqrt{b}\right)=1-\frac{2}{3\sqrt{b}}.$$

模拟试题六参考答案及解析

一、选择题:1～10 小题,每小题 5 分,共 50 分. 下列每题给出的四个选项中,只有一个选项是符合题目要求的. 请将所选项前的字母填在括号内.

(1)**【答案】**(A).

【解析】$\lim\limits_{n\to\infty}\dfrac{1+3^{n+1}}{1+3^n}=\lim\limits_{n\to\infty}\dfrac{\left(\dfrac{1}{3}\right)^{n+1}+1}{\left(\dfrac{1}{3}\right)^{n+1}+\dfrac{1}{3}}=3.$

(2)**【答案】**(D).

【解析】函数在 $x=0$ 处右极限不存在,故 $x=0$ 为第二类间断点. 函数在 $x=-1$ 处左、右极限均存在但不相等,$x=-1$ 为第一类间断点.

(3)**【答案】**(B).

【解析】$\int xf'(x)\mathrm{d}x=\int x\,\mathrm{d}f(x)=xf(x)-\int f(x)\mathrm{d}x=xF'(x)-F(x)+C$

(4)**【答案】**(C).

【解析】$\iint\limits_D f(x,y)\mathrm{d}x\,\mathrm{d}y=\int_0^1\mathrm{d}x\int_{-1}^{-x}f(x,y)\mathrm{d}y$

(5)**【答案】**(B).

【解析】如果向量组线性无关,则向量组的每个向量增加分量后构成的新的向量组仍线性无关。因此,$\boldsymbol{A}$ 的行向量线性无关时,线性方程组 $\boldsymbol{Ax}=\boldsymbol{B}$ 的增广矩阵 $\overline{\boldsymbol{A}}$ 的行向量线性无关.

(6)**【答案】**(C).

【解析】$\boldsymbol{A}$ 的行列式 $|\boldsymbol{A}|=0$,则 $\boldsymbol{A}$ 的列向量线性相关,故 $\boldsymbol{A}$ 中必有一列向量是其余列向量的线性组合.

(7)**【答案】**(D).

【解析】利用初等矩阵的性质得 $\boldsymbol{P}_1\boldsymbol{A}\boldsymbol{P}_2=\boldsymbol{E}$,故 $\boldsymbol{A}=\boldsymbol{P}_1^{-1}\boldsymbol{P}_2^{-1}$.

(8)**【答案】**(B).

【解析】随机变量 $\xi=X+Y$ 与 $\eta=X-Y$ 不相关,则 $\rho_{\xi\eta}=0$,因而

$$\begin{aligned}0&=\mathrm{Cov}(\xi,\eta)=E(\xi\eta)-E(\xi)E(\eta)\\&=E[(X+Y)(X-Y)]-E(X+Y)E(X-Y)\\&=E(X^2)-E(Y^2)-[(E(X))^2-(E(Y))^2]\\&=D(X)-D(Y)\end{aligned}$$

(9)**【答案】**(C).

【解析】$P(B)=P(\overline{A}B)+P(AB)=P(\overline{A})P(B|\overline{A})+P(A)\ P(B|A)$

$=P(\overline{A})P(B|\overline{A})+P(A)P(B|A)=P(B|A)$

则 $P(AB)=P(A)P(B|A)=P(A)P(B)$.

(10)【答案】(B).

【解析】由 X 和 Y 相互独立，且 $D(X)=4, D(Y)=\frac{1}{12}$，可得 $D(2X-3Y)=4D(X)+9D(Y)=16+\frac{9}{12}=\frac{201}{12}$，故选(B).

二、填空题：11～16 小题，每小题 5 分，共 30 分. 请将答案写在题目中的横线上.

(11)【答案】$a=0$.

【解析】若极限 $\lim\limits_{x\to 0}f(x)$ 存在，则 $\lim\limits_{x\to 0}f(x)=\lim\limits_{x\to 0^+}f(x)=\lim\limits_{x\to 0^-}f(x)$

$\lim\limits_{x\to 0^+}f(x)=\lim\limits_{x\to 0}x\sin\frac{1}{x}=0$, $\lim\limits_{x\to 0^-}f(x)=\lim\limits_{x\to 0}(a+x^2)=a$，则 $a=0$.

(12)【答案】$k=-3$.

【解析】利用等价无穷小的代换

$\lim\limits_{x\to 0}\frac{\ln(1+3x^2)}{x(1-e^{kx})}=\lim\limits_{x\to 0}\frac{3x^2}{x(-kx)}=\frac{3}{-k}$，又 $\frac{3}{-k}=1$，得 $k=-3$.

(13)【答案】$y=2x$.

【解析】曲线 $y=2\sin x+x^2$ 在原点处的切线斜率为 2，切线方程 $y=2x$.

(14)【答案】$\int_0^1 dy\int_y^{\sqrt{y}} f(x,y)\,dx$

【解析】$\int_0^1 dx\int_{x^2}^{x} f(x,y)\,dy=\int_0^1 dy\int_y^{\sqrt{y}} f(x,y)\,dx$.

(15)【答案】12.

【解析】因为矩阵 $\boldsymbol{A}$ 与 $\boldsymbol{B}$ 相似，所以矩阵 $\boldsymbol{A}$ 与 $\boldsymbol{B}$ 有相同的特征值。由 $|\boldsymbol{A}-3\boldsymbol{E}|=0$ 可知，3 是 $\boldsymbol{A}$ 的一个特征值，所以 3 是 $\boldsymbol{B}$ 的一个特征值。因此 $\boldsymbol{B}^2+3\boldsymbol{E}$ 的一个特征值为 $3^2+3=12$.

(16)【答案】0.349.

【解析】设 X 为检验的次品数，则 $X\sim b(10,0.1)$ 检验无次品，即次品数为零，则接受这批产品的概率为 $P(X=0)=(0.9)^{10}=0.349$.

三、解答题：17～22 小题，共 70 分. 解答应写出文字说明、证明过程或演算步骤.

(17)【解析】$\frac{\partial z}{\partial x}=y+yf_1'+\frac{1}{y}f_2'$

所以，

$$\frac{\partial^2 z}{\partial x\partial y}=1+f_1'+y\left[xf_{11}''+\left(-\frac{x}{y^2}\right)f_{12}''\right]-\frac{1}{y^2}f_2'+\frac{1}{y}\left[xf_{21}''+\left(-\frac{x}{y^2}\right)f_{22}''\right]$$

$$=1+f_1'-\frac{1}{y^2}f_2'+xyf_{11}''-\frac{x}{y^3}f_{22}''$$

(18)【解析】由题意知 $y(0)=1, y'(0)=\frac{1}{2}$,

所以据 $y''=x$ 有 $y'=\frac{1}{2}x^2+C_1$,

代入初始条件 $y'(0)=\frac{1}{2}$，得 $C_1=\frac{1}{2}$. 所以，$y'=\frac{1}{2}x^2+\frac{1}{2}$.

得到 $dy=\left(\frac{1}{2}x^2+\frac{1}{2}\right)dx$，

解得 $y=\frac{1}{6}x^3+\frac{1}{2}x+C_2$

因为 $y(0)=1$，所以有 $C_2=1$，方程特解为

$$y=\frac{1}{6}x^3+\frac{1}{2}x+1.$$

(19)【**解析**】(Ⅰ) 设 L 的方程为：$y=y(x)$，依题意可列出如下一阶线性微分方程

$$\begin{cases} y'-\frac{y}{x}=x \\ y(1)=0 \end{cases}$$

利用公式法，得一阶非齐次线性方程的通解

$$y=e^{\int\frac{1}{x}dx}\left[\int x e^{-\int\frac{1}{x}dx}\,dx+c\right]=x(x+c)$$

由 $y(1)=0$，可知 $c=-1$，

于是所求的曲线方程为 $y=x(x-1)$.

(Ⅱ) 依题意可知，所求的体积

$$V=\pi\int_0^1 x^2(x-1)^2dx=\pi\int_0^1(x^4-2x^3+x^2)dx$$

$$=\pi\left(\frac{x^5}{5}-2\frac{x^4}{4}+\frac{x^3}{3}\right)\Bigg|_0^1=\frac{\pi}{30}.$$

(20)【**证明**】由题意，可对 $f(x)$ 在 $[a,c]$，$[c,b]$ 上分别利用拉格朗日中值定理，于是有

$$f'(\xi_1)=\frac{f(c)-f(a)}{c-a},\quad a<\xi_1<c$$

$$f'(\xi_2)=\frac{f(b)-f(c)}{b-c},\quad c<\xi_2<b$$

因为 A，B，C 三点在同一直线上，

所以 $\frac{f(c)-f(a)}{c-a}=\frac{f(b)-f(c)}{b-c}=\frac{f(b)-f(a)}{b-a}$

故 $f'(\xi_1)=f'(\xi_2)$

因而 $f'(x)$ 在 $[\xi_1,\xi_2]$ 上满足罗尔定理，于是存在一点 $\xi\in(\xi_1,\xi_2)\subset(a,b)$，

使得 $f''(\xi)=0$.

(21)【**解析**】增广矩阵 $(\boldsymbol{A}\,\vdots\,\boldsymbol{B})=\left(\begin{array}{ccc:c}1&2&1&1\\2&1&2&2\\2&4&2&\lambda\end{array}\right)$

对增广矩阵进行初等行变换得

$$(\boldsymbol{A} \vdots \boldsymbol{B})=\left(\begin{array}{ccc:c}1 & 2 & 1 & 1\\2 & 1 & 2 & 2\\2 & 4 & 2 & \lambda\end{array}\right)\xrightarrow[r_3+r_1\times(-2)]{r_2+r_1\times(-2)}\left(\begin{array}{ccc:c}1 & 2 & 1 & 1\\0 & -3 & 0 & 0\\0 & 0 & 0 & \lambda-2\end{array}\right)$$

由于 $r(\boldsymbol{A})=2$，则

当 $\lambda-2=0$ 时，$r([\boldsymbol{A} \vdots \boldsymbol{B}])=r(\boldsymbol{A})=2$

即 $\lambda=2$ 时，方程组有解

此时，阶梯形矩阵对应的方程组为

$$\begin{cases}x_1+2x_2+x_3=1\\-3x_2=0\end{cases}$$

取 x_3 为自由元，得一般解为

$\begin{cases}x_1=1-x_3\\x_2=0\end{cases}$，令 $x_3=0$ 得一个解

$$\boldsymbol{\xi}=\begin{pmatrix}1\\0\\0\end{pmatrix}$$

原方程组对应的齐次线性方程组为

$$\begin{cases}x_1+2x_2+x_3=0\\-3x_2=0\end{cases}$$

基础解系为 $\boldsymbol{\xi}_1=\begin{pmatrix}-1\\0\\1\end{pmatrix}$

于是方程组的通解 $\boldsymbol{X}=\boldsymbol{\xi}+k\boldsymbol{\xi}_1=\begin{pmatrix}1\\0\\0\end{pmatrix}+k\begin{pmatrix}-1\\0\\1\end{pmatrix}$

(22)【解析】设 $A=\{$从三台仪器中任选的一台正在工作$\}$，$B_i=\{$所选仪器编号为 $i\}(i=1,2,3)$

（Ⅰ）$P(A)=P(A|B_1)P(B_1)+P(A|B_2)P(B_2)+P(A|B_3)P(B_3)$

$$=0.9\times\frac{1}{3}+0.8\times\frac{1}{3}+0.4\times\frac{1}{3}=0.7.$$

（Ⅱ）$P(B_2|A)=\dfrac{P(A|B_2)P(B_2)}{\sum\limits_{i=1}^{3}P(A|B_i)P(B_i)}=\dfrac{0.8\times\frac{1}{3}}{0.7}=\dfrac{8}{21}.$

模拟试题七参考答案及解析

一、选择题:1～10 小题,每小题 5 分,共 50 分.下列每题给出的四个选项中,只有一个选项是符合题目要求的.请将所选项前的字母填在括号内.

(1)**【答案】**(A).

【解析】因为 $f(0^+)=\lim\limits_{x\to0^+}\dfrac{2^{\frac{1}{x}}-1}{2^{\frac{1}{x}}+1}=1$,$f(0^-)=\lim\limits_{x\to0^-}\dfrac{2^{\frac{1}{x}}-1}{2^{\frac{1}{x}}+1}=-1$,所以函数在 $x=0$ 点为第一类跳跃间断点.

(2)**【答案】**(C).

【解析】$y'=\dfrac{1}{3}x^{-\frac{2}{3}}$,$y''=-\dfrac{2}{9}x^{-\frac{5}{3}}\begin{cases}<0 & (x>0)\\>0 & (x<0)\end{cases}$,表明曲线 $y=x^{\frac{1}{3}}$ 是区间 $(-\infty,0)$ 上的凹曲线;而是区间 $(0,+\infty)$ 上的凸曲线.

(3)**【答案】**(B).

【解析】$f'(x)=x\cos x$,$f''(x)=\cos x-x\sin x$,$f'(0)=f'\left(\dfrac{\pi}{2}\right)=0$,

$f''(0)=1>0$,$f''\left(\dfrac{\pi}{2}\right)=-\dfrac{\pi}{2}<0$,得 $f(0)$ 是极小值,$f\left(\dfrac{\pi}{2}\right)$ 是极大值.

(4)**【答案】**(D).

【解析】三个积分区域之间的关系为 $D_1\subset D_3\subset D_2$.

(5)**【答案】**(C).

【解析】对于(A),两向量组秩相等并不一定等价,如 $\boldsymbol{\alpha}_1=(0,1)^T$,$\boldsymbol{\beta}_1=(1,0)^T$,$R(\boldsymbol{\alpha}_1)=R(\boldsymbol{\beta}_1)=1$.

但它们俩不等价.对于上述的两个向量,可以得到(B)、(D) 也不成立.故选(C).

(6)**【答案】**(C).

【解析】由题设知,$\boldsymbol{Ax}=\boldsymbol{0}$ 的解也是 $\boldsymbol{Bx}=\boldsymbol{0}$ 的解,因此 $\boldsymbol{Ax}=\boldsymbol{0}$ 与 $\begin{pmatrix}\boldsymbol{A}\\\boldsymbol{B}\end{pmatrix}\boldsymbol{x}=\boldsymbol{0}$ 同解. 故选(C).

(7)**【答案】**(B).

【解析】二次型的矩阵为 $\boldsymbol{A}=\begin{pmatrix}2&0&0\\0&0&1\\0&1&a\end{pmatrix}$,经正交变换后其标准型的矩阵为 $\boldsymbol{B}=\operatorname{diag}(1,b,-1)$,

则 $\boldsymbol{A}$ 相似于 $\boldsymbol{B}$,由 $\operatorname{tr}\boldsymbol{A}=\operatorname{tr}\boldsymbol{B}$,$|\boldsymbol{A}|=|\boldsymbol{B}|$ 得 $2+a=b$,$b=2$.故 $a=0$,$b=2$.

(8)**【答案】**(B).

【解析】$D(X+Y)=D(X)+D(Y)+2[E(XY)-E(X)\cdot E(Y)]=D(X)+D(Y)$,故选(B).

(9)**【答案】**(A).

【解析】判别式 $\Delta=4X^2-16<0$,则 $-2<x<2$.将正态分布化为标准正态分布

$P\{-2<X<2\}=P\left\{\frac{-2-0}{1}<Z<\frac{2-0}{1}\right\}=\Phi(2)-\Phi(-2)=2\Phi(2)-1$，故选(A).

(10)【答案】(A).

【解析】设事件 B 表机器正常工作，事件 A_i 表第 i 台机器。知 $P(A_i)=\frac{1}{3}$，

$P(B/A_1)=0.4, P(B/A_2)=0.8, P(B/A_3)=0.9$，利用全概率公式得所求概率

$$P(B)=\sum_{i=1}^{3}P(A_i)P(B/A_i)=\frac{1}{3}(0.4+0.8+0.9)=0.7.$$

二、填空题：11 ～ 16 小题，每小题 5 分，共 30 分. 请将答案写在题目中的横线上.

(11)【答案】$\frac{1}{2}$.

【解析】$$\lim_{x\to\infty}\left[x-x^2\ln\left(1+\frac{1}{x}\right)\right]=\lim_{t\to 0}\left[\frac{1}{t}-\frac{1}{t^2}\ln(1+t)\right]=\lim_{t\to 0}\left[\frac{t-\ln(1+t)}{t^2}\right]$$

$$=\lim_{t\to 0}\frac{1-\frac{1}{1+t}}{2t}=\lim_{t\to 0}\frac{1}{2(1+t)}=\frac{1}{2}.$$

(12)【答案】$\frac{6}{5}$.

【解析】$$\lim_{x\to\infty}\frac{3x^2+5}{5x+3}\sin\frac{2}{x}=\lim_{x\to\infty}\frac{6x^2+10}{5x^2+3x}\cdot\frac{\sin\frac{2}{x}}{\frac{2}{x}}=\frac{6}{5}.$$

(13)【答案】$\frac{dy}{dx}=\frac{y\sin(xy)-e^{x+y}}{e^{x+y}-x\sin(xy)}$.

【解析】方程两边同时对 x 求导得

$e^{x+y}\left(1+\frac{dy}{dx}\right)-\left(y+x\frac{dy}{dx}\right)\sin(xy)=0$ 从中解出 $\frac{dy}{dx}$ 即为所求.

(14)【答案】$dz|_{(1,0)}=2e dx+(2+e)dy$.

【解析】$dz=\frac{\partial z}{\partial x}dx+\frac{\partial z}{\partial y}dy, \frac{\partial z}{\partial x}=(1+x)e^{x+y}+\ln(1+y)$，

$\frac{\partial z}{\partial y}=xe^{x+y}+\frac{x+1}{y+1}$，所以 $dz|_{(1,0)}=2e dx+(2+e)dy$.

(15)【答案】-14.

【解析】由 $|\boldsymbol{A}+2\boldsymbol{E}|=|\boldsymbol{A}+\boldsymbol{E}|=|\boldsymbol{A}-3\boldsymbol{E}|=0$ 可知 A 的特征值为 $-2,-1,3$，$|\boldsymbol{A}|=6$

$\boldsymbol{A}^*+5\boldsymbol{E}$ 的特征值为 $\frac{|\boldsymbol{A}|}{\lambda}+5$，即 $2,-1,7$，故 $|\boldsymbol{A}^*+5\boldsymbol{E}|=2\times(-1)\times 7=-14$.

(16)【答案】0.8.

【解析】方程有实根的条件为 $\Delta=b^2-4ac=X^2-4\geqslant 0$，$X$ 的密度函数为

$$f(x)=\begin{cases}\frac{1}{5}, & x\in(1,6)\\ 0, & 其他\end{cases}$$

$$P(2 \leqslant X \leqslant 6)=\int_2^6 \frac{1}{5}\mathrm{d}x = 0.8.$$

三、解答题:17~22 小题,共 70 分.解答应写出文字说明、证明过程或演算步骤.

(17)**【解析】** $\lim\limits_{x\to 0}\dfrac{\cos 2x-\sqrt{\cos 2x}}{x^k}=\lim\limits_{x\to 0}\dfrac{\cos^2 2x-\cos 2x}{x^k(\cos 2x+\sqrt{\cos 2x})}$

$$=\lim_{x\to 0}\frac{\cos 2x-1}{x^k\left(1+\dfrac{1}{\sqrt{\cos 2x}}\right)}=-\lim_{x\to 0}\frac{2x^2}{x^k\left(1+\dfrac{1}{\sqrt{\cos 2x}}\right)}=a.$$

显然当 $k>2$ 时,$a=\infty$,$k<2$ 时,$a=0$,因此,欲使 $a\neq 0$ 或 ∞,则必须 $k=2$,$a=-1$.

(18)**【解析】** 由分部积分公式有

$$\int_{\frac{\pi}{2}}^{\pi} xf'(x)\mathrm{d}x=\int_{\frac{\pi}{2}}^{\pi} x\,\mathrm{d}f(x)=xf(x)\Big|_{\frac{\pi}{2}}^{\pi}-\int_{\frac{\pi}{2}}^{\pi} f(x)\mathrm{d}x,$$

又 $f(x)$ 有一个原函数 $\dfrac{\sin x}{x}$,所以 $f(x)=\left(\dfrac{\sin x}{x}\right)'=\dfrac{x\cos x-\sin x}{x^2}$,

$$\int_{\frac{\pi}{2}}^{\pi} xf'(x)\mathrm{d}x=\frac{x\cos x-\sin x}{x}\Big|_{\frac{\pi}{2}}^{\pi}-\frac{\sin x}{x}\Big|_{\frac{\pi}{2}}^{\pi}=\frac{4}{\pi}-1.$$

(19)**【解析】** 交换积分次序得

$$I=\int_0^{\frac{\pi}{2}}\mathrm{d}x\int_{\frac{2x^2}{\pi}}^{x}\frac{\sin x}{x}\mathrm{d}y=\int_0^{\frac{\pi}{2}}\left(x-\frac{2x^2}{\pi}\right)\frac{\sin x}{x}\mathrm{d}x$$

$$=\int_0^{\frac{\pi}{2}}\sin x\,\mathrm{d}x-\frac{2}{\pi}\int_0^{\frac{\pi}{2}}x\sin x\,\mathrm{d}x=1-\frac{2}{\pi}.$$

(20)**【解析】** $\dfrac{\partial z}{\partial x}=f'+g-\dfrac{y}{x}g'$, $\dfrac{\partial^2 z}{\partial x^2}=\dfrac{1}{y}f''+\dfrac{y^2}{x^3}g''$,

$$\frac{\partial^2 z}{\partial x\partial y}=-\frac{x}{y^2}f''-\frac{y}{x^2}g'',\quad x\frac{\partial^2 z}{\partial x^2}+y\frac{\partial^2 z}{\partial x\partial y}=0.$$

(21)**【解析】** $\boldsymbol{A}=\begin{pmatrix}1&a&1\\1&1&b\\2&1&3\\3&1&5\end{pmatrix}\xrightarrow[r_2\leftrightarrow r_4]{r_2\leftrightarrow r_1}\begin{pmatrix}1&1&b\\3&1&5\\2&1&3\\1&a&1\end{pmatrix}\xrightarrow[\substack{r_3-2r_2\\r_4-r_1}]{r_2-3r_1}\begin{pmatrix}1&1&b\\0&-2&5-3b\\0&-1&3-2b\\0&a-1&1-b\end{pmatrix}\xrightarrow[\substack{r_3-2r_2\\r_4+(a-1)r_2}]{r_2\leftrightarrow r_3}$

$$\begin{pmatrix}1&1&b\\0&-1&3-2b\\0&0&b-1\\0&0&-2ab+3a+b-2\end{pmatrix}$$

由 $\boldsymbol{A}$ 的秩为 2 得,$a=1$,$b=1$.

α_1,α_2 为向量组 $\boldsymbol{A}$ 的一个最大无关组.

$$\boldsymbol{A}\xrightarrow{r}\begin{pmatrix}1&0&2\\0&1&-1\\0&0&0\\0&0&0\end{pmatrix},\text{则 }\alpha_3=2\alpha_1-\alpha_2.$$

(22)【解析】设事件 $A_i=\{$取到第 i 种球$\}(i=1,2,3)$.

(Ⅰ) 由题设知 A_1,A_2,A_3 两两互不相容

$$P(A_1)=0.8,P(A_2)=0.15,P(A_3)=0.05,$$

于是 $P(X_1=0,X_2=0)=P(A_3)=0.05$,

$$P(X_1=1,X_2=0)=P(A_1)=0.8,$$
$$P(X_1=0,X_2=1)=P(A_2)=0.15,$$
$$P(X_1=1,X_2=1)=0.$$

(Ⅱ) $E(X_1)=0.8,E(X_2)=0.15$,

$$E(X_1X_2)=0\times0\times0.05+0\times1\times0.15+1\times0\times0.8+1\times1\times0=0,$$
$$\mathrm{Cov}(X_1,X_2)=E(X_1X_2)-E(X_1)E(X_2)=0-0.8\times0.15=-0.12\neq0,$$

故 X_1 与 X_2 相关.

模拟试题八参考答案及解析

一、选择题:1～10 小题,每小题 5 分,共 50 分.下列每题给出的四个选项中,只有一个选项是符合题目要求的.请将所选项前的字母填在括号内.

(1)【答案】(B).

【解析】$f(x)=\lim\limits_{n\to\infty}\dfrac{1+x}{1+x^{2n}}=\begin{cases}0, & x<-1\\0, & x=-1\\1+x, & -1<x<1\\1, & x=1\\0, & x>1\end{cases}$,则 $x=1$ 是间断点,故选(B).

(2)【答案】(B).

【解析】$\lim\limits_{x\to 0}\dfrac{f(x)}{g(x)}=\lim\limits_{x\to 0}\dfrac{[\sin(\sin^2 x)]\cos x}{3x^2+4x^3}=\dfrac{1}{3}$,则 $f(x)$ 与 $g(x)$ 是同阶但非等价无穷小,故选(B).

(3)【答案】(D).

【解析】由于 $\lim\limits_{x\to 0}\dfrac{f(x)}{1-\cos x}=2$;由极限的保号性知,存在 $x=0$ 的一个去心邻域 $\mathring{U}(0,\delta)$,当 $x\in\mathring{U}(0,\delta)$ 时,有 $f(x)>0=f(0)$,则 $f(x)$ 在点 $x=0$ 取得极小值,故选(D).

(4)【答案】(B).

【解析】由在区间 $[a,b]$ 上 $f(x)>0$,$f'(x)<0$,$f''(x)>0$ 知,在 $[a,b]$ 上 $f(x)$ 单调减小,曲线 $y=f(x)$ 上凹,则由定积分的几何意义和 S_1,S_2 的几何意义知,$S_2<S_1<S_3$,故选(B).

(5)【答案】(C).

【解析】当 $\boldsymbol{Ax}=\boldsymbol{0}$ 只有零解时,$\boldsymbol{x}\neq\boldsymbol{0}$ 时,$\boldsymbol{Ax}\neq\boldsymbol{0}$,则 $\boldsymbol{x}^{\mathrm{T}}(\boldsymbol{A}^{\mathrm{T}}\boldsymbol{A})\boldsymbol{x}=(\boldsymbol{Ax})^{\mathrm{T}}(\boldsymbol{Ax})>0$,矩阵 $(\boldsymbol{A}^{\mathrm{T}}\boldsymbol{A})$ 为正定矩阵;

矩阵 $(\boldsymbol{A}^{\mathrm{T}}\boldsymbol{A})$ 为正定矩阵,当 $\boldsymbol{x}\neq\boldsymbol{0}$ 时,$\boldsymbol{x}^{\mathrm{T}}(\boldsymbol{A}^{\mathrm{T}}\boldsymbol{A})\boldsymbol{x}=(\boldsymbol{Ax})^{\mathrm{T}}(\boldsymbol{Ax})>0$,则 $\boldsymbol{Ax}\neq\boldsymbol{0}$,$\boldsymbol{Ax}=\boldsymbol{0}$ 只有零解,故选(C).

(6)【答案】(C).

【解析】若 $\boldsymbol{AB}=\boldsymbol{E}$,$\boldsymbol{E}$ 是 $m\times m$ 矩阵,则 $r(\boldsymbol{E})=m$,$m=r(\boldsymbol{AB})\leqslant r(\boldsymbol{A})$,得不到矩阵 $\boldsymbol{A}$ 列向量组线性相关或者线性无关.

若 $\boldsymbol{BA}=\boldsymbol{E}$,$\boldsymbol{E}$ 是 $n\times n$ 矩阵,则 $r(\boldsymbol{E})=n$,$n=r(\boldsymbol{BA})\leqslant r(\boldsymbol{A})\leqslant n$,所以 $r(\boldsymbol{A})=n$,因此矩阵 $\boldsymbol{A}$ 列向量组线性无关,故选(C).

(7)【答案】(C).

【解析】由 $\boldsymbol{A}$ 的行向量组线性无关知 $R(\boldsymbol{A})=R(\boldsymbol{A}^{\mathrm{T}})=3$,因 $\boldsymbol{A}^{\mathrm{T}}$ 为 4×3 矩阵,$R(\boldsymbol{A}^{\mathrm{T}})=R(\boldsymbol{A})=3$,故 $\boldsymbol{A}^{\mathrm{T}}\boldsymbol{x}=0$ 只有零解;因 $\boldsymbol{A}^{\mathrm{T}}\boldsymbol{A}$ 为 4×4 矩阵,$(\boldsymbol{A}^{\mathrm{T}}\boldsymbol{A})=R(\boldsymbol{A})=3<4$,故 $\boldsymbol{A}^{\mathrm{T}}\boldsymbol{A}\boldsymbol{x}=\boldsymbol{0}$ 必有无穷多解;$\boldsymbol{A}^{\mathrm{T}}$ 为 4×3 矩阵,当 $R(\boldsymbol{A}^{\mathrm{T}})=3<R(\boldsymbol{A}^{\mathrm{T}},\boldsymbol{b})=4$ 时,$\boldsymbol{A}^{\mathrm{T}}\boldsymbol{x}=\boldsymbol{b}$ 无解;对任意的 $\boldsymbol{b}$,$R(\boldsymbol{A})=R(\boldsymbol{A},\boldsymbol{b})=3<4$,$\boldsymbol{A}\boldsymbol{x}=\boldsymbol{b}$ 总有无穷多解.

(8)【答案】(C).

【解析】由 $P(B|A)=P(B|\overline{A})$ 得,$\dfrac{P(AB)}{P(A)}=\dfrac{P(\overline{A}B)}{P(\overline{A})}=\dfrac{P(B)-P(AB)}{1-P(A)}$,

化简得,$P(AB)=P(A)P(B)$,故选(C).

(9)【答案】(A).

【解析】由于

$$p_1=P\{X\leqslant\mu-4\}=P\left\{\frac{X-\mu}{4}\leqslant\frac{\mu-4-\mu}{4}\right\}=P\{Z\leqslant-1\}=\Phi(-1),$$

$$p_2=P\{Y\geqslant\mu+5\}=P\left\{\frac{Y-\mu}{5}\geqslant\frac{\mu+5-\mu}{5}\right\}=P\{Z\geqslant1\}=1-\Phi(1)=\Phi(-1),$$

与 μ 无关,且 $p_1=p_2$,故选(A).

(10)【答案】(D).

【解析】$AB\subset B$,则 $P(A-B)=P(A-AB)=P(A)-P(AB)$.

二、填空题:11 ~ 16 小题,每小题 5 分,共 30 分.请将答案写在题目中的横线上.

(11)【答案】e^6.

【解析】$\lim\limits_{x\to0}(1+3x)^{\frac{2}{\sin x}}=\lim\limits_{x\to0}(1+3x)^{\frac{1}{3x}\cdot\frac{6x}{\sin x}}=\mathrm{e}^6$.

(12)【答案】$x=0$.

【解析】$\lim\limits_{x\to0}\dfrac{1+\mathrm{e}^{-x^2}}{1-\mathrm{e}^{-x^2}}=\infty$,则 $x=0$ 为铅直渐近线.

(13)【答案】$x^{y-1}+yx^{y-1}\ln x$.

【解析】$\dfrac{\partial f}{\partial x}=yx^{y-1}$,$\dfrac{\partial^2 f}{\partial x\partial y}=x^{y-1}+yx^{y-1}\ln x$.

(14)【答案】$\dfrac{1}{2}(1-\mathrm{e}^{-4})$.

【解析】交换积分次序得,$\int_0^2\mathrm{d}x\int_x^2\mathrm{e}^{-y^2}\mathrm{d}y=\int_0^2\mathrm{e}^{-y^2}\mathrm{d}y\int_0^y\mathrm{d}x=\int_0^2\mathrm{e}^{-y^2}y\mathrm{d}y=\dfrac{1}{2}(1-\mathrm{e}^{-4})$.

(15)【答案】$\dfrac{11}{6}$.

【解析】若 λ 为 $\boldsymbol{A}$ 的特征值,则 $\dfrac{|\boldsymbol{A}|}{\lambda}$ 为 $\boldsymbol{A}^*$ 的特征值,

由于 $\boldsymbol{A}$ 为特征值为 1,2,3,则 $|\boldsymbol{A}|=1\times2\times3=6$,$\boldsymbol{A}^*$ 的特征值为 6,3,2.于是 $\boldsymbol{A}^*$ 的迹 $\mathrm{tr}\boldsymbol{A}^*=A_{11}+A_{22}+A_{33}=6+3+2=11$,故 $\dfrac{1}{|\boldsymbol{A}|}(A_{11}+A_{22}+A_{33})=\dfrac{11}{6}$.

(16)【答案】$\frac{6}{16}$.

【解析】记 A_1 为“杯中球的最大个数为 1”,三只球放入四只杯中,放法有 4^3 种,每种放法等可能,对 A_1:必须三球放入三杯中,每杯只放一球。放法有 $4\times3\times2$ 种。

选排列:好比 3 个球在 4 个位置做排列.

$$P(A_1)=\frac{4\times3\times2}{4^3}=\frac{6}{16}.$$

三、解答题:17 ~ 22 小题,共 70 分. 解答应写出文字说明、证明过程或演算步骤.

(17)【解析】

$$\int_x^{2\ln2}\frac{\mathrm{d}t}{\sqrt{\mathrm{e}^t-1}}\xlongequal{u=\sqrt{\mathrm{e}^t-1}}\int_{\sqrt{\mathrm{e}^x-1}}^{\sqrt{3}}\frac{2}{1+u^2}\mathrm{d}u=\frac{2}{3}\pi-2\arctan\sqrt{\mathrm{e}^x-1}=\frac{\pi}{6},$$

得 $x=\ln2$.

(18)【解析】由二重积分对称性知:

$$\iint_D x^2\mathrm{d}x\,\mathrm{d}y=\iint_D y^2\mathrm{d}x\,\mathrm{d}y=\frac{1}{2}\iint_D(x^2+y^2)\mathrm{d}x\,\mathrm{d}y=\frac{1}{2}\int_0^{2\pi}\mathrm{d}\theta\int_0^{\sqrt{3}}\rho^3\mathrm{d}\rho=\frac{9}{4}\pi,$$

$$\iint_D\sin(x^3y)\mathrm{d}x\,\mathrm{d}y=\iint_D xy\,\mathrm{d}x\,\mathrm{d}y=0,$$

由二重积分的几何意义知:

$$\iint_D 4\mathrm{d}x\,\mathrm{d}y=12\pi,$$

则 $\iint_D(4x^2+2y^2+xy+\sin x^3y+4)=\mathrm{d}x\,\mathrm{d}y=9\pi+\frac{9}{2}\pi+12\pi=\frac{51}{2}\pi.$

(19)【解析】令 $f(x)=x^p+(1-x)^p$,

$$f'(x)=px^{p-1}-p(1-x)^{p-1},$$

令 $f'(x)=px^{p-1}-p(1-x)^{p-1}=0$,得 $x=\frac{1}{2}$

当 $0<x<\frac{1}{2}$ 时,$f'(x)<0$,

当 $\frac{1}{2}<x<1$ 时,$f'(x)>0$,

则 $x=\frac{1}{2}$ 为 $f(x)=x^p+(1-x)^p$ 的最小值点.

故 $f\left(\frac{1}{2}\right)\leqslant f(x)\leqslant f(1)=f(0)=1$,即 $\frac{1}{2^{p-1}}\leqslant x^p+(1-x)^p\leqslant1$.

(20)【解析】方程 $\int_1^{f(x)}g(t)\mathrm{d}t=\frac{1}{3}\left(x^{\frac{3}{2}}-8\right)$ 两边对 x 求导得,$g[f(x)]f'(x)=\frac{1}{2}x^{\frac{1}{2}}$,则

$xf'(x)=\frac{1}{2}x^{\frac{1}{2}}$,故 $f'(x)=\frac{1}{2}x^{-\frac{1}{2}}$,$f(x)=x\ \frac{1}{2}+C$,

又当 $f(x)=1$ 时，$0=\frac{1}{3}\left(x^{\frac{3}{2}}-8\right)$ 得 $x=4$，所以 $C=-1$，则 $f(x)=\sqrt{x}-1$.

(21)【解析】(Ⅰ) 由已知得$(\boldsymbol{\alpha}_1-\boldsymbol{\alpha}_2,\boldsymbol{\alpha}_2+\boldsymbol{\alpha}_3,-\boldsymbol{\alpha}_1+a\boldsymbol{\alpha}_2+\boldsymbol{\alpha}_3)=(\boldsymbol{\alpha}_1,\boldsymbol{\alpha}_2,\boldsymbol{\alpha}_3)\begin{pmatrix}1&0&-1\\-1&1&a\\0&1&1\end{pmatrix}$，

由方程组$(\boldsymbol{\alpha}_1-\boldsymbol{\alpha}_2,\boldsymbol{\alpha}_2+\boldsymbol{\alpha}_3,-\boldsymbol{\alpha}_1+a\boldsymbol{\alpha}_2+\boldsymbol{\alpha}_3)x=\boldsymbol{\alpha}_4$ 有无穷多解知，$\boldsymbol{\alpha}_1-\boldsymbol{\alpha}_2,\boldsymbol{\alpha}_2+\boldsymbol{\alpha}_3,-\boldsymbol{\alpha}_1+a\boldsymbol{\alpha}_2+\boldsymbol{\alpha}_3$ 的秩小于 3，又 $\boldsymbol{\alpha}_1,\boldsymbol{\alpha}_2,\boldsymbol{\alpha}_3$ 线性无关，所以矩阵$\begin{pmatrix}1&0&-1\\-1&1&a\\0&1&1\end{pmatrix}$一定不可逆，推出$a=2$.

(Ⅱ) 方程组$(\boldsymbol{\alpha}_1-\boldsymbol{\alpha}_2,\boldsymbol{\alpha}_2+\boldsymbol{\alpha}_3,-\boldsymbol{\alpha}_1+a\boldsymbol{\alpha}_2+\boldsymbol{\alpha}_3)x=\boldsymbol{\alpha}_4$ 可化为

$$(\boldsymbol{\alpha}_1,\boldsymbol{\alpha}_2,\boldsymbol{\alpha}_3)\begin{pmatrix}1&0&-1\\-1&1&a\\0&1&1\end{pmatrix}\boldsymbol{x}=(\boldsymbol{\alpha}_1,\boldsymbol{\alpha}_2,\boldsymbol{\alpha}_3)\begin{pmatrix}1\\1\\2\end{pmatrix}$$

因为 $\boldsymbol{\alpha}_1,\boldsymbol{\alpha}_2,\boldsymbol{\alpha}_3$ 线性无关，所以原方程组与方程组$\begin{pmatrix}1&0&-1\\-1&1&a\\0&1&1\end{pmatrix}\boldsymbol{x}=\begin{pmatrix}1\\1\\2\end{pmatrix}$同解.

由此求出通解 $\boldsymbol{\eta}=k\begin{pmatrix}1\\-1\\1\end{pmatrix}+\begin{pmatrix}1\\2\\0\end{pmatrix}\quad(k\in\mathbf{R})$.

(22)【解析】(1) 由于 $y=1-\mathrm{e}^{3x}$ 在$(0,+\infty)$上为单调增函数，其反函数为：

$$h(y)=-\frac{1}{3}\ln(1-y),0<y<1,\text{并且 } h'(y)=\frac{1}{3(1-y)}.$$

则当 $0<y<1$ 时，有

$$\begin{aligned}f_Y(y)&=f_X[h(y)]\,|\,h'(y)\,|\\&=f_X\left(-\frac{1}{3}\ln(1-y)\right)\left|\frac{1}{3(1-y)}\right|\\&=3\mathrm{e}^{-3\left(-\frac{1}{3}\ln(1-y)\right)}\frac{1}{3(1-y)}=1.\end{aligned}$$

当 $y\leqslant 0$ 或 $\geqslant 1$ 时，$f_Y(y)=0$.

因此 $Y=1-\mathrm{e}^{-3X}$ 在区间$(0,1)$上服从均匀分布.

(2) 由(1) 易知，$E(Y)=\frac{1}{2}D(Y)=\frac{1}{12}$.

模拟试题九参考答案及解析

一、选择题:1 ～ 10 小题,每小题 5 分,共 50 分. 下列每题给出的四个选项中,只有一个选项是符合题目要求的. 请将所选项前的字母填在括号内.

(1)【答案】(C).

【解析】因函数 $f(x)=\dfrac{\ln(1+x^2)}{k-e^{cx}}$ 在 $(-\infty,+\infty)$ 上连续,则必有 $k-e^{cx}\neq 0$,于是 $k\leqslant 0$.

要使 $\lim\limits_{x\to+\infty}f(x)=0$,必须有 $\lim\limits_{x\to+\infty}(k-e^{cx})=\infty$,因此 $c>0$,选(C).

(2)【答案】(A).

【解析】令 $t=\dfrac{x-\mu}{\sqrt{\sigma}}$,由换元法得

$$\int_{-\infty}^{+\infty}e^{-\frac{(x-\mu)^2}{\sigma}}dx=\sqrt{\sigma}\int_{-\infty}^{+\infty}e^{-t^2}dt=\sqrt{\sigma\pi},$$故选(A).

(3)【答案】(A).

【解析】可微函数 $f(x,y)$ 在点 (x_0,y_0) 取得极小值,根据取得极值的必要条件知 $f'_y(x_0,y_0)=0$,即 $f(x_0,y)$ 在 $y=y_0$ 处的导数等于零,选(A).

(4)【答案】(B).

【解析】令 $\begin{cases}f'_x=2x+y-3=0\\f'_y=x+2y-6=0\end{cases}$,得驻点 $(0,3)$

又 $f''_{xx}=2,f''_{xy}=1,f''_{yy}=2$,在 $(0,3)$ 处 $A=2,B=1,C=2$

$B^2-AC=-3<0$,且 $A>0$,所以在点 $(0,3)$ 处 $f(x,y)$ 有极小值,故选(B).

(5)【答案】(A).

【解析】矩阵 $\boldsymbol{A}=\begin{pmatrix}1&2&-2\\4&t&3\\3&-1&1\\-1&-1&t+1\end{pmatrix}\sim\begin{pmatrix}1&2&-2\\0&t-8&11\\0&-7&7\\0&1&t-1\end{pmatrix}\sim\begin{pmatrix}1&2&-2\\0&-1&1\\0&0&t\\0&0&t+3\end{pmatrix}$,因为 t 与 $t+3$ 不能同时为 0,所以对任意 t,$\boldsymbol{A}$ 的秩为 3,故必有 $\boldsymbol{\alpha}_1,\boldsymbol{\alpha}_2,\boldsymbol{\alpha}_3$ 线性无关,故选(A).

(6)【答案】(B).

【解析】$2\boldsymbol{\alpha}_3$ 是 $\boldsymbol{A}$ 的属于特征值 -2 的特征向量,$-\boldsymbol{\alpha}_2$ 是 $\boldsymbol{A}$ 的属于特征值 3 的特征向量,故选(B).

(7)【答案】(C).

【解析】$|\boldsymbol{A}|=\begin{vmatrix}3&0&-2\\2&1&3\\0&2&1\end{vmatrix}=-23\neq 0$,$\boldsymbol{A}$ 可逆

$R(\boldsymbol{AB})=R(\boldsymbol{B})=2$.

(8)【答案】(C).

【解析】$P\{|X-\mu|<\sigma\}=P\{\frac{|X-\mu|}{\sigma}<1\}=\Phi(1)-\Phi(-1)$,结果与$\sigma$无关,故选(C).

(9)【答案】(B).

【解析】由于 X 与 Y 服从正态分布且相互独立,因此 $2X-Y$, $\frac{2X-Y}{2\sqrt{3}}$, $2X-Y+1$, $\frac{2X-Y+1}{2\sqrt{3}}$ 都服从正态分布. 而 $E\left(\frac{2X-Y}{2\sqrt{3}}\right)=\frac{1}{2\sqrt{3}}[2E(X)-E(Y)]=0$, $D\left(\frac{2X-Y}{2\sqrt{3}}\right)=\frac{1}{12}[4D(X)+D(Y)]=1$,故选(B).

(10)【答案】(C).

【解析】当(X,Y)服从二维正态分布时,则 X 与 Y 相互独立的充要条件是它们不相关。但随机变量 X 和 Y 都服从正态分布且它们不相关,则随机变量 X 和 Y 不一定相互独立,故选(C).

二、填空题:11 ~ 16 小题,每小题 5 分,共 30 分. 请将答案写在题目中的横线上.

(11)【答案】3.

【解析】利用等价无穷小的代换

$$\lim_{x\to\infty}x\sin\frac{3x}{x^2+2}=\lim_{x\to\infty}x\cdot\frac{3x}{x^2+2}=3.$$

(12)【答案】$\frac{10}{9}\cdot\frac{(-1)^n n!}{\left(x-\frac{1}{3}\right)^{n+1}}$.

【解析】$y=\frac{x+3}{3x-1}=\frac{1}{3}\cdot\frac{x+3}{x-\frac{1}{3}}=\frac{1}{3}+\frac{10}{9}\cdot\frac{1}{x-\frac{1}{3}}$,于是

$$y^{(n)}=\frac{10}{9}\cdot\left(\frac{1}{x-\frac{1}{3}}\right)^{(n)}=\frac{10}{9}\cdot\frac{(-1)^n n!}{\left(x-\frac{1}{3}\right)^{n+1}}.$$

(13)【答案】$-\frac{1}{2}\pi a^2\ln2$.

【解析】$$\int_{-a}^{a}\sqrt{a^2-x^2}\ln\frac{x+\sqrt{1+x^2}}{2}dx$$
$$=\int_{-a}^{a}\sqrt{a^2-x^2}\ln(x+\sqrt{1+x^2})dx-\int_{-a}^{a}\sqrt{a^2-x^2}\ln2dx.$$

由于$\sqrt{a^2-x^2}\ln(x+\sqrt{1+x^2})$是奇函数,因此$\int_{-a}^{a}\sqrt{a^2-x^2}\ln(x+\sqrt{1+x^2})dx=0$.

由几何意义,$\int_{-a}^{a}\sqrt{a^2-x^2}dx=\frac{1}{2}\pi a^2$. 所以

$$\int_{-a}^{a}\sqrt{a^2-x^2}\ln\frac{x+\sqrt{1+x^2}}{2}dx=-\frac{1}{2}\pi a^2\ln2.$$

(14)【答案】$\dfrac{\pi}{12}$.

【解析】交换积分次序

$$\int_0^1 \mathrm{d}y\int_y^1 \sqrt{x^2-y^2}\,\mathrm{d}x=\int_0^1 \mathrm{d}x\int_0^x \sqrt{x^2-y^2}\,\mathrm{d}y=\int_0^1 \frac{1}{4}\pi x^2\,\mathrm{d}x=\frac{\pi}{12}.$$

(15)【答案】$\dfrac{1}{a}$.

【解析】由于 $\boldsymbol{A}$ 的每一行元素之和都等于 a,即$\begin{cases} a_{11}+a_{12}+\cdots+a_{1n}=a \\ a_{21}+a_{22}+\cdots+a_{2n}=a \\ \vdots \quad \vdots \quad\quad \vdots \\ a_{n1}+a_{n2}+\cdots+a_{nn}=a \end{cases}$,因此有

$\boldsymbol{A}\begin{pmatrix}1\\1\\\vdots\\1\end{pmatrix}=a\begin{pmatrix}1\\1\\\vdots\\1\end{pmatrix}$. 在等式两边左乘 $\boldsymbol{A}^{-1}$,得 $\begin{pmatrix}1\\1\\\vdots\\1\end{pmatrix}=a\boldsymbol{A}^{-1}\begin{pmatrix}1\\1\\\vdots\\1\end{pmatrix}$. 又 $\boldsymbol{A}$ 可逆,则 $a\neq 0$. 于是有

$$\boldsymbol{A}^{-1}\begin{pmatrix}1\\1\\\vdots\\1\end{pmatrix}=\frac{1}{a}\begin{pmatrix}1\\1\\\vdots\\1\end{pmatrix}.$$

(16)【答案】$\dfrac{a}{a+b}$.

【解析】设 $A=\{$第一次取到白球$\}$,$B=\{$第二次取到白球$\}$.

因为 $A\cup\overline{A}=\Omega$,$B=B\cap\Omega=B\cap(A\cup\overline{A})=BA\cup B\overline{A}$ 且 $BA\cap B\overline{A}=\varnothing$,所以

$$P(B)=P(BA\cup B\overline{A})=P(BA)+P(B\overline{A})=P(A)P(B\mid A)+P(\overline{A})P(B\mid\overline{A})$$
$$=\frac{a}{a+b}\,\frac{a-1}{a+b-1}+\frac{b}{a+b}\,\frac{a}{a+b-1}=\frac{a}{a+b}.$$

三、解答题:17 ~ 22 小题,共 70 分. 解答应写出文字说明、证明过程或演算步骤.

(17)【解析】

$$\lim_{x\to1^-}\ln x\cdot\ln(1-x)=\lim_{x\to1^-}\frac{\ln(1-x)}{\dfrac{1}{\ln x}}=\lim_{x\to1^-}\frac{\dfrac{1}{1-x}(-1)}{\left(-\dfrac{1}{\ln^2 x}\right)\dfrac{1}{x}}$$
$$=\lim_{x\to1^-}\frac{\ln^2 x}{1-x}\cdot x=\lim_{x\to1^-}\frac{\ln^2 x}{1-x}=\lim_{x\to1^-}\frac{2\ln x}{-1}\cdot\frac{1}{x}=0.$$

(18)【解析】积分区域 D 在极坐标系下可以表示为

$D:0\leqslant\theta\leqslant\pi,0\leqslant r\leqslant 2\sin\theta$.

于是

$$\iint_D\sqrt{x^2+y^2}\,\mathrm{d}x\,\mathrm{d}y=\int_0^{\pi}\mathrm{d}\theta\int_0^{2\sin\theta}r^2\,\mathrm{d}r$$

$$=\int_0^{\pi}\left[\frac{1}{3}r^3\right]_0^{2\sin\theta}\mathrm{d}\theta=\frac{8}{3}\int_0^{\pi}\sin^3\theta\,\mathrm{d}\theta=\frac{16}{3}\int_0^{\frac{\pi}{2}}\sin^3\theta\,\mathrm{d}\theta=\frac{32}{9}.$$

(19)**【解析】**设 $\varphi(x)=\ln^2x-\frac{4}{e^2}x$，则

$$\varphi'(x)=2\frac{\ln x}{x}-\frac{4}{e^2},\quad \varphi''(x)=2\frac{1-\ln x}{x^2},$$

当 $x>e$ 时，$\varphi''(x)<0$，故 $\varphi'(x)$ 单调减少.

于是当 $e<x<e^2$ 时，$\varphi'(x)>\varphi'(e^2)=\frac{4}{e^2}-\frac{4}{e^2}=0$，

说明当 $e<x<e^2$ 时，$\varphi(x)$ 单调增加. 从而，当 $e<x<e^2$ 时，$\varphi(b)>\varphi(a)$，

即
$$\ln^2b-\frac{4}{e^2}b>\ln^2a-\frac{4}{e^2}a,$$

故
$$\ln^2b-\ln^2a>\frac{4}{e^2}(b-a).$$

(20)**【解析】**由 $f(x)$ 是 $(0,+\infty)$ 上的连续函数，可知 $\int_1^x f(t)\mathrm{d}t$ 在 $(0,+\infty)$ 可导，方程

$$\frac{x}{2}[1+f(x)]-\int_1^x f(t)\mathrm{d}t=\frac{x^3+2}{6}$$

两端对 x 求导，得

$$\frac{1}{2}[1+f(x)]+\frac{xf'(x)}{2}-f(x)=\frac{x^2}{2}$$

整理得

$$xf'(x)-f(x)=x^2-1$$

得一阶线性微分方程 $f'(x)-\frac{f(x)}{x}=\frac{x^2-1}{x}$，满足条件 $f(1)=0$

故得初值问题

$$\begin{cases}y'-\frac{1}{x}y=\frac{x^2-1}{x}\\ y|_{x=1}=0\end{cases}$$

解之得通解　$y=x^2+1+Cx$

代入初始条件，得 $C=-2$，所求函数

$$f(x)=x^2+1-2x=(x-1)^2,(x>0).$$

(21)**【解析】**$|\boldsymbol{A}-\lambda\boldsymbol{E}|=\begin{vmatrix}1-\lambda & 2 & -3\\ -1 & 4-\lambda & -3\\ 1 & a & 5-\lambda\end{vmatrix}=(2-\lambda)(\lambda^2-8\lambda+3a+18)$

若 $\lambda=2$ 是特征方程的二重根，则有 $2^2-16+3a+18=0$，解得 $a=-2$. 当 $a=-2$ 时，由 $\lambda^2-8\lambda+12=0\Rightarrow\lambda=2,\lambda=6$，即 $\boldsymbol{A}$ 的特征值为 2,2,6. 而 $R(\boldsymbol{A}-2\boldsymbol{E})=1$，所以 $\boldsymbol{A}$ 可对角化.

若 $\lambda=2$ 不是特征方程的二重根，则 $\lambda^2-8\lambda+18+3a$ 为完全平方，即 $\lambda^2-8\lambda+18+3a=$

$(\lambda-4)^2$，从而 $18+3a=16$，解得 $a=-\frac{2}{3}$. 当 $a=-\frac{2}{3}$ 时，$\boldsymbol{A}$ 的特征值为 2，4，4. 而 $R(\boldsymbol{A}-4\boldsymbol{E})=2$，故 $\lambda=4$ 对应线性无关的特征向量只有一个，从而 $\boldsymbol{A}$ 不与对角矩阵相似.

(22)【解析】

(Ⅰ)由于 $P(AB)=P(A)P(B|A)=\frac{1}{12}$，$P(B)=\frac{P(AB)}{P(A|B)}=\frac{1}{6}$，所以，

$P\{X=1,Y=1\}=P(AB)=\frac{1}{12}$，

$P\{X=1,Y=0\}=P(A\bar{B})=P(A)-P(AB)=\frac{1}{6}$，

$P\{X=0,Y=1\}=P(\bar{A}B)=P(B)-P(AB)=\frac{1}{12}$，

$P\{X=0,Y=0\}=P(\bar{A}\bar{B})=1-P(A\cup B)=1-P(A)-P(B)+P(AB)=\frac{2}{3}$

故(X,Y)的联合概率分布为

$X \backslash Y$	0	1
0	$\frac{2}{3}$	$\frac{1}{12}$
1	$\frac{1}{6}$	$\frac{1}{12}$

(Ⅱ)X，Y 的边缘分布律分别为

X	0	1
P	$\frac{3}{4}$	$\frac{1}{4}$

Y	0	1
P	$\frac{5}{6}$	$\frac{1}{6}$

可求得 $E(X)=\frac{1}{4}$，$E(Y)=\frac{1}{6}$，$D(X)=\frac{3}{16}$，$D(Y)=\frac{5}{36}$，$E(XY)=\frac{1}{12}$，

故 $\mathrm{Cov}(X,Y)=E(XY)-E(X)\cdot E(Y)=\frac{1}{24}$，从而

$\rho_{XY}=\frac{\mathrm{Cov}(X,Y)}{\sqrt{D(X)}\cdot\sqrt{D(Y)}}=\frac{\sqrt{15}}{15}$.

模拟试题十参考答案及解析

一、选择题:1～10 小题,每小题 5 分,共 50 分.下列每题给出的四个选项中,只有一个选项是符合题目要求的.请将所选项前的字母填在括号内.

(1)【答案】(C).

【解析】因为 $\lim\limits_{x\to 1}\dfrac{e^{2x}-1}{x(x-1)}=\infty$, $\lim\limits_{x\to 0}\dfrac{e^{2x}-1}{x(x-1)}=\lim\limits_{x\to 0}\dfrac{2e^{2x}}{2x-1}=-2$,函数 $f(x)=\dfrac{e^{2x}-1}{x(x-1)}$ 在 $x=0$ 处无定义,所以 $x=1$ 为第二类间断点,$x=0$ 点为可去间断点.故选(C).

(2)【答案】(A).

【解析】$F'(x)=2-\dfrac{1}{\sqrt{x}}\ (x>0)$,令 $2-\dfrac{1}{\sqrt{x}}<0$,解得 $0<x<\dfrac{1}{4}$.则 $F(x)$ 的单调减少区间是 $\left(0,\dfrac{1}{4}\right)$.故选(A).

(3)【答案】(A).

【解析】因为 $\lim\limits_{x\to+\infty}x\sin\dfrac{1}{x}=\lim\limits_{x\to+\infty}\dfrac{\sin\dfrac{1}{x}}{\dfrac{1}{x}}=1$,而 $\lim\limits_{x\to 0^+}x\sin\dfrac{1}{x}=0\neq\infty$,

则曲线 $y=x\sin\dfrac{1}{x}$ 在 $(0,+\infty)$ 有且仅有水平渐近线 $y=1$.故选(A).

(4)【答案】(D).

【解析】原式 $=\displaystyle\int\frac{1+e^x-e^x}{1+e^x}dx=\int\left(1-\frac{e^x}{1+e^x}\right)dx=x-\ln(1+e^x)+C$.故选(D).

(5)【答案】(C).

【解析】因为 $\boldsymbol{Ax}=\boldsymbol{b}$ 有解的充分必要条件是 $R(\boldsymbol{A})=R(\boldsymbol{A},\boldsymbol{b})$,因此(A)、(B) 选项不正确;又 $R(\boldsymbol{A})=R(\boldsymbol{A},\boldsymbol{b})=4<5$,可知选项(C)正确.

(6)【答案】(B).

【解析】因为 $\boldsymbol{A}$ 是实正交阵,所以 $\boldsymbol{AA}^T=\boldsymbol{E}$,推出 $|\boldsymbol{AA}^T|=|\boldsymbol{E}|$,即有 $|\boldsymbol{A}|^2=1$,因此选项(B)不正确.

(7)【答案】(A).

【解析】由 $\boldsymbol{A\alpha}=\lambda\boldsymbol{\alpha}$ 得

$$\begin{cases}a+1+1=\lambda\\-1+1=-\lambda,\\1-b=\lambda\end{cases}\quad \text{解得 } a=-2,b=1.$$

(8)【答案】(B).

【解析】当 X 服从二项分布 $B(n,p)$,$E(X)=np$,$D(X)=npq$,故 $\begin{cases}np=2.4\\np(1-p)=1.44\end{cases}$,

从而解得 $n=6, p=0.4$.

(9)【答案】(B).

【解析】$D(X-2Y)=D(X)+D(2Y)-2\text{Cov}(X,2Y)=D(X)+4D(Y)-4\sqrt{D(X)}\sqrt{D(Y)}$
$\rho_{XY}=9+4\times4-4\times3\times2\times\dfrac{1}{3}=17$.

(10)【答案】(A).

【解析】选项(A)充分必要条件.

证明:必要性:设随机事件 A 与 B 相互独立,所以随机事件 $\overline{A}$ 与 $\overline{B}$ 也相互独立.因此有
$P(A|B)=P(A)$, $P(\overline{A}|\overline{B})=P(\overline{A})$,

因此有 $P(A|B)+P(\overline{A}|\overline{B})=P(A)+P(\overline{A})=1$.

充分性:由于 $P(A|B)+P(\overline{A}|\overline{B})=1$

所以有 $P(A|B)=1-P(\overline{A}|\overline{B})=P(A|\overline{B})$.

因此有 $\dfrac{P(AB)}{P(B)}=\dfrac{P(A\overline{B})}{P(\overline{B})}=\dfrac{P(A-AB)}{1-P(B)}=\dfrac{P(A)-P(AB)}{1-P(B)}$.

由 $0<P(B)<1$,得 $1-P(B)>0$,因此有

$P(AB)(1-P(B))=P(B)(P(A)-P(AB))$.

整理,得 $P(AB)-P(B)P(AB)=P(A)P(B)-P(B)P(AB)$.

即得 $P(AB)=P(A)P(B)$.

这表明随机事件 A 与 B 相互独立.

二、填空题:11~16 小题,每小题 5 分,共 30 分.请将答案写在题目中的横线上.

(11)【答案】2.

【解析】原式$=\lim\limits_{n\to\infty}\left[2+3\cdot\left(-\dfrac{2}{3}\right)^n\right]=2$.

(12)【答案】$\dfrac{\partial^2 z}{\partial x\partial y}=\cos(xy)-xy\sin(xy)-\dfrac{x}{y^2}\varphi''_{12}-\dfrac{x}{y^3}\varphi''_{22}-\dfrac{1}{y^2}\varphi'_2$.

【解析】$\dfrac{\partial z}{\partial x}=y\cos(xy)+\varphi'_1+\dfrac{1}{y}\varphi'_2$.

$$\frac{\partial^2 z}{\partial x\partial y}=\cos(xy)-xy\sin(xy)-\frac{x}{y^2}\varphi''_{12}-\frac{x}{y^3}\varphi''_{22}-\frac{1}{y^2}\varphi'_2.$$

(13)【答案】$\dfrac{\mathrm{d}^2 y}{\mathrm{d}x^2}=\dfrac{\sin t-t\cos t}{4t^3}$.

【解析】$\dfrac{\mathrm{d}y}{\mathrm{d}x}=\dfrac{-\sin t}{2t}$,

$$\frac{\mathrm{d}^2 y}{\mathrm{d}x^2}=\frac{\mathrm{d}}{\mathrm{d}x}\left(\frac{\mathrm{d}y}{\mathrm{d}x}\right)=\frac{\mathrm{d}}{\mathrm{d}t}\left(\frac{\mathrm{d}y}{\mathrm{d}x}\right)\frac{1}{\frac{\mathrm{d}x}{\mathrm{d}t}}=-\frac{1}{2}\frac{t\cos t-\sin t}{t^2}\cdot\frac{1}{2t}=\frac{\sin t-t\cos t}{4t^3}.$$

(14)【答案】$\dfrac{\pi}{8}$.

【解析】$\displaystyle\int_0^{+\infty}\frac{1}{x^2+4x+8}\mathrm{d}x=\lim_{a\to+\infty}\int_0^a\frac{1}{(x+2)^2+4}\mathrm{d}(x+2)=\lim_{a\to+\infty}\frac{1}{2}\arctan\frac{x+2}{2}\Big|_0^a=\frac{\pi}{8}$.

(15)【答案】0.

【解析】由于，则 $R(\boldsymbol{AB})\leqslant n<m$，故 $|\boldsymbol{AB}|=0$.

(16)【答案】$\frac{3}{5}$.

【解析】$P=1-\left(1-\frac{1}{5}\right)\times\left(1-\frac{1}{3}\right)\times\left(1-\frac{1}{4}\right)=\frac{3}{5}$.

三、解答题:17～22 小题,共 70 分.解答应写出文字说明、证明过程或演算步骤.

(17)【解析】

由于 $\lim\limits_{x\to\infty}\left(\frac{x+a}{x-a}\right)^{2x}=\lim\limits_{x\to\infty}\left(1+\frac{2a}{x-a}\right)^{\frac{x-a}{2a}\cdot\frac{4ax}{x-a}}=\mathrm{e}^{4a}$，则由 $\mathrm{e}^{4a}=\mathrm{e}^{-1}$，得 $a=-\frac{1}{4}$.

(18)【解析】

令 $t=-\frac{1}{x}$，代入方程得，

$$3f\left(-\frac{1}{t}\right)+\frac{4}{t^2}f(t)-7t=0,$$

所以有

$$\begin{cases}3f(x)+4x^2f\left(-\frac{1}{x}\right)+\frac{7}{x}=0,\\ 4f(x)+3x^2f\left(-\frac{1}{x}\right)-7x^3=0.\end{cases}$$

解得 $f(x)=4x^3+\frac{3}{x}$，因此有 $f'(x)=12x^2-\frac{3}{x^2}=0$，得驻点 $x=\pm\frac{\sqrt{2}}{2}$，而

$$f''\left(\frac{\sqrt{2}}{2}\right)=24\sqrt{2}>0,f''\left(-\frac{\sqrt{2}}{2}\right)=-24\sqrt{2}<0,$$

所以，函数 $f(x)$ 在 $x=\frac{\sqrt{2}}{2}$ 取极小值 $f\left(\frac{\sqrt{2}}{2}\right)=4\sqrt{2}$，在 $x=-\frac{\sqrt{2}}{2}$ 取极大值 $f\left(-\frac{\sqrt{2}}{2}\right)=-4\sqrt{2}$.

(19)【解析】

曲线 $x^2+y^2=2ax$ 和 $x^2+y^2=ax$ 的极坐标方程分别为 $\rho=2a\cos\theta$，$\rho=a\cos\theta$. 区域 D 关于 $y=0$ 对称，$2xy$ 关于 y 为奇函数，所以 $\iint\limits_D 2xy\,\mathrm{d}x\,\mathrm{d}y=0$. 故

$$\begin{aligned}I&=\iint\limits_D(x^2+y^2+2xy)\mathrm{d}x\,\mathrm{d}y=\iint\limits_D(x^2+y^2)\mathrm{d}x\,\mathrm{d}y\\&=\int_{-\frac{\pi}{2}}^{\frac{\pi}{2}}\mathrm{d}\theta\int_{a\cos\theta}^{2a\cos\theta}\rho^3\mathrm{d}\rho=\frac{15}{2}a^4\int_0^{\frac{\pi}{2}}\left(\frac{3}{8}+\frac{1}{2}\cos2\theta+\frac{1}{8}\cos4\theta\right)\mathrm{d}\theta\\&=\frac{45}{32}\pi a^4.\end{aligned}$$

(20)【解析】

只需证当 $0<x<1$ 时，$\ln(1-x)+2x<\ln(1+x)$. 令

$f(x)=\ln(1+x)-\ln(1-x)-2x,\quad x\in(0,1)$

$f'(x)=\frac{2}{1-x^2}-2>0$

所以 $f(x)$ 在 $(0,1)$ 内单调增加，对一切 $x\in(0,1)$，有

$f(x)>\lim\limits_{x\to 0^+}f(x)=0$，即 $\ln(1-x)+2x<\ln(1+x)$，

从而，$(1-x)e^{2x}<x+1$.

(21)【解析】

(Ⅰ)设 $\boldsymbol{B}=(\boldsymbol{A}\ \vdots\ \boldsymbol{b})=\begin{pmatrix}1 & a_1 & a_1^2 & a_1^3\\ 1 & a_2 & a_2^2 & a_2^3\\ 1 & a_3 & a_3^2 & a_3^3\\ 1 & a_4 & a_4^2 & a_4^3\end{pmatrix}$

因为 $|\boldsymbol{B}|=\begin{vmatrix}1 & a_1 & a_1^2 & a_1^3\\ 1 & a_2 & a_2^2 & a_2^3\\ 1 & a_3 & a_3^2 & a_3^3\\ 1 & a_4 & a_4^2 & a_4^3\end{vmatrix}$

$=(a_2-a_1)(a_3-a_1)(a_4-a_1)(a_3-a_2)(a_4-a_2)(a_4-a_3)\neq 0$

故增广矩阵的秩 $R(\boldsymbol{B})=4$，系数矩阵的秩 $R(\boldsymbol{A})=3$，即 $R(\boldsymbol{B})\neq R(\boldsymbol{A})$，所以无解.

(Ⅱ)$R(\boldsymbol{B})=R(\boldsymbol{A})=2$，$n=3$，故 $\xi_2-\xi_1$ 为对应齐次线性方程组的一个基础解系，故通解为：

$$x=t(\xi_2-\xi_1)+\xi_1=t\begin{pmatrix}-2\\0\\2\end{pmatrix}+\begin{pmatrix}1\\1\\-1\end{pmatrix}\quad(t\in\mathbf{R})$$

(22)【解析】引入随机变量 $X_i=\begin{cases}0, & \text{在第 } i \text{ 站没有人下车}\\ 1, & \text{在第 } i \text{ 站有人下车}\end{cases}\quad(i=1,2,\cdots,10)$

$X=X_1+X_2+\cdots+X_{10}$

由题意，任一旅客在第 i 站不下车的概率为 $\frac{9}{10}$. 因此 50 位旅客均不在第 i 站下车的概率为 $\left(\frac{9}{10}\right)^{50}$，在第 i 站有人下车的概率为 $1-\left(\frac{9}{10}\right)^{50}$. 即

$P(X_i=0)=\left(\frac{9}{10}\right)^{50}$，$P(X_i=1)=1-\left(\frac{9}{10}\right)^{50}$，$i=1,2,\cdots,10$.

于是，$E(X_i)=1-\left(\frac{9}{10}\right)^{50}$，$D(X_i)=\left(\frac{9}{10}\right)^{50}\left[1-\left(\frac{9}{10}\right)^{50}\right]$，

故 $E(X)=E(X_1+X_2+\cdots+X_{10})=E(X_1)+E(X_2)+\cdots+E(X_{10})=10\left[1-\left(\frac{9}{10}\right)^{50}\right]$，

因为 X_i,X_j 相互独立，所以

$D(X)=D(X_1+X_2+\cdots+X_{10})=10\left(\frac{9}{10}\right)^{50}\left[1-\left(\frac{9}{10}\right)^{50}\right]$.

模拟试题十一参考答案及解析

一、选择题:1～10 小题,每小题 5 分,共 50 分.下列每题给出的四个选项中,只有一个选项是符合题目要求的.请将所选项前的字母填在括号内.

(1)【答案】(A).

【解析】主要任务是分析 $g(x)=e^{x^{\frac{1}{2}}}-1$ 是否有界.事实上,

$\lim\limits_{x\to\pm\infty}(e^{x^{\frac{1}{2}}}-1)=0$,故 $g(x)$ 有界.故选(A).

(2)【答案】(C).

【解析】设 $t=\ln x$,则 $f'(t)=1+e^t$, $f(t)=\int f'(t)dt=\int(1+e^t)dt=t+e^t+C$.所以 $f(t)=t+e^t+C$.故选(C).

(3)【答案】(C).

【解析】这是$\frac{0}{0}$型的极限,用洛比达法则求.由于

$$\lim_{x\to 0}\frac{e^x-e^{-x}}{x(1+x^2)}=\lim_{x\to 0}\frac{1}{1+x^2}\cdot\lim_{x\to 0}\frac{e^x-e^{-x}}{x}=\lim_{x\to 0}(e^x+e^{-x})=2,$$故选(C).

(4)【答案】(D).

【解析】显然 $x=0$ 为 $g(x)$ 的间断点,且由 $f(x)$ 为不恒等于零的奇函数知,$f(0)=0$.于是有$\lim\limits_{x\to 0}g(x)=\lim\limits_{x\to 0}\frac{f(x)}{x}=\lim\limits_{x\to 0}\frac{f(x)-f(0)}{x-0}=f'(0)$ 存在,所以 $x=0$ 是可去间断点.故选(D).

(5)【答案】(C).

【解析】令 $\boldsymbol{\eta}=\boldsymbol{\xi}_1-\boldsymbol{\xi}_2\neq\mathbf{0}$,则 $\boldsymbol{A\eta}=\mathbf{0}$,因此有 $\boldsymbol{A\eta}=\begin{pmatrix}\boldsymbol{\alpha}_1^T\boldsymbol{\eta}\\ \boldsymbol{\alpha}_2^T\boldsymbol{\eta}\\ \vdots\\ \boldsymbol{\alpha}_n^T\boldsymbol{\eta}\end{pmatrix}=\begin{pmatrix}0\\0\\ \vdots\\0\end{pmatrix}$,

故存在一个非零向量 $\boldsymbol{\eta}$ 与 $\boldsymbol{A}$ 的每一个行向量都正交.

又由于齐次线性方程组 $\boldsymbol{Ax}=\mathbf{0}$ 有非零解,则 $|\boldsymbol{A}|=0$.可知只有选项(C)正确.

(6)【答案】(A).

【解析】由 $\boldsymbol{B}=\boldsymbol{B}^2$,$\boldsymbol{B}=\boldsymbol{A}-\boldsymbol{E}$ 得$(\boldsymbol{A}-\boldsymbol{E})=(\boldsymbol{A}-\boldsymbol{E})^2$,将其展开、整理可得 $\boldsymbol{A}\ \frac{1}{2}(3\boldsymbol{E}-\boldsymbol{A})=\boldsymbol{E}$,所以,$\boldsymbol{A}^{-1}=\frac{1}{2}(3\boldsymbol{E}-\boldsymbol{A})$.

(7)【答案】(C).

【解析】$\boldsymbol{AB}=\mathbf{0}$ 表明 $\boldsymbol{B}$ 的列向量都是 $\boldsymbol{Ax}=\mathbf{0}$ 的解,由 $\boldsymbol{B}$ 为 n 阶非零矩阵得 $\boldsymbol{Ax}=\mathbf{0}$ 有非零解,从而 $R(\boldsymbol{A})<n$,$\boldsymbol{Ax}=\mathbf{0}$ 有无穷多解.

(8)【答案】(D).

【解析】当 $X \sim B(10,0.6)$，于是 $E(X)=np=6$，$D(X)=npq=2.4$，从而有 $E[X(X-1)]=E(X^2)-E(X)=D(X)+[E(X)]^2-E(X)=2.4+36-6=32.4$.

(9)【答案】(C).

【解析】$\dfrac{(n-1)S^2}{\sigma^2}=\dfrac{1}{\sigma^2}\sum\limits_{i=1}^{n}(X_i-\overline{X})^2$ 服从 $\chi^2(n-1)$ 分布，故选(C).

(10)【答案】(D).

【解析】因为总体 $X\sim N(\mu,\sigma^2)$，$(X_1,X_2,\cdots,X_n)$是取自总体 X 中的一个样本，所以

$$\frac{(n-1)S^2}{\sigma^2}\sim\chi^2(n-1).$$

所以，

$$D(S^2)=D\left(\frac{\sigma^2}{n-1}\cdot\frac{(n-1)S^2}{\sigma^2}\right)=\frac{\sigma^4}{(n-1)^2}D\left(\frac{(n-1)S^2}{\sigma^2}\right)=\frac{\sigma^4}{(n-1)^2}\cdot 2(n-1)=\frac{2\sigma^4}{n-1}.$$

二、填空题：11～16 小题，每小题 5 分，共 30 分. 请将答案写在题目中的横线上.

(11)【答案】$xf(x^2)$.

【解析】$\int_0^x tf(x^2-t^2)\mathrm{d}t=-\dfrac{1}{2}\int_0^x f(x^2-t^2)\mathrm{d}(x^2-t^2)$，　令 $u=x^2-t^2$，

则　$\int_0^x tf(x^2-t^2)\mathrm{d}t=\dfrac{1}{2}\int_0^{x^2}f(u)\mathrm{d}u$，

$$\frac{\mathrm{d}}{\mathrm{d}x}\int_0^x tf(x^2-t^2)\mathrm{d}t=\frac{1}{2}\frac{\mathrm{d}}{\mathrm{d}x}\int_0^{x^2}f(u)\mathrm{d}u=\frac{1}{2}f(x^2)\cdot 2x=xf(x^2).$$

(12)【答案】$\dfrac{\partial^2 z}{\partial x\partial y}=yf''+y\varphi''+\varphi'$.

【解析】$\dfrac{\partial z}{\partial y}=\dfrac{1}{x}f'\cdot x+\varphi+y\varphi'$，故$\dfrac{\partial^2 z}{\partial x\partial y}=yf''+y\varphi''+\varphi'$.

(13)【答案】0.

【解析】因为被积函数为奇函数，积分区间关于原点对称，故积分值为零.

(14)【答案】$x=-\dfrac{1}{\ln 2}$.

【解析】因为 $y'=2^x(x\ln 2+1)$，令 $y'=0$，得 $x=-\dfrac{1}{\ln 2}$.

(15)【答案】0.

【解析】由 $\boldsymbol{A}=\boldsymbol{E}-\boldsymbol{x}\boldsymbol{x}^{\mathrm{T}}$　有 $\boldsymbol{A}\boldsymbol{x}=\boldsymbol{E}\boldsymbol{x}-\boldsymbol{x}\boldsymbol{x}^{\mathrm{T}}\boldsymbol{x}=\boldsymbol{0}$

又 $\boldsymbol{x}^{\mathrm{T}}\boldsymbol{x}=1$，知 $\boldsymbol{x}$ 是 n 维非零列向量，推出 $\boldsymbol{A}\boldsymbol{x}=\boldsymbol{0}$ 有非零解，所以 $|\boldsymbol{A}|=0$.

(16)【答案】$\dfrac{1}{2}$.

【解析】设 A 表示甲命中目标，B 表示乙命中目标. 由题意，所求概率为

$$P(A\mid(A\cup B))=\frac{P(A(A\cup B))}{P(A\cup B)}=\frac{P(A)}{P(A)+P(B)-P(AB)}=\frac{\frac{1}{3}}{\frac{1}{3}+\frac{1}{2}-\frac{1}{3}\times\frac{1}{2}}=\frac{1}{2}.$$

三、解答题:17 ~ 22 小题,共 70 分. 解答应写出文字说明、证明过程或演算步骤.

(17)**【解析】**

由于
$$\lim_{x\to+\infty}(3x-\sqrt{ax^2+bx+1})=\lim_{x\to+\infty}\frac{(9-a)x^2-bx-1}{3x+\sqrt{ax^2+bx+1}}$$
$$=\lim_{x\to+\infty}\frac{(9-a)x-b-\frac{1}{x}}{3+\sqrt{a+\frac{b}{x}+\frac{1}{x^2}}}=2$$

则得 $a=9,b=-12$.

(18)**【解析】**

令函数 $f(x)=\sin x+x+1$,显然 $f(x)$ 在 $\left[-\frac{\pi}{2},\frac{\pi}{2}\right]$ 上连续,因为
$$f\left(\frac{\pi}{2}\right)=\sin\frac{\pi}{2}+\frac{\pi}{2}+1=2+\frac{\pi}{2}>0,$$
$$f\left(-\frac{\pi}{2}\right)=\sin\left(-\frac{\pi}{2}\right)-\frac{\pi}{2}+1=-\frac{\pi}{2}<0.$$

由零点定理知,至少存在一点 $\xi\in\left(-\frac{\pi}{2},\frac{\pi}{2}\right)$,使 $f(\xi)=0$,即
$$\sin\xi+\xi+1=0,$$

因此,方程 $\sin x+x+1=0$ 在$\left(-\frac{\pi}{2},\frac{\pi}{2}\right)$内至少有一个根.

(19)**【解析】**

因定积分是常数,设$\int_0^1 f(x)\mathrm{d}x=A$,等式两边在$[0,1]$上积分得
$$A=\int_0^1 f(x)\mathrm{d}x=\int_0^1\frac{1}{1+x^2}\mathrm{d}x+A\int_0^1\sqrt{1-x^2}\,\mathrm{d}x$$
$$=\arctan x\Big|_0^1+\frac{\pi}{4}A=\frac{\pi}{4}(1+A).$$

解得 $A=\frac{\pi}{4-\pi}$, 即 $\int_0^1 f(x)\mathrm{d}x=\frac{\pi}{4-\pi}$.

(20)**【解析】**

该方程为一阶线性微分方程
$$y'+\frac{1}{x\ln x}y=\frac{\ln x+1}{\ln x}$$

因此,
$$P(x)=\frac{1}{x\ln x},\quad Q(x)=\frac{\ln x+1}{\ln x}.$$

代入一阶线性微分方程的求解公式,有
$$y=\mathrm{e}^{-\int\frac{1}{x\ln x}\mathrm{d}x}\left(\int\frac{\ln x+1}{\ln x}\mathrm{e}^{\int\frac{1}{x\ln x}\mathrm{d}x}\mathrm{d}x+C\right)$$
$$=\frac{1}{\ln x}\left(\int\frac{\ln x+1}{\ln x}\ln x\,\mathrm{d}x+C\right)$$

$$=\frac{1}{\ln x}\left(\int(\ln x+1)\mathrm{d}x+C\right)$$

$$=\frac{1}{\ln x}(x\ln x+C)$$

所以,原方程的通解为

$y=\frac{1}{\ln x}(x\ln x+C)=x+\frac{C}{\ln x}$,$C$ 为任意常数.

(21)**【解析】**

因为 $\boldsymbol{A}$ 的特征值 $\lambda_1=0,\lambda_2=1,\lambda_3=2$.

所以 $|\boldsymbol{A}|=\begin{vmatrix}1&a&1\\a&1&b\\1&b&1\end{vmatrix}=-(a-b)^2=0,\Rightarrow a=b$.

$|\boldsymbol{A}-\boldsymbol{E}|=\begin{vmatrix}0&a&1\\a&0&b\\1&b&0\end{vmatrix}=2a^2=0,\Rightarrow a=b=0$.

当 $\lambda_1=0$ 时,解 $\boldsymbol{Ax}=\boldsymbol{0}$ 得:$\boldsymbol{\xi}_1=\begin{pmatrix}-1\\0\\1\end{pmatrix}$,$\boldsymbol{p}_1=\begin{pmatrix}-\frac{1}{\sqrt{2}}\\0\\\frac{1}{\sqrt{2}}\end{pmatrix}$.

当 $\lambda_2=1$ 时,解 $(\boldsymbol{A}-\boldsymbol{E})\boldsymbol{x}=\boldsymbol{0}$ 得:$\boldsymbol{\xi}_2=\begin{pmatrix}0\\1\\0\end{pmatrix}$,$\boldsymbol{p}_2=\begin{pmatrix}0\\1\\0\end{pmatrix}$.

当 $\lambda_3=2$ 时,解 $(\boldsymbol{A}-2\boldsymbol{E})\boldsymbol{x}=\boldsymbol{0}$ 得:$\boldsymbol{\xi}_3=\begin{pmatrix}1\\0\\1\end{pmatrix}$,$\boldsymbol{p}_3=\begin{pmatrix}\frac{1}{\sqrt{2}}\\0\\\frac{1}{\sqrt{2}}\end{pmatrix}$.

得正交矩阵 $\boldsymbol{P}=(\boldsymbol{p}_1,\boldsymbol{p}_2,\boldsymbol{p}_3)$ 使得 $\boldsymbol{P}^{-1}\boldsymbol{AP}=\boldsymbol{B}$.

(22)**【解析】**

$$P\left\{\frac{S^2}{\sigma^2}\leqslant 1.664\right\}=P\left\{\frac{(n-1)S^2}{\sigma^2}\leqslant(n-1)\times 1.664\right\}=P\left\{\frac{(n-1)S^2}{\sigma^2}\leqslant 15\times 1.664\right\}$$

$$=P\left\{\frac{(n-1)S^2}{\sigma^2}\leqslant 24.96\right\}=1-P\left\{\frac{(n-1)S^2}{\sigma^2}>24.96\right\}$$

因为 $\frac{(n-1)S^2}{\sigma^2}\sim\chi^2(n-1)$,查表知 $\chi^2_{0.05}(15)=24.996$

故取 $\alpha=0.05$,于 $P\left\{\frac{S^2}{\sigma^2}\leqslant 1.664\right\}=1-0.05=0.95$.

模拟试题十二参考答案及解析

一、选择题:1～10 小题,每小题 5 分,共 50 分.下列每题给出的四个选项中,只有一个选项是符合题目要求的.请将所选项前的字母填在括号内.

(1)【答案】(B).

【解析】当$|x|>1$时,$\lim\limits_{n\to\infty}x^{2n}=+\infty$,$|x|<1$时,$\lim\limits_{n\to\infty}x^{2n}=0$,由此可知

$$f(x)=\begin{cases}0, & x\leqslant -1\\ 1+x, & -1<x<1\\ 1, & x=1\\ 0, & x>1\end{cases}$$

故 $x=1$ 为 $f(x)$的间断点,故选(B).

(2)【答案】(B).

【解析】因为 $\lim\limits_{x\to a}(x-a)f(x)=0$,$\lim\limits_{x\to a}(x-a)=0$,故选(B).

(3)【答案】(C).

【解析】因为函数 $f(x)$在点 x_0 处连续,若 x_0 是 $f(x)$的极值点,则只能 $f'(x_0)=0$ 或 $f'(x_0)$ 不存在,故选(C).

(4)【答案】(D).

【解析】因为 $f(x)$的一个原函数为 $\ln x$,则 $f(x)=(\ln x)'=\dfrac{1}{x}$,$f'(x)=-\dfrac{1}{x^2}$.故选(D).

(5)【答案】(B).

【解析】因为 $R(\boldsymbol{A})=2$,矩阵 $\boldsymbol{P}$ 可逆,所以 $R(\boldsymbol{PA})=R(\boldsymbol{A})=2$.

(6)【答案】(D).

【解析】因为 $\boldsymbol{A}+3\boldsymbol{E}$ 不可逆,所以$|\boldsymbol{A}+3\boldsymbol{E}|=0$,因此$-3$ 是矩阵 $\boldsymbol{A}$ 的一个特征值.又 $\boldsymbol{A}$ 与 $\boldsymbol{B}$ 相似,所以-3 也是矩阵 $\boldsymbol{B}$ 的特征值.

(7)【答案】(A).

【解析】(A)中$(\xi_1+\xi_2,\xi_2+\xi_3,\xi_3+\xi_1)=(\xi_1,\xi_2,\xi_3)\begin{pmatrix}1&0&1\\1&1&0\\0&1&1\end{pmatrix}$,而矩阵$\begin{pmatrix}1&0&1\\1&1&0\\0&1&1\end{pmatrix}$可逆,

则 $\xi_1+\xi_2,\xi_2+\xi_3,\xi_3+\xi_2$ 线性无关,为方程组 $\boldsymbol{Ax}=\boldsymbol{0}$ 的基础解系；

(B)中$(\xi_1+\xi_2)-(\xi_2-\xi_3)-(\xi_3+\xi_1)=\boldsymbol{0}$,则 $\xi_1+\xi_2,\xi_2+\xi_3,\xi_3+\xi_1$ 线性相关,不为方程组 $\boldsymbol{Ax}=\boldsymbol{0}$ 的基础解系；

(C)中$(\xi_1-\xi_2)+(\xi_2-\xi_3)+(\xi_3-\xi_1)=\boldsymbol{0}$,则 $\xi_1-\xi_2,\xi_2-\xi_3,\xi_3-\xi_1$ 线性相关,不为方程组 $\boldsymbol{Ax}=\boldsymbol{0}$ 的基础解系；

(D)中$(\xi_1+\xi_2-\xi_3)+(\xi_1+\xi_3)-(2\xi_1+\xi_2)=\boldsymbol{0}$,则 $\xi_1+\xi_2-\xi_3,\xi_1+\xi_3,2\xi_1+\xi_2$ 线性相关,不为方程组 $\boldsymbol{Ax}=\boldsymbol{0}$ 的基础解系.

(8)【答案】(C).

【解析】$p=\{$前三次仅有一次击中目标,第4次击中目标$\}$

$=C_3^1 p(1-p)^2 p=3p^2(1-p)^2$,故选(C).

(9)【答案】(B).

【解析】首先所有概率求和为1,可得 $a+b=0.5$,

又事件$\{X=0\}$与$\{X+Y=1\}$相互独立,于是有

$$P\{X=0,X+Y=1\}=P\{X=0\}P\{X+Y=1\},$$

即 $a=(0.4+a)(a+b)$,由此可得 $a=0.4,b=0.1$,故应选(B).

(10)【答案】(C).

【解析】$(\overline{A}\cup\overline{B})(\overline{A}\cup B)=(\overline{A}(\overline{A}\cup B))\cup(\overline{B}(\overline{A}\cup B))=(\overline{A}\cup\overline{A}B)\cup\overline{BA}=\overline{A}\cup\overline{BA}$

$=\overline{A}$.

二、填空题:11~16小题,每小题5分,共30分.请将答案写在题目中的横线上.

(11)【答案】$x=1$.是 $f(x)$的第一类间断点.

【解析】$\lim\limits_{x\to1}f(x)=\lim\limits_{x\to1}\dfrac{(x-1)(x+1)}{(x-1)(x-2)}=\lim\limits_{x\to1}\dfrac{x+1}{x-2}=-2$,故 $x=1$ 是第一类间断点.

(12)【答案】e^5.

【解析】$\lim\limits_{x\to\infty}\left(\dfrac{3+x}{2+x}\right)^{5x}=\lim\limits_{x\to\infty}\left(1+\dfrac{1}{2+x}\right)^{(2+x)\frac{5x}{2+x}}=e^5$.

(13)【答案】$-\sin x-2\dfrac{\cos x}{x}+C$,其中 C 为任意常数.

【解析】$\int xf'(x)\mathrm{d}x=\int x\,\mathrm{d}f(x)=xf(x)-\int f(x)\mathrm{d}x$

$=x\left(\dfrac{\cos x}{x}\right)'-\dfrac{\cos x}{x}+C=-\sin x-2\dfrac{\cos x}{x}+C$.

(14)【答案】$x-\ln(1+e^x)+C$,其中 C 为任意常数.

【解析】$\int\dfrac{\mathrm{d}x}{1+e^x}=\int\dfrac{(1+e^x)-e^x}{1+e^x}\mathrm{d}x=\int\left(1-\dfrac{e^x}{1+e^x}\right)\mathrm{d}x$

$$x-\int\frac{\mathrm{d}(1+e^x)}{(1+e^x)}=x-\ln(1+e^x)+C$$

(15)【答案】1.

【解析】由于改变某行(列)元素的值,不会改变该元素的代数余子式的值,故将 D_n 的第一列元素替换为1,根据行列式展开定理,知第一列元素的代数余子式之和为

$\begin{vmatrix}1&&&&\\1&1&&&\\1&1&1&&\\\vdots&\vdots&\vdots&\ddots&\\1&1&1&\cdots&1\end{vmatrix}=1$;将 D_n 的第二列元素替换为1,得第二列元素的代数余子式之

和为 $\begin{vmatrix} 1 & 1 & & & \\ 1 & 1 & & & \\ 1 & 1 & 1 & & \\ \vdots & \vdots & \vdots & \ddots & \\ 1 & 1 & 1 & \cdots & 1 \end{vmatrix}=0$（因为两列相同）；依此类推，其他列元素的代数余子式之和皆为 0。因此，所有元素的代数余子式之和为 1.

(16)【解析】$P\{Y=2\}=P\{X=1\}P\{Y=2|X=1\}+P\{X=2\}P\{Y=2|X=2\}$

$$+P\{X=3\}P\{Y=2|X=3\}+P\{X=4\}P\{Y=2|X=4\}$$

$$=\frac{1}{4}\times\left(0+\frac{1}{2}+\frac{1}{3}+\frac{1}{4}\right)=\frac{13}{48}.$$

三、解答题：17～22 小题，共 70 分. 解答应写出文字说明、证明过程或演算步骤.

(17)【解析】$I=\int_0^{\pi}\sqrt{\sin^3x-\sin^5x}\,\mathrm{d}x=\int_0^{\pi}|\cos x|\sin^{3/2}x\,\mathrm{d}x$

$$=\int_0^{\frac{\pi}{2}}\sin^{3/2}x\cos x\,\mathrm{d}x-\int_{\frac{\pi}{2}}^{\pi}\sin^{3/2}x\cos x\,\mathrm{d}x$$

$$=\frac{2}{5}\sin^{5/2}x\Big|_0^{\frac{\pi}{2}}-\frac{2}{5}\sin^{2/5}x\Big|_{\frac{\pi}{2}}^{\pi}=\frac{4}{5}.$$

(18)【解析】两端关于 x 求导数，得：$tf(xt)=tf(x)+\int_1^t f(u)\mathrm{d}u$.

由 $f(1)=\frac{5}{2}$，只需令 $x=1$，得到

$$tf(t)=\frac{5}{2}t+\int_0^t f(u)\mathrm{d}u.$$

当 $t\in(0,+\infty)$ 时，由上式可见，$f(t)$ 为可导函数，将上式两端关于 t 求导，得

$$f(t)+tf'(t)=\frac{5}{2}+f(t),$$

解出 $$f'(t)=\frac{5}{2t}.$$

积分得到 $$f(t)=\frac{5}{2}\ln t+c.$$

由 $f(1)=\frac{5}{2}$，解出 $c=\frac{5}{2}$. 所以 $f(x)=\frac{5}{2}(\ln x+1)$.

(19)【解析】解法一：由已知 $\lim\limits_{x\to\infty}\left(\frac{x^2+1}{x+1}-ax+b\right)=\lim\limits_{x\to\infty}\frac{(1-a)x^2+(b-a)x+1+b}{x+1}=3$，故有

$\begin{cases}1-a=0\\ b-a=3\end{cases}$ 得到 $a=1,b=4$.

解法二：因为 $\lim\limits_{x\to\infty}\left(\frac{x^2+1}{x+1}-ax+b\right)=3$，所以 $\lim\limits_{x\to\infty}\frac{1}{x}\left(\frac{x^2+1}{x+1}-ax+b\right)=0$

又 $\lim\limits_{x\to\infty}\frac{1}{x}\left(\frac{x^2+1}{x+1}-ax+b\right)=\lim\limits_{x\to\infty}\left(\frac{x^2+1}{x^2+x}-a+\frac{b}{x}\right)=1-a=0$，则 $a=1$

故由已知 $\lim\limits_{x\to\infty}\left(\frac{x^2+1}{x+1}-x+b\right)=\lim\limits_{x\to\infty}\frac{(b-1)x+1+b}{x+1}=3$，则 $b-1=3$，$b=4$，即得 $a=1$，

$b=4$.

(20)【解析】积分区域 D 是一个矩形区域，如图所示．该区域被曲线 $y=x^2$ 分成 D_1,D_2 两部分，其中 $D_1:\begin{cases}-1\leqslant x\leqslant 1\\0\leqslant y\leqslant x^2\end{cases}$，$D_2:\begin{cases}-1\leqslant x\leqslant 1\\x^2\leqslant y\leqslant 1\end{cases}$

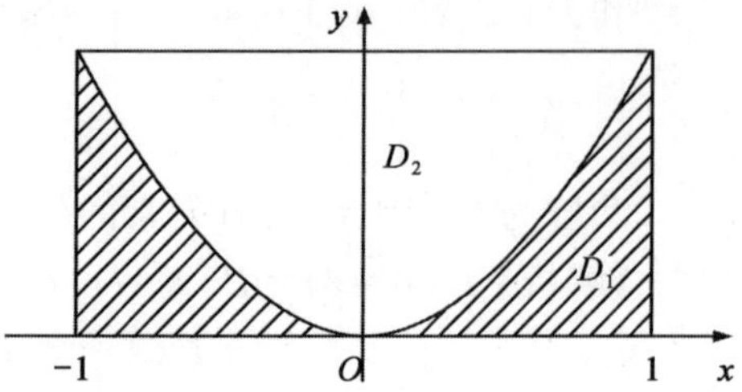

在 D_1 上，$|y-x^2|=x^2-y$，在 D_2 上，$|y-x^2|=y-x^2$，利用重积分对区域的可加性得

$$\int_{-1}^{1}\mathrm{d}x\int_{0}^{1}|y-x^2|\mathrm{d}y$$

$$=\int_{-1}^{1}\mathrm{d}x\int_{0}^{x^2}(x^2-y)\mathrm{d}y+\int_{-1}^{1}\mathrm{d}x\int_{x^2}^{1}(y-x^2)\mathrm{d}y=\frac{11}{15}.$$

(21)【解析】$\boldsymbol{B}=\begin{pmatrix}1&1&1&1&0\\0&1&2&2&1\\0&-1&a-3&-2&b\\3&2&1&a&-1\end{pmatrix}\to\begin{pmatrix}1&1&1&1&0\\0&1&2&2&1\\0&0&a-1&0&b+1\\0&0&0&a-1&0\end{pmatrix}$

于是可知(其中记方程组的系数矩阵为 $\boldsymbol{A}$)

当 $a\neq1$ 时，$R(\boldsymbol{A})=R(\boldsymbol{B})=4$，因而方程组有唯一解．

当 $a=1$ 且 $b\neq-1$ 时，$R(\boldsymbol{A})=2$，$R(\boldsymbol{B})=3$，故方程组无解．

当 $a=1$ 且 $b=-1$ 时，$R(\boldsymbol{A})=R(\boldsymbol{B})=2$，故方程组有无穷多解．此时，将 $\boldsymbol{B}$ 进一步化成简化行阶梯形

$$\boldsymbol{B}=\begin{pmatrix}1&0&-1&-1&-1\\0&1&2&2&1\\0&0&0&0&0\\0&0&0&0&0\end{pmatrix}$$

故原方程组的用自由未知量表示的通解为 $\begin{cases}x_1=-1+x_3+x_4\\x_2=1-2x_3-2x_4\end{cases}$ (x_3,x_4 为任意常数)

用对应齐次线性方程组的基础解系表示的通解为

$$\boldsymbol{x}=\begin{pmatrix}x_1\\x_2\\x_3\\x_4\end{pmatrix}=\begin{pmatrix}-1\\1\\0\\0\end{pmatrix}+k_1\begin{pmatrix}1\\-2\\1\\0\end{pmatrix}+k_2\begin{pmatrix}1\\-2\\0\\1\end{pmatrix}\ (k_1,k_2\ \text{为任意常数}).$$

(22)【解析】(Ⅰ) Y 的分布函数为 $F_Y(y)$，$F_Y(y)=P(Y\leqslant y)=P(X^2\leqslant y)$，则

当 $y<0$ 时，$F_Y(y)=0$；

当 $0\leqslant y<1$ 时，$F_Y(y)=P(X^2<y)=P(-\sqrt{y}<X<\sqrt{y})$

$$\int_{-\sqrt{y}}^{0}\frac{1}{2}\mathrm{d}x+\int_{0}^{\sqrt{y}}\frac{1}{4}\mathrm{d}x=\frac{3}{4}\sqrt{y}.$$

当 $1\leqslant y<4$ 时，$F_Y(y)=P(X^2<y)=P(-1<X<\sqrt{y})$

$$\int_{-1}^{0}\frac{1}{2}\mathrm{d}x+\int_{0}^{\sqrt{y}}\frac{1}{4}\mathrm{d}x=\frac{1}{4}\sqrt{y}+\frac{1}{2}.$$

当 $y\geqslant 4$，$F_Y(y)=1$.

（Ⅱ）Y 的密度函数为 $f_Y(y)=F'_Y(y)=\begin{cases}\dfrac{3}{8\sqrt{y}}, & 0<y<1\\ \dfrac{1}{8\sqrt{y}}, & 1\leqslant y<4\\ 0, & \text{其他}\end{cases}$.

模拟试题十三参考答案及解析

一、选择题:1~10 小题,每小题 5 分,共 50 分.下列每题给出的四个选项中,只有一个选项是符合题目要求的.请将所选项前的字母填在括号内.

(1)【答案】(D).

【解析】$\lim\limits_{x\to 0}\dfrac{f(x)-f(-x)}{x}$存在,不能说明$\lim\limits_{x\to 0}\dfrac{f(x)-f(0)}{x}$存在,即不能说明 $f'(0)$存在,选(D).

(2)【答案】(B).

【解析】$\lim\limits_{x\to 0}F(x)=\lim\limits_{x\to 0}\dfrac{\int_0^x f(t)\mathrm{d}t}{x}=\lim\limits_{x\to 0}f(x)=f(0)$,所以 $x=0$ 是函数 $F(x)$的可去间断点,选(B).

(3)【答案】(C).

【解析】由极限的保号性知,存在点 a 的某一去心邻域,在该邻域内$\dfrac{f(x)-f(a)}{\sqrt[3]{x-a}}>0$,当 $x<a$ 时,$f(x)<f(a)$;当 $x>a$ 时,$f(x)>f(a)$,故 $f(x)$在点 a 处不取得极值.

$\lim\limits_{x\to 0}\dfrac{f(x)-f(a)}{x-a}=\lim\limits_{x\to 0}\dfrac{f(x)-f(a)}{\sqrt[3]{x-a}}\cdot\dfrac{1}{\sqrt[3]{(x-a)^2}}=\infty$,所以 $f(x)$在点 a 处不可导,选(C).

(4)【答案】(D).

【解析】因为 $t[f(t)+f(-t)]$是奇函数,所以$\int_0^x t[f(t)+f(-t)]\mathrm{d}t$ 是偶函数,选(D).

(5)【答案】(D).

【解析】$(\boldsymbol{A}-\boldsymbol{E})(\boldsymbol{A}+2\boldsymbol{E})=2\boldsymbol{E}$;所以$|\boldsymbol{A}-\boldsymbol{E}|\neq 0$,即 $\boldsymbol{A}-\boldsymbol{E}$ 可逆.

$(\boldsymbol{A}-\boldsymbol{E})^{-1}=\dfrac{1}{2}(\boldsymbol{A}+2\boldsymbol{E})$.

(6)【答案】(A).

【解析】由于 $\boldsymbol{\alpha}\neq\boldsymbol{0},\boldsymbol{\beta}\neq\boldsymbol{0}$,则 $R(\boldsymbol{A})=1$.

(7)【答案】(B).

【解析】由题设知矩阵 $\boldsymbol{A}-2\boldsymbol{E}$ 为方阵,且$(\boldsymbol{A}-2\boldsymbol{E})\boldsymbol{x}=\boldsymbol{0}$ 的基础解系有一个向量.

所以$|\boldsymbol{A}-2\boldsymbol{E}|=\boldsymbol{0}$,故$|\boldsymbol{A}^2-\boldsymbol{A}-2\boldsymbol{E}|=|(\boldsymbol{A}-2\boldsymbol{E})(\boldsymbol{A}+\boldsymbol{E})|=|\boldsymbol{A}-2\boldsymbol{E}||\boldsymbol{A}+\boldsymbol{E}|=\boldsymbol{0}$.

(8)【答案】(C).

【解析】二维正态分布的特点.

(9)【答案】(C).

【解析】$P(|X-\mu|\leqslant\sigma)=P\left(\dfrac{|X-\mu|}{\sigma}\leqslant 1\right)=2\Phi(1)-1$,$\mu=0$.选(C).

(10)【答案】(B).

【解析】A,B 相互独立,知 $P(AB)=P(A)P(B)>0$,则 A,B 一定相容.

二、填空题:11～16 小题,每小题 5 分,共 30 分.请将答案写在题目中的横线上.

(11)【答案】$\sqrt[3]{3}$.

【解析】设 $f(x)=\sqrt[x]{x}=x^{\frac{1}{x}}=e^{\frac{1}{x}\ln x}(x>0)$,$f'(x)=e^{\frac{1}{x}\ln x}\dfrac{1-\ln x}{x^2}=0$ 得驻点 $x=e$,

当 $x<e$ 时,$f'(x)>0$,$f(x)$单调增加,故 $n<e$ 时,$f(n)=\sqrt[n]{n}$递增,$\sqrt{2}$最大,

当 $x>e$ 时,$f'(x)<0$,$f(x)$单调减少,故 $n>e$ 时,$f(n)=\sqrt[n]{n}$递减,$\sqrt[3]{3}$最大,又$\sqrt[3]{3}=\sqrt[6]{9}>\sqrt[6]{8}=\sqrt{2}$,故数列$\{\sqrt[n]{n}\}$的最大项为$\sqrt[3]{3}$.

(12)【答案】0.

【解析】$f'_y(0,0)=\lim\limits_{y\to 0}\dfrac{e^{\sqrt{0+y^4}}-1}{y-0}=\lim\limits_{y\to 0}\dfrac{e^{y^2}-1}{y-0}=0$.

(13)【答案】1.

【解析】当 $x\to 0$ 时,$\sin x\sim x$,$1-\cos x\sim\dfrac{1}{2}x^2$,于是

$$\lim_{x\to 0}\frac{\int_0^x\left[\int_0^u f(u-t)\mathrm{d}x\right]\mathrm{d}u}{\sin x(1-\cos x)}=\lim_{x\to 0}\frac{\int_0^x\left[\int_0^u f(u-t)\mathrm{d}t\right]\mathrm{d}u}{\frac{1}{2}x^3}=\lim_{x\to 0}\frac{\int_0^x f(x-t)\mathrm{d}t}{\frac{3}{2}x^2}=$$

$$\lim_{x\to 0}\frac{\int_x^0 f(s)(-\mathrm{d}s)}{\frac{3}{2}x^2}=\lim_{x\to 0}\frac{\int_0^x f(s)\mathrm{d}s}{\frac{3}{2}x^2}=\lim_{x\to 0}\frac{f(x)}{3x}=\frac{1}{3}\lim_{x\to 0}\frac{f(x)-f(0)}{x}=\frac{1}{3}f'(0)=1.$$

(14)【答案】$\int_0^1\mathrm{d}x\int_{\sqrt{x}}^{1+\sqrt{1-x^2}}f(x,y)\mathrm{d}y$.

【解析】积分$\int_0^1\mathrm{d}y\int_0^{y^2}f(x,y)\mathrm{d}x$ 对应的积分区域

$D_1=\{(x,y)\mid 0\leqslant y\leqslant 1,0\leqslant x\leqslant y^2\}=\{(x,y)\mid 0\leqslant x\leqslant 1,\sqrt{x}\leqslant y\leqslant 1\}$,

积分$\int_1^2\mathrm{d}y\int_0^{\sqrt{2y-y^2}}f(x,y)\mathrm{d}x$ 对应的积分区域

$D_2=\{(x,y)\mid 1\leqslant y\leqslant 2,0\leqslant x\leqslant\sqrt{2y-y^2}\}=\{(x,y)\mid 0\leqslant x\leqslant 1,1\leqslant y\leqslant 1+\sqrt{1-x^2}\}$,

从而 $D=D_1\cup D_2=\{x,y\mid 0\leqslant x\leqslant 1,\sqrt{x}\leqslant y\leqslant 1+\sqrt{1-x^2}\}$.于是,交换积分次序,得

$$\int_0^1\mathrm{d}y\int_0^{y^2}f(x,y)\mathrm{d}x+\int_1^2\mathrm{d}y\int_0^{\sqrt{2y-y^2}}f(x,y)\mathrm{d}x=\int_0^1\mathrm{d}x\int_{\sqrt{x}}^{1+\sqrt{1-x^2}}f(x,y)\mathrm{d}y.$$

(15)【答案】$X=\begin{pmatrix}0&2&0\\3&3&0\\5&5&6\end{pmatrix}$.

【解析】 由 $\boldsymbol{XA}+\boldsymbol{E}=\boldsymbol{A}^2-\boldsymbol{X}$ 得 $\boldsymbol{X}(\boldsymbol{A}+\boldsymbol{E})=\boldsymbol{A}^2-\boldsymbol{E}$.

因为 $|\boldsymbol{A}+\boldsymbol{E}|\neq 0$，则 $\boldsymbol{A}+\boldsymbol{E}$ 可逆.

于是 $\boldsymbol{X}=(\boldsymbol{A}^2-\boldsymbol{E})(\boldsymbol{A}+\boldsymbol{E})^{-1}=\boldsymbol{A}-\boldsymbol{E}=\begin{pmatrix}0&2&0\\3&3&0\\5&5&6\end{pmatrix}$.

(16) **【答案】** $E(XY)=4/15$.

【解析】 由 $\int_{-\infty}^{+\infty}\int_{-\infty}^{+\infty}f(x,y)\mathrm{d}x\mathrm{d}y=1$，得 $A=24$；

$E(XY)=\int_0^1\int_0^x 24xy^2(1-x)\mathrm{d}y\mathrm{d}x=\frac{4}{15}$.

三、解答题：17～22 小题，共 70 分．解答应写出文字说明、证明过程或演算步骤．

(17) **【解析】** 设函数 $f(x)=x^3-6x^2+9x$，$f'(x)=3x^2-12x+9=3(x^2-4x+3)=3(x-1)(x-3)$.

函数 $f(x)$ 有两个驻点 $x_1=1$ 与 $x_2=3$. 由 $f''(x)=6x-12$，得 $f''(1)<0$，$f''(3)>0$，因此，$f(1)=4$ 为 $f(x)$ 的极大值，$f(3)=0$ 为 $f(x)$ 的极小值.

又，$f(0)=0$，$\lim\limits_{x\to-\infty}f(x)=-\infty$ 和 $\lim\limits_{x\to+\infty}f(x)=+\infty$，从而 $f(x)$ 的图像如右图所示：不难看出，当 $k>4$ 时 $f(x)=k$ 有唯一正根，故实数 k 的取值范围是 $(4,+\infty)$.

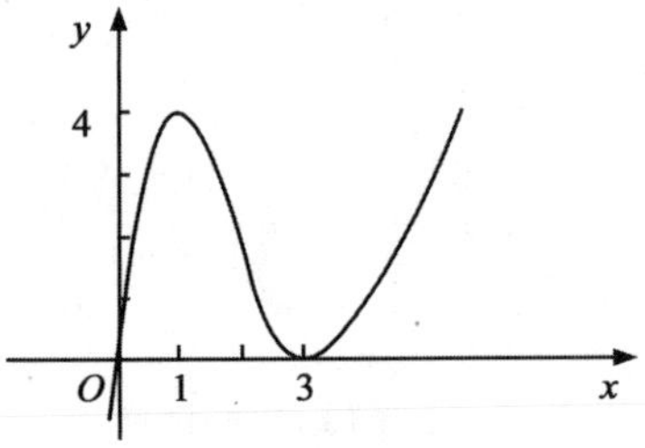

(18) **【解析】** 设切点为 (x_0,y_0)，$y'=-2bx$，切线斜率

$k=-2bx_0=1\Rightarrow x_0=-\frac{1}{2b}$，$y_0=a-\frac{1}{4b}$，

代入切线方程，得 $a-\frac{1}{4b}=-\frac{1}{2b}+1\Rightarrow\frac{1}{b}=4(1-a)$.

又旋转体体积 $V=\int_0^a\pi x^2\mathrm{d}y=\int_0^a\pi\,\frac{a-y}{b}\mathrm{d}y=\int_0^a\pi\,\frac{a-y}{b}\mathrm{d}y=2\pi(a^2-a^3)$，

$V'=2\pi(2a-3a^2)=0$，解得 $a=0$ 或者 $a=\frac{2}{3}$，$V''=2\pi(2-6a)$，

$V''(0)=4\pi>0$，$V''\left(\frac{2}{3}\right)=-4\pi<0$，故 $a=\frac{2}{3}$ 时，体积 V 最大，求得 $b=\frac{3}{4}$，所以

$a=\frac{2}{3}$，$b=\frac{3}{4}$.

(19) **【解析】** (Ⅰ) 由于 $\int_{-a}^a f(x)\mathrm{d}x=\int_{-a}^0 f(x)\mathrm{d}x+\int_0^a f(x)\mathrm{d}x$

对 $\int_{-a}^0 f(x)\mathrm{d}x$ 作变换令 $x=-t$，$\mathrm{d}x=-\mathrm{d}t$.

则 $\int_{-a}^0 f(x)\mathrm{d}x=-\int_a^0 f(-t)\mathrm{d}t=\int_0^a f(-t)\mathrm{d}t$

$\int_{-a}^a f(x)\mathrm{d}x=\int_0^a[f(x)+f(-x)]\mathrm{d}x$

(Ⅱ) 利用 (Ⅰ) 的结果

$\int_{-\frac{\pi}{4}}^{\frac{\pi}{4}}\frac{\cos x}{1+\mathrm{e}^{-x}}\mathrm{d}x=\int_0^{\frac{\pi}{4}}\left[\frac{\cos x}{1+\mathrm{e}^{-x}}+\frac{\cos x}{1+\mathrm{e}^{x}}\right]\mathrm{d}x=\int_0^{\frac{\pi}{4}}\cos x\,\mathrm{d}x=\frac{\sqrt{2}}{2}$.

(20)【解析】将等式 $\Delta y(1+\Delta y)=\dfrac{y\Delta x}{1+x}+\alpha$ 两边除以 Δx，并令 $\Delta x\to 0$，注意到

$$\lim_{\Delta x\to 0}\frac{\Delta y}{\Delta x}=y',\lim_{\Delta x\to 0}(1+\Delta y)=1,\lim_{\Delta x\to 0}\frac{\alpha}{\Delta x}=1.$$

得 $\begin{cases}y'=\dfrac{y}{1+x}+1,\\ y(0)=1.\end{cases}$

这是一阶线性非齐次微分方程的初值问题，其通解

$$y=e^{\int\frac{dx}{1+x}}\left(\int e^{-\int\frac{dx}{1+x}}dx+c\right)=(1+x)[\ln(1+x)+c].$$

由 $y(0)=1$ 得 $c=1$，所以 $y=(1+x)[\ln(1+x)+1]$.

(21)【解析】$(\boldsymbol{\alpha}_1,\boldsymbol{\alpha}_2,\boldsymbol{\alpha}_3,\boldsymbol{\alpha}_4,\boldsymbol{\beta})=\begin{pmatrix}1&1&1&1&1\\0&1&-1&2&1\\2&3&a+2&4&b+3\\3&5&1&a+8&5\end{pmatrix}$

$$\xrightarrow{r}\begin{pmatrix}1&1&1&1&1\\0&1&-1&2&1\\0&0&a+1&0&b\\0&0&0&a+1&0\end{pmatrix}$$

(Ⅰ)$a=-1,b\neq 0$ 时，$\boldsymbol{\beta}$ 不能由 $\boldsymbol{\alpha}_1,\boldsymbol{\alpha}_2,\boldsymbol{\alpha}_3,\boldsymbol{\alpha}_4$ 线性表示；

(Ⅱ)$a\neq -1$，$\boldsymbol{\beta}$ 能由 $\boldsymbol{\alpha}_1,\boldsymbol{\alpha}_2,\boldsymbol{\alpha}_3,\boldsymbol{\alpha}_4$ 线性表示，且表示式唯一；

(Ⅲ)$a=-1,b=0$ 时，$\boldsymbol{\beta}$ 能由 $\boldsymbol{\alpha}_1,\boldsymbol{\alpha}_2,\boldsymbol{\alpha}_3,\boldsymbol{\alpha}_4$ 线性表示，且表示式不唯一.

此时，$(\boldsymbol{\alpha}_1,\boldsymbol{\alpha}_2,\boldsymbol{\alpha}_3,\boldsymbol{\alpha}_4,\boldsymbol{\beta})\xrightarrow{r}\begin{pmatrix}1&1&1&1&1\\0&1&-1&2&1\\0&0&0&0&0\\0&0&0&0&0\end{pmatrix}$

$$\xrightarrow{r}\begin{pmatrix}1&0&2&-1&0\\0&1&-1&2&1\\0&0&0&0&0\\0&0&0&0&0\end{pmatrix}$$

上述矩阵对应的非齐次线性方程组为 $\begin{cases}x_1+2x_3-x_4=0\\x_2-x_3+2x_4=1\end{cases}$

取特解 $\boldsymbol{\eta}^*=\begin{pmatrix}0\\1\\0\\0\end{pmatrix}$，与上述非齐次线性方程组对应的齐次线性方程组为 $\begin{cases}x_1+2x_3-x_4=0\\x_2-x_3+2x_4=0\end{cases}$

该齐次线性方程组的一个基础解系为 $\boldsymbol{\xi}_1=\begin{pmatrix}-2\\1\\1\\0\end{pmatrix}$，$\boldsymbol{\xi}_2=\begin{pmatrix}1\\-2\\0\\1\end{pmatrix}$，

则 $\begin{pmatrix} x_1 \\ x_2 \\ x_3 \\ x_4 \end{pmatrix} = k_1 \begin{pmatrix} -2 \\ 1 \\ 1 \\ 0 \end{pmatrix} + k_2 \begin{pmatrix} 1 \\ -2 \\ 0 \\ 1 \end{pmatrix} + \begin{pmatrix} 0 \\ 1 \\ 0 \\ 0 \end{pmatrix} = \begin{pmatrix} -2k_1+k_2 \\ k_1-2k_2+1 \\ k_1 \\ k_2 \end{pmatrix}$

故 $\boldsymbol{\beta}=(-2k_1+k_2)\boldsymbol{\alpha}_1+(k_1-2k_2+1)\boldsymbol{\alpha}_2+k_1\boldsymbol{\alpha}_3+k_2\boldsymbol{\alpha}_4(k_1,k_2\in\mathbf{R})$.

(22)**【解析】**(1)$X_1,X_2,\cdots,X_n$ 来自总体 X，相互独立同分布的样本.设总体 X 的分布函数为

$$F_X(x)=\begin{cases}1-\mathrm{e}^{-\lambda x}, & x\geqslant 0\\ 0, & x<0\end{cases}$$

随机变量 $M=\min\{X_1,X_2,\cdots,X_n\}$ 的分布函数：

$$\begin{aligned}F_M(x)&=P\{\min\{X_1,X_2,\cdots,X_n\}\leqslant x\}=1-P\{\min\{X_1,X_2,\cdots X_n\}>x\}\\&=1-P\{X_1>x,X_2>x,\cdots,X_n>x\}\\&=1-P\{X_1>x\}P\{X_2>x\}\cdots P\{X_n>x\}\\&=1-(1-P\{X_1\leqslant x\}(1-P\{X_2\leqslant x\}\cdots(1-P\{X_n\leqslant x\})\\&=1-(1-F_X(x))^n=\begin{cases}1-\mathrm{e}^{-\lambda nx}, & x\geqslant 0\\ 0, & x<0\end{cases}\end{aligned}$$

故随机变量 $M=\min\{X_1,X_2,\cdots,X_n\}$ 的概率密度函数：

$$f_M(x)=\frac{\mathrm{d}F_M(x)}{\mathrm{d}x}=\begin{cases}n\lambda\mathrm{e}^{-\lambda nx}, & x\geqslant 0\\ 0, & x<0\end{cases}$$

数学期望：$E(M)=\int_{-\infty}^{+\infty}xf_M(x)\mathrm{d}x=\int_0^{+\infty}xn\lambda\mathrm{e}^{-n\lambda x}\mathrm{d}x=\dfrac{1}{n\lambda}$.

模拟试题十四参考答案及解析

一、选择题:1～10 小题,每小题 5 分,共 50 分.下列每题给出的四个选项中,只有一个选项是符合题目要求的.请将所选项前的字母填在括号内.

(1)【答案】(D).

【解析】因为 $\lim\limits_{x\to 0^-} f(x)=-1$, $\lim\limits_{x\to 0^+} f(x)=1$,所以$\lim\limits_{x\to 0} f(x)$不存在.故选(D).

(2)【答案】(B).

【解析】因为$\lim\limits_{x\to 1}\ln x=0$, $\lim\limits_{x\to 0^+}\ln\dfrac{1}{x}=+\infty$, $\lim\limits_{x\to 0}\cos x=1$, $\lim\limits_{x\to 2}\dfrac{x-2}{x^2-4}=\dfrac{1}{4}$.故选(B).

(3)【答案】(B).

【解析】因为原方程可变形为 $2x\mathrm{d}x+2y\mathrm{d}y-y\mathrm{d}x-x\mathrm{d}y=0$, 即 $\mathrm{d}x^2+\mathrm{d}y^2-\mathrm{d}(xy)=0$, 可得原方程通解为 $x^2-xy+y^2=C$,其中 C 为任意常数.故选(B).

(4)【答案】(A).

【解析】因为 $\int_{-1}^{1}\sin x\,\mathrm{d}x=-\cos x\Big|_{-1}^{1}=0$, $\int_{-1}^{1}\cos x\,\mathrm{d}x=2\int_{0}^{1}\cos x\,\mathrm{d}x=2\sin x\Big|_{0}^{1}=2\sin 1$,

$\int_{-1}^{1}x\mathrm{e}^x\,\mathrm{d}x=x\mathrm{e}^x\Big|_{-1}^{1}-\int_{-1}^{1}\mathrm{e}^x\,\mathrm{d}x=2\mathrm{e}^{-1}$, $\int_{-1}^{1}\mathrm{e}^{-2x}\,\mathrm{d}x=-\dfrac{1}{2}\mathrm{e}^{-2x}\Big|_{-1}^{1}=\dfrac{(\mathrm{e}^2-\mathrm{e}^{-2})}{2}$.故选(A).

(5)【答案】(D).

【解析】因为 $\boldsymbol{A}$、$\boldsymbol{B}$ 为同阶可逆矩阵,所以 $\boldsymbol{A}$、$\boldsymbol{B}$ 的标准形矩阵相同,所以存在可逆矩阵 $\boldsymbol{P}$、$\boldsymbol{Q}$,使 $\boldsymbol{PAQ}=\boldsymbol{B}$.故选(D).

(6)【答案】(B).

【解析】$(a_{11}A_{11}+a_{12}A_{12}+a_{13}A_{13})^2+(a_{21}A_{11}+a_{22}A_{12}+a_{23}A_{13})^2+(a_{31}A_{11}+a_{32}A_{12}+a_{33}A_{13})^2$

$=|\boldsymbol{A}|^2+0+0=9$,故选(B).

(7)【答案】(C).

【解析】由 $\boldsymbol{P}$ 为 3 阶非零矩阵,$\boldsymbol{PQ}=\boldsymbol{O}$ 知 $R(\boldsymbol{P})\geqslant 1$,$R(\boldsymbol{P})+R(\boldsymbol{Q})\leqslant 3$.当 $t=6$ 时,$R(\boldsymbol{Q})=1$, $1\leqslant R(\boldsymbol{P})\leqslant 2$;当 $t\neq 6$ 时,$R(\boldsymbol{Q})=2$,$R(\boldsymbol{P})=1$.

(8)【答案】(D).

【解析】$P(A)=P\{0<X<1\}=\dfrac{1}{2}$, $P(B)=P\left\{|X|<\dfrac{1}{4}\right\}=\dfrac{1}{4}$,

$P(AB)=P\left\{0<X<1,|X|<\dfrac{1}{4}\right\}=P\left\{0<X<\dfrac{1}{4}\right\}=\dfrac{1}{8}$

$\Rightarrow P(AB)=P(A)P(B)$,所以选(D).

(9)【答案】(C).

【解析】由题知 $E(X)=\mu$, $D(X)=\sigma^2\Rightarrow E(X^2)=\mu^2+\sigma^2$,则有

$E(T)=E\left[\dfrac{1}{n}\sum\limits_{i=1}^{n}E(X_i^2)\right]=\dfrac{1}{n}\sum\limits_{i=1}^{n}E(X_i^2)=E(X^2)=\mu^2+\sigma^2$,所以选(C).

(10)【答案】(B).

【解析】 $E(X-Y)=EX-EY=3-\frac{6}{2}=0$,

$$\begin{aligned}D(X-Y)&=DX+DY-2\mathrm{Cov}(X,Y)\\&=DX+DY-2\rho_{XY}\sqrt{DX}\sqrt{DY}\\&=9+\frac{6^2}{12}-2\times\frac{1}{\sqrt{3}}\times\sqrt{9}\sqrt{\frac{6^2}{12}}=6\end{aligned}$$

$$\begin{aligned}P(-4\leqslant X-Y\leqslant 4)&\geqslant P(|X-Y|\leqslant 4)\\&=P(|X-Y-E(X-Y)|\leqslant 4)\\&\geqslant 1-\frac{D(X-Y)}{4^2}=1-\frac{6}{16}=\frac{5}{8}.\end{aligned}$$

二、填空题:11～16小题,每小题5分,共30分.请将答案写在题目中的横线上.

(11)【答案】$y=1$.

【解析】因为 $y'=\mathrm{e}^x-1$, $y'\Big|_{x=0}=0$,所求曲线在点$(0,1)$处的切线方程是 $y=1$.

(12)【答案】$\frac{\partial u}{\partial x}=(1+y+yz)f'$.

【解析】由复合函数求导公式得$\frac{\partial u}{\partial x}=(1+y+yz)f'$.

(13)【答案】$\frac{\mathrm{d}y}{\mathrm{d}x}=-\frac{\mathrm{e}^x-y^2}{\cos y-2xy}$.

【解析】记 $F(x,y)=\sin y+\mathrm{e}^x-xy^2$,则 $F'_x=\mathrm{e}^x-y^2$,

$F'_y=\cos y-2xy$, $\frac{\mathrm{d}y}{\mathrm{d}x}=-\frac{F'_x}{F'_y}=-\frac{\mathrm{e}^x-y^2}{\cos y-2xy}$.

(14)【答案】$\int \mathrm{e}^x\cos x\,\mathrm{d}x=\frac{1}{2}\mathrm{e}^x(\sin x+\cos x)+C$,其中 C 为任意常数.

【解析】因为

$$\begin{aligned}\int \mathrm{e}^x\cos x\,\mathrm{d}x&=\int\cos x\,\mathrm{d}\mathrm{e}^x=\mathrm{e}^x\cos x+\int \mathrm{e}^x\sin x\,\mathrm{d}x\\&=\mathrm{e}^x\cos x+\int\sin x\,\mathrm{d}\mathrm{e}^x\\&=\mathrm{e}^x\cos x+\mathrm{e}^x\sin x-\int \mathrm{e}^x\cos x\,\mathrm{d}x\end{aligned}$$

所以$\int \mathrm{e}^x\cos x\,\mathrm{d}x=\frac{1}{2}\mathrm{e}^x(\sin x+\cos x)+C$,其中 C 为任意常数.

(15)【答案】1.

【解析】因为 $\boldsymbol{B}$ 为3阶非零矩阵,所以 $R(\boldsymbol{B})\geqslant 1$,又 $\boldsymbol{AB}=\boldsymbol{0}$,所以 $\boldsymbol{B}$ 的列向量均为 $\boldsymbol{Ax}=\boldsymbol{0}$ 的解且 $R(\boldsymbol{A})=2$,推出 $R(\boldsymbol{B})\leqslant 3-R(\boldsymbol{A})=1$,因此 $R(\boldsymbol{B})=1$.

(16)【答案】$\frac{4}{27}$.

【解析】由题知 $P\{X\leqslant 2\}=P\{X=1\}+P\{X=2\}=\theta+\theta(1-\theta)=2\theta-\theta^2=\frac{5}{9}$

$\Rightarrow 9\theta^2-18\theta+5=0\Rightarrow\theta=\frac{1}{3}$,所以 $P\{X=3\}=\frac{1}{3}\left(1-\frac{1}{3}\right)^2=\frac{4}{27}$.

三、解答题:17～22 小题,共 70 分.请将解答写在指定位置上,解答应写出文字说明、证明过程或演算步骤.

(17)【解析】$\int_0^2 f(x-1)\mathrm{d}x=\int_{-1}^1 f(x)\mathrm{d}x=\int_{-1}^0 f(x)\mathrm{d}x+\int_0^1 f(x)\mathrm{d}x$

$$=\int_{-1}^0 \frac{\mathrm{d}x}{1+\mathrm{e}^x}+\int_0^1 \frac{\mathrm{d}x}{1+x}$$

$$=\int_{-1}^0\left(1-\frac{\mathrm{e}^x}{1+\mathrm{e}^x}\right)\mathrm{d}x+\ln(1+x)\Big|_0^1$$

$$=1-\ln(1+\mathrm{e}^x)\Big|_{-1}^0+\ln 2$$

$$=1+\ln(1+\mathrm{e}^{-1})=\ln(1+\mathrm{e}).$$

(18)【解析】对 $x^2+y^3-xy=0$ 两边求导得 $2x+3y^2y'-(y+xy')=0$,$y'=\dfrac{y-2x}{3y^2-x}$,令 $y'=0$

得 $y=2x$,代入原方程解得 $x=\dfrac{1}{8}$,$y=\dfrac{1}{4}$.

$$y''\Big|_{x=\frac{1}{8},y=\frac{1}{4},y'=0}=\frac{(y'-2)(3y^2-x)-(y-2x)(6yy'-1)}{(3y^2-x)^2}\Bigg|_{x=\frac{1}{8},y=\frac{1}{4},y'=0}=-32<0.$$

故当 $x=\dfrac{1}{8}$时,y 取极大值$\dfrac{1}{4}$.

(19)【解析】由$\dfrac{\mathrm{d}y}{\mathrm{d}x}+2xy=0$,分离变量得 $Y=C\mathrm{e}^{-x^2}$,

设 $y(x)=u(x)\mathrm{e}^{-x^2}$ 代入原方程得,$u'(x)=2x$,两边积分得,

$u(x)=x^2+C$.于是,所求通解为

$y(x)=(x^2+C)\mathrm{e}^{-x^2}$,其中 C 为任意常数.

(20)【解析】原式$=\int_{-2}^4 x\,\mathrm{d}x\int_{\frac{1}{2}x^2}^{x+4}\mathrm{d}y=\int_{-2}^4\left(x^2+4x-\dfrac{1}{2}x^3\right)\mathrm{d}x=18.$

(21)【解析】令 $\boldsymbol{P}=\begin{pmatrix}0&1\\1&1\end{pmatrix}$,则有 $\boldsymbol{AP}=\boldsymbol{P}\begin{pmatrix}1&0\\0&2\end{pmatrix}$

所以 $\boldsymbol{A}=\boldsymbol{P}\begin{pmatrix}1&0\\0&2\end{pmatrix}\boldsymbol{P}^{-1}=\begin{pmatrix}0&1\\1&1\end{pmatrix}\begin{pmatrix}1&0\\0&2\end{pmatrix}\begin{pmatrix}-1&1\\1&0\end{pmatrix}=\begin{pmatrix}2&0\\1&1\end{pmatrix}$,

$$\boldsymbol{A}^n=\boldsymbol{P}\begin{pmatrix}1&0\\0&2\end{pmatrix}^n\boldsymbol{P}^{-1}$$

$$\boldsymbol{A}^{2\,014}=\boldsymbol{P}\begin{pmatrix}1&0\\0&2\end{pmatrix}^{2\,014}\boldsymbol{P}^{-1}=\begin{pmatrix}2^{2\,014}&0\\2^{2\,014}-1&1\end{pmatrix}.$$

(22)【解析】由于本题是有放回地取球,所以基本事件总数为 36.

(Ⅰ)$P(X=1|Z=0)=\dfrac{P(X=1,Z=0)}{P(Z=0)}=\dfrac{\frac{2C_2^1}{36}}{\frac{C_3^2C_3^1}{36}}=\dfrac{4}{9}$;

(Ⅱ)X,Y 的可能的取值为 0,1,2,且

$$P(X=0,Y=0)=\frac{C_3^1C_3^1}{36}=\frac{9}{36},P(X=0,Y=1)=\frac{2C_2^1C_3^1}{36}=\frac{12}{36},$$

$$P(X=0,Y=2)=\frac{C_2^1C_2^1}{36}=\frac{4}{36},P(X=1,Y=0)=\frac{2C_1^1C_3^1}{36}=\frac{6}{36},$$

$$P(X=1,Y=1)=\frac{2C_1^1C_2^1}{36}=\frac{4}{36},P(X=1,Y=2)=0,$$

$$P(X=2,Y=0)=\frac{C_1^1C_1^1}{36}=\frac{1}{36},P(X=2,Y=1)=0,P(X=2,Y=2)=0.$$

模拟试题十五参考答案及解析

一、选择题:1～10 小题,每小题 5 分,共 50 分. 下列每题给出的四个选项中,只有一个选项是符合题目要求的. 请将所选项前的字母填在括号内.

(1)**【答案】**(B).

【解析】 $\lim\limits_{x\to 1^-} y=0$,$\lim\limits_{x\to 1^+} y=1$. 所以 $x=1$ 是第一类跳跃间断点,选(B).

(2)**【答案】**(C).

【解析】用排除法. 设 $f(x)=\dfrac{1}{x}$,则 $f(x)$及 $f'(x)=-\dfrac{1}{x^2}$均在(0,1)内连续,但 $f(x)$在(0,1)内无界,排除(A)、(B);又 $f(x)=\sqrt{x}$在(0,1)内有界,但 $f'(x)=\dfrac{1}{2\sqrt{x}}$在(0,1)内无界,排除(D). 应选(C). 也可用拉格朗日公式推出选(C).

(3)**【答案】**(A).

【解析】设 $f(x)$ 是奇函数,则 $\varphi(x)=\int_0^x f(x)\mathrm{d}x$ 为偶函数,

且 $F(x)=\varphi(x)+C$,其中 C 为常数. 又 C 为偶函数,所以 $F(x)$为偶函数. 故选(A).

(4)**【答案】**$\pi\ln 2$.

【解析】因为 $\iint\limits_D \dfrac{x^2y}{1+x^2+y^2}\mathrm{d}x\,\mathrm{d}y=0$,所以

$$I=\iint\limits_D \frac{2}{1+x^2+y^2}\mathrm{d}x\,\mathrm{d}y=2\int_{-\frac{\pi}{2}}^{\frac{\pi}{2}}\mathrm{d}\theta\int_0^1\frac{r}{1+r^2}\mathrm{d}r=\pi\ln(1+r^2)\Big|_0^1=\pi\ln 2.$$

(5)**【答案】**(C).

【解析】由于$|(\boldsymbol{\alpha}_1,\boldsymbol{\alpha}_3,\boldsymbol{\alpha}_4)|=\begin{vmatrix}0&1&-1\\0&-1&1\\c_1&c_3&c_4\end{vmatrix}=c_1\begin{vmatrix}1&-1\\-1&1\end{vmatrix}=0$,可知 $\boldsymbol{\alpha}_1,\boldsymbol{\alpha}_3,\boldsymbol{\alpha}_4$ 线性相关. 故选(C).

(6)**【答案】**(B).

【解析】将矩阵 $\boldsymbol{N}$ 写成用 $\boldsymbol{M}$ 右乘另一矩阵的形式,再用方阵相乘的行列式性质进行计算即可.

由题设,

$$\boldsymbol{N}=(\boldsymbol{\alpha}_1+\boldsymbol{\alpha}_2+2\boldsymbol{\alpha}_3,\boldsymbol{\alpha}_1+2\boldsymbol{\alpha}_2+3\boldsymbol{\alpha}_3,\boldsymbol{\alpha}_1+3\boldsymbol{\alpha}_2+5\boldsymbol{\alpha}_3)$$

$$=(\boldsymbol{\alpha}_1,\boldsymbol{\alpha}_2,\boldsymbol{\alpha}_3)\begin{bmatrix}1&1&1\\1&2&3\\2&3&5\end{bmatrix},$$

于是有 $|\boldsymbol{N}|=|\boldsymbol{M}|\cdot\begin{vmatrix}1&1&1\\1&2&3\\2&3&5\end{vmatrix}=1.$

(7)【答案】(B).

【解析】二次型的表示矩阵为$\begin{pmatrix}1&1&2\\1&a&1\\2&1&6\end{pmatrix}$. 由于该二次型为正定二次型，于是

$\boldsymbol{\Delta}_1=|1|>0$，$\boldsymbol{\Delta}_2=\begin{vmatrix}1&1\\1&a\end{vmatrix}=a-1>0$，$\boldsymbol{\Delta}_3=\begin{vmatrix}1&1&2\\1&a&1\\2&1&6\end{vmatrix}>0$，解得：$a>\dfrac{3}{2}$.

(8)【答案】(C).

【解析】

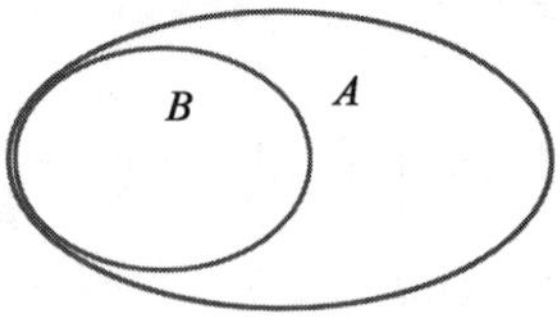

根据图例 A、B 关系很容易得到答案(C)是不对的.

(9)【答案】(B).

【解析】$E(X)=1$；$D(X)=\dfrac{1}{3}$，$\dfrac{D(X)}{[E(X)]^2}=\dfrac{1}{3}$.

(10)【答案】(D).

【解析】由基本定理和随机变量的独立性知：选项 A、B、C 都是正确的，故选(D).

二、填空题：11～16 小题，每小题 5 分，共 30 分. 请将答案写在题目中的横线上.

(11)【答案】$k=-3$.

【解析】利用等价无穷小的代换

$$\lim_{x\to 0}\frac{\ln(1+3x^2)}{x(1-e^{kx})}=\lim_{x\to 0}\frac{3x^2}{x(-kx)}=\frac{3}{-k}\text{，又}\frac{3}{-k}=1\text{，得 }k=-3.$$

(12)【答案】$e(1-e)$.

【解析】在方程两边对 x 求导，得

$$\cos(xy)(y+xy')-\frac{1}{x+1}+\frac{y'}{y}=0$$

将 $x=0$ 代入方程，得 $y=e$，从而 $e-1+\dfrac{y'}{e}=0$，$\left.\dfrac{dy}{dx}\right|_{x=0}=e(1-e)$.

(13)【答案】$(-1)^{n-1}(n-1)!\left(x+\dfrac{a}{b}\right)^{-n}+(n-1)!\left(\dfrac{a}{b}-x\right)^{-n}$.

【解析】$y=\ln\left(\dfrac{a+bx}{a-bx}\right)=\ln\left(x+\dfrac{a}{b}\right)-\ln\left(\dfrac{a}{b}-x\right)$，

$$y^{(n)}=(-1)^{n-1}(n-1)!\left(x+\frac{a}{b}\right)^{-n}+(n-1)!\left(\frac{a}{b}-x\right)^{-n}.$$

(14)【答案】$-\dfrac{1}{2}(x\ln x)^{-2}+C$.

【解析】原式 $=\int\frac{(x\ln x)'}{(x\ln x)^3}dx=\int\frac{1}{(x\ln x)^3}d(x\ln x)=-\frac{1}{2}(x\ln x)^{-2}+C$.

(15)【答案】$\frac{1}{3}(\boldsymbol{A}-\boldsymbol{E})$.

【解析】由 $(\boldsymbol{A}+2\boldsymbol{E})(\boldsymbol{A}-\boldsymbol{E})=\boldsymbol{A}^2+\boldsymbol{A}-2\boldsymbol{E}=3\boldsymbol{E}$，得

$(\boldsymbol{A}+2\boldsymbol{E})\cdot\frac{1}{3}(\boldsymbol{A}-\boldsymbol{E})=\boldsymbol{E}$，因此

$(\boldsymbol{A}+2\boldsymbol{E})^{-1}=\frac{1}{3}(\boldsymbol{A}-\boldsymbol{E})$

(16)【答案】$\frac{4}{27}$.

【解析】$P\{X\leqslant 2\}=P\{X=1\}+P\{X=2\}=\theta(1-\theta)^0+\theta(1-\theta)^1=\frac{5}{9}$，

即 $\theta^2-2\theta+\frac{5}{9}=0$，解得 $\theta=\frac{1}{3}$.

$P\{X=3\}=\theta(1-\theta)^2=\frac{4}{27}$.

三、解答题：17～22 小题，共 70 分．解答应写出文字说明、证明过程或演算步骤．

(17)【解析】$F'(0)=\lim\limits_{x\to 0}\frac{F(x)-F(0)}{x}=\lim\limits_{x\to 0}\frac{\frac{\int_0^x f(t)dt}{x}-0}{x}=\lim\limits_{x\to 0}\frac{\int_0^x f(t)dt}{x^2}$

$=\lim\limits_{x\to 0}\frac{f(x)}{2x}=\frac{1}{2}\lim\limits_{x\to 0}\frac{f(x)-f(0)}{x}=\frac{1}{2}f'(0)$.

故 $F'(0)=\frac{1}{2}f'(0)$.

(18)【解析】(Ⅰ)$\frac{dx}{dt}=2t$，$\frac{dy}{dt}=4-2t$，$\frac{dy}{dx}=\frac{4-2t}{2t}=\frac{2}{t}-1$，

$$\frac{d^2y}{dx^2}=\frac{d\left(\frac{dy}{dx}\right)}{dt}\cdot\frac{1}{\frac{dx}{dt}}=\left(-\frac{2}{t^2}\right)\cdot\frac{1}{2t}=-\frac{1}{t^3}<0\quad(t>0),$$

所以当 $t>0$ 时曲线 L 是凸的.

(Ⅱ)切线方程为 $y-0=\left(\frac{2}{t}-1\right)(x+1)$，设 $x_0=t_0^2+1$，$y_0=4t_0-t_0^2$，

则 $4t_0-t_0^2=\left(\frac{2}{t_0}-1\right)(t_0^2+2)$，$4t_0^2-t_0^3=(2-t_0)(t_0^2+2)$，

得 $t_0^2+t_0-2=0$，$(t_0-1)(t_0+2)=0$

因为 $t_0>0$，所以 $t_0=1$，点为$(2,3)$，切线方程为 $y=x+1$.

(19)【解析】

$\frac{\partial z}{\partial x}=f\left(\frac{y}{x}\right)-\frac{y}{x}f'\left(\frac{y}{x}\right)+2f'\left(\frac{x}{y}\right)$，　$\frac{\partial^2 z}{\partial x\partial y}=-\frac{y}{x^2}f''\left(\frac{y}{x}\right)-\frac{2x}{y^2}f''\left(\frac{x}{y}\right)$

$$\left.\frac{\partial^2 z}{\partial x\partial y}\right|_{x=1}=-yf''(y)-\frac{2}{y^2}f''\left(\frac{1}{y}\right)=-y^2,$$

即　$y^3f''(y)+2f''\left(\frac{1}{y}\right)=y^4$　　(1)

用$\frac{1}{y}$替换 y 得　$f''\left(\frac{1}{y}\right)+2y^3f''(y)=\frac{1}{y}$　　(2)

由式(1)、式(2)得　$f''(y)=\frac{2}{3y^4}-\frac{y}{3}$，所以 $f(y)=\frac{1}{9y^2}-\frac{y^3}{18}+C_1y+C_2$.

(20)【解析】设从点 P 所作的三条垂线长分别为 x,y,z，$F(x,y,z,\lambda)=xyz+\lambda(ax+by+cz-2S)$，

$$令\begin{cases}F_x=yz+\lambda a=0\\F_y=xz+\lambda b=0\\F_z=xy+\lambda c=0\\ax+by+cz=2S\end{cases},$$

解得　$x=\frac{2S}{3a},y=\frac{2S}{3b},z=\frac{2S}{3c}$，内部驻点唯一，由问题的实际意义，$F$ 确有最大值，a,b,c 边的距离分别为 $x=\frac{2S}{3a},y=\frac{2S}{3b},z=\frac{2S}{3c}$时，三条垂线长的乘积为最大.

(21)【解析】(Ⅰ)解方程 $A\xi_2=\xi_1$

$$(\boldsymbol{A},\boldsymbol{\xi}_1)=\begin{pmatrix}1&-1&-1&-1\\-1&1&1&1\\0&-4&-2&-2\end{pmatrix}\to\begin{pmatrix}1&-1&-1&-1\\0&0&0&0\\0&2&1&1\end{pmatrix}\to\begin{pmatrix}1&-1&-1&-1\\0&2&1&1\\0&0&0&0\end{pmatrix}$$

取自由未知量 $\boldsymbol{x}_3=2$，由 $\boldsymbol{Ax}=\boldsymbol{0}$ 解得，$x_2=-1,x_1=1$

再求 $\boldsymbol{Ax}=\boldsymbol{\xi}_1$ 的特解，令 $x_1=x_2=0$，得 $x_3=1$

故 $\boldsymbol{\xi}_2=k_1\begin{pmatrix}1\\-1\\2\end{pmatrix}+\begin{pmatrix}0\\0\\1\end{pmatrix}$，其中 k_1 为任意常数

解方程 $\boldsymbol{A}^2\boldsymbol{\xi}_3=\boldsymbol{\xi}_1$

$$\boldsymbol{A}^2=\begin{pmatrix}2&2&0\\-2&-2&0\\4&4&0\end{pmatrix}$$

$$(\boldsymbol{A}^2,\boldsymbol{\xi}_1)=\begin{pmatrix}2&2&0&-1\\-2&-2&0&1\\4&4&0&-2\end{pmatrix}\to\begin{bmatrix}1&1&0&-\frac{1}{2}\\0&0&0&0\\0&0&0&0\end{bmatrix}$$

取自由未知量 $x_2=1,x_3=0$，由 $\boldsymbol{A}^2\boldsymbol{x}=\boldsymbol{0}$ 得 $x_1=-1$

令 $x_2=0,x_3=1$，由 $\boldsymbol{A}^2\boldsymbol{x}=\boldsymbol{0}$ 得 $x_1=0$

又可求得 $\boldsymbol{A}^2\boldsymbol{x}=\boldsymbol{\xi}_1$ 的特解为：$\begin{bmatrix}-\frac{1}{2}\\0\\0\end{bmatrix}$

故 $\boldsymbol{\xi}_3=k_2\begin{pmatrix}-1\\1\\0\end{pmatrix}+k_3\begin{pmatrix}0\\0\\1\end{pmatrix}+\begin{pmatrix}-\frac{1}{2}\\0\\0\end{pmatrix}$,其中 k_2,k_3 为任意常数

(Ⅱ)证明:由于

$$\begin{vmatrix}-1 & k_1 & -k_2-\frac{1}{2}\\ 1 & -k_1 & k_2\\ -2 & 2k_1+1 & k_3\end{vmatrix}=-\frac{1}{2}\neq 0$$

因此 $\boldsymbol{\xi}_1,\boldsymbol{\xi}_2,\boldsymbol{\xi}_3$ 线性无关.

(22)**【解析】**(Ⅰ)由密度函数的性质 $\int_{-\infty}^{+\infty}f(x)\mathrm{d}x=1$,得

$$1=\int_0^2 ax\,\mathrm{d}x+\int_2^4(cx+b)\mathrm{d}x=2a+6c+2b;$$

又 $E(X)=2=\int_0^2 ax^2\mathrm{d}x+\int_2^4(cx+b)x\,\mathrm{d}x=\frac{8}{3}a+\frac{56}{3}c+6b;$

再由 $P(1<X<3)=\frac{3}{4}=\int_1^2 ax\,\mathrm{d}x+\int_2^3(cx+b)\mathrm{d}x=\frac{3}{2}a+\frac{5}{2}c+b$

联立上面三式,可以得到 $a=\frac{1}{4},b=1,c=-\frac{1}{4}$.

(Ⅱ) $E(Y)=E(\mathrm{e}^X)=\int_0^2\frac{1}{4}x\,\mathrm{e}^x\,\mathrm{d}x+\int_2^4\left(-\frac{1}{4}x+1\right)\mathrm{e}^x\,\mathrm{d}x=\frac{1}{4}(\mathrm{e}^2-1)^2$

$E(Y^2)=E(\mathrm{e}^{2X})=\int_0^2\frac{1}{4}x\,\mathrm{e}^{2x}\,\mathrm{d}x+\int_2^4\left(-\frac{1}{4}x+1\right)\mathrm{e}^{2x}\,\mathrm{d}x=\frac{1}{16}(\mathrm{e}^4-1)^2$

故 $D(Y)=E(Y^2)-[E(Y)]^2E(\mathrm{e}^X)=\frac{1}{16}(\mathrm{e}^4-1)^2-\frac{1}{16}(\mathrm{e}^2-1)^4=\frac{1}{4}\mathrm{e}^2(\mathrm{e}^2-1)^2$.

模拟试题十六参考答案及解析

一、选择题:1～10 小题,每小题 5 分,共 50 分.下列每题给出的四个选项中,只有一个选项是符合题目要求的.请将所选项前的字母填在括号内.

(1)【答案】(C)

【解析】因为$\lim\limits_{x\to\frac{\pi}{2}}\tan x=\infty$且函数 $y=\tan x$ 在 $x=\frac{\pi}{2}$处无定义,所以 $x=\frac{\pi}{2}$为 $y=\tan x$ 的第二类间断点(无穷间断点). 故选(C).

(2)【答案】(B)

【解析】$\int_{-1}^{1}(x+\sqrt{4-x^2})^2\mathrm{d}x=\int_{-1}^{1}(4+2x\sqrt{4-x^2})\,\mathrm{d}x=4\int_{-1}^{1}\mathrm{d}x+0=8$. 故选(B).

(3)【答案】(C)

【解析】原极限$\lim\limits_{x\to 0}\frac{|x|}{x}$,故选(C).

(4)【答案】(D)

【解析】原式$=\int\cos\frac{1}{x}(-1)\mathrm{d}\left(\frac{1}{x}\right)=-\sin\frac{1}{x}+C$. 故选(D).

(5)【答案】(D)

【解析】由 $a_{ij}+A_{ij}=0(i,j=1,2,3)$得,$A_{ij}=-a_{ij}$,则$|\boldsymbol{A}^*|=(-1)^3|\boldsymbol{A}|=-|\boldsymbol{A}|$.
而$|\boldsymbol{A}^*|=|\boldsymbol{A}|^2$,于是$-|\boldsymbol{A}|=|\boldsymbol{A}|^2$,故等$|\boldsymbol{A}|$于 0 或$-1$.
因此,选(D).

(6)【答案】(A)

【解析】由于 $\boldsymbol{AB}$ 的列可以由 $\boldsymbol{A}$ 的列线性表示,则$(\boldsymbol{A},\boldsymbol{AB})\overset{c}{\sim}(\boldsymbol{A},\boldsymbol{0})$,故 $R(\boldsymbol{A},\boldsymbol{AB})=R(\boldsymbol{A})$.
因此,选(A).

(7)【答案】(A).

【解析】由矩阵相似的定义知,存在一个可逆矩阵 $\boldsymbol{P}$,使得:

$$\begin{pmatrix}1&a&1\\a&b&a\\1&a&1\end{pmatrix}=\boldsymbol{P}^{-1}\begin{pmatrix}2&0&0\\0&b&0\\0&0&0\end{pmatrix}\boldsymbol{P},$$

相似的矩阵具有相同的特征值,因此$\begin{pmatrix}1&a&1\\a&b&a\\1&a&1\end{pmatrix}$的特征值为 $2,b,0$,由特征值的定义得,

$\begin{pmatrix}1&a&1\\a&b&a\\1&a&1\end{pmatrix}-\lambda\boldsymbol{E}$ 的行列式为 0,于是

$$\begin{vmatrix} -1 & a & 1 \\ a & b-2 & a \\ 1 & a & -1 \end{vmatrix}=0,\quad \begin{vmatrix} 1-b & a & 1 \\ a & 0 & a \\ 1 & a & 1-b \end{vmatrix}=0,\quad \begin{vmatrix} 1 & a & 1 \\ a & b & a \\ 1 & a & 1 \end{vmatrix}=0,$$

解得:$a=0$,b 为任意常数.

(8)【答案】(B)

【解析】$\int_{-\infty}^{+\infty} f(x)\mathrm{d}x=1$,$c\int_{-\infty}^{+\infty} \mathrm{e}^{-x^2}\mathrm{d}x=1$,$c=\frac{1}{\sqrt{\pi}}$.

(9)【答案】(A)

【解析】$\rho_{XY}=\rho=0$,二维正态分布 X,Y 不相关,X,Y 一定独立.

(10)【答案】(B).

【解析】随机变量的概率密度函数是非负函数,因此排除(A)和(C);且由 $\int_{-\infty}^{+\infty} f(x)\mathrm{d}x=1$,知选项是(B).

二、填空题:11~17 小题,每小题 5 分,共 30 分.请将答案写在题目中的横线上.

(11)【答案】$\frac{1}{2}$.

【解析】$\lim\limits_{n\to\infty}\left(\frac{1}{n^2}+\frac{2}{n^2}+\cdots+\frac{n}{n^2}\right)=\lim\limits_{n\to\infty}\frac{1}{2}\left(1+\frac{1}{n}\right)=\frac{1}{2}$.

(12)【答案】$\frac{\mathrm{d}z}{\mathrm{d}x}=2f_1'+(x+1)\mathrm{e}^x f_2'+2x\cos x^2 f_3'$.

【解析】由多元复合函数求导法则得,

$$\begin{aligned}\frac{\mathrm{d}z}{\mathrm{d}x}&=f_1'(2x)'+f_2'(x\mathrm{e}^x)'+f_3'(\sin x^2)'\\&=2f_1'+(x+1)\mathrm{e}^x f_2'+2x\cos x^2 f_3'.\end{aligned}$$

(13)【答案】$\frac{\mathrm{d}^2y}{\mathrm{d}x^2}=2$.

【解析】$\frac{\mathrm{d}y}{\mathrm{d}x}=2\sqrt{1+t^2}$,

$$\frac{\mathrm{d}^2y}{\mathrm{d}x^2}=\frac{\mathrm{d}}{\mathrm{d}x}\left(\frac{\mathrm{d}y}{\mathrm{d}x}\right)=\frac{\mathrm{d}}{\mathrm{d}t}\left(\frac{\mathrm{d}y}{\mathrm{d}x}\right)\frac{1}{\mathrm{d}x}=2\cdot\frac{1}{2}\frac{2t}{\sqrt{1+t^2}}\cdot\frac{\sqrt{1+t^2}}{t}=2.$$

(14)【答案】$\frac{\pi}{2}$.

【解析】$\int_0^1\frac{1}{\sqrt{1-x^2}}\mathrm{d}x=\lim\limits_{\varepsilon\to0^+}\int_0^{1-\varepsilon}\frac{1}{\sqrt{1-x^2}}\mathrm{d}x=\lim\limits_{\varepsilon\to0^+}\arcsin(1-\varepsilon)=\frac{\pi}{2}$.

(15)【答案】$a=0$.

【解析】二次型的秩为二次型矩阵的秩,二次型矩阵为 $\boldsymbol{A}=\begin{pmatrix}1-a & 1+a & 0\\ 1+a & 1-a & 0\\ 0 & 0 & 2\end{pmatrix}$,

$$\boldsymbol{A}=\begin{pmatrix}1-a & 1+a & 0\\ 1+a & 1-a & 0\\ 0 & 0 & 2\end{pmatrix}\xrightarrow{r}\begin{pmatrix}1-a & 1+a & 0\\ 1 & 1 & 0\\ 0 & 0 & 2\end{pmatrix},$$

若二次型矩阵的秩为 2，则 $a=0$.

(16)【答案】(B).

【解析】因 $P(A\mid B)=\dfrac{P(AB)}{P(B)}=\dfrac{P(B)}{P(B)}=1$，故选(B).

三、解答题：17～22 小题，共 70 分. 请将解答写在指定位置上. 解答应写出文字说明、证明过程或演算步骤。

(17)【解析】$\lim\limits_{n\to\infty}\dfrac{n\cdot\arctan nx}{\sqrt{n^2+n}}=\lim\limits_{n\to\infty}\dfrac{\arctan nx}{\dfrac{1}{n}\cdot\sqrt{n^2+n}}=\lim\limits_{n\to\infty}\dfrac{\arctan nx}{\sqrt{1+\dfrac{1}{n}}}=\begin{cases}-\dfrac{\pi}{2}, & x<0\\ 0, & x=0.\\ \dfrac{\pi}{2}, & x>0\end{cases}$

(18)【解析】令 $f(x)=\dfrac{(1+x)^3}{(1-x)^2}\quad(x\geqslant 2)$，

$f'(x)=\dfrac{(1+x)^2(5-x)}{(1-x)^3}$.

令 $f'(x)=0$，得 $x=5$，唯一驻点。因为当 $2\leqslant x<5$ 时，$f'(x)<0$，当 $x>5$ 时，$f'(x)>0$，所以 $x=5$ 为 $f(x)$的极小值点，$f(5)=\dfrac{27}{2}$，故数列$\left\{\dfrac{(1+n)^3}{(1-n)^2}\right\}(n\geqslant 2)$的最小项的项数为 $n=5$，该项的数值为$\dfrac{27}{2}$.

(19)【解析】原方程可化为

$\dfrac{\mathrm{d}y}{\mathrm{d}x}+\dfrac{2}{x}y=\dfrac{x-1}{x^2}$，

这是一阶线性非齐次微分方程，由求解公式可得通解为

$y=\mathrm{e}^{-\int\frac{2}{x}\mathrm{d}x}\left(\int\dfrac{x-1}{x^2}\mathrm{e}^{\int\frac{2}{x}\mathrm{d}x}\mathrm{d}x+C\right)$，

整理得 $y=\dfrac{1}{2}-\dfrac{1}{x}+\dfrac{C}{x^2}$，其中 C 为任意常数。

(20)【解析】由于函数 $\sin y^2$ 其原函数不能用初等函数表示，$\int_x^1\sin y^2\mathrm{d}y$ 无法直接计算，为此交换积分次序. 故$\int_0^1\mathrm{d}x\int_x^1\sin y^2\mathrm{d}y=\int_0^1\mathrm{d}y\int_0^y\sin y^2\mathrm{d}x=\int_0^1 y\sin y^2\mathrm{d}y=\dfrac{1}{2}(1-\cos 1)$.

(21)【解析】设有三个数 k_1,k_2,k_3 使得

$$k_1\boldsymbol{\alpha}_1+k_2\boldsymbol{\alpha}_2+k_3\boldsymbol{\alpha}_3=\mathbf{0},\tag{1}$$

(1)式两边同时左乘 $\boldsymbol{A}$，可得 $k_1\boldsymbol{A}\boldsymbol{\alpha}_1+k_2\boldsymbol{A}\boldsymbol{\alpha}_2+k_3\boldsymbol{A}\boldsymbol{\alpha}_3=\mathbf{0}$，

即 $k_1\boldsymbol{\alpha}_1+k_2(\boldsymbol{\alpha}_1+\boldsymbol{\alpha}_2)+k_3(\boldsymbol{\alpha}_2+\boldsymbol{\alpha}_3)=\mathbf{0}$，

整理得 $$(k_1+k_2)\boldsymbol{\alpha}_1+(k_2+k_3)\boldsymbol{\alpha}_2+k_3\boldsymbol{\alpha}_3=\mathbf{0}.\tag{2}$$

式(2)减式(1)得

$$k_2\boldsymbol{\alpha}_1+k_3\boldsymbol{\alpha}_2=\mathbf{0},\tag{3}$$

式(3)两边左乘 $\boldsymbol{A}$,得 $k_2\boldsymbol{\alpha}_1+k_3\boldsymbol{\alpha}_1+k_3\boldsymbol{\alpha}_2=\boldsymbol{0}$. (4)

式(4)减式(3)得 $k_3\boldsymbol{\alpha}_1=\boldsymbol{0}$,因为 $\boldsymbol{\alpha}_1\neq\boldsymbol{0}$,可得 $k_3=0$,

代入式(3),可得 $k_2=0$,从而 $k_1=0$,即 $\boldsymbol{\alpha}_1,\boldsymbol{\alpha}_2,\boldsymbol{\alpha}_3$ 线性无关.

(22)**【解析】**若 $x<0$,则$\{X\leqslant x\}$是不可能事件,所以 $F(x)=\{X\leqslant x\}=0$.

若 $0\leqslant x\leqslant 2$,$P\{0\leqslant X\leqslant x\}=c\pi x^2$,$c$ 是常数,取 $x=2$,

有 $P\{0\leqslant X\leqslant 2\}=c\pi\cdot 2^2=1$,得 $c=\dfrac{1}{4\pi}$,即 $P\{0\leqslant X\leqslant x\}=\dfrac{x^2}{4}$.

$F(x)=P\{X\leqslant x\}=P\{0\leqslant X\leqslant x\}=\dfrac{x^2}{4}$.

若 $x\geqslant 2\{X\leqslant x\}$是必然事件,所以 $F(x)=\{X\leqslant x\}=1$.

综上所述,X 的分布函数为 $F(x)=\begin{cases}0, & x<0\\ \dfrac{x^2}{4}, & 0\leqslant x<2\\ 1, & x\geqslant 2\end{cases}$.

历年真题及解析

2008 年全国硕士研究生入学统一考试
农学门类联考数学试题

一、选择题:1～8 小题,每小题 4 分,共 32 分.下列每题给出的四个选项中,只有一个选项是符合题目要求的.请将所选项前的字母填在括号内.

(1) 设函数 $f(x)=\dfrac{\sin(x-1)}{x^2-1}$,则(　　).

(A) $x=-1$ 为可去间断点,$x=1$ 为无穷间断点.

(B) $x=-1$ 为无穷间断点,$x=1$ 为可去间断点.

(C) $x=-1$ 和 $x=1$ 均为可去间断点.

(D) $x=-1$ 和 $x=1$ 均为无穷间断点.

(2) 设函数 $f(x)$可微,则 $y=f(1-\mathrm{e}^{-x})$的微分 $\mathrm{d}y=$(　　).

(A) $(1+\mathrm{e}^{-x})f'(1-\mathrm{e}^{-x})\mathrm{d}x$.

(B) $(1-\mathrm{e}^{-x})f'(1-\mathrm{e}^{-x})\mathrm{d}x$.

(C) $-\mathrm{e}^{-x}f'(1-\mathrm{e}^{-x})\mathrm{d}x$.

(D) $\mathrm{e}^{-x}f'(1-\mathrm{e}^{-x})\mathrm{d}x$.

(3) 设函数 $f(x)$ 连续,$F(x)=\int_{x^2}^{0}f(t)\mathrm{d}t$,则 $F'(x)=$(　　).

(A) $-f(x^2)$.　　(B) $f(x^2)$.

(C) $-2xf(x^2)$.　　(D) $2xf(x^2)$.

(4) 设函数 $f(x,y)$连续,交换二次积分次序得 $\int_0^1\mathrm{d}y\int_{2y-2}^{0}f(x,y)\mathrm{d}x=$(　　).

(A) $\int_{-2}^{0}\mathrm{d}x\int_0^{1+\frac{x}{2}}f(x,y)\mathrm{d}y$.　　(B) $\int_{-2}^{0}\mathrm{d}x\int_{1+\frac{x}{2}}^{0}f(x,y)\mathrm{d}y$.

(C) $\int_0^2\mathrm{d}x\int_0^{1-\frac{x}{2}}f(x,y)\mathrm{d}y$.　　(D) $\int_0^2\mathrm{d}x\int_{1-\frac{x}{2}}^{0}f(x,y)\mathrm{d}y$.

(5) 设 $\boldsymbol{\alpha}_1,\boldsymbol{\alpha}_2,\boldsymbol{\alpha}_3$ 为 3 维列向量,矩阵 $\boldsymbol{A}=(\boldsymbol{\alpha}_1,\boldsymbol{\alpha}_2,\boldsymbol{\alpha}_3)$,$\boldsymbol{B}=(\boldsymbol{\alpha}_2,2\boldsymbol{\alpha}_1+\boldsymbol{\alpha}_2,\boldsymbol{\alpha}_3)$.若行列式 $|\boldsymbol{A}|=3$,则行列式 $|\boldsymbol{B}|=$(　　).

(A) 6.　　(B) 3.　　(C) -3.　　(D) -6.

(6) 已知向量组 $\boldsymbol{\alpha}_1,\boldsymbol{\alpha}_2,\boldsymbol{\alpha}_3$ 线性无关,则下列向量组中线性无关的是(　　).

(A) $\boldsymbol{\alpha}_1+2\boldsymbol{\alpha}_2,2\boldsymbol{\alpha}_2+\boldsymbol{\alpha}_3,\boldsymbol{\alpha}_3-\boldsymbol{\alpha}_1$.　　(B) $\boldsymbol{\alpha}_1-2\boldsymbol{\alpha}_2,\boldsymbol{\alpha}_2-\boldsymbol{\alpha}_3,2\boldsymbol{\alpha}_3-\boldsymbol{\alpha}_1$.

(C) $2\boldsymbol{\alpha}_1-\boldsymbol{\alpha}_2,\boldsymbol{\alpha}_2+2\boldsymbol{\alpha}_3,\boldsymbol{\alpha}_3-\boldsymbol{\alpha}_1$.　　(D) $\boldsymbol{\alpha}_1-\boldsymbol{\alpha}_2,\boldsymbol{\alpha}_2+2\boldsymbol{\alpha}_3,2\boldsymbol{\alpha}_3+\boldsymbol{\alpha}_1$.

(7) 设 A_1,A_2,A_3 为 3 个随机事件,下列结论中正确的是(　　).

(A) 若 A_1,A_2,A_3 相互独立,则 A_1,A_2,A_3 两两独立.

(B) 若 A_1,A_2,A_3 两两独立,则 A_1,A_2,A_3 相互独立.

(C) 若 $P(A_1A_2A_3)=P(A_1)P(A_2)P(A_3)$,则 A_1,A_2,A_3 相互独立.

(D) 若 A_1 与 A_2 独立,A_2 与 A_3 独立,则 A_1 与 A_3 独立.

(8) 设随机变量 X 服从参数为 n,p 的二项分布，则(　　).

(A) $E(2X-1)=2np$.　　(B) $E(2X+1)=4np$.

(C) $D(2X-1)=2np(1-p)$.　　(D) $D(2X+1)=4np(1-p)$.

二、填空题:9～14 小题,每小题 4 分,共 24 分.请将答案写在题目中的横线上.

(9) 函数 $f(x)=e^x-ex-2$ 的极小值为________.

(10) $\int_{-2}^{2} e^{|x|}(1+x)dx=$________.

(11) 曲线 $\sin(xy)+\ln(y-x)=x$ 在点(0,1)处的切线方程是________.

(12) 设 $D=\{(x,y)|x^2+y^2\leqslant 1,0\leqslant y\leqslant x\}$，则 $\iint\limits_D e^{x^2+y^2}dxdy=$________.

(13) 设 3 阶矩阵 $\boldsymbol{A}$ 的特征值 1,2,3,则行列式 $|2\boldsymbol{A}^{-1}|=$________.

(14) 设 X_1,X_2,X_3,X_4 为来自正态总体 $N(2,4)$的简单随机样本,$\overline{X}$ 为其样本均值,则 $E(\overline{X})^2$ =________.

三、解答题:15～23 小题,共 94 分.解答应写出文字说明、证明过程或演算步骤.

(15)(本题满分 10 分)

求极限 $\lim\limits_{x\to 0}\dfrac{1-\cos(\sin x)}{e^{x^2}-1}$.

(16)(本题满分 10 分)

计算不定积分 $\int\dfrac{\ln\sqrt{x}+1}{\sqrt{x}}dx$.

(17)(本题满分 10 分)

求微分方程 $(y+x^2e^{-x})dx-xdy=0$ 满足初始条件 $y|_{x=1}=0$ 的特解.

(18)(本题满分 11 分)

证明:当 $x>0$ 时,$(1+x)e^{-2x}>1-x$.

(19)(本题满分 11 分)

设 $z=\sin(e^{xy}+2y)$,求 $\dfrac{\partial z}{\partial x},\dfrac{\partial z}{\partial y}$ 及 $\dfrac{\partial^2 z}{\partial x\partial y}$.

(20)(本题满分 9 分)

设 3 阶矩阵 $\boldsymbol{X}$ 满足等式 $\boldsymbol{AX}=\boldsymbol{B}+2\boldsymbol{X}$,其中 $\boldsymbol{A}=\begin{pmatrix}3&1&1\\0&1&2\\0&0&4\end{pmatrix}$,$\boldsymbol{B}=\begin{pmatrix}1&1&0\\1&0&2\\2&0&2\end{pmatrix}$. 求矩阵 $\boldsymbol{X}$.

(21)(本题满分 12 分)

对于线性方程组

$$\begin{cases}x_1+x_2+x_3=2\\x_1+2x_2+ax_3=-1\\2x_1+3x_2=b\end{cases}$$

讨论 a,b 取何值时,方程组无解、有唯一解和无穷多解,并在方程组有无穷多解时,求出通解.

(22)（本题满分 11 分）

设随机变量 X 的概率密度为：$f(x)=\begin{cases} ax, & 0<x\leqslant 1 \\ b, & 1<x<2, \\ 0, & 其他 \end{cases}$

且 X 的数学期望 $E(X)=\dfrac{13}{12}$.

（Ⅰ）求常数 a,b；

（Ⅱ）求 X 的分布函数 $F(x)$.

(23)（本题满分 10 分）

设二维随机变量 (X,Y) 的概率分布为

X \ Y	-1	0	1
0	0.1	0.2	0
2	0.3	0.1	0.3

（Ⅰ）分别求 (X,Y) 关于 X,Y 的边缘分布；

（Ⅱ）求 $P\{X+Y\leqslant 2\}$；

（Ⅲ）求 $P\{Y=0|X=0\}$.

2008 年全国硕士研究生入学统一考试
农学门类联考数学试题参考答案及解析

一、选择题:1～8 小题,每小题 4 分,共 32 分. 下列每题给出的四个选项中,只有一个选项是符合题目要求的. 请将所选项前的字母填在括号内.

(1) (B)　(2) (D)　(3) (C)　(4) (A)　(5) (D)　(6) (C)　(7) (A)　(8) (D)

二、填空题:9～14 小题,每小题 4 分,共 24 分. 请将答案写在题目中的横线上.

(9) -2.

(10) $2e^2-2$.

(11) $y=x+1$.

(12) $\frac{\pi}{8}(e-1)$.

(13) $\frac{4}{3}$.

(14) 5.

三、解答题:15～23 小题,共 94 分. 解答应写出文字说明、证明过程或演算步骤.

(15)【解析】$\lim\limits_{x\to 0}\frac{1-\cos(\sin x)}{e^{x^2}-1}=\lim\limits_{x\to 0}\frac{1-\cos(\sin x)}{x^2}$

$$=\lim_{x\to 0}\frac{\sin(\sin x)\cos x}{2x}$$

$$=\lim_{x\to 0}\frac{\sin x}{2x}=\frac{1}{2}.$$

(16)【解析】令 $t=\sqrt{x}$, $x=t^2$, $dx=2t\,dt$.

$$\int\frac{\ln(\sqrt{x}+1)}{\sqrt{x}}dx=2\int\ln(t+1)dt$$

$$=2t\ln(t+1)-2\int\frac{t}{t+1}dt$$

$$=2t\ln(t+1)-2\int\left(1-\frac{1}{t+1}\right)dt$$

$$=2t\ln(t+1)-2t+2\ln(t+1)+C$$

$$=2(\sqrt{x}+1)\ln(\sqrt{x}+1)-2\sqrt{x}+C.$$

(17)【解析】原方程可化为 $y'-\frac{1}{x}y=xe^{-x}$,

则
$$y=e^{\int\frac{1}{x}dx}\left[\int e^{-\int\frac{1}{x}dx}\cdot xe^{-x}dx+C\right]$$

$$=x\left[\int e^{-x}dx+C\right]=-xe^{-x}+Cx.$$

将 $y|_{x=1}=0$ 代入得 $C=\frac{1}{\mathrm{e}}$，故所求特解为 $y=\frac{x}{\mathrm{e}}-x\mathrm{e}^{-x}$.

(18)【解析】证　设 $f(x)=(1+x)\mathrm{e}^{-2x}+x-1$，

则
$$f'(x)=-(1+2x)\mathrm{e}^{-2x}+1,$$
$$f''(x)=4x\mathrm{e}^{-2x}.$$

当 $x>0$ 时，$f''(x)>0$，则 $f'(x)$ 单调增加，

故　$f'(x)>f'(0)=0$，$f(x)$ 单调增加.

于是　$f(x)>f(0)=0$，

即　$(1+x)\mathrm{e}^{-2x}>1-x$.

(19)【解析】
$$\frac{\partial z}{\partial x}=y\mathrm{e}^{xy}\cos(\mathrm{e}^{xy}+2y),$$
$$\frac{\partial z}{\partial y}=(x\mathrm{e}^{xy}+2)\cos(\mathrm{e}^{xy}+2y),$$
$$\begin{aligned}\frac{\partial^2 z}{\partial x\partial y}&=\mathrm{e}^{xy}\cos(\mathrm{e}^{xy}+2y)+xy\mathrm{e}^{xy}\cos(\mathrm{e}^{xy}+2y)-y\mathrm{e}^{xy}\sin(\mathrm{e}^{xy}+2y)\cdot(x\mathrm{e}^{xy}+2)\\&=\mathrm{e}^{xy}[(1+xy)\cos(\mathrm{e}^{xy}+2y)-y(x\mathrm{e}^{xy}+2)\sin(\mathrm{e}^{xy}+2y)].\end{aligned}$$

(20)【解析】由 $\boldsymbol{AX}=\boldsymbol{B}+2\boldsymbol{X}$，得 $(\boldsymbol{A}-2\boldsymbol{E})\boldsymbol{X}=\boldsymbol{B}$，其中 $\boldsymbol{E}$ 为单位矩阵.
$$\boldsymbol{A}-2\boldsymbol{E}=\begin{pmatrix}1&1&1\\0&-1&2\\0&0&2\end{pmatrix}.$$

因为 $|\boldsymbol{A}-2\boldsymbol{E}|=-2\neq 0$，所以 $\boldsymbol{A}-2\boldsymbol{E}$ 可逆.
$$\boldsymbol{X}=(\boldsymbol{A}-2\boldsymbol{E})^{-1}\boldsymbol{B},$$

而
$$(\boldsymbol{A}-2\boldsymbol{E})^{-1}=\begin{bmatrix}1&1&-\frac{3}{2}\\0&-1&1\\0&0&\frac{1}{2}\end{bmatrix},$$

则
$$\boldsymbol{X}=(\boldsymbol{A}-2\boldsymbol{E})^{-1}\boldsymbol{B}=\begin{pmatrix}-1&1&-1\\1&0&0\\1&0&1\end{pmatrix}.$$

(21)【解析】**解法 1**

方程组系数行列式
$$D=\begin{vmatrix}1&1&1\\1&2&a\\2&3&0\end{vmatrix}=-1-a.$$

当 $D\neq 0$ 时，即 $a\neq -1$ 时，由克莱姆法则知方程组有唯一解.

当 $a=-1$ 时,方程组的系数矩阵 $\boldsymbol{A}=\begin{pmatrix}1 & 1 & 1\\1 & 2 & -1\\2 & 3 & 0\end{pmatrix}$.

对方程组的增广矩阵施行初等行变换得

$$\boldsymbol{B}=\left(\begin{array}{ccc:c}1 & 1 & 1 & 2\\1 & 2 & -1 & -1\\2 & 3 & 0 & b\end{array}\right)\rightarrow\left(\begin{array}{ccc:c}1 & 1 & 1 & 2\\0 & 1 & -2 & -3\\0 & 0 & 0 & b-1\end{array}\right).$$

当 $b\neq1$ 时,$r(\boldsymbol{A})=2,r(\boldsymbol{B})=3,r(\boldsymbol{A})\neq r(\boldsymbol{B})$,线性方程组无解.

当 $b=1$ 时,$r(\boldsymbol{A})=r(\boldsymbol{B})=2<3$,线性方程组有无穷多解,

其通解为 $\begin{pmatrix}x_1\\x_2\\x_3\end{pmatrix}=\begin{pmatrix}5\\-3\\0\end{pmatrix}+k\begin{pmatrix}-3\\2\\1\end{pmatrix}$,其中 k 为任意常数.

解法 2

方程组的系数矩阵 $\boldsymbol{A}=\begin{pmatrix}1 & 1 & 1\\1 & 2 & a\\2 & 3 & 0\end{pmatrix}$,

对方程组的增广矩阵施行初等行变换得

$$\boldsymbol{B}=\left(\begin{array}{ccc:c}1 & 1 & 1 & 2\\1 & 2 & a & -1\\2 & 3 & 0 & b\end{array}\right)\rightarrow\left(\begin{array}{ccc:c}1 & 1 & 1 & 2\\0 & 1 & a-1 & -3\\0 & 0 & -a-1 & b-1\end{array}\right).$$

当 $a=-1,b\neq1$ 时,$r(\boldsymbol{A})=2,r(\boldsymbol{B})=3,r(\boldsymbol{A})\neq r(\boldsymbol{B})$,线性方程组无解;

当 $a\neq-1,b$ 为任意常数时,$r(\boldsymbol{A})=r(\boldsymbol{B})=3$,线性方程组有唯一解;

当 $a=-1,b=1$ 时,$r(\boldsymbol{A})=r(\boldsymbol{B})=2<3$,线性方程组有无穷多解.

其通解为 $\begin{pmatrix}x_1\\x_2\\x_3\end{pmatrix}=\begin{pmatrix}5\\-3\\0\end{pmatrix}+k\begin{pmatrix}-3\\2\\1\end{pmatrix}$,其中 k 为任意常数.

(22)**【解析】**(Ⅰ)由 $\int_{-\infty}^{+\infty}f(x)\mathrm{d}x=1$ 知 $\int_0^1 ax\,\mathrm{d}x+\int_1^2 b\,\mathrm{d}x=\frac{a}{2}+b=1$,

而由 $E(X)=\frac{13}{12}$ 知 $\int_0^1 ax^2\,\mathrm{d}x+\int_1^2 bx\,\mathrm{d}x=\frac{a}{3}+\frac{3b}{2}=\frac{13}{12}$,

解得 $a=1,b=\frac{1}{2}$.

(Ⅱ)当 $x\leqslant0$ 时,$F(x)=\int_{-\infty}^{x}f(t)\mathrm{d}t=0$;

当 $0<x\leqslant1$ 时,$F(x)=\int_0^x t\,\mathrm{d}t=\frac{x^2}{2}$;

当 $1<x\leqslant2$ 时,$F(x)=\int_0^1 t\,\mathrm{d}t+\int_1^x\frac{1}{2}\mathrm{d}t=\frac{x}{2}$;

当 $x>2$ 时，$F(x)=1$，

即
$$F(x)=\begin{cases}0, & x\leqslant 0\\ \dfrac{x^2}{2}, & 0<x\leqslant 1\\ \dfrac{x}{2}, & 1<x\leqslant 2\\ 1, & x>2\end{cases}.$$

(23)【解析】(Ⅰ) 关于 X 的边缘分布为

X	0	2
P	0.3	0.7

，

关于 Y 的边缘分布为

Y	-1	0	1
P	0.4	0.3	0.3

.

(Ⅱ) $P\{X+Y\leqslant 2\}=P\{X=0,Y=-1\}+P\{X=0,Y=0\}+P\{X=2,Y=-1\}$
$+P\{X=2,Y=0\}$
$=0.1+0.2+0.3+0.1=0.7$；

或 $P\{X+Y\leqslant 2\}=1-P\{X=2,Y=1\}=1-0.3=0.7$.

(Ⅲ) $P\{Y=0\mid X=0\}=\dfrac{P\{X=0,Y=0\}}{P\{X=0\}}=\dfrac{0.2}{0.3}=\dfrac{2}{3}$.

2009年全国硕士研究生入学统一考试
农学门类联考数学试题

一、选择题:1～8小题,每小题4分,共32分.下列每题给出的四个选项中,只有一个选项是符合题目要求的.请将所选项前的字母填在括号内.

(1) 在$(-\pi,\pi)$内,函数$y=\dfrac{x}{\tan x}$的可去间断点的个数为(　　).

(A) 0.　　(B) 1.　　(C) 2.　　(D) 3.

(2) 函数$y=\ln(1+x^2)$的单调增加图形为凹的区间是(　　).

(A) $(-\infty,-1)$.　　(B) $(-1,0)$.　　(C) $(0,1)$.　　(D) $(1,+\infty)$.

(3) 函数$f(x)=\int_0^{x-x^2}e^{-t^2}dt$的极值点为$x=$(　　).

(A) $\dfrac{1}{2}$.　　(B) $\dfrac{1}{4}$.　　(C) $-\dfrac{1}{4}$.　　(D) $-\dfrac{1}{2}$.

(4) 设区域$D=\{(x,y)|x\leqslant x^2+y^2\leqslant 2x,y\geqslant 0\}$,则在极坐标下二重积分$\iint xy\,dx\,dy=$(　　).

(A) $\int_0^{\frac{\pi}{2}}d\theta\int_{\cos\theta}^{2\cos\theta}r^2\cos\theta\sin\theta\,dr$.　　(B) $\int_0^{\frac{\pi}{2}}d\theta\int_{\cos\theta}^{2\cos\theta}r^3\cos\theta\sin\theta\,dr$.

(C) $\int_0^{\pi}d\theta\int_{\cos\theta}^{2\cos\theta}r^2\cos\theta\sin\theta\,dr$.　　(D) $\int_0^{\pi}d\theta\int_{\cos\theta}^{2\cos\theta}r^3\cos\theta\sin\theta\,dr$.

(5) 设矩阵$\boldsymbol{A}=\begin{pmatrix}1&2&1\\2&ab+4&2\\2&4&a+2\end{pmatrix}$的秩为2,则(　　).

(A) $a=0,b=0$.　　(B) $a=0,b\neq 0$.　　(C) $a\neq 0,b=0$.　　(D) $a\neq 0,b\neq 0$.

(6) 设$\boldsymbol{A}$为3阶矩阵,$\boldsymbol{A}^*$为$\boldsymbol{A}$的伴随矩阵,$\boldsymbol{A}$的行列式$|\boldsymbol{A}|=2$,则$|-2\boldsymbol{A}^*|=$(　　).

(A) -2^5.　　(B) -2^3.　　(C) 2^3.　　(D) 2^5.

(7) 设事件A与事件B互不相容,则(　　).

(A) $P(\overline{AB})=0$.　　(B) $P(AB)=P(A)P(B)$.

(C) $P(A)=1-P(B)$.　　(D) $P(\bar{A}\cup\bar{B})=1$.

(8) 设随机变量X的分布函数$F(x)=0.3\Phi(x)+0.7\Phi\left(\dfrac{x-1}{2}\right)$,其中$\Phi(x)$为标准正态分布的分布函数,则$E(X)=$(　　).

(A) 0.　　(B) 0.3.　　(C) 0.7.　　(D) 1.

二、填空题:9～14小题,每小题4分,共24分.请将答案写在题目中的横线上.

(9) $\lim\limits_{x\to 0}\left(1+\sin\dfrac{x}{3}\right)^{\frac{2}{x}}=$__________.

(10) 设$f(x)=\ln(4x+\cos^2 2x)$,则$f'\left(\dfrac{\pi}{8}\right)=$__________.

(11) 设 $f(x)=e^{2x}$，$\varphi(x)=\ln x$，则 $\int_0^1[f(\varphi(x))+\varphi(f(x))]dx=$ ______.

(12) 设 $f(u,v)$ 为二元可微函数，$Z=f(\sin(x+y),e^{xy})$，则 $\frac{\partial z}{\partial x}=$ ______.

(13) 设向量组 $\boldsymbol{\alpha}=(1,0,1)^T$，$\boldsymbol{\beta}=(2,k,-1)^T$，$\boldsymbol{\gamma}=(-1,1,-4)^T$ 线性相关，则 $k=$ ______.

(14) 设总体 X 的概率密度 $f(x,\sigma)=\frac{1}{2\sigma}e^{-\frac{|x|}{\sigma}}$，$-\infty<x<+\infty$，其中参数 $\sigma(\sigma>0)$ 未知，若 x_1，x_2，…，x_n 是来自总体 X 的简单随机样本，$\hat{\sigma}=\frac{1}{n-1}\sum_{i=1}^{n}|x_i|$ 是 σ 的估计量，则 $E(\hat{\sigma})=$ ______.

三、解答题：15～23 小题，共 94 分. 解答应写出文字说明、证明过程或演算步骤.

(15)（本题满分 10 分）

求极限 $\lim\limits_{x\to 0}\frac{x^2[x-\ln(1+\tan x)]}{\sin^4 x}$.

(16)（本题满分 10 分）

求不定积分 $\int\frac{\ln(2+\sqrt{x})}{x+2\sqrt{x}}dx$.

(17)（本题满分 10 分）

曲线 L 过点 $(1,1)$，L 任一点 $M(x,y)(x>0)$ 处法线斜率为 $\frac{2y}{x}$，求 L 方程.

(18)（本题满分 11 分）

讨论方程 $x^4-4x+k=0$ 实根的个数，k 为参数.

(19)（本题满分 11 分）

计算二重积分 $\iint\limits_D|x-1|dxdy$，其中 D 是第一象限内由直线 $y=0$，$y=x$ 及圆 $x^2+y^2=2$ 所围成的区域.

(20)（本题满分 10 分）

设 $\mathbf{A}=\begin{pmatrix}1&2&1\\1&a+2&a+1\\-1&a-2&2a-3\end{pmatrix}$，若存在 3 阶非零矩阵 $\mathbf{B}$，使得 $\mathbf{AB}=\mathbf{0}$.

（Ⅰ）求 a 的值；

（Ⅱ）求方程组 $\mathbf{Ax}=\mathbf{0}$ 的通解.

(21)（本题满分 11 分）

设 3 阶矩阵 $\mathbf{A}$ 的特征值为 1，1，−2，对应的特征向量依次为 $\boldsymbol{\alpha}_1=\begin{pmatrix}0\\1\\0\end{pmatrix}$，$\boldsymbol{\alpha}_2=\begin{pmatrix}1\\0\\1\end{pmatrix}$，$\boldsymbol{\alpha}_3=\begin{pmatrix}1\\0\\-1\end{pmatrix}$.

（Ⅰ）求矩阵 $\mathbf{A}$；

（Ⅱ）求 $\mathbf{A}^{2009}$.

(22)(本题满分 11 分)

设随机变量 X 的概率密度为 $f(x)=\begin{cases}2x, & a<x<b\\0, & 其他\end{cases}$,且 $E(X^2)=1$.

(Ⅰ)求 a,b 的值;

(Ⅱ)求 $P\{|x|<1\}$.

(23)(本题满分 10 分)

已知随机变量 X 与 Y 的概率分布分别为:

X	-1	1
P	$\frac{1}{2}$	$\frac{1}{2}$

Y	0	1
P	$\frac{1}{4}$	$\frac{3}{4}$

且 $P\{X=Y\}=\frac{1}{4}$.

(Ⅰ)求二维随机变量(X,Y)的概率分布;

(Ⅱ)求 X 与 Y 的相关系数 ρ_{XY}.

2009年全国硕士研究生入学统一考试 农学门类联考数学试题参考答案及解析

一、选择题：1～8小题，每小题4分，共32分. 下列每题给出的四个选项中，只有一个选项是符合题目要求的. 请将所选项前的字母填在括号内.

(1)【答案】(D).

【解析】$y=\dfrac{x}{\tan x}$

$x=0,\lim\limits_{x\to 0}\dfrac{x}{\tan x}=1,x=0$ 为可去间断点；

$x=\pm\dfrac{\pi}{2},\lim\limits_{x\to\frac{\pi}{2}}\dfrac{x}{\tan x}=0,x=\pm\dfrac{\pi}{2}$ 为可去间断点，故共3个，选(D).

(2)【答案】(C).

【解析】$y'=\dfrac{2x}{1+x^2}>0\Rightarrow x>0$

$$y''=\frac{2}{(1+x^2)^2}\cdot(1+x^2-x\cdot 2x)=\frac{2(1-x^2)}{(1+x^2)^2}>0\Rightarrow -1<x<1$$

取交集得：$x\in(0,1)$，选(C).

(3)【答案】(A).

【解析】因 $f'(x)=e^{-(x-x^2)^2}\cdot(x-x^2)'=(1-2x)e^{-(x-x^2)^2}$

令 $f'(x)=0$，得 $x=\dfrac{1}{2}$，又

$$\begin{aligned}f''(x)&=-2e^{-(x-x^2)^2}+(1-2x)\cdot e^{-(x-x^2)^2}\cdot[-(x-x^2)^2]\\&=-[2+2(1-2x)^2\cdot(x-x^2)]e^{-(x-x^2)^2}\end{aligned}$$

得 $f''\left(\dfrac{1}{2}\right)\neq 0$，故 $x=\dfrac{1}{2}$ 为极值点，应选(A).

(4)【答案】(B).

【解析】原积分 $=\displaystyle\int_0^{\frac{\pi}{2}}d\theta\int_{\cos\theta}^{2\cos\theta}r\cos\theta\cdot r\sin\theta\cdot r\,dr=\int_0^{\frac{\pi}{2}}d\theta\int_{\cos\theta}^{2\cos\theta}r^3\cos\theta\sin\theta\,dr$，应选(B).

(5)【答案】(C).

【解析】$\boldsymbol{A}=\begin{pmatrix}1&2&1\\2&ab+4&2\\2&4&a+2\end{pmatrix}\rightarrow\begin{pmatrix}1&0&0\\2&ab&0\\2&0&a\end{pmatrix}$

因为 $a=0$ 时，$r(\boldsymbol{A})=1$，所以 $a\neq 0$ 时，$\boldsymbol{A}\rightarrow\begin{pmatrix}1&0&0\\0&ab&0\\0&0&a\end{pmatrix}$

因为 $r(\boldsymbol{A})=2$，所以 $b=0$，综上所述 $a\neq 0, b=0$，应选(C).

(6)【答案】(A).

【解析】$|\boldsymbol{A}|=2$

又 $|\boldsymbol{A}^*|=|\boldsymbol{A}|^{n-1}=|\boldsymbol{A}|^{3-1}=|\boldsymbol{A}|^2=2^2$

所以 $|-2\boldsymbol{A}^*|=(-2)^3\cdot|\boldsymbol{A}^*|=(-2)^3\cdot 2^2=-2^5$，应选(A).

(7)【答案】(D).

【解析】因为 A,B 互不相容，所以 $P(AB)=0$

(A) $P(\overline{AB})=P(\overline{A\cup B})=1-P(A\cup B)$，因为 $P(A\cup B)$ 不一定等于 1，所以(A)不正确；

(B) 当 $P(A),P(B)$ 不为 0 时，(B)不成立，故排除；

(C) 只有当 A,B 互为对立事件的时候才成立，故排除；

(D) $P(\overline{A}\cup\overline{B})=P(\overline{AB})=1-P(AB)=1$，故(D)正确.

(8)【答案】(C).

【解析】$F'(X)=0.3\Phi'(x)+0.35\Phi'\left(\dfrac{x-1}{2}\right)$，令 $\Phi'(x)=\varphi(x)$

$$E(X)=\int_{-\infty}^{+\infty}xF'(x)\mathrm{d}x=\int_{-\infty}^{+\infty}x\left[0.3\varphi(x)+0.35\varphi\left(\frac{x-1}{2}\right)\right]\mathrm{d}x$$

$$=0.35\int_{-\infty}^{+\infty}x\varphi\left(\frac{x-1}{2}\right)\mathrm{d}x=0.7\int_{-\infty}^{+\infty}(2u+1)\varphi(u)\mathrm{d}u=0.7\int_{-\infty}^{+\infty}\varphi(u)\mathrm{d}u=0.7$$

二、填空题：9～14 小题，每小题 4 分，共 24 分. 请将答案写在题目中的横线上.

(9)【答案】$\mathrm{e}^{\frac{2}{3}}$.

【解析】$\lim\limits_{x\to 0}\left(1+\sin\dfrac{x}{3}\right)^{\frac{2}{x}}=\lim\limits_{x\to 0}\mathrm{e}^{\frac{2}{x}\ln\left(1+\sin\frac{x}{3}\right)}=\mathrm{e}^{\lim\limits_{x\to 0}\frac{2}{x}\ln\left(1+\sin\frac{x}{3}\right)}=\mathrm{e}^{\lim\limits_{x\to 0}\frac{2\sin\frac{x}{3}}{x}}=\mathrm{e}^{\lim\limits_{x\to 0}\frac{2\cdot\frac{x}{3}}{x}}=\mathrm{e}^{\frac{2}{3}}$

(10)【答案】$\dfrac{4}{\pi+1}$.

【解析】由 $f(x)=\ln(4x+\cos^2 2x)$，$f'(x)=\dfrac{1}{4x+\cos^2 2x}[4+2\cos 2x\cdot(-\sin 2x)\cdot 2]$

$$f'\left(\frac{\pi}{8}\right)=\frac{1}{\dfrac{\pi}{2}+\dfrac{1}{2}}\left[4+4\times\frac{\sqrt{2}}{2}\times\left(-\frac{\sqrt{2}}{2}\right)\right]=\frac{2}{\pi+1}(4-2)=\frac{4}{\pi+1}$$

(11)【答案】$\dfrac{4}{3}$.

【解析】$f(\varphi(x))=\mathrm{e}^{2\ln x}=x^2$，$\varphi(f(x))=\ln\mathrm{e}^{2x}=2x$

所以原式 $=\displaystyle\int_0^1(x^2+2x)\mathrm{d}x=\left(\frac{x^3}{3}+x^2\right)\Big|_0^1=\frac{1}{3}+1=\frac{4}{3}$

(12)【答案】$f_1'\cos(x+y)+yf_2'\mathrm{e}^{xy}$.

【解析】根据复合函数求导法得：$\dfrac{\partial z}{\partial x}=f_1'\cos(x+y)+yf_2'\mathrm{e}^{xy}$.

(13)【答案】1.

【解析】$\boldsymbol{\alpha}=(1,0,1)^{\mathrm{T}},\boldsymbol{\beta}=(2,k,-1)^{\mathrm{T}},\boldsymbol{\gamma}=(-1,1,-4)^{\mathrm{T}}$

令
$$\boldsymbol{A}=\begin{pmatrix}1 & 2 & -1\\ 0 & k & 1\\ 1 & -1 & -4\end{pmatrix}$$

若 $\boldsymbol{\alpha},\boldsymbol{\beta},\boldsymbol{\gamma}$ 线性相关,则 $|\boldsymbol{A}|=-3k+3=0$,所以 $k=1$.

(14)【答案】$\dfrac{n\sigma}{n-1}$.

【解析】$E(\hat{\sigma})=\dfrac{1}{n-1}\sum\limits_{i=1}^{n}E\mid x_i\mid=\dfrac{n}{n-1}E\mid x_i\mid$

$$=\frac{n}{n-1}\int_{-\infty}^{+\infty}\mid x\mid\frac{1}{2\sigma}\mathrm{e}^{-\frac{|x|}{\sigma}}\mathrm{d}x=\frac{n}{n-1}\int_{-\infty}^{+\infty}\frac{x}{2\sigma}\cdot\mathrm{e}^{-\frac{x}{\sigma}}\mathrm{d}x=\frac{n}{n-1}\int_{0}^{+\infty}t\mathrm{e}^{-1}\mathrm{d}t$$

$$=\frac{n\sigma}{n-1}.$$

三、解答题:15～23 小题,共 94 分. 解答应写出文字说明、证明过程或演算步骤.

(15)【解析】

$$\lim_{x\to 0}\frac{x^2[x-\ln(1+\tan x)]}{\sin^4 x}=\lim_{x\to 0}\frac{x^2}{\sin^2 x}\frac{x-\ln(1+\tan x)}{\sin^2 x}=\lim_{x\to 0}\frac{x-\ln(1+\tan x)}{\sin^2 x}=\frac{1}{2}$$

(16)【解析】令 $\sqrt{x}=t,x=t^2,\mathrm{d}x=2t\mathrm{d}t$,

$$原式=\int\frac{\ln(2+t)}{t^2+2t}\cdot 2t\mathrm{d}t=2\int\frac{\ln(2+t)}{t+2}\mathrm{d}t=2\int\ln(2+t)\mathrm{d}\ln(2+t)$$

$$=\ln^2(2+t)+C=\ln^2(2+\sqrt{x})+C$$

(17)【解析】法线斜率为 $-\dfrac{1}{y'}$

所以 $-\dfrac{1}{y'}=\dfrac{2y}{x}\Rightarrow-\dfrac{\mathrm{d}x}{\mathrm{d}y}=\dfrac{2y}{x}\Rightarrow-x\mathrm{d}x=2y\mathrm{d}y\Rightarrow-\dfrac{1}{2}x^2=y^2+C_1$

又由已知条件 $y(1)=1\Rightarrow C_1=-\dfrac{3}{2}$

所以 $\dfrac{1}{2}x^2+y^2-\dfrac{3}{2}=0$,

$$x=\sqrt{3-2y^2}.$$

(18)【解析】令 $f(x)=x^4-4x+k$,则 $f'(x)=4x^3-4=4(x-1)(x^2+x+1)$

当 $x>1$ 时,$f'(x)>0$;当 $x<1$ 时,$f'(x)<0$;当 $x=1$ 时,$f'(x)=0$

即 $f(x)$ 在 $(-\infty,1)$ 单调减,在 $(1,+\infty)$ 单调增,在 $x=1$ 处取得极小值,且为最小值. 从而

①$f(x)=k-3>0$ 时,方程无实根;

②$f(x)=k-3=0$ 时,方程有两个相同的实根;

③$f(x)=k-3<0$ 时,由于 $\lim\limits_{x\to\infty}f(x)=+\infty$,根据零点定理可得,方程有两个相异实根.

(19)【解析】如右图所示，则由题可知

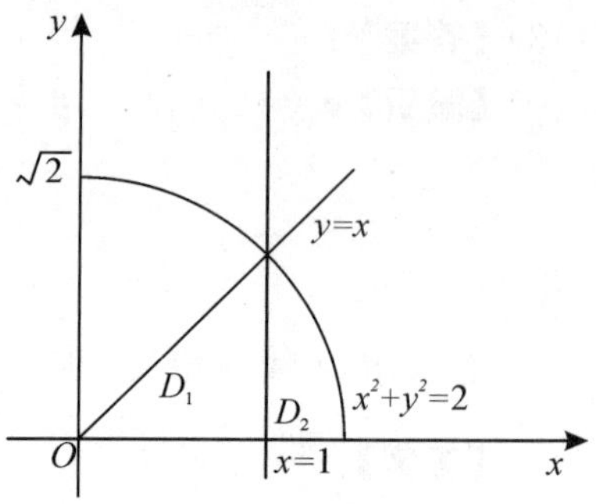

$$\iint_D |x-1|\mathrm{d}x\mathrm{d}y=\iint_{D_2}(x-1)\mathrm{d}x\mathrm{d}y+\iint_{D_1}(1-x)\mathrm{d}x\mathrm{d}y$$

$$=\int_1^{\sqrt{2}}\mathrm{d}x\int_0^{\sqrt{2-x^2}}(x-1)\mathrm{d}y+\int_0^1\mathrm{d}x\int_0^x(1-x)\mathrm{d}y$$

$$=\left(\frac{5}{6}-\frac{\pi}{4}\right)+\frac{1}{6}=1-\frac{\pi}{4}$$

(20)【解析】(Ⅰ)根据题目条件,如存在3阶非零矩阵 $\boldsymbol{B}$,使 $\boldsymbol{AB}=\boldsymbol{0}$,即 $\boldsymbol{Ax}=\boldsymbol{0}$ 有非零解.

所以 $|\boldsymbol{A}|=0$,即 $\begin{vmatrix}1&2&1\\1&a+2&a+1\\-1&a-2&2a-3\end{vmatrix}=\begin{vmatrix}1&2&1\\0&a&a\\0&a&2a-2\end{vmatrix}=a(a-2)=0$

所以 $a=0$ 或 $a=2$.

(Ⅱ)当 $a=0$ 时,$\boldsymbol{A}=\begin{pmatrix}1&2&1\\1&2&1\\-1&-2&-3\end{pmatrix}$,求 $\boldsymbol{Ax}=\boldsymbol{0}$ 的通解.

$$\boldsymbol{A}=\begin{pmatrix}1&2&1\\1&2&1\\-1&-2&-3\end{pmatrix}\to\begin{pmatrix}1&2&1\\0&0&0\\0&0&-2\end{pmatrix}\to\begin{pmatrix}1&2&0\\0&0&0\\0&0&1\end{pmatrix}$$

取自由未知量 $x_2=1$,得 $\boldsymbol{\xi}_1=[-2\quad 1\quad 0]^{\mathrm{T}}$,即 $\boldsymbol{Ax}=\boldsymbol{0}$ 的通解 $\boldsymbol{x}=k_1\boldsymbol{\xi}_1=k_1[-2\quad 1\quad 0]^{\mathrm{T}}$($k$ 为任意常数).

当 $a=2$ 时,$\boldsymbol{A}=\begin{pmatrix}1&2&1\\1&4&3\\-1&0&1\end{pmatrix}$,求 $\boldsymbol{Ax}=\boldsymbol{0}$ 的通解.

$$\boldsymbol{A}=\begin{pmatrix}1&2&1\\1&4&3\\-1&0&1\end{pmatrix}\to\begin{pmatrix}1&2&1\\0&2&2\\-1&0&1\end{pmatrix}\to\begin{pmatrix}0&2&2\\0&2&2\\-1&0&1\end{pmatrix}\to\begin{pmatrix}0&1&1\\0&0&0\\-1&0&1\end{pmatrix}$$

取自由未知量 $x_3=1$,得 $\boldsymbol{\xi}_2=(1\quad -1\quad 1)^{\mathrm{T}}$,即 $\boldsymbol{Ax}=\boldsymbol{0}$ 的通解 $\boldsymbol{x}=k_2\boldsymbol{\xi}_2=k_2(1\quad -1\quad 1)^{\mathrm{T}}$,($k_2$ 为任意常数).

(21)【解析】(Ⅰ)令 $\boldsymbol{P}=(\boldsymbol{\alpha}_1,\boldsymbol{\alpha}_2,\boldsymbol{\alpha}_3)$,则 $\boldsymbol{P}^{-1}\boldsymbol{AP}=\boldsymbol{\Lambda}=\begin{pmatrix}1&0&0\\0&1&0\\0&0&-2\end{pmatrix}$,即 $\boldsymbol{A}=\boldsymbol{P\Lambda P}^{-1}$,利用矩阵的初等行变换求 $\boldsymbol{P}^{-1}$,有

$$(\boldsymbol{P}\vdots\boldsymbol{E})=\left(\begin{array}{ccc:ccc}0&1&1&1&0&0\\1&0&0&0&1&0\\0&1&-1&0&0&1\end{array}\right)\to\left(\begin{array}{ccc:ccc}1&0&0&0&1&0\\0&1&1&1&0&0\\0&1&-1&0&0&1\end{array}\right)\to$$

$$\begin{pmatrix}1&0&0&0&1&0\\0&1&1&1&0&0\\0&0&-2&-1&0&1\end{pmatrix}\to\begin{pmatrix}1&0&0&0&1&0\\0&1&0&\frac{1}{2}&0&\frac{1}{2}\\0&0&1&\frac{1}{2}&0&-\frac{1}{2}\end{pmatrix}$$

即 $\boldsymbol{P}^{-1}=\begin{pmatrix}0&1&0\\\frac{1}{2}&0&\frac{1}{2}\\\frac{1}{2}&0&-\frac{1}{2}\end{pmatrix}$，$\boldsymbol{A}=\boldsymbol{P\Lambda P}^{-1}=\begin{pmatrix}-\frac{1}{2}&0&\frac{3}{2}\\0&1&0\\\frac{3}{2}&0&-\frac{1}{2}\end{pmatrix}$.

（Ⅱ）$\boldsymbol{A}=\boldsymbol{P\Lambda P}^{-1}$

所以 $\boldsymbol{A}^{2009}=\boldsymbol{P\Lambda}^{2009}\boldsymbol{P}^{-1}=\begin{pmatrix}0&1&1\\1&0&0\\0&1&-1\end{pmatrix}\begin{pmatrix}1&0&0\\0&1&0\\0&0&-2^{2009}\end{pmatrix}\begin{pmatrix}0&1&0\\\frac{1}{2}&0&\frac{1}{2}\\\frac{1}{2}&0&-\frac{1}{2}\end{pmatrix}$

$$=\begin{pmatrix}\frac{1}{2}-2^{2008}&0&\frac{1}{2}+2^{2008}\\0&1&0\\\frac{1}{2}+2^{2008}&0&\frac{1}{2}-2^{2008}\end{pmatrix}$$

(22)【解析】（Ⅰ）$f(x)=\begin{cases}2x, & a<x<b\\0, & 其他\end{cases}$

故 $\int_{-\infty}^{+\infty}f(x)\mathrm{d}x=\int_a^b 2x\,\mathrm{d}x=b^2-a^2=1$ (1)

$E(X^2)=\int_a^b 2x^3\mathrm{d}x=\frac{1}{2}(b^4-a^4)=1$ (2)

由式(1)、式(2)得到$\begin{cases}b^2-a^2=1\\b^4-a^4=2\end{cases}$，得$\begin{cases}b^2=\frac{3}{2}\\a^2=\frac{1}{2}\end{cases}$，由概率密度函数的非负性，知 $a>0,b>0$，

则$\begin{cases}b=\frac{\sqrt{6}}{2}\\a=\frac{\sqrt{2}}{2}\end{cases}$.

（Ⅱ）$P(|X|<1)=P(-1<X<1)=P\left(-1<X<\frac{\sqrt{2}}{2}\right)+P\left(\frac{\sqrt{2}}{2}<X<1\right)$

$$=0+\int_{\frac{\sqrt{2}}{2}}^{1}2x\,\mathrm{d}x=\frac{1}{2}$$

(23)【解析】（Ⅰ）$P(X=Y)=\frac{1}{4}$，即 $P(X=1,Y=1)=\frac{1}{4}$

所以 $P(X=1,Y=0)=P(X=1)-P(X=1,Y=1)=\frac{1}{4}$

同理可得 $P(X=-1,Y=0)=P(Y=0)-P(X=1,Y=0)=\frac{1}{4}-\frac{1}{4}=0$

$$P(X=-1,Y=1)=1-P(X=1,Y=0)-P(X=1,Y=1)-P(X=-1,Y=0)=\frac{1}{2}$$

则二维随机变量(X,Y)的概率分布是

Y \ X	-1	1	p_i
0	0	$\frac{1}{4}$	$\frac{1}{4}$
1	$\frac{1}{2}$	$\frac{1}{4}$	$\frac{3}{4}$
p_j	$\frac{1}{2}$	$\frac{1}{2}$	1

（Ⅱ）由 $\rho_{XY}=\frac{\mathrm{Cov}(X,Y)}{\sqrt{D(X)}\sqrt{D(Y)}}=\frac{E(XY)-E(X)E(Y)}{\sqrt{D(X)}\sqrt{D(Y)}}$

由二维随机变量(X,Y)的概率分布得到：

XY	-1	0	1
P	$\frac{1}{2}$	$\frac{1}{4}$	$\frac{1}{4}$

X 的边缘分布：

X	-1	1
P	$\frac{1}{2}$	$\frac{1}{2}$

Y 的边缘分布：

Y	0	1
P	$\frac{1}{4}$	$\frac{3}{4}$

则

$$E(XY)=-\frac{1}{4}$$

$$E(X)=0$$

$$E(Y)=\frac{3}{4}$$

$$D(X)=E(X^2)-[E(X)]^2=1$$

$$\mathrm{Cov}(X,Y)=E(XY)-E(X)E(Y)=-\frac{1}{4}$$

$$D(Y)=E(Y^2)-[E(Y)]^2=\frac{3}{4}-\frac{9}{16}=\frac{3}{16}$$

所以 $\rho_{XY}=\frac{\mathrm{Cov}(X,Y)}{\sqrt{D(X)}\sqrt{D(Y)}}=-\frac{1}{\sqrt{3}}$.

2010 年全国硕士研究生入学统一考试
农学门类联考数学试题

一、选择题:1～8 小题,每小题 4 分,共 32 分. 下列每题给出的四个选项中,只有一个选项是符合题目要求的. 请将所选项前的字母填在括号内.

(1) 设函数 $f(x)=\dfrac{e^x-e^3}{(x-3)(x-e)}$,则(　　).

(A) $x=3$ 及 $x=e$ 都是 $f(x)$ 的第一类间断点.

(B) $x=3$ 及 $x=e$ 都是 $f(x)$ 的第二类间断点.

(C) $x=3$ 是 $f(x)$ 的第一类间断点,$x=e$ 是 $f(x)$ 的第二类间断点.

(D) $x=3$ 是 $f(x)$ 的第二类间断点,$x=e$ 是 $f(x)$ 的第一类间断点.

(2) 曲线 $y=\dfrac{x}{(x-4)^2}$ 的凸弧区间是(　　).

(A) $(-\infty,-8)$.　　(B) $(-8,-4)$.　　(C) $(-4,4)$.　　(D) $(4,+\infty)$.

(3) 设函数 $f(x)$,$g(x)$ 具有二阶导数,$g(x_0)=a$,$g'(x_0)=0$,$g''(x)<0$,则 $f(g(x))$ 在 x_0 取极大值的一个充分条件是(　　).

(A) $f'(a)<0$.　　(B) $f'(a)>0$.　　(C) $f''(a)<0$.　　(D) $f''(a)>0$.

(4) 设函数 $f(x)$ 在区间 $[0,1]$ 上连续,$0<f(x)<1$,且 $\int_0^1 f(x)\mathrm{d}x<\dfrac{1}{2}$,记 $I_1=\int_0^1\int_0^1\sqrt{f(x)(1-f(y))}\,\mathrm{d}x\,\mathrm{d}y$,$I_2=\int_0^1\int_0^1 f(x)(1-f(y))\,\mathrm{d}x\,\mathrm{d}y$,$I_3=\int_0^1\int_0^1 f(x)f(y)\,\mathrm{d}x\,\mathrm{d}y$,则(　　).

(A) $I_1<I_2<I_3$.　　(B) $I_1<I_3<I_2$.　　(C) $I_2<I_1<I_3$.　　(D) $I_3<I_2<I_1$.

(5) 设向量组 Ⅰ:$\boldsymbol{\alpha}_1,\boldsymbol{\alpha}_2,\cdots,\boldsymbol{\alpha}_r$ 可由向量组 Ⅱ:$\boldsymbol{\beta}_1,\boldsymbol{\beta}_2,\cdots,\boldsymbol{\beta}_s$ 线性表示. 下列命题正确的是(　　).

(A) 若向量组Ⅰ线性无关,则 $r\leqslant s$.　　(B) 若向量组Ⅰ线性相关,则 $r>s$.

(C) 若向量组Ⅱ线性无关,则 $r\leqslant s$.　　(D) 若向量组Ⅱ线性相关,则 $r>s$.

(6) 设 $\boldsymbol{A}$ 为 4 阶实对称矩阵,且 $\boldsymbol{A}^2+\boldsymbol{A}=\boldsymbol{0}$,若 $\boldsymbol{A}$ 的秩为 3,则 $\boldsymbol{A}$ 相似于(　　).

(A) $\begin{pmatrix}1&&&\\&1&&\\&&1&\\&&&0\end{pmatrix}$.　　(B) $\begin{pmatrix}1&&&\\&1&&\\&&-1&\\&&&0\end{pmatrix}$.

(C) $\begin{pmatrix}1&&&\\&-1&&\\&&-1&\\&&&0\end{pmatrix}$.　　(D) $\begin{pmatrix}-1&&&\\&-1&&\\&&-1&\\&&&0\end{pmatrix}$.

(7) 设随机变量 X 服从$(-1,1)$上的均匀分布,事件 $A=\{0<X<1\}$,$B=\left\{|X|<\frac{1}{4}\right\}$,则(　　).

(A) $P(AB)=0$.　　(B) $P(AB)=P(A)$.

(C) $P(A)+P(B)=1$.　　(D) $P(AB)=P(A)\cdot P(B)$.

(8) 设 $X_1,X_2,\cdots,X_n$ 是来自总体 $N(\mu,\sigma^2)(\sigma>0)$ 的简单随机样本,记统计量 $T=\frac{1}{n}\sum_{i=1}^{n}X_i^2$,则 $E(T)=$(　　).

(A) σ^2.　　(B) μ^2.　　(C) $\sigma^2+\mu^2$.　　(D) $\sigma^2-\mu^2$.

二、填空题:9~14 小题,每小题 4 分,共 24 分.请将答案写在题目中的横线上.

(9) $\lim\limits_{x\to\infty}\left(\frac{x}{x-a}\right)^x=$__________.

(10) 曲线 $y=\frac{2x^2+\sin x}{\cos x-x^2}$ 的水平渐近线的方程为 $y=$__________.

(11) 已知一个长方形的长 x 以 0.2 m/s 的速率增加,宽 y 以 0.3 m/s 的速率增加,当 $x=12$ m,$y=5$ m 时,其面积增加的速率为__________.

(12) 函数 $z=\frac{y^x-1}{y}$ 在点$(1,\mathrm{e})$处的全微分 $\mathrm{d}z|_{(1,\mathrm{e})}=$__________.

(13) 设 $\boldsymbol{A}=\begin{pmatrix}1&-1&1\\1&2&3\end{pmatrix}$,$\boldsymbol{A}^{\mathrm{T}}$ 为 $\boldsymbol{A}$ 的转置矩阵,则行列式 $|\boldsymbol{A}^{\mathrm{T}}\boldsymbol{A}|=$__________.

(14) 设随机变量 X 的概率分布为 $P\{X=k\}=\theta(1-\theta)^{k-1}$,$k=1,2,\cdots$,其中 $0<\theta<1$.若 $P\{X\leqslant 2\}=\frac{5}{9}$,则 $P\{X=3\}=$______.

三、解答题:15~23 小题,共 94 分.解答应写出文字说明、证明过程或演算步骤.

(15)(本题满分 10 分)

设函数 $f(x)=\ln\tan\frac{x}{2}+\mathrm{e}^{-x}\cos 2x$,求 $f''\left(\frac{\pi}{2}\right)$.

(16)(本题满分 10 分)

计算定积分 $\int_0^{\pi^2}\sqrt{x}\cos\sqrt{x}\,\mathrm{d}x$.

(17)(本题满分 11 分)

设某农作物长高到 0.1 m 后,高度的增长速率与现有高度 y 及$(1-y)$之积成比例(比例系数 $k>0$).求此农作物生长高度的变化规律(高度以 m 为单位).

(18)(本题满分 11 分)

计算二重积分 $I=\iint\limits_D[x+\sin(xy)]\,\mathrm{d}x\,\mathrm{d}y$,其中区域 $D=\left\{(x,y)\,\middle|\,x^2+y^2\leqslant 2,x\geqslant 1\right\}$.

(19)(本题满分 10 分)

证明 $\left(1+\frac{1}{x}\right)^{x+1}>\mathrm{e}\quad(x>0)$.

(20)(本题满分10分)

设 $\boldsymbol{A}=\begin{pmatrix} a & 1 & 1 \\ 0 & a-1 & 0 \\ 1 & 1 & a \end{pmatrix}$，$\boldsymbol{\beta}=\begin{pmatrix} -2 \\ 1 \\ 1 \end{pmatrix}$.

已知线性方程组 $\boldsymbol{Ax}=\boldsymbol{\beta}$ 有2个不同的解，求 a 的值和方程组 $\boldsymbol{Ax}=\boldsymbol{\beta}$ 的通解.

(21)(本题满分11分)

设 $\boldsymbol{A}=\begin{pmatrix} 1 & -1 & 1 \\ 2 & 4 & a \\ -3 & -3 & 5 \end{pmatrix}$，6是 $\boldsymbol{A}$ 的一个特征值.

(Ⅰ)求 a 的值；

(Ⅱ)求 $\boldsymbol{A}$ 的全部特征值和特征向量.

(22)(本题满分10分)

设二维随机变量 (X,Y) 的概率分布为

$X \backslash Y$	-1	0	1
0	$\frac{1}{3}$	0	a
1	$\frac{1}{4}$	b	$\frac{1}{12}$

且 $P\{X+Y=1 \mid X=0\}=\frac{1}{3}$. 求

(Ⅰ)常数 a,b；

(Ⅱ)$\mathrm{Cov}(X,Y)$.

(23)(本题满分11分)

设随机变量 X 的概率密度为

$$f(x)=\begin{cases} |x|, & -1<x<1 \\ 0, & \text{其他} \end{cases}.$$

令 $Y=X^2+1$，求：

(Ⅰ)Y 的概率密度 $f_Y(y)$；

(Ⅱ)$P\left\{-1<Y<\frac{3}{2}\right\}$.

2010 年全国硕士研究生入学统一考试 农学门类联考数学试题参考答案及解析

一、选择题:1～8 小题,每小题 4 分,共 32 分.下列每题给出的四个选项中,只有一个选项是符合题目要求的.请将所选项前的字母填在括号内.

(1)【答案】(C).

【解析】$\lim\limits_{x\to 3}\dfrac{e^x-e^3}{(x-3)(x-e)}=\lim\limits_{x\to 3}\dfrac{e^x}{(x-3)+(x-e)}=\dfrac{e^3}{3-e}$,而函数在 $x=3$ 点没有定义,为第一类可去间断点;又 $\lim\limits_{x\to e}\dfrac{e^x-e^3}{(x-3)(x-e)}=\infty$,所以 $x=e$ 为第二类无穷间断点.

(2)【答案】(A).

【解析】$y'=\dfrac{(x-4)^2-2(x-4)x}{(x-4)^4}=-\dfrac{x+4}{(x-4)^3}\Rightarrow y''=\dfrac{2(x+8)}{(x-4)^4}$

$y''<0\Rightarrow x<-8$

(3)【答案】(B).

【解析】$[f(g(x))]'=f'(g(x))g'(x)$,

$[f(g(x))]''=[f'(g(x))g'(x)]'=f''(g(x))g'(x)g'(x)+g''(x)f'(g(x))$

于是,因为 $g'(x_0)=0$,则$\Rightarrow f'(g(x_0))>0$ 既可满足条件$[f(g(x_0))]''<0$,在 x_0 取极大值.

(4)【答案】(D).

【解析】由已知条件,$f(x)[1-f(y)]<1$,则$\sqrt{f(x)[1-f(y)]}>f(x)[1-f(y)]$,$I_1>I_2$;又$\int_0^1 f(x)\mathrm{d}x<\dfrac{1}{2}$,$I_2>I_3$,则 $I_1>I_2>I_3$.

(5)【答案】(A).

【解析】设 $\boldsymbol{A}=(\boldsymbol{\alpha}_1,\boldsymbol{\alpha}_2,\cdots,\boldsymbol{\alpha}_r)$,$\boldsymbol{B}=(\boldsymbol{\beta}_1,\boldsymbol{\beta}_2,\cdots,\boldsymbol{\beta}_s)$,由题设知向量组Ⅰ:$\boldsymbol{\alpha}_1,\boldsymbol{\alpha}_2,\cdots,\boldsymbol{\alpha}_r$ 可由向量组Ⅱ:$\boldsymbol{\beta}_1,\boldsymbol{\beta}_2,\cdots,\boldsymbol{\beta}_s$ 线性表示,即 $\boldsymbol{A}=\boldsymbol{B}\boldsymbol{K}_{s\times r}$(其中 $\boldsymbol{K}$ 为系数矩阵).令 $\boldsymbol{A}\boldsymbol{x}=\boldsymbol{0}$[其中 $x=(x_1,x_2,\cdots,x_r)^{\mathrm{T}}$],即在 $\boldsymbol{A}=\boldsymbol{B}\boldsymbol{K}_{s\times r}$ 等号两侧同乘以 $\boldsymbol{x}$.

若向量组Ⅰ线性无关,则 $R(\boldsymbol{A})=r\Rightarrow\boldsymbol{A}\boldsymbol{x}=\boldsymbol{0}$ 只有零解$\Rightarrow\boldsymbol{B}\boldsymbol{K}_{s\times r}\boldsymbol{x}=\boldsymbol{0}$ 只有零解.

(利用反证法)若 $r>s$,有 $R(\boldsymbol{K})\leqslant s<r\Rightarrow\boldsymbol{B}\boldsymbol{K}\boldsymbol{x}=\boldsymbol{0}$ 有非零解,与之相矛盾,所以 $r\leqslant s$,所以正确答案为(A).

(6)【答案】(D).

【解析】设 $\boldsymbol{A}$ 的特征值为 λ,因为 $\boldsymbol{A}^2+\boldsymbol{A}=\boldsymbol{0}$,所以 $\lambda^2+\lambda=0$,即 $\lambda(\lambda+1)=0\Rightarrow\lambda=0$ 或 $\lambda=-1$.又因为 $R(\boldsymbol{A})=3$,$\boldsymbol{A}$ 必可相似对角化,且对角阵的秩也是 3.所以 $\lambda=-1$ 是三重特征根,即

$$\boldsymbol{A}\sim\begin{pmatrix}-1&&&\\&-1&&\\&&-1&\\&&&0\end{pmatrix}$$

所以正确答案为(D).

(7)【答案】(D).

【解析】$P(A)=P\{0<X<1\}=\frac{1}{2}, P(B)=P\left\{|X|<\frac{1}{4}\right\}=\frac{1}{4}$

$$P(AB)=P\left\{0<X<1,|X|<\frac{1}{4}\right\}=P\left\{0<X<\frac{1}{4}\right\}=\frac{1}{8}$$

$\Rightarrow P(AB)=P(A)P(B)$,所以选(D).

(8)【答案】(C).

【解析】由题知 $E(X)=\mu, D(X)=\sigma^2 \Rightarrow E(X^2)=\mu^2+\sigma^2$,则有

$$E(T)=E\left(\frac{1}{n}\sum_{i=1}^{n}E(X_i^2)\right)=\frac{1}{n}\sum_{i=1}^{n}E(X_i^2)=E(X^2)=\mu^2+\sigma^2$$

所以选(C).

二、填空题:9～14小题,每小题4分,共24分.请将答案写在题目中的横线上.

(9)【解析】$\lim\limits_{x\to\infty}\left(\frac{x}{x-a}\right)^x=\lim\limits_{x\to\infty}\left(1+\frac{a}{x-a}\right)^{\frac{x-a}{a}\cdot\frac{ax}{x-a}}=e^a$

(10)【解析】$y=\lim\limits_{x\to\infty}\frac{2x^2+\sin x}{\cos x-x^2}=\lim\limits_{x\to\infty}\frac{2+\frac{1}{x^2}\sin x}{\frac{1}{x^2}\cos x-1}=-2.$

(11)【解析】由已知,$\frac{dS}{dt}=\frac{d(xy)}{dt}=x'y+xy'=0.2\times5+12\times0.3=4.6(m^2/s)$.

(12)【解析】$dz=\frac{\partial z}{\partial x}dx+\frac{\partial z}{\partial y}dy\Rightarrow\frac{\partial z}{\partial x}=y^{x-1}\ln y,\frac{\partial z}{\partial y}=(x-1)y^{x-2}+\frac{1}{y^2}\Rightarrow dz|_{1,e}=dx+e^{-2}dy$

(13)【解析】因为 $R(\mathbf{A}^T\mathbf{A})\leqslant R(\mathbf{A})\leqslant2$,又因为 $\mathbf{A}^T\mathbf{A}$ 为3阶矩阵,所以

$$|\mathbf{A}^T\mathbf{A}|=0$$

(14)【解析】由题知

$$P\{X\leqslant2\}=P\{X=1\}+P\{X=2\}=\theta+\theta(1-\theta)=2\theta-\theta^2=\frac{5}{9}$$

$\Rightarrow 9\theta^2-18\theta+5=0\Rightarrow\theta=\frac{1}{3}$,所以

$$P\{X=3\}=\frac{1}{3}\left(1-\frac{1}{3}\right)^2=\frac{4}{27}$$

三、解答题:15～23小题,共94分.解答应写出文字说明、证明过程或演算步骤.

(15)【解析】$f''\left(\frac{\pi}{2}\right)=3e^{-\frac{\pi}{2}}$.

$$f'(x)=\csc x-2e^{-x}\sin2x-e^{-x}\cos2x$$

$$f''(x)=-\csc x\cot x-2(2e^{-x}\cos 2x-e^{-x}\sin 2x)+2e^{-x}\sin 2x+e^{-x}\cos 2x$$
$$+2e^{-x}(\sin 2x)+e^{-x}\cos 2x$$

$$f''\left(\frac{\pi}{2}\right)=3e^{-\frac{\pi}{2}}$$

(16)【解析】$\int_0^{\pi^2}\sqrt{x}\cos\sqrt{x}\,dx=-4\pi$，令$\sqrt{x}=t$，原式为

$$2\int_0^{\pi}t^2\cos t\,dt=2\left(t^2\sin t\,\Big|_0^{\pi}-\int_0^{\pi}2t\sin t\,dt\right)=-4\int_0^{\pi}t\sin t\,dt=4\left(t\cos t\,\Big|_0^{\pi}-\int_0^{\pi}\cos t\,dt\right)=-4\pi$$

(17)【解析】设此农作物生长的变化规律函数为 $y=y(t)$，解微分方程初值问题，

$$y'=ky(1-y)$$
$$y(0)=0.1$$

求解得此农作物生长高度的变化规律为 $y=\dfrac{e^{kt}}{9+e^{kt}}$.

(18)【解析】$I=\dfrac{2}{3}$.

由于积分区域关于 x 轴对称，被积函数中 $\sin(xy)$关于 y 为奇函数，所以，原式可化简为

$$I=\iint_D x\,dx\,dy=\int_{-\frac{\pi}{4}}^{\frac{\pi}{4}}d\theta\int_{\frac{1}{\cos\theta}}^{\sqrt{2}}r\cos\theta\, r\,dr=\frac{2}{3}$$

(19)【解析】证明：考查函数 $f(x)=\left(1+\dfrac{1}{x}\right)^{x+1}-e$，$f'(x)=\left(1+\dfrac{1}{x}\right)^{x+1}\left(\ln\left(1+\dfrac{1}{x}\right)-\dfrac{1}{x}\right)<0$，$f(x)$在 $x>0$ 范围内单调递减，又

$$\lim_{x\to+\infty}f(x)=\lim_{x\to+\infty}\left(1+\frac{1}{x}\right)^{x+1}-e=e^{\lim\limits_{x\to+\infty}(x+1)\ln\left(1+\frac{1}{x}\right)}-e=0,$$

所以在 $x>0$ 范围内 $f(x)>0$，即为$\left(1+\dfrac{1}{x}\right)^{x+1}>e\quad(x>0)$.

(20)【解析】$a=-1$.

由题意知，$\boldsymbol{Ax}=\boldsymbol{\beta}$ 的增广矩阵为

$$\overline{\boldsymbol{A}}=(\boldsymbol{A}\vdots\boldsymbol{\beta})=\left(\begin{array}{ccc|c}a&1&1&-2\\0&a-1&0&1\\1&1&a&1\end{array}\right)\xrightarrow{r_1\leftrightarrow r_3}\left(\begin{array}{ccc|c}1&1&a&1\\0&a-1&0&1\\a&1&1&-2\end{array}\right)\xrightarrow{r_3-ar_1}$$

$$\left(\begin{array}{ccc|c}1&1&a&1\\0&a-1&0&1\\0&1-a&1-a^2&-2-\lambda\end{array}\right)\xrightarrow{r_3+r_2}\left(\begin{array}{ccc|c}1&1&a&1\\0&a-1&0&1\\0&0&1-a^2&-a-1\end{array}\right)$$

因为 $\boldsymbol{Ax}=\boldsymbol{\beta}$ 有 2 个不同的解，所以 $R(\boldsymbol{A})=R(\overline{\boldsymbol{A}})<3$.

因为$\begin{cases}1-a^2=0\\-1-a=0\end{cases}\Rightarrow a=-1$，那么

$$\bar{\mathbf{A}}\to\left(\begin{array}{ccc|c}1&1&-1&1\\0&-2&0&1\\0&0&0&0\end{array}\right)$$

其等价方程组为$\begin{cases}x_1+x_2-x_3=1\\-2x_2=1\end{cases}$.

因为$R(\mathbf{A})=R(\bar{\mathbf{A}})=2$

所以对应齐次线性方程组 $\mathbf{A}\mathbf{x}=\mathbf{0}$ 的基础解系含 1 个解向量，即 $\boldsymbol{\alpha}=\begin{pmatrix}1\\0\\1\end{pmatrix}$.

$\mathbf{A}\mathbf{x}=\mathbf{b}$ 的一个特解为 $\boldsymbol{\beta}=\begin{pmatrix}\frac{5}{2}\\-\frac{1}{2}\\1\end{pmatrix}$，所以 $\mathbf{A}\mathbf{x}=\mathbf{b}$ 的通解为 $k\begin{pmatrix}1\\0\\1\end{pmatrix}+\begin{pmatrix}\frac{5}{2}\\-\frac{1}{2}\\1\end{pmatrix}$（其中 k 为任意常数）.

(21)【解析】（Ⅰ）因为 6 是 $\mathbf{A}$ 的一个特征值，所以$|6\mathbf{E}-\mathbf{A}|=0$，即

$$|6\mathbf{E}-\mathbf{A}|=\begin{vmatrix}5&1&-1\\-2&2&-a\\3&3&1\end{vmatrix}\xlongequal{r_3+r_1}\begin{vmatrix}5&1&-1\\-2&2&-a\\8&4&0\end{vmatrix}\xlongequal{c_1-2c_2}\begin{vmatrix}3&1&-1\\-6&2&-a\\0&4&0\end{vmatrix}$$

$$=-4\begin{vmatrix}3&-1\\-6&-a\end{vmatrix}=12(a+2)=0\Rightarrow a=-2$$

（Ⅱ）

$$|\lambda\mathbf{E}-\mathbf{A}|=\begin{vmatrix}\lambda-1&1&-1\\-2&\lambda-4&2\\3&3&\lambda-5\end{vmatrix}\xlongequal{c_1-c_2}\begin{vmatrix}\lambda-2&1&-1\\-\lambda+2&\lambda-4&2\\0&3&\lambda-5\end{vmatrix}\xlongequal{r_2+r_1}$$

$$\begin{vmatrix}\lambda-2&1&-1\\0&\lambda-3&1\\0&3&\lambda-5\end{vmatrix}=(\lambda-2)\begin{vmatrix}\lambda-3&1\\3&\lambda-5\end{vmatrix}$$

$$=(\lambda-2)(\lambda-2)(\lambda-6)=0\Rightarrow\lambda_1=\lambda_2=2,\lambda_3=6$$

当 $\lambda_1=\lambda_2=2$ 时，

$$2\mathbf{E}-\mathbf{A}=\begin{pmatrix}1&1&-1\\-2&-2&2\\3&3&-3\end{pmatrix}\xrightarrow[r_3-3r_1]{r_2+2r_1}\begin{pmatrix}1&1&-1\\0&0&0\\0&0&0\end{pmatrix}$$

其等价方程组为 $x_1+x_2-x_3=0$，那么其基础解系含有 2 个线性无关的解向量，即

$$\boldsymbol{\alpha}_1=\begin{pmatrix}-1\\1\\0\end{pmatrix},\boldsymbol{\alpha}_2=\begin{pmatrix}1\\0\\1\end{pmatrix}$$

所以 $\lambda_1=\lambda_2=2$ 对应的特征向量为 $k_1\alpha_1+k_2\alpha_2$（其中 k_1,k_2 为不同时等于 0 的常数）.

当 $\lambda_3=6$ 时，

$$6\boldsymbol{E}-\boldsymbol{A}=\begin{pmatrix}5&1&-1\\-2&2&2\\3&3&1\end{pmatrix}\xrightarrow[r_1\leftrightarrow r_2]{-\frac{1}{2}r_2}\begin{pmatrix}1&-1&-1\\5&1&-1\\3&3&1\end{pmatrix}\xrightarrow[r_3-3r_1]{r_2-5r_1}\begin{pmatrix}1&-1&-1\\0&6&4\\0&6&4\end{pmatrix}\xrightarrow[\frac{1}{2}r_2]{r_3-r_2}$$

$$\begin{pmatrix}1&-1&-1\\0&3&2\\0&0&0\end{pmatrix}$$

其等价方程组为 $\begin{cases}x_1-x_2-x_3=0\\3x_2+2x_3=0\end{cases}$，那么其基础解系含有 1 个解向量，即 $\boldsymbol{\alpha}_3=\begin{pmatrix}1\\-2\\3\end{pmatrix}$.

所以 $\lambda_3=6$ 对应的特征向量为 $k_3\alpha_3$，其中 k_3 为不等于 0 的任意常数.

即 $\lambda_3=6$ 对应的特征向量为 $k_3\begin{pmatrix}1\\-2\\3\end{pmatrix}$，其中 k_3 为不等于 0 的任意常数.

(22)【解析】（Ⅰ）根据 (X,Y) 的概率分布，有

$$a+b+\frac{1}{3}+\frac{1}{4}+\frac{1}{12}+0=1\Rightarrow a+b=\frac{1}{3}\tag{1}$$

$$P\{X+Y=1|X=0\}=\frac{P\{X+Y=1,X=0\}}{P\{X=0\}}$$

$$=\frac{P\{X=0,Y=1\}}{P\{X=0\}}\Rightarrow\frac{a}{a+\frac{1}{3}}=\frac{1}{3}\tag{2}$$

联合式(1)、式(2)，得出 $a=b=\dfrac{1}{6}$.

（Ⅱ）

$$E(X)=0\times\left(\frac{1}{3}+0+\frac{1}{6}\right)+1\times\left(\frac{1}{4}+\frac{1}{6}+\frac{1}{12}\right)=\frac{1}{2}$$

$$E(Y)=-1\times\left(\frac{1}{3}+\frac{1}{4}\right)+0\times\left(0+\frac{1}{6}\right)+1\times\left(\frac{1}{6}+\frac{1}{12}\right)=-\frac{1}{3}$$

$$E(XY)=-1\times1\times\frac{1}{4}+1\times1\times\frac{1}{12}=-\frac{1}{6}$$

$$\mathrm{Cov}(X,Y)=E(XY)-E(X)E(Y)=0.$$

(23)【解析】（Ⅰ）当 $y<1$ 时，$F_Y(y)=0$.

当 $1\leqslant y<2$ 时，

$$F_Y(y)=P\{Y\leqslant y\}=P\{X^2+1\leqslant y\}=P\{|X|\leqslant\sqrt{y-1}\}=\int_{-\sqrt{y-1}}^{\sqrt{y-1}}|x|\,\mathrm{d}x$$

$$=2\int_0^{\sqrt{y-1}}x\,\mathrm{d}x=y-1$$

当 $y \geqslant 2$ 时，$F_Y(y)=1$，所以

$$F_Y(y)=\begin{cases}0, & y<1\\ y-1, & 1\leqslant y<2\\ 1, & y\geqslant 2\end{cases}$$

所以 Y 的概率密度 $f_Y(y)=\begin{cases}1, & 1<y<2\\ 0, & \text{其他}\end{cases}$.

（Ⅱ）$P\left\{-1<Y<\dfrac{3}{2}\right\}=\displaystyle\int_1^{\frac{3}{2}}\mathrm{d}x=\dfrac{1}{2}$.

2011 年全国硕士研究生入学统一考试
农学门类联考数学试题

一、选择题:1~8 小题,每小题 4 分,共 32 分.下列每题给出的四个选项中,只有一个选项是符合题目要求的.请将所选项前的字母填在括号内.

(1) 当 $x\to 0$ 时,下列函数为无穷大量的是(　　).

(A) $\dfrac{\sin 3x}{x}$.　　(B) $\cot x$.　　(C) $\dfrac{1-\cos x}{x}$.　　(D) $e^{\frac{1}{x}}$.

(2) 设函数 $f(x)$可导,$f(0)=0,f'(0)=1,\lim\limits_{x\to 0}\dfrac{f(\sin^3 x)}{\lambda x^k}=\dfrac{1}{2}$,则(　　).

(A) $k=2,\lambda=2$.　　(B) $k=3,\lambda=3$.　　(C) $k=3,\lambda=2$.　　(D) $k=4,\lambda=1$.

(3) 设 $I_1=\int_0^{\frac{\pi}{4}}\dfrac{\sin x}{x}\,dx,I_2=\int_0^{\frac{\pi}{4}}\dfrac{x}{\sin x}\,dx$,则(　　).

(A) $I_1<\dfrac{\pi}{4}<I_2$.　　(B) $I_1<I_2<\dfrac{\pi}{4}$.　　(C) $\dfrac{\pi}{4}<I_1<I_2$.　　(D) $I_2<\dfrac{\pi}{4}<I_1$.

(4) 设函数 $z=\arctan e^{-xy}$,则 $dz=$(　　).

(A) $-\dfrac{e^{xy}}{1+e^{2xy}}(y\,dx+x\,dy)$.　　(B) $\dfrac{e^{xy}}{1+e^{2xy}}(y\,dx-x\,dy)$.

(C) $\dfrac{e^{xy}}{1+e^{2xy}}(x\,dy-y\,dx)$.　　(D) $\dfrac{e^{xy}}{1+e^{2xy}}(y\,dx+x\,dy)$.

(5) 将二阶矩阵 $\boldsymbol{A}$ 的第 2 列加到第 1 列得矩阵 $\boldsymbol{B}$,再交换 $\boldsymbol{B}$ 的第 1 行与第 2 行得单位矩阵,则 $\boldsymbol{A}=$(　　).

(A) $\begin{pmatrix}0&1\\1&1\end{pmatrix}$.　　(B) $\begin{pmatrix}0&1\\1&-1\end{pmatrix}$.　　(C) $\begin{pmatrix}1&1\\1&0\end{pmatrix}$.　　(D) $\begin{pmatrix}-1&1\\1&0\end{pmatrix}$.

(6) 设 $\boldsymbol{A}$ 为 4×3 矩阵,$\boldsymbol{\eta}_1,\boldsymbol{\eta}_2,\boldsymbol{\eta}_3$ 是非齐次线性方程组 $\boldsymbol{Ax}=\boldsymbol{\beta}$ 的 3 个线性无关的解,k_1,k_2 为任意常数,则 $\boldsymbol{Ax}=\boldsymbol{\beta}$ 的通解为(　　).

(A) $\dfrac{\boldsymbol{\eta}_1+\boldsymbol{\eta}_2}{2}+k_1(\boldsymbol{\eta}_2-\boldsymbol{\eta}_1)$.　　(B) $\dfrac{\boldsymbol{\eta}_1-\boldsymbol{\eta}_2}{2}+k_1(\boldsymbol{\eta}_2-\boldsymbol{\eta}_1)$.

(C) $\dfrac{\boldsymbol{\eta}_2+\boldsymbol{\eta}_3}{2}+k_1(\boldsymbol{\eta}_3-\boldsymbol{\eta}_1)+k_2(\boldsymbol{\eta}_2-\boldsymbol{\eta}_1)$.　　(D) $\dfrac{\boldsymbol{\eta}_2-\boldsymbol{\eta}_3}{2}+k_1(\boldsymbol{\eta}_2-\boldsymbol{\eta}_3)+k_2(\boldsymbol{\eta}_3-\boldsymbol{\eta}_1)$.

(7) 设随机事件 A,B 满足 $A\subset B$ 且 $0<P(A)<1$,则必有(　　).

(A) $P(A)\geqslant P(A|A\cup B)$.　　(B) $P(A)\leqslant P(A|A\cup B)$.

(C) $P(B)\geqslant P(B|A)$.　　(D) $P(B)\leqslant P(B|\overline{A})$.

(8) 设总体 X 服从参数为 $\lambda(\lambda>0)$的泊松分布,$X_1,X_2,\cdots,X_n(n\geqslant 2)$为来自总体的简单随机样本,则对于统计量 $T_1=\dfrac{1}{n}\sum\limits_{i=1}^{n}X_i$ 和 $T_2=\dfrac{1}{n-1}\sum\limits_{i=1}^{n-1}X_i+\dfrac{1}{n}X_n$,有(　　).

(A) $E(T_1)>E(T_2)$, $D(T_1)>D(T_2)$.　　(B) $E(T_1)>E(T_2)$, $D(T_1)<D(T_2)$.

(C) $E(T_1)<E(T_2)$, $D(T_1)>D(T_2)$.　　(D) $E(T_1)<E(T_2)$, $D(T_1)<D(T_2)$.

二、填空题:9～14小题,每小题4分,共24分.请将答案写在题目中的横线上.

(9) 设函数 $f(x)=\lim\limits_{t\to 0}x(1+3t)^{\frac{x}{t}}$,则 $f'(x)=$________.

(10) 曲线 $y=x^3-3x^2+3x+1$ 在其拐点处的切线方程是________.

(11) 反常积分 $\int_1^{+\infty}\frac{\mathrm{d}x}{x(x^2+1)}=$________.

(12) 设函数 $z=(2x+y)^{3xy}$,则 $\left.\frac{\partial z}{\partial x}\right|_{(1,1)}=$________.

(13) 设矩阵 $\boldsymbol{A}=\begin{pmatrix}0&0&1\\0&1&0\\1&0&0\end{pmatrix}$,$\boldsymbol{C}=\begin{pmatrix}1&-1&0\\0&1&0\\0&0&1\end{pmatrix}$,$\boldsymbol{D}=\begin{pmatrix}1&2&3\\0&2&3\\0&0&3\end{pmatrix}$且3阶矩阵 $\boldsymbol{B}$ 满足 $\boldsymbol{ABC}=\boldsymbol{D}$,则 $|\boldsymbol{B}^{-1}|=$________.

(14) 设二维随机变量 (X,Y) 服从正态分布 $N(\mu,\mu,\sigma^2,\sigma^2,0)$,则 $E(XY^2)=$________.

三、解答题:15～23小题,共94分.解答应写出文字说明、证明过程或演算步骤.

(15)(本题满分10分)

设函数 $f(x)=\begin{cases}\frac{\mathrm{e}^x-\cos x}{x}, & x\neq 0\\ a, & x=0\end{cases}$ 在 $x=0$ 处连续,求:

(Ⅰ) a 的值;

(Ⅱ) $f'(x)$.

(16)(本题满分10分)

求不定积分 $\int\frac{\arcsin\sqrt{x}+1}{\sqrt{x}}\mathrm{d}x$.

(17)(本题满分11分)

设函数 $y=y(x)$ 是微分方程 $x\mathrm{d}y+(x-2y)\mathrm{d}x=0$ 满足条件 $y(1)=2$ 的解,求曲线 $y=y(x)$ 与 x 轴所围图形的面积 S.

(18)(本题满分10分)

证明:当 $0<x<\frac{\pi}{2}$ 时,$\frac{\pi}{2}<x\sin x+2\cos x<2$.

(19)(本题满分11分)

计算二重积分 $\iint\limits_D y\,\mathrm{d}x\,\mathrm{d}y$,其中 $D=\{(x,y)\mid x^2+(y-1)^2\leqslant 1,x\geqslant 0\}$.

(20)(本题满分10分)

已知 $\boldsymbol{\alpha}_1=(1,2,1)^{\mathrm{T}}$,$\boldsymbol{\alpha}_2=(1,1,2)^{\mathrm{T}}$,$\boldsymbol{\alpha}_3=(1,-1,4)^{\mathrm{T}}$,$\boldsymbol{\beta}=(1,0,a)^{\mathrm{T}}$,问 a 为何值时,

(Ⅰ) $\boldsymbol{\beta}$ 不能由 $\boldsymbol{\alpha}_1,\boldsymbol{\alpha}_2,\boldsymbol{\alpha}_3$ 线性表示;

(Ⅱ) $\boldsymbol{\beta}$ 可由 $\boldsymbol{\alpha}_1,\boldsymbol{\alpha}_2,\boldsymbol{\alpha}_3$ 线性表示,并写出一般表达式.

(21)(本题满分 11 分)

已知 1 是矩阵 $\boldsymbol{A}=\begin{pmatrix}0 & a & 1\\ 1 & 1 & -1\\ 1 & 0 & 0\end{pmatrix}$的二重特征值.

(Ⅰ)求 a 的值;

(Ⅱ)求可逆矩阵 $\boldsymbol{P}$ 和对角矩阵 $\boldsymbol{Q}$,使 $\boldsymbol{P}^{-1}\boldsymbol{AP}=\boldsymbol{Q}$.

(22)(本题满分 10 分)

设随机变量 X 与 Y 的概率分布分别为

X	0	1
P	$\frac{1}{3}$	$\frac{2}{3}$

Y	-1	0	1
P	$\frac{1}{3}$	$\frac{1}{3}$	$\frac{1}{3}$

且 $P(X^2=Y^2)=1$.

(Ⅰ)求二维随机变量(X,Y)的概率分布;

(Ⅱ)求 $E(X)$,$E(Y)$及 X 与 Y 的相关系数 ρ_{XY}.

(23)(本题满分 11 分)

设二维随机变量(X,Y)服从区域 G 上的均匀分布,其中 G 是由 $x-y=0$,$x+y=2$ 与 $y=0$ 所围成的三角形区域.

(Ⅰ) 求 X 的边缘密度 $f_X(x)$;

(Ⅱ) 求 $P\{X-Y\leqslant 1\}$.

2011 年全国硕士研究生入学统一考试
农学门类联考数学试题参考答案及解析

一、选择题:1～8 小题,每小题 4 分,共 32 分. 下列每题给出的四个选项中,只有一个选项是符合题目要求的. 请将所选项前的字母填在括号内.

(1)【答案】(B).

【解析】这里采用排除法,$\lim\limits_{x\to 0}\dfrac{\sin 3x}{x}=\lim\limits_{x\to 0}\dfrac{3\sin 3x}{3x}=3$,故排除(A);

$\lim\limits_{x\to 0}\dfrac{1-\cos x}{x}=\lim\limits_{x\to 0}\dfrac{2\sin^2\dfrac{x}{2}}{x}=\lim\limits_{x\to 0}\sin\dfrac{x}{2}=0$,故排除(C);当 x 从负方向趋于 0 时 $\lim\limits_{x\to 0}\mathrm{e}^{\frac{1}{x}}=0$,故排除(D),选(B).

(2)【答案】(C).

【解析】因为

$$\lim_{x\to 0}\frac{f(\sin^3 x)}{\lambda x^k}=\lim_{x\to 0}\frac{f(\sin^3 x)-f(0)}{\sin^3 x}\cdot\frac{\sin^3 x}{\lambda x^k}=f'(0)\cdot\lim_{x\to 0}\frac{x^3}{\lambda x^k}=\frac{1}{\lambda}\lim_{x\to 0}x^{3-k}=\frac{1}{2}$$

所以 $\lambda=2,k=3$,选(C).

(3)【答案】(A).

【解析】当 $0<x<\dfrac{\pi}{4}$ 时,$\sin x<x$,故$\dfrac{\sin x}{x}<1<\dfrac{x}{\sin x}$,所以有

$$I_1=\int_0^{\frac{\pi}{4}}\frac{\sin x}{x}\mathrm{d}x<\int_0^{\frac{\pi}{4}}\mathrm{d}x<\int_0^{\frac{\pi}{4}}\frac{x}{\sin x}\mathrm{d}x=I_2$$

即 $I_1<\dfrac{\pi}{4}<I_2$,选(A).

(4)【答案】(A).

【解析】$\mathrm{d}z=\dfrac{-\mathrm{e}^{-xy}}{1+\mathrm{e}^{-2xy}}(x\mathrm{d}y+y\mathrm{d}x)=\dfrac{-\mathrm{e}^{xy}}{1+\mathrm{e}^{2xy}}(x\mathrm{d}y+y\mathrm{d}x)$,选(A).

(5)【答案】(D).

【解析】$\boldsymbol{A}\begin{pmatrix}1&0\\1&1\end{pmatrix}=\boldsymbol{B}$,$\begin{pmatrix}0&1\\1&0\end{pmatrix}\boldsymbol{B}=\boldsymbol{E}$,所以 $\boldsymbol{A}=\begin{pmatrix}0&1\\1&0\end{pmatrix}^{-1}\cdot\begin{pmatrix}1&0\\1&1\end{pmatrix}^{-1}=\begin{pmatrix}-1&1\\1&0\end{pmatrix}$,选(D).

(6)【答案】(C).

【解析】因为 $\boldsymbol{\eta}_1,\boldsymbol{\eta}_2,\boldsymbol{\eta}_3$ 是 $\boldsymbol{Ax}=\boldsymbol{\beta}$ 的线性无关解,所以 $\boldsymbol{\eta}_2-\boldsymbol{\eta}_1,\boldsymbol{\eta}_3-\boldsymbol{\eta}_1$ 是 $\boldsymbol{Ax}=\boldsymbol{0}$ 的两个线性无关解,而$\dfrac{\boldsymbol{\eta}_2+\boldsymbol{\eta}_3}{2}$是 $\boldsymbol{Ax}=\boldsymbol{\beta}$ 的解,故$\dfrac{\boldsymbol{\eta}_2+\boldsymbol{\eta}_3}{2}+k_1(\boldsymbol{\eta}_3-\boldsymbol{\eta}_1)+k_2(\boldsymbol{\eta}_2-\boldsymbol{\eta}_1)$是 $\boldsymbol{Ax}=\boldsymbol{\beta}$ 的通解,选(C).

(7)【答案】(B).

【解析】因为 $0<P(A)<1,A\subset B$,故 $0<P(A)\leqslant P(B)\leqslant 1$. 又 $A\cup B=B,AB=A$,所以

$$P(A|A\cup B)=P(A|B)=\frac{P(AB)}{P(B)}=\frac{P(A)}{P(B)}\geqslant P(A)$$，选(B).

(8)【答案】(D).

【解析】因为 $X_1,X_2,\cdots,X_n$ 是来自参数为 λ 的泊松分布的简单随机样本，则有

$E(X_1)=E(X_2)=\cdots E(X_n)=\lambda$，$D(X_1)=D(X_2)=\cdots D(X_n)=\lambda$，那么

$$E(T_1)=E\left(\frac{1}{n}\sum_{i=1}^{n}X_i\right)=\frac{1}{n}\sum_{i=1}^{n}E(X_i)=\frac{1}{n}\cdot n\lambda=\lambda$$

$$E(T_2)=E\left(\frac{1}{n-1}\sum_{i=1}^{n-1}X_i+\frac{1}{n}X_n\right)=\frac{1}{n-1}\sum_{i=1}^{n-1}E(X_i)+\frac{1}{n}E(X_n)=\frac{1}{n-1}\cdot(n-1)\lambda+\frac{\lambda}{n}=\lambda+\frac{\lambda}{n}$$

所以 $E(T_1)<E(T_2)$.

$$D(T_1)=D\left(\frac{1}{n}\sum_{i=1}^{n}X_i\right)=\frac{1}{n^2}\sum_{i=1}^{n}D(X_i)=\frac{1}{n^2}\cdot n\lambda=\frac{\lambda}{n}$$

$$D(T_2)=D\left(\frac{1}{n-1}\sum_{i=1}^{n-1}X_i+\frac{1}{n}X_n\right)=\frac{1}{(n-1)^2}\sum_{i=1}^{n-1}D(X_i)+\frac{1}{n^2}D(X_n)=\frac{1}{n-1}\lambda+\frac{\lambda}{n^2}$$

所以 $D(T_1)<D(T_2)$.

选(D).

二、填空题：9～14 小题，每小题 4 分，共 24 分. 请将答案写在题目中的横线上.

(9)【解析】$f(x)=\lim\limits_{t\to0}x(1+3t)^{\frac{x}{t}}=x\lim\limits_{t\to0}(1+3t)^{\frac{1}{3t}3x}=xe^{3x}$

$f'(x)=e^{3x}+3xe^{3x}=(1+3x)e^{3x}$.

(10)【解析】$y'=3x^2-6x+3$，$y''=6x-6$，$y'''=6$，所以点(1,2)为曲线的拐点，而 $y'(1)=0$，所以 $y=2$ 为拐点处的切线方程.

(11)【解析】$\displaystyle\int_1^{+\infty}\frac{dx}{x(x^2+1)}=\int_1^{+\infty}\left(\frac{1}{x}-\frac{x}{x^2+1}\right)dx=\ln\frac{x}{\sqrt{x^2+1}}\Bigg|_1^{+\infty}=\frac{1}{2}\ln2.$

(12)【解析】$\displaystyle\frac{\partial z}{\partial x}=\frac{\partial(2x+y)^{3xy}}{\partial x}=\frac{\partial e^{3xy\ln(2x+y)}}{\partial x}=(2x+y)^{3xy}\left[3y\ln(2x+y)+\frac{6xy}{2x+y}\right].$

所以 $\displaystyle\left.\frac{\partial z}{\partial x}\right|_{(1,1)}=27(2+3\ln3)$

(13)【解析】因为 $|\boldsymbol{A}|=-1$，$|\boldsymbol{C}|=1$，$|\boldsymbol{D}|=6$，$|\boldsymbol{ABC}|=|\boldsymbol{D}|$，故 $|\boldsymbol{B}|=\dfrac{|\boldsymbol{D}|}{|\boldsymbol{AC}|}$，所以

$$|\boldsymbol{B}^{-1}|=|\boldsymbol{B}|^{-1}=\frac{|\boldsymbol{AC}|}{|\boldsymbol{D}|}=-\frac{1}{6}.$$

(14)【解析】因为 $\rho=0$，故 X 与 Y 相互独立，即有 $E(XY^2)=E(X)E(Y^2)=\mu E(Y^2)$，而 $Y\sim N(\mu,\sigma^2)$，所以 $D(Y)=E(Y^2)-[E(Y)]^2$，即

$E(Y^2)=D(Y)+[E(Y)]^2=\sigma^2+\mu^2$，故 $E(XY^2)=\mu(\sigma^2+\mu^2)$.

三、解答题：15～23 小题，共 94 分. 解答应写出文字说明、证明过程或演算步骤.

(15)【解析】(Ⅰ)因为 $\lim\limits_{x\to0}f(x)=\lim\limits_{x\to0}\dfrac{e^x-\cos x}{x}=\lim\limits_{x\to0}(e^x+\sin x)=1$，而 $f(0)=a$，故 $a=1$ 时 $f(x)$ 在 $x=0$ 处连续.

(Ⅱ)当 $x\neq 0$ 时,$f'(x)=\dfrac{(e^x+\sin x)x-(e^x-\cos x)}{x^2}=\dfrac{e^x(x-1)+x\sin x+\cos x}{x^2}$

$$f'(0)=\lim_{x\to 0}\frac{f(x)-f(0)}{x}=\lim_{x\to 0}\frac{\frac{e^x-\cos x}{x}-1}{x}=\lim_{x\to 0}\frac{e^x-\cos x-x}{x^2}=\lim_{x\to 0}\frac{e^x+\sin x-1}{2x}=$$

$$\lim_{x\to 0}\frac{e^x-1}{2x}+\lim_{x\to 0}\frac{\sin x}{2x}=\frac{1}{2}+\frac{1}{2}=1$$

$$f'(x)=\begin{cases}\dfrac{e^x(x-1)+x\sin x+\cos x}{x^2} & x\neq 0\\ 1 & x=0\end{cases}$$

(16)【解析】$\displaystyle\int\frac{\arcsin\sqrt{x}+1}{\sqrt{x}}dx=\int\frac{\arcsin\sqrt{x}}{\sqrt{x}}dx+\int\frac{1}{\sqrt{x}}dx=2\sqrt{x}+2\int\arcsin\sqrt{x}\,d\sqrt{x}$

对 $\int\arcsin\sqrt{x}\,d\sqrt{x}$,令 $\sqrt{x}=t$,则

$$\int\arcsin\sqrt{x}\,d\sqrt{x}=\int\arcsin t\,dt=t\arcsin t-\int\frac{t}{\sqrt{1-t^2}}dt=t\arcsin t+\sqrt{1-t^2}+C=$$

$$\sqrt{x}\arcsin\sqrt{x}+\sqrt{1-x}+C$$

所以原式$=2\sqrt{x}+2\sqrt{x}\arcsin\sqrt{x}+2\sqrt{1-x}+C$.

(17)【解析】$x\,dy+(x-2y)dx=0$,即$\dfrac{dy}{dx}-\dfrac{2}{x}\cdot y=-1$,故

$$y=e^{-\int(-\frac{2}{x})dx}\left[\int(-1)e^{\int(-\frac{2}{x})dx}dx+C\right]=x^2\left[\int\left(-\frac{1}{x^2}\right)dx+C\right]$$

$$=x^2\left(\frac{1}{x}+C\right)=x+Cx^2$$

代入初始条件 $y(1)=2$,得 $C=1$,故 $y=x^2+x$.曲线 $y=x^2+x$ 与 x 轴交点为$(-1,0)$,$(0,0)$,所以

$$S=\left|\int_{-1}^{0}(x^2+x)dx\right|=\left|\left(\frac{1}{3}x^3+\frac{1}{2}x^2\right)\Big|_{-1}^{0}\right|=\left|-\frac{1}{6}\right|=\frac{1}{6}.$$

(18)【解析】证明:令 $f(x)=x\sin x+2\cos x$,$0\leqslant x\leqslant\dfrac{\pi}{2}$

则 $f'(x)=\sin x+x\cos x-2\sin x=x\cos x-\sin x$

$f''(x)=-x\sin x+\cos x-\cos x=-x\sin x<0$,$0<x<\dfrac{\pi}{2}$

即 $f'(x)$在$\left(0,\dfrac{\pi}{2}\right)$内单调递减,又 $f'(x)$在 $x=0$ 处连续,故 $f'(x)<f'(0)=0$,即 $f(x)$ 在$\left(0,\dfrac{\pi}{2}\right)$内单调递减,又 $f(x)$在 $x=0$ 及 $x=\dfrac{\pi}{2}$处连续,故 $f\left(\dfrac{\pi}{2}\right)<f(x)<f(0)$,即

$$\frac{\pi}{2}<x\sin x+2\cos x<2$$

(19)【解析】利用极坐标变换,令 $x=r\cos\theta$,$y=r\sin\theta$,则

$$\iint_D y\,dx\,dy=\int_0^{\frac{\pi}{2}}d\theta\int_0^{2\sin\theta}(r\sin\theta)r\,dr=\int_0^{\frac{\pi}{2}}\frac{8}{3}\sin^4\theta\,d\theta=\frac{\pi}{2}$$

(20)【解析】$\boldsymbol{\beta}$ 能否由 $\boldsymbol{\alpha}_1,\boldsymbol{\alpha}_2,\boldsymbol{\alpha}_3$ 线性表示，也就是$(\boldsymbol{\alpha}_1,\boldsymbol{\alpha}_2,\boldsymbol{\alpha}_3)\begin{pmatrix}x_1\\x_2\\x_3\end{pmatrix}=\boldsymbol{\beta}$ 是否有解，而

$$(\boldsymbol{\alpha}_1,\boldsymbol{\alpha}_2,\boldsymbol{\alpha}_3,\boldsymbol{\beta})=\begin{pmatrix}1&1&1&1\\2&1&-1&0\\1&2&4&a\end{pmatrix}\to\begin{pmatrix}1&1&1&1\\0&-1&-3&-2\\0&1&3&a-1\end{pmatrix}\to\begin{pmatrix}1&1&1&1\\0&1&3&2\\0&0&0&a-3\end{pmatrix}$$

（Ⅰ）当 $a\neq 3$ 时，$r(\boldsymbol{\alpha}_1,\boldsymbol{\alpha}_2,\boldsymbol{\alpha}_3)\neq r(\boldsymbol{\alpha}_1,\boldsymbol{\alpha}_2,\boldsymbol{\alpha}_3,\boldsymbol{\beta})$，方程组$(\boldsymbol{\alpha}_1,\boldsymbol{\alpha}_2,\boldsymbol{\alpha}_3)\begin{pmatrix}x_1\\x_2\\x_3\end{pmatrix}=\boldsymbol{\beta}$ 无解，故此时 $\boldsymbol{\beta}$ 不能由 $\boldsymbol{\alpha}_1,\boldsymbol{\alpha}_2,\boldsymbol{\alpha}_3$ 线性表示。

（Ⅱ）当 $a=3$ 时，$r(\boldsymbol{\alpha}_1,\boldsymbol{\alpha}_2,\boldsymbol{\alpha}_3)=r(\boldsymbol{\alpha}_1,\boldsymbol{\alpha}_2,\boldsymbol{\alpha}_3,\boldsymbol{\beta})=2$，线性方程组

$(\boldsymbol{\alpha}_1,\boldsymbol{\alpha}_2,\boldsymbol{\alpha}_3)\begin{pmatrix}x_1\\x_2\\x_3\end{pmatrix}=\boldsymbol{\beta}$ 有解，$\boldsymbol{\beta}$ 可由 $\boldsymbol{\alpha}_1,\boldsymbol{\alpha}_2,\boldsymbol{\alpha}_3$ 线性表示，且因

$$(\boldsymbol{\alpha}_1,\boldsymbol{\alpha}_2,\boldsymbol{\alpha}_3,\boldsymbol{\beta})\to\begin{pmatrix}1&1&1&1\\0&1&3&2\\0&0&0&0\end{pmatrix}\to\begin{pmatrix}1&0&-2&-1\\0&1&3&2\\0&0&0&0\end{pmatrix}，则\begin{pmatrix}x_1\\x_2\\x_3\end{pmatrix}=\begin{pmatrix}-1\\2\\0\end{pmatrix}+k\begin{pmatrix}2\\-3\\1\end{pmatrix}，$$

于是 $\boldsymbol{\beta}=(2k-1)\boldsymbol{\alpha}_1+(-3k+2)\boldsymbol{\alpha}_2+k\boldsymbol{\alpha}_3$.

(21)【解析】（Ⅰ）1 是 $\boldsymbol{A}$ 的二重特征值，设 λ 是 $\boldsymbol{A}$ 的另一个特征值 $\mathrm{tr}(\boldsymbol{A})=1+1+\lambda=0+1+0=1$，所以 $\lambda=-1$，即 $|-\boldsymbol{E}-\boldsymbol{A}|=0$，即 $\begin{vmatrix}-1&-a&-1\\-1&-2&1\\-1&0&-1\end{vmatrix}=\begin{vmatrix}1&a&0\\1&2&2\\1&0&0\end{vmatrix}=2a=0$，所以 $a=0$.

（Ⅱ）$\boldsymbol{A}=\begin{pmatrix}0&0&1\\1&1&-1\\1&0&0\end{pmatrix}$，对于特征值 $\lambda=1$，有

$$\boldsymbol{E}-\boldsymbol{A}=\begin{pmatrix}1&0&-1\\-1&0&1\\-1&0&1\end{pmatrix}\to\begin{pmatrix}1&0&-1\\0&0&0\\0&0&0\end{pmatrix},$$

故对应于 $\lambda=1$ 的两个线性无关的特征向量 $\boldsymbol{\xi}_1=\begin{pmatrix}0\\1\\0\end{pmatrix}$，$\boldsymbol{\xi}_2=\begin{pmatrix}1\\0\\1\end{pmatrix}$；

对于 $\lambda=-1$，有 $-\boldsymbol{E}-\boldsymbol{A}=\begin{pmatrix}-1&0&-1\\-1&-2&1\\-1&0&-1\end{pmatrix}\to\begin{pmatrix}1&0&1\\0&-2&2\\0&0&0\end{pmatrix}\to\begin{pmatrix}1&0&1\\0&1&-1\\0&0&0\end{pmatrix}$，故对应于 $\lambda=-1$ 的特征向量 $\boldsymbol{\xi}_3=\begin{pmatrix}-1\\1\\1\end{pmatrix}$. 取 $\boldsymbol{P}=\begin{pmatrix}0&1&-1\\1&0&1\\0&1&1\end{pmatrix}$，$\boldsymbol{Q}=\begin{pmatrix}1&0&0\\0&1&0\\0&0&-1\end{pmatrix}$，则有 $\boldsymbol{P}^{-1}\boldsymbol{AP}=\boldsymbol{Q}$.

(22)【解析】(Ⅰ)因为 $P(X^2=Y^2)=1$，所以 $P(X^2\neq Y^2)=1-1=0$，则

$P(X=1,X^2\neq Y^2)=P(X=1,Y=0)=P(X=1|X^2\neq Y^2)P(X^2\neq Y^2)=0$

又 $P(X=0,X^2\neq Y^2)=P(X=0,Y=1)+P(X=0,Y=-1)=0$，则

$P(X=0,Y=1)=P(X=0,Y=-1)=0$

而 $P(X=0,Y=0)=P(X=0)-P(X=0,Y=1)-P(X=0,Y=-1)=\dfrac{1}{3}$

$P(X=1,Y=-1)=P(Y=-1)-P(X=0,Y=-1)=\dfrac{1}{3}$

$P(X=1,Y=1)=P(Y=1)-P(X=0,Y=1)=\dfrac{1}{3}$

故 (X,Y) 的概率分布为

X \ Y	-1	0	1	
0	0	$\frac{1}{3}$	0	$\frac{1}{3}$
1	$\frac{1}{3}$	0	$\frac{1}{3}$	$\frac{2}{3}$
	$\frac{1}{3}$	$\frac{1}{3}$	$\frac{1}{3}$	

(Ⅱ) $E(X)=0\cdot\dfrac{1}{3}+1\cdot\dfrac{2}{3}=\dfrac{2}{3}$，$E(Y)=(-1)\cdot\dfrac{1}{3}+0\cdot\dfrac{1}{3}+1\cdot\dfrac{1}{3}=0$

而 $\rho_{XY}=\dfrac{\mathrm{Cov}(X,Y)}{\sqrt{D(X)}\sqrt{D(Y)}}=\dfrac{E(XY)-E(X)E(Y)}{\sqrt{D(X)}\sqrt{D(Y)}}$

$E(XY)=(-1)\cdot1\cdot\dfrac{1}{3}+1\cdot1\cdot\dfrac{1}{3}=0$，故 $\rho_{XY}=0$

(23)【解析】

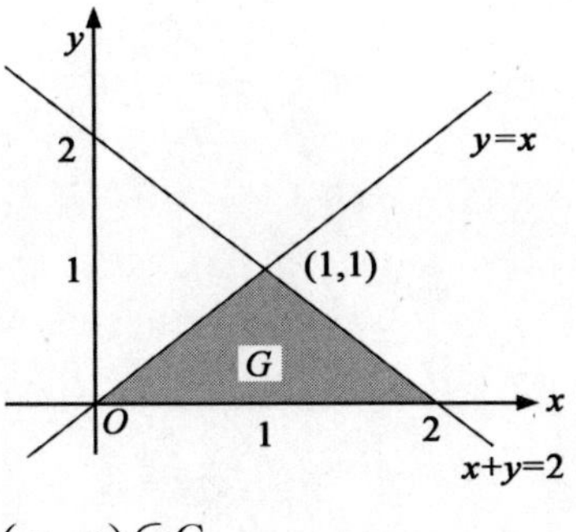

可知 $S_G=1$，故 $f(x,y)=\begin{cases}1,(x,y)\in G\\0,(x,y)\notin G\end{cases}$

$$(\text{Ⅰ})\ f_X(x)=\int_{-\infty}^{+\infty}f(x,y)\mathrm{d}y=\begin{cases}\int_0^x f(x,y)\mathrm{d}y=x, & 0\leqslant x\leqslant1\\ \int_0^{2-x}f(x,y)\mathrm{d}y=2-x, & 1<x\leqslant2\\ 0, & 其他\end{cases}$$

(Ⅱ) $P(X-Y\leqslant 1)=\iint\limits_{x-y\leqslant 1} f(x,y)\mathrm{d}x\mathrm{d}y=\int_0^1\mathrm{d}x\int_0^x\mathrm{d}y+\int_1^{\frac{3}{2}}\mathrm{d}x\int_{x-1}^{2-x}\mathrm{d}y=\frac{3}{4}$.

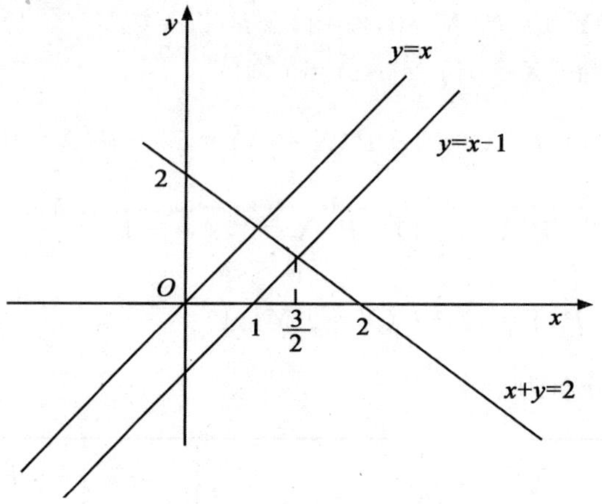

2012年全国硕士研究生入学统一考试 农学门类联考数学试题

一、选择题：1～8小题，每小题4分，共32分．下列每题给出的四个选项中，只有一个选项是符合题目要求的．请将所选项前的字母填在括号内．

(1) 设曲线 $y=\dfrac{1}{e^x-1}+1$ 水平渐近线的条数为 a，铅直渐近线的条数为 b，则(　　)．

(A) $a=0,b=1$.　　(B) $a=1,b=0$.

(C) $a=1,b=1$.　　(D) $a=2,b=1$.

(2) 设连续函数 $f(x)$ 满足 $\dfrac{d}{dx}\displaystyle\int_1^{2x} f(t)\,dt=4xe^{-2x}$，则 $f(x)$ 的一个原函数 $F(x)=$(　　)．

(A) $(x+1)e^{-x}$.　　(B) $-(x+1)e^{-x}$.

(C) $(x-1)e^{-x}$.　　(D) $-(x-1)e^{-x}$.

(3) 设数列 $\{S_n\}$ 单调增加，$a_1=S_1, a_n=S_n-S_{n-1}(n=2,3,\cdots)$，则数列 $\{S_n\}$ 有界是数列 $\{a_n\}$ 收敛的(　　)．

(A) 充分非必要条件．　　(B) 必要非充分条件．

(C) 充分必要条件．　　(D) 既非充分也非必要条件．

(4) 设函数 $f(x,y)$ 连续，交换二次积分次序 $\displaystyle\int_1^2 dx\int_1^x f(x,y)\,dy+\int_2^3 dx\int_1^{4-x} f(x,y)\,dy=$(　　)．

(A) $\displaystyle\int_1^2 dy\int_{y-4}^{y} f(x,y)\,dx$.　　(B) $\displaystyle\int_1^2 dy\int_{y}^{y-4} f(x,y)\,dx$.

(C) $\displaystyle\int_1^2 dy\int_{y}^{4-y} f(x,y)\,dx$.　　(D) $\displaystyle\int_1^2 dy\int_{4-y}^{y} f(x,y)\,dx$.

(5) 设 $\boldsymbol{\alpha}_1=\begin{pmatrix}0\\0\\c_1\end{pmatrix},\boldsymbol{\alpha}_2=\begin{pmatrix}0\\1\\c_2\end{pmatrix},\boldsymbol{\alpha}_3=\begin{pmatrix}1\\-1\\c_3\end{pmatrix},\boldsymbol{\alpha}_4=\begin{pmatrix}-1\\1\\c_4\end{pmatrix}$，其中 c_1,c_2,c_3,c_4 为任意常数，则下列向量组线性相关的为(　　)．

(A) $\boldsymbol{\alpha}_1,\boldsymbol{\alpha}_2,\boldsymbol{\alpha}_3$.　　(B) $\boldsymbol{\alpha}_1,\boldsymbol{\alpha}_2,\boldsymbol{\alpha}_4$.

(C) $\boldsymbol{\alpha}_1,\boldsymbol{\alpha}_3,\boldsymbol{\alpha}_4$.　　(D) $\boldsymbol{\alpha}_2,\boldsymbol{\alpha}_3,\boldsymbol{\alpha}_4$.

(6) 下列矩阵中不能相似于对角矩阵的为(　　)．

(A) $\begin{pmatrix}1&1\\0&1\end{pmatrix}$.　　(B) $\begin{pmatrix}1&1\\0&2\end{pmatrix}$.

(C) $\begin{pmatrix}1&1\\1&2\end{pmatrix}$.　　(D) $\begin{pmatrix}1&2\\1&2\end{pmatrix}$.

(7) 设随机变量 X 与 Y 相互独立，且都服从区间 $(0,1)$ 上的均匀分布，则 $P\{X^2+Y^2\leqslant 1\}=$(　　)．

(A) $\dfrac{1}{4}$.　　(B) $\dfrac{1}{2}$.　　(C) $\dfrac{\pi}{8}$.　　(D) $\dfrac{\pi}{4}$.

(8) 设 X_1, X_2, X_3, X_4 为来自总体 $N(0,\sigma^2)$，$(\sigma > 0)$ 的简单随机样本，则统计量 $\dfrac{X_1 - X_2}{\sqrt{X_3^2 + X_4^2}}$ 的分布为(　　).

(A) $N(0,2)$.　　(B) $t(2)$.　　(C) $\chi^2(2)$.　　(D) $F(2,2)$.

二、填空题:9 ～ 14 小题,每小题 4 分,共 24 分.请将答案写在题目中的横线上.

(9) $\lim\limits_{x\to 0}(e^x + x)^{\frac{3}{x}} =$ ________.

(10) 函数 $y = x^2(2\ln x - 1)$ 的极值点 $x =$ ________.

(11) 曲线 $y = \sqrt{x-1}$ 与 $x = 4$ 及 $y = 0$ 围成的平面图形绕 x 轴旋转一周得到的旋转体的体积 $V =$ ________.

(12) 设函数 $z = x e^{\sin(x-y)}$，则 $\left.\dfrac{\partial z}{\partial y}\right|_{(\frac{\pi}{2}, -\frac{\pi}{2})} =$ ________.

(13) 设 $\boldsymbol{A} = \begin{pmatrix} 1 & 1 \\ -1 & 2 \end{pmatrix}$，$\boldsymbol{A}^*$ 是 $\boldsymbol{A}$ 的伴随矩阵.将 $\boldsymbol{A}$ 的第 2 列加到第一列得到矩阵 $\boldsymbol{B}$，则 $|\boldsymbol{A}^*\boldsymbol{B}| =$ ________.

(14) 设 A, B 是两个互不相容的随机事件，$P(A) = \dfrac{1}{2}$，$P(B) = \dfrac{1}{3}$，则 $P(A|\bar{B}) =$ ________.

三、解答题:15 ～ 23 小题,共 94 分.解答应写出文字说明、证明过程或演算步骤.

(15)(本题满分 10 分)

求曲线 $\cos(x^2 y) + \ln(y - x) = x + 1$ 在点 $(0,1)$ 处的切线方程.

(16)(本题满分 10 分)

设函数 $f(x) = \max\{1, x^2, x^3\}$，求不定积分 $\int f(x)\mathrm{d}x$.

(17)(本题满分 10 分)

求函数 $f(x,y) = x e^{-\frac{x^2+y^2}{2}}$ 的极值.

(18)(本题满分 11 分)

求微分方程 $y' - \dfrac{y}{x\ln x} = \ln x$ 满足条件 $y|_{x=e} = e$ 的解.

(19)(本题满分 11 分)

计算二重积分 $\iint\limits_D (3x^2 + 2y)\mathrm{d}x\mathrm{d}y$，其中 D 由直线 $x = -\pi$，$x = \pi$，$y = 2$ 及曲线 $y = \sin x$ 围成.

(20)(本题满分 11 分)

设 $\boldsymbol{A} = \begin{pmatrix} 1 & a & 0 & 0 \\ 0 & 1 & a & 0 \\ 0 & 0 & 1 & a \\ a & 0 & 0 & 1 \end{pmatrix}$，$\boldsymbol{\beta} = \begin{pmatrix} 1 \\ -1 \\ 0 \\ 0 \end{pmatrix}$.

(Ⅰ) 计算行列式 $|\boldsymbol{A}|$；

(Ⅱ) 当实数 a 为何值时，方程组 $\boldsymbol{A}\boldsymbol{x} = \boldsymbol{\beta}$ 有无穷多解，并求其通解.

(21)(本题满分10分)

设 $\boldsymbol{A}=\begin{pmatrix} a & -1 & 1 \\ -1 & 0 & 1 \\ 1 & b & 0 \end{pmatrix}$，$\boldsymbol{\alpha}=\begin{pmatrix} -1 \\ -1 \\ 1 \end{pmatrix}$为$\boldsymbol{A}$的属于特征值$-2$的特征向量.

(Ⅰ)求a,b的值;

(Ⅱ)求可逆矩阵$\boldsymbol{P}$和对角矩阵$\boldsymbol{Q}$,使得$\boldsymbol{P}^{-1}\boldsymbol{A}\boldsymbol{P}=\boldsymbol{Q}$.

(22)(本题满分10分)

设随机变量X服从参数为$\lambda(\lambda>0)$的指数分布,且$P\{X\leqslant 1\}=\dfrac{1}{2}$.

(Ⅰ)求参数λ;

(Ⅱ)求$P\{X>2\mid X>1\}$.

(23)(本题满分11分)

设二维离散型随机变量(X,Y)的概率分布为

X \ Y	0	1	2
0	$\frac{1}{4}$	0	$\frac{1}{4}$
1	0	$\frac{1}{3}$	0
2	$\frac{1}{12}$	0	$\frac{1}{12}$

(Ⅰ)求$P\{X=2Y\}$;

(Ⅱ)求$\mathrm{Cov}(X-Y,Y)$.

2012年全国硕士研究生入学统一考试
农学门类联考数学试题参考答案及解析

一、选择题:1～8小题,每小题4分,共32分.下列每题给出的四个选项中,只有一个选项是符合题目要求的.请将所选项前的字母填在括号内.

(1)【答案】(D).

【解析】$y=\frac{1}{e^x-1}+1$,由于$\lim\limits_{x\to 0}y=\infty$,得$x=0$为铅直渐近线;

由$\lim\limits_{x\to+\infty}y=1$,$\lim\limits_{x\to-\infty}y=-1+1=0$,得$y=1$,$y=0$为水平渐近线,故$a=2$,$b=1$.

(2)【答案】(B).

【解析】等式左边$=\frac{d}{dx}\int_1^{2x}f(t)dt=f(2x)2=4xe^{-2x}$,令$t=2x$,得$f(t)=te^{-t}$,即$f(x)=xe^{-x}$,利用分步积分得$F(x)=-(x+1)e^{-x}$.

(3)【答案】(A).

【解析】若$\{S_n\}$有界,则$\lim\limits_{n\to\infty}S_n$存在,则$\lim\limits_{n\to\infty}a_n=\lim\limits_{n\to\infty}(S_n-S_{n-1})=0$,即数列$\{S_n\}$有界是数列$\{a_n\}$收敛的充分条件.

反之,若$\{a_n\}$收敛,则$\{S_n\}$不一定有界.例如,取$a_n=1$,则a_n收敛,且$S_n=n$无上界.

(4)【答案】(C).

【解析】交换积分顺序得$I=\int_1^2dy\int_y^{4-y}f(x,y)dx$.

(5)【答案】(C).

【解析】$|\boldsymbol{\alpha}_1,\boldsymbol{\alpha}_3,\boldsymbol{\alpha}_4|=\begin{vmatrix}0&1&-1\\0&-1&1\\c_1&c_3&c_4\end{vmatrix}=c_1\cdot\begin{vmatrix}1&-1\\-1&1\end{vmatrix}=0$,故$\boldsymbol{\alpha}_1,\boldsymbol{\alpha}_3,\boldsymbol{\alpha}_4$必定线性相关.

(6)【答案】(A).

【解析】易得(B)的特征值为1和2,(C)的特征方程为$\lambda^2-3\lambda+1$,$\Delta=9-4=5\neq0$,因此(C)也有两个不同的特征值,同理易得(D)也有两个不同的特征值,所以只有(A)不能相似于对角矩阵.

(7)【答案】(D).

【解析】由于是均匀分布,所以面积比例就是所求概率.

如右图所示得$P\{X^2+Y^2\leqslant1\}=\frac{\pi}{4}$.

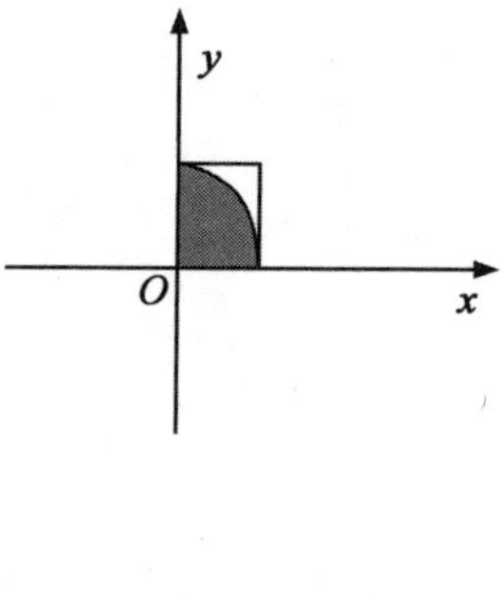

(8)【答案】(B).

【解析】由题目可知 $X_1-X_2\sim N(0,2\sigma^2)$，从而$\dfrac{X_1-X_2}{\sqrt{2\sigma^2}}\sim N(0,1)$，

又 $\dfrac{X_3}{\sqrt{\sigma^2}}\sim N(0,1)$，$\dfrac{X_4}{\sqrt{\sigma^2}}\sim N(0,1)$，得$\left(\dfrac{X_3}{\sqrt{\sigma^2}}\right)^2+\left(\dfrac{X_4}{\sqrt{\sigma^2}}\right)^2\sim \chi(2)$，

从而 $$\frac{\dfrac{X_1-X_2}{\sqrt{2\sigma^2}}}{\sqrt{\dfrac{\left(\dfrac{X_3}{\sqrt{\sigma^2}}\right)^2+\left(\dfrac{X_4}{\sqrt{\sigma^2}}\right)^2}{2}}}\sim t(2).$$

二、填空题：9～14小题，每小题4分，共24分．请将答案写在题目中的横线上．

(9)【解析】$\lim\limits_{x\to0}(e^x+x)^{\frac{3}{x}}=\lim\limits_{x\to0}e^{\frac{3\ln(e^x+x)}{x}}=e^{\lim\limits_{x\to0}\frac{3\ln(e^x+x)}{x}}=e^{\lim\limits_{x\to0}\frac{3(e^x+1)}{e^x+x}}=e^6$.

(10)【解析】由题目得 $y'=4x\ln x$，$y''=4\ln x+4$，令 $y'=0$ 得 $x=1$，此时 $y''(1)=4>0$，所以 $x=1$ 为极值点且为极小值点．

(11)【解析】图形如下图所示，曲线写为 $y=\sqrt{x-1}$，$(1\leqslant x\leqslant 4)$.

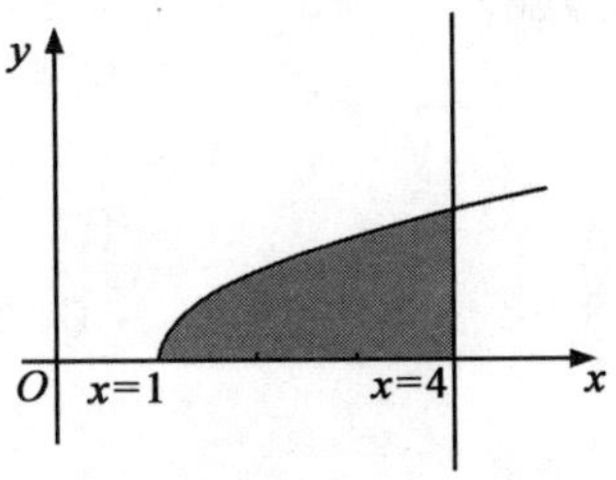

旋转体体积 $V=\pi\cdot\int_1^4(\sqrt{x-1})^2\mathrm{d}x=\dfrac{9}{2}\pi$.

(12)【解析】$\dfrac{\partial z}{\partial y}=-x\,e^{\sin(x-y)}\cos(x-y)$．得$\left.\dfrac{\partial z}{\partial y}\right|_{(\frac{\pi}{2},-\frac{\pi}{2})}=-\dfrac{\pi}{2}e^{\sin(\frac{\pi}{2}+\frac{\pi}{2})}\cos\left(\dfrac{\pi}{2}+\dfrac{\pi}{2}\right)=\dfrac{\pi}{2}$.

(13)【解析】$|\boldsymbol{A}^*|=|\boldsymbol{A}|=3$，$|\boldsymbol{B}|=3$，得$|\boldsymbol{A}^*\boldsymbol{B}|=9$.

(14)【解析】由于 A,B 是两个互不相容的事件，所以 $P(A|\overline{B})=\dfrac{P(A)}{P(\overline{B})}=\dfrac{\frac{1}{2}}{1-\frac{1}{3}}=\dfrac{3}{4}$.

三、解答题：15～23小题，共94分．解答应写出文字说明、证明过程或演算步骤．

(15)【解析】方程两边关于x同时求导，得$-\sin(x^2y)[2xy+x^2y']+\dfrac{1}{y-x}(y'-1)=1$，将$x=0$，$y=1$代入上式得 $y'|_{(0,1)}=2$，所以切线方程为 $y-1=2(x-0)$，即 $2x-y+1=0$.

(16)【解析】因为 $f(x)=\max\{1,x^2,x^3\}$，所以 $f(x)=\begin{cases}x^3, & x\geqslant 1\\ 1, & -1<x<1.\\ x^2, & x\leqslant -1\end{cases}$

所以，当 $x\geqslant 1$ 时，$F(x)=\int f(x)\mathrm{d}x=\int x^3\mathrm{d}x=\dfrac{1}{4}x^4+C_1$；

当 $-1<x<1$ 时，$F(x)=\int f(x)\mathrm{d}x=\int 1\mathrm{d}x=x+C_2$；

当 $x\leqslant -1$ 时，$F(x)=\int f(x)\mathrm{d}x=\int x^2\mathrm{d}x=\frac{1}{3}x^3+C_3$.

由原函数的连续性可知 $\lim\limits_{x\to1^+}F(x)=\lim\limits_{x\to1^-}F(x)$，即 $\frac{1}{4}+C_1=C_2+1$，　(1)

$\lim\limits_{x\to-1^+}F(x)=\lim\limits_{x\to-1^-}F(x)$，即 $C_2-1=C_3-\frac{1}{3}$.　(2)

由式(1)、式(2) 得 $C_1=C_2+\frac{3}{4}$，$C_3=C_2-\frac{2}{3}$.

所以，$F(x)=\begin{cases}\frac{1}{4}x^4+\frac{3}{4}+C_2, x\geqslant 1\\ x+C_2, -1<x<1\\ \frac{1}{3}x^3-\frac{2}{3}+C_2, x\leqslant -1\end{cases}$.

(17)【解析】令 $\frac{\partial f}{\partial x}=\mathrm{e}^{-\frac{x^2+y^2}{2}}+x\mathrm{e}^{-\frac{x^2+y^2}{2}}\cdot(-x)=(1-x^2)\mathrm{e}^{-\frac{x^2+y^2}{2}}=0$

$\frac{\partial f}{\partial y}=x\mathrm{e}^{-\frac{x^2+y^2}{2}}\cdot(-y)=(-xy)\mathrm{e}^{-\frac{x^2+y^2}{2}}=0$

得 $\begin{cases}x=1\\y=0\end{cases}$ 或 $\begin{cases}x=-1\\y=0\end{cases}$

又 $\frac{\partial^2 f}{\partial x^2}=\mathrm{e}^{-\frac{x^2+y^2}{2}}\cdot(-x)\cdot(1-x^2)+\mathrm{e}^{-\frac{x^2+y^2}{2}}\cdot(-2x)=(x^3-3x)\mathrm{e}^{-\frac{x^2+y^2}{2}}$

$\frac{\partial^2 f}{\partial y^2}=\mathrm{e}^{-\frac{x^2+y^2}{2}}\cdot(-y)\cdot(-xy)+\mathrm{e}^{-\frac{x^2+y^2}{2}}\cdot(-x)=(xy^2-x)\mathrm{e}^{-\frac{x^2+y^2}{2}}$

$\frac{\partial^2 f}{\partial x\partial y}=\mathrm{e}^{-\frac{x^2+y^2}{2}}\cdot(-y)\cdot(1-x^2)=(x^2y-y)\mathrm{e}^{-\frac{x^2+y^2}{2}}$

因为 $A=\left.\frac{\partial^2 f}{\partial x^2}\right|_{(1,0)}=-2\mathrm{e}^{-\frac{1}{2}}$，$B=\left.\frac{\partial^2 f}{\partial x\partial y}\right|_{(1,0)}=0$，$C=\left.\frac{\partial^2 f}{\partial y^2}\right|_{(1,0)}=-\mathrm{e}^{-\frac{1}{2}}$

$AC-B^2=2\mathrm{e}^{-1}>0$，又 $A<0$

所以 (1,0) 为极大值点，$f(1,0)=\mathrm{e}^{-\frac{1}{2}}$ 为极大值.

因为 $A=\left.\frac{\partial^2 f}{\partial x^2}\right|_{(-1,0)}=2\mathrm{e}^{-\frac{1}{2}}$，$B=\left.\frac{\partial^2 f}{\partial x\partial y}\right|_{(-1,0)}=0$，$C=\left.\frac{\partial^2 f}{\partial y^2}\right|_{(-1,0)}=\mathrm{e}^{-\frac{1}{2}}$

$AC-B^2=2\mathrm{e}^{-1}>0$，又 $A>0$

所以 $(-1,0)$ 为极小值点，$f(-1,0)=-\mathrm{e}^{-\frac{1}{2}}$ 为极小值.

(18)【解析】因为 $y'-\frac{y}{x\ln x}=\ln x$，由通解公式可得

$y=\mathrm{e}^{\int\frac{1}{x\ln x}\mathrm{d}x}\left[\int\ln x\cdot\mathrm{e}^{-\int\frac{1}{x\ln x}\mathrm{d}x}\mathrm{d}x+C\right]$

$=\mathrm{e}^{\ln\ln x}\left[\int\ln x\cdot\mathrm{e}^{-\ln\ln x}\mathrm{d}x+C\right]=[x+C]\ln x$

又因为 $x=\mathrm{e}$ 时，$y=\mathrm{e}$，所以代入可得 $C=0$，因此解为 $y=x\ln x$.

(19)【解析】$\iint\limits_{D}(3x^2+2y)\mathrm{d}x\,\mathrm{d}y$

$$=\int_{-\pi}^{\pi}\mathrm{d}x\int_{\sin x}^{2}(3x^2+2y)\mathrm{d}y$$

$$=\int_{-\pi}^{\pi}(3x^2y+y^2)\Big|_{\sin x}^{2}\mathrm{d}x$$

$$=\int_{-\pi}^{\pi}(6x^2+4-3x^2\sin x-\sin^2x)\mathrm{d}x$$

$$=2\int_{0}^{\pi}\left(6x^2+4-\frac{1-\cos 2x}{2}\right)\mathrm{d}x$$

$$=2\left(2x^3+4x-\frac{1}{2}x+\frac{\sin 2x}{4}\right)\Big|_{0}^{\pi}$$

$$=4\pi^3+7\pi.$$

(20)【解析】(Ⅰ)按第一列展开易得 $|\boldsymbol{A}|=1-a^4$

(Ⅱ) $$\bar{\boldsymbol{A}}=\begin{pmatrix}1&a&0&0&1\\0&1&a&0&-1\\0&0&1&a&0\\a&0&0&1&0\end{pmatrix}\xrightarrow{r}\begin{pmatrix}1&a&0&0&1\\0&1&a&0&-1\\0&0&1&a&0\\0&-a^2&0&1&-a\end{pmatrix}\xrightarrow{r}$$

$$\begin{pmatrix}1&a&0&0&1\\0&1&a&0&-1\\0&0&1&a&0\\0&0&0&1-a^4&-a-a^2\end{pmatrix}$$

当 $1-a^4=-a-a^2=0$ 时，方程组 $\boldsymbol{Ax}=\boldsymbol{\beta}$ 有无穷多解，易得 $a=-1$.

将 $a=-1$ 代入 $\boldsymbol{Ax}=\boldsymbol{\beta}$ 易得同解方程为 $\begin{cases}x_1-x_2=1\\x_2-x_3=-1\\x_3-x_4=0\end{cases}$

因为 $R(\boldsymbol{A})=R(\bar{\boldsymbol{A}})=3$

所以对应的齐次线性方程 $\boldsymbol{Ax}=\boldsymbol{0}$ 的基础解系含一个解向量，即 $\boldsymbol{\alpha}=\begin{pmatrix}1\\1\\1\\1\end{pmatrix}$.

$\boldsymbol{Ax}=\boldsymbol{\beta}$ 的一个特解为 $\boldsymbol{\beta}=\begin{pmatrix}0\\-1\\0\\0\end{pmatrix}$，所以 $\boldsymbol{Ax}=\boldsymbol{\beta}$ 的通解为 $k\begin{pmatrix}1\\1\\1\\1\end{pmatrix}+\begin{pmatrix}0\\-1\\0\\0\end{pmatrix}$（$k$ 为任意常数）.

(21)【解析】 (Ⅰ)由题意可知 $\boldsymbol{A\alpha}=-2\boldsymbol{\alpha}$，即 $-2\begin{pmatrix}-1\\-1\\1\end{pmatrix}=\begin{pmatrix}2-a\\2\\-1-b\end{pmatrix}$

整理得 $\begin{cases}-a+1+1=2\\-1-b=-2\end{cases}$，解得 $a=0,b=1$.

(Ⅱ) $|\lambda \boldsymbol{E}-\boldsymbol{A}|=\begin{vmatrix} \lambda & 1 & -1 \\ 1 & \lambda & -1 \\ -1 & -1 & \lambda \end{vmatrix}=\begin{vmatrix} \lambda-1 & 1-\lambda & 0 \\ 1 & \lambda & -1 \\ -1 & -1 & \lambda \end{vmatrix}$

$=(\lambda-1)\begin{vmatrix} 1 & -1 & 0 \\ 1 & \lambda & -1 \\ -1 & -1 & \lambda \end{vmatrix}=(\lambda-1)^2(\lambda+2)=0,$

得 $\boldsymbol{A}$ 的特征值为 $\lambda_1=\lambda_2=1,\lambda_3=-2$.

$(\boldsymbol{E}-\boldsymbol{A})\boldsymbol{x}=\boldsymbol{0}$ 的基础解系为 $\boldsymbol{\alpha}_1=\begin{pmatrix} 1 \\ -1 \\ 0 \end{pmatrix},\boldsymbol{\alpha}_2=\begin{pmatrix} 1 \\ 0 \\ 1 \end{pmatrix}$.

$(-2\boldsymbol{E}-\boldsymbol{A})\boldsymbol{x}=\boldsymbol{0}$ 的基础解系为 $\boldsymbol{\alpha}_3=\begin{pmatrix} 1 \\ 1 \\ -1 \end{pmatrix}$.

取可逆矩阵 $\boldsymbol{P}=\begin{pmatrix} 1 & 1 & 1 \\ -1 & 0 & 1 \\ 0 & 1 & -1 \end{pmatrix}$,对角矩阵 $\boldsymbol{Q}=\begin{pmatrix} 1 & 0 & 0 \\ 0 & 1 & 0 \\ 0 & 0 & -2 \end{pmatrix}$,可使 $\boldsymbol{P}^{-1}\boldsymbol{AP}=\boldsymbol{Q}$.

(22)**【解析】** (Ⅰ)因为 $x\sim E(\lambda)$,所以 $f_X(x)=\begin{cases} \lambda \mathrm{e}^{-\lambda x}, & x>0 \\ 0, & x\leqslant 0 \end{cases}$

$P\{X\leqslant 1\}=\int_0^1 \lambda \mathrm{e}^{-\lambda x}\mathrm{d}x=\int_0^1 \mathrm{e}^{-\lambda x}\mathrm{d}\lambda x=1-\mathrm{e}^{-\lambda}=\frac{1}{2}$,得 $\lambda=\ln 2$.

$f_X(x)=\begin{cases} \ln 2\mathrm{e}^{-x\ln 2}, & x>0 \\ 0, & x\leqslant 0 \end{cases}$, 即 $f_X(x)=\begin{cases} \frac{\ln 2}{2^x}, & x>0 \\ 0, & x\leqslant 0 \end{cases}$.

(Ⅱ) $P\{X>2\mid X>1\}=\frac{P\{X>2,X>1\}}{P\{X>1\}}=\frac{P\{X>2\}}{P\{X>1\}}=\frac{\int_2^{+\infty}\frac{\ln 2}{2^x}\mathrm{d}x}{1-P\{X\leqslant 1\}}$

$=\frac{-\left(\frac{1}{2}\right)^x\Big|_2^{+\infty}}{1-\frac{1}{2}}=\frac{1}{2}$.

(23)**【解析】** (Ⅰ) $P\{X=2Y\}=P\{X=0,Y=0\}+P\{X=2,Y=1\}=\frac{1}{4}+0=\frac{1}{4}$.

(Ⅱ) X 的概率分布为

X	0	1	2
P	$\frac{1}{2}$	$\frac{1}{3}$	$\frac{1}{6}$

故 $E(X)=0\times\frac{1}{2}+1\times\frac{1}{3}+2\times\frac{1}{6}=\frac{2}{3}$.

XY 的概率分布为

XY	0	1	2	4
P	$\frac{7}{12}$	$\frac{1}{3}$	0	$\frac{1}{12}$

故 $E(XY)=0\times\frac{7}{12}+1\times\frac{1}{3}+2\times 0+4\times\frac{1}{12}=\frac{2}{3}$.

Y 的概率分布为

Y	0	1	2
P	$\frac{1}{3}$	$\frac{1}{3}$	$\frac{1}{3}$

故 $E(Y)=0\times\frac{1}{3}+1\times\frac{1}{3}+2\times\frac{1}{3}=1$.

从而，$E(Y^2)=0^2\times\frac{1}{3}+1^2\times\frac{1}{3}+2^2\times\frac{1}{3}=\frac{5}{3}$,

$D(Y)=E(Y^2)-[E(Y)]^2=\frac{5}{3}-1=\frac{2}{3}$,

$$\begin{aligned}故\ \mathrm{Cov}(X-Y,Y)&=\mathrm{Cov}(X,Y)-\mathrm{Cov}(Y,Y)\\&=E(XY)-E(X)E(Y)-D(Y)\\&=\frac{2}{3}-\frac{2}{3}\times 1-\frac{2}{3}=-\frac{2}{3}.\end{aligned}$$

2013年全国硕士研究生入学统一考试
农学门类联考数学试题

一、选择题：1～8小题，每小题4分，共32分. 下列每题给出的四个选项中，只有一个选项是符合题目要求的. 请将所选项前的字母填在括号内.

(1)曲线 $e^{x-y}+3xy-\frac{1}{e}=0$ 在 $x=0$ 对应处的切线方程为(　　).

(A) $y=(3e-1)x-1$.　　(B) $y=(3e-1)x+1$.

(C) $y=(3e+1)x-1$.　　(D) $y=(3e+1)x+1$.

(2)设函数 $f(x)$ 可导，且 $f(0)\neq 0$，则 $\lim\limits_{x\to 0}\frac{x[f(x)-f(0)]}{\int_0^x tf(t)dt}=$(　　).

(A) $\frac{2f'(0)}{f(0)}$.　　(B) $-\frac{2f'(0)}{f(0)}$.

(C) $\frac{f'(0)}{2f(0)}$.　　(D) $-\frac{f'(0)}{2f(0)}$.

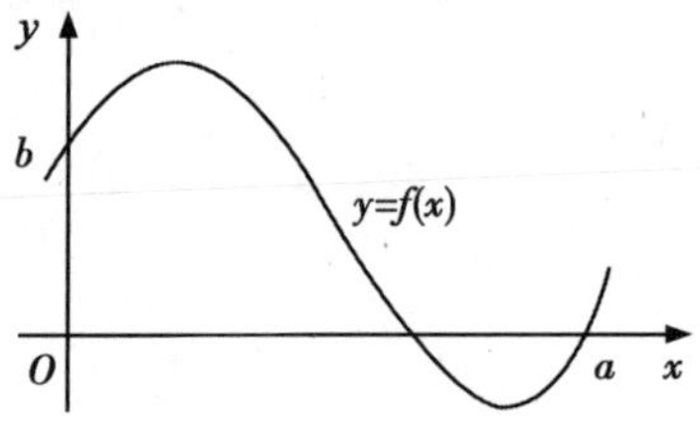

(3)曲线 $y=f(x)$ 如右图所示，函数 $f(x)$ 具有连续的2阶导数，且 $f'(a)=1$，则积分 $\int_0^a xf''(x)dx=$(　　).

(A) $a-b$.　　(B) $b-a$.

(C) $a+b$.　　(D) ab.

(4)函数 $f(x,y)=e^{2x-y}\cos y$ 在点 (π,π) 处的全微分为(　　).

(A) $e^{\pi}(2dx-dy)$.　　(B) $e^{\pi}(-2dx+dy)$.

(C) $-e^{\pi}(2dx+dy)$.　　(D) $e^{\pi}(2dx+dy)$.

(5)设向量组Ⅰ：$\boldsymbol{\alpha}_1,\boldsymbol{\alpha}_2,\cdots,\boldsymbol{\alpha}_m$，其秩为 r；向量组Ⅱ：$\boldsymbol{\alpha}_1,\boldsymbol{\alpha}_2,\cdots,\boldsymbol{\alpha}_m,\boldsymbol{\beta}$，其秩为 s. 则 $r=s$ 是向量组Ⅰ与向量组Ⅱ等价的(　　).

(A)充分非必要条件.　　(B)必要非充分条件.

(C)充分必要条件.　　(D)既非充分也非必要条件.

(6)行列式 $\begin{vmatrix}1&1&0&0\\0&2&2&0\\0&0&3&3\\4&0&0&4\end{vmatrix}=$(　　).

(A)48.　　(B)24.　　(C)12.　　(D)0.

(7)设 A,B 为随机事件，已知 $P(A)=\frac{1}{4}$，$P(B|A)=\frac{1}{2}$，$P(A|B)=\frac{1}{3}$，则 $P(A\cup B)=$(　　).

(A) $\frac{1}{8}$.　　(B) $\frac{1}{4}$.　　(C) $\frac{3}{8}$.　　(D) $\frac{1}{2}$.

(8)设总体 X 服从参数为 $\lambda(\lambda>0)$ 的泊松分布，$X_1,X_2,\cdots,X_{n+1}$ 为来自总体 X 的简单随机样

本,记 $T=\frac{1}{n}\sum_{i=1}^{n}(X_{i+1}-X_i)^2$,则 $E(T)=($　　$)$.

(A)λ.　　(B)2λ.　　(C)λ^2.　　(D)$2\lambda^2$.

二、填空题:9～14小题,每小题4分,共24分.请将答案写在题目中的横线上.

(9)设函数 $f(x)=\begin{cases}\dfrac{\sin kx}{3x}, & x<0\\ e^{-3x}+\cos 3x, & x\geqslant 0\end{cases}$,在 $x=0$ 处连续,则常数 $k=$________.

(10)设 $f'(\sqrt{3x-1})=3x-1$,且 $f(0)=0$,则 $f(x)=$________.

(11)由曲线 $y=\sin x$,$y=\cos x$ $(0\leqslant x\leqslant\pi)$ 与直线 $x=0$,$x=\pi$ 所围成的平面图形的面积为________.

(12)设函数 $z=\frac{1}{e^{x+y}+2y}$,则 $\left.\frac{\partial z}{\partial y}\right|_{(1,1)}=$________.

(13)若矩阵 $\begin{pmatrix}1 & -1 & 1\\ 2 & 3 & 0\\ 3 & 2 & a\end{pmatrix}$ 与 $\begin{pmatrix}1 & 0 & 0\\ 0 & 1 & 0\\ 0 & 0 & 0\end{pmatrix}$ 等价,则 $a=$________.

(14)连续掷一枚均匀骰子,在前4次没有出现偶数点的条件下,前10次均未出现偶数点的概率为________.

三、解答题:15～23小题,共94分.解答应写出文字说明、证明过程或演算步骤.

(15)(本题满分10分)

求极限 $\lim\limits_{x\to 0}\left[\frac{1}{\ln(1+2x)}-\frac{1}{\sin 2x}\right]$.

(16)(本题满分10分)

设函数 $f(x)=e^{-\frac{x^2}{2}}+1$.求曲线 $y=f(x)$ 的凹凸区间,拐点和渐近线.

(17)(本题满分10分)

计算定积分 $\int_0^{\frac{1}{2}}\frac{x\arcsin x}{\sqrt{1-x^2}}dx$.

(18)(本题满分10分)

计算二重积分 $\iint\limits_D(x-1)y\,dx\,dy$,其中区域 D 由曲线 $x=1+\sqrt{y}$ 和直线 $y=1-x$ 及 $y=1$ 围成.

(19)(本题满分10分)

设函数 $f(x)$ 对任意的 x,y 恒有 $f(x+y)=e^y f(x)+e^x f(y)$,且 $f'(0)=e$,求 $f(x)$.

(20)(本题满分11分)

设线性方程组 $\begin{cases}x_1-x_2+2x_3+x_4=1\\ 2x_1-x_2+x_3+2x_4=3\\ x_1-x_3+x_4=2\\ 3x_1-x_2+3x_4=5\end{cases}$.

(Ⅰ)求方程组的通解;

(Ⅱ)求方程组满足条件 $x_1=x_2$ 的全部解.

(21)(本题满分 11 分)

设矩阵 $\boldsymbol{A}=\begin{pmatrix}1&2&0\\2&1&0\\0&0&-1\end{pmatrix}$.

(Ⅰ)求可逆矩阵 $\boldsymbol{P}$ 和对角矩阵 $\boldsymbol{\Lambda}$,使得 $\boldsymbol{P}^{-1}\boldsymbol{AP}=\boldsymbol{\Lambda}$;

(Ⅱ)求 $\boldsymbol{A}^{101}$.

(22)(本题满分 11 分)

设箱中有 5 件产品,其中 3 件是优质品.从该箱中任取 2 件,以 X 表示所取的 2 件产品中的优质品件数,Y 表示箱中 3 件剩余产品中的优质品件数.

(Ⅰ)求(X,Y)的概率分布;

(Ⅱ)求 $\mathrm{Cov}(X,Y)$.

(23)(本题满分 11 分)

设随机变量 X 的分布函数为 $F(x)=\begin{cases}1-(1+x)\mathrm{e}^{-x}, & x\geqslant 0\\ 0 & \text{其他}\end{cases}$.

(Ⅰ)求 X 的概率密度 $f(x)$;

(Ⅱ)求 $P\{|X|>1\}$;

(Ⅲ)求 $E(\mathrm{e}^{-X})$.

2013 年全国硕士研究生入学统一考试 农学门类联考数学试题参考答案及解析

一、选择题:1～8 小题,每小题 4 分,共 32 分. 下列每题给出的四个选项中,只有一个选项是符合题目要求的. 请将所选项前的字母填在括号内.

(1)【答案】(D).

【解析】$e^{x-y}+3xy-\frac{1}{e}=0$,当 $x=0$ 时,$y=1$,代入选项排除(A)、(C). 对 x 求导得:$(1-y')e^{x-y}+3y+3xy'=0$,代入(0,1),得斜率 $y'=3e+1$. 故选(D).

(2)【答案】(A).

【解析】由洛必达法则:

$$\lim_{x\to 0}\frac{x[f(x)-f(0)]}{\int_0^x tf(t)\mathrm{d}t}=\lim_{x\to 0}\frac{f(x)-f(0)+f'(x)x}{xf(x)}$$

$$=\lim_{x\to 0}\left[\frac{f(x)-f(0)}{xf(x)}+\frac{xf'(x)}{xf(x)}\right]$$

$$=\lim_{x\to 0}\left[\frac{f(x)-f(0)}{f(x)(x-0)}+\frac{f'(x)}{f(x)}\right]$$

$$=\frac{2f'(0)}{f(0)}\quad(f(0)\neq 0)$$

故选(A).

(3)【答案】(C).

【解析】由图像可知且已知 $f(0)=b,f(a)=0$ 且 $f'(a)=1$

$$\int_0^a xf''(x)\mathrm{d}x=xf'(x)\Big|_0^a-\int_0^a f'(x)\mathrm{d}x$$

$$=xf'(x)\Big|_0^a-f(x)\Big|_0^a$$

$$=af'(a)-f(a)+f(0)=a+b$$

故选(C).

(4)【答案】(B).

【解析】$f_x=2e^{2x-y}\cos y$, $f_y=-e^{2x-y}\cos y-\sin y e^{2x-y}=-e^{2x-y}(\cos y+\sin y)$, 则 $f_x(\pi,\pi)=-2e^{\pi},f_y(\pi,\pi)=e^{\pi}$,故 $f(x,y)$ 在 (π,π) 处全微分为 $e^{\pi}(-2\mathrm{d}x+\mathrm{d}y)$,故选(B).

(5)【答案】(C).

【解析】由向量组Ⅰ与Ⅱ等价知向量组Ⅰ与Ⅱ能互相线性表示,故 $r=s$. 由此可知,$\boldsymbol{\beta}$ 能由 $\boldsymbol{\alpha}_1,\boldsymbol{\alpha}_2,\cdots,\boldsymbol{\alpha}_m$ 的极大线性无关组表示,否则 $r<s$. 故向量组Ⅰ与向量组Ⅱ能互相线性表示,故Ⅰ与Ⅱ等价. 故选(C).

(6)【答案】(D).

【解析】将行列式按第一列展开得 $\begin{vmatrix}2&2&0\\0&3&3\\0&0&4\end{vmatrix}-4\begin{vmatrix}1&0&0\\2&2&0\\0&3&3\end{vmatrix}=24-4\times 6=0$

故选(D).

(7)【答案】(D).

【解析】$P(B|A)=P(AB)|P(A)=\frac{1}{2}$,由 $P(A)=\frac{1}{4}$,知 $P(AB)=\frac{1}{8}$.

$P(A|B)=P(AB)|P(B)=\frac{1}{3}$,由 $P(AB)=\frac{1}{8}$ 知 $P(B)=\frac{3}{8}$,

$P(A\cup B)=P(A)+P(B)-P(AB)=\frac{1}{4}+\frac{3}{8}-\frac{1}{8}=\frac{1}{2}$.

故选(D).

(8)【答案】(B).

【解析】由 $X:P(\lambda)$ 知 $E(X)=D(X)=\lambda$. 设 $Y_i=X_{i+1}-X_i$,则

$E(Y_i)=E(X_{i+1})-E(X_i)=0$. $D(Y_i)=D(X_{i+1})+D(X_i)=2\lambda$.

则标准化 Y_i 得:$\frac{Y_i-0}{\sqrt{2\lambda}}=\frac{Y_i}{\sqrt{2\lambda}}\sim N(0,1)$,则 $\sum\limits_{i=1}^{n}\left(\frac{Y_i}{\sqrt{2\lambda}}\right)^2\sim\chi^2(n)$

$$T=\frac{1}{n}\sum_{i=1}^{n}(X_{i+1}-X_i)^2=\frac{1}{n}\sum_{i=1}^{n}(Y_i)^2=\frac{1}{n}\cdot 2\lambda\sum_{i=1}^{n}\left(\frac{Y_i}{\sqrt{2\lambda}}\right)^2.$$

则 $E(T)=\frac{2\lambda}{n}E\left[\sum\limits_{i=1}^{n}\left(\frac{Y_i}{\sqrt{2\lambda}}\right)^2\right]=\frac{2\lambda}{n}\cdot n=2\lambda$,故应选(B).

二、填空题:9~14 小题,每小题 4 分,共 24 分. 请将答案写在题目中的横线上.

(9)【答案】6.

【解析】由 $\lim\limits_{x\to 0^+}f(x)=\lim\limits_{x\to 0^+}(e^{-3x}+\cos 3x)=e^0+\cos 0=2$,且 $f(x)$ 在 $x=0$ 处连续

知 $\lim\limits_{x\to 0^-}f(x)=\lim\limits_{x\to 0^-}\frac{\sin kx}{3x}=\frac{k}{3}$,又 $\frac{k}{3}=2$ 所以 $k=6$.

(10)【答案】$\frac{1}{3}x^3$.

【解析】由 $f'(\sqrt{3x-1})=3x-1$ 知 $f'(x)=x^2$,设 $f(x)=\frac{1}{3}x^3+b$,由 $f(0)=0$ 知 $b=0$.

故 $f(x)=\frac{1}{3}x^3$.

(11)【答案】$2\sqrt{2}$.

【解析】$S=\int_0^{\frac{\pi}{4}}(\cos x-\sin x)\mathrm{d}x+\int_{\frac{\pi}{4}}^{\pi}(\sin x-\cos x)\mathrm{d}x=2\sqrt{2}$.

(12)【答案】$-\frac{1}{e^2+2}$

【解析】$Z_y=-(e^{x+y}+2y)^{-2}(e^{x+y}+2y)'=-\frac{e^{x+y}+2}{(e^{x+y}+2y)^2}$

故 $Z_y(1,1)=-\frac{e^2+2}{(e^2+2)^2}=-\frac{1}{e^2+2}$.

(13)【答案】1.

【解析】矩阵等价则秩相等，由$\begin{pmatrix}1&0&0\\0&1&0\\0&0&0\end{pmatrix}$秩为 2 知矩阵$\begin{pmatrix}1&-1&1\\2&3&0\\3&2&a\end{pmatrix}$秩为 2，则其第三列能被前两列线性表示，即$\begin{pmatrix}1\\0\\a\end{pmatrix}=x\begin{pmatrix}1\\2\\3\end{pmatrix}+y\begin{pmatrix}-1\\3\\2\end{pmatrix}\Rightarrow\begin{cases}x-y=1\\2x+3y=0\\3x+2y=a\end{cases}\Rightarrow a=1$.

(14)【答案】$\frac{1}{64}$.

【解析】设 A 为前 4 次没有出现偶数点，B 为前 10 次没有出现偶数点，则当 B 发生时，A 为必然事件，故 $P(AB)=P(B)$，则 $P(B|A)=\frac{P(AB)}{P(A)}=\frac{P(B)}{P(A)}=\frac{\frac{1}{2^{10}}}{\frac{1}{2^4}}=\frac{1}{2^6}=\frac{1}{64}$.

三、解答题：15～23 小题，共 94 分. 解答应写出文字说明、证明过程或演算步骤.

(15)【解析】

$$\lim_{x\to0}\left[\frac{1}{\ln(1+2x)}-\frac{1}{\sin2x}\right]=\lim_{x\to0}\frac{\sin2x-\ln(1+2x)}{\ln(1+2x)\sin2x}=\lim_{x\to0}\frac{\sin2x-\ln(1+2x)}{2x2x},$$

因为

$$\sin2x=2x-\frac{1}{3!}(2x)^3+o(x^3)$$

$$\ln(1+2x)=2x-\frac{1}{2}(2x)^2+o(x^2)$$

所以 原式$=\lim_{x\to0}\frac{2x-\frac{1}{3!}(2x)^3+o(x^3)-\left[2x-\frac{1}{2}(2x)^2+o(x^2)\right]}{2x2x}=\frac{2}{4}=\frac{1}{2}$.

(16)【解析】

$f'(x)=e^{-\frac{x^2}{2}}(-x)=-xe^{-\frac{x^2}{2}}$，$f''(x)=-e^{-\frac{x^2}{2}}+x^2e^{-\frac{x^2}{2}}=(x^2-1)e^{-\frac{x^2}{2}}$

令 $f''(x)>0$，得 $x>1$ 或 $x<-1$，

令 $f''(x)<0$，得 $-1<x<1$，

令 $f''(x)=0$，得 $x_1=1,x_2=-1$

由函数在$(-\infty,+\infty)$上 n 阶可导得：

曲线的凹区间为$(-\infty,-1)$及$(1,+\infty)$，凸区间为$(-1,1)$，拐点为 $x_1=1,x_2=-1$.

因为 $\lim\limits_{x\to\infty}f(x)=\lim\limits_{x\to\infty}\left(e^{-\frac{x^2}{2}}+1\right)=1$，所以曲线的水平渐近线为 $y=1$；

因为 $\lim\limits_{x\to\infty}\frac{f(x)}{x}=\lim\limits_{x\to\infty}\left(\frac{e^{-\frac{x^2}{2}}+1}{x}\right)=0$，所以曲线无斜渐近线；又函数无间断点，因此函数没有垂直渐近线.

综上得：曲线的凹区间为$(-\infty,-1)$及$(1,+\infty)$，凸区间为$(-1,1)$，拐点为 $x_1=1,x_2=-1$，水平渐近线为 $y=1$.

(17)【解析】

令 $t=\arcsin x$，则 $x=\sin t$，

$$\int_0^{\frac{1}{2}}\frac{x\arcsin x}{\sqrt{1-x^2}}dx=\int_0^{\frac{\pi}{6}}\frac{t\sin t}{\cos t}\cos t\,dt=\int_0^{\frac{\pi}{6}}t\sin t\,dt$$

$$=[-t\cos t+\sin t]_0^{\frac{\pi}{6}}=\frac{1}{2}-\frac{\sqrt{3}}{12}\pi.$$

(18)【解析】

$$\iint\limits_D (x-1)y\mathrm{d}x\mathrm{d}y=\int_0^1\mathrm{d}y\int_{1-y}^{1+\sqrt{y}}(x-1)y\mathrm{d}x=\int_0^1\frac{1}{2}(y^2-y^3)\mathrm{d}y=\frac{1}{2}\left[\frac{1}{3}y^3-\frac{1}{4}y^4\right]_0^1=\frac{1}{24}.$$

(19)【解析】

令 $x=y=0$,则有 $f(0)=2f(0)$,即 $f(0)=0$.

$$f'(x)=\lim_{y\to 0}\frac{f(x+y)-f(x)}{y}=\lim_{y\to 0}\frac{\mathrm{e}^y f(x)+\mathrm{e}^x f(y)-f(x)}{y}=\lim_{y\to 0}\frac{\mathrm{e}^y-1}{y}f(x)+\lim_{y\to 0}\frac{f(y)}{y}\mathrm{e}^x$$
$$=f(x)+f'(0)\mathrm{e}^x=f(x)+\mathrm{e}^{x+1},$$

即得微分方程 $\frac{\mathrm{d}f(x)}{x}-f(x)=\mathrm{e}^{x+1}$,则

$$f(x)=\mathrm{e}^{\int\mathrm{d}x}\left(\int\mathrm{e}^{x+1}\mathrm{e}^{-\int\mathrm{d}x}\mathrm{d}x+C\right)=\mathrm{e}^x\left(\int\mathrm{e}\mathrm{d}x+C\right)=\mathrm{e}^x(\mathrm{e}x+C)=x\mathrm{e}^{x+1}+C\mathrm{e}^x$$

由 $f(0)=0$ 可得 $C=0$. 故 $f(x)=x\mathrm{e}^{x+1}$.

(20)【解析】

(Ⅰ)初等变换方程组有:

$$\begin{pmatrix}1&-1&2&1&1\\2&-1&1&2&3\\1&0&-1&1&2\\3&-1&0&3&5\end{pmatrix}\to\begin{pmatrix}1&-1&2&1&1\\0&1&-3&0&1\\0&1&-3&0&1\\0&2&-6&0&2\end{pmatrix}\to\begin{pmatrix}1&-1&2&1&1\\0&1&-3&0&1\\0&0&0&0&0\\0&0&0&0&0\end{pmatrix}$$

即:$\begin{cases}x_1-x_2+2x_3+x_4=1\\x_2-3x_3=1\end{cases}$,则有:$\begin{cases}x_1=x_3-x_4+2\\x_2=3\cdot x_3+0\cdot x_4+1\\x_3=x_3+0\cdot x_4\\x_4=0\cdot x_3+x_4\end{cases}$

故方程组的通解为

$$\boldsymbol{x}=\begin{pmatrix}x_1\\x_2\\x_3\\x_4\end{pmatrix}=k_1\begin{pmatrix}1\\3\\1\\0\end{pmatrix}+k_2\begin{pmatrix}-1\\0\\0\\1\end{pmatrix}+\begin{pmatrix}2\\1\\0\\0\end{pmatrix}\quad(k_1,k_2\text{ 为任意常数}).$$

(Ⅱ)将 $x_1=x_2$ 作为原方程组的其中一个方程,即解方程组:

$$\begin{cases}x_1-x_2+2x_3+x_4=1\\2x_1-x_2+x_3+2x_4=3\\x_1-x_3+x_4=2\\3x_1-x_2+3x_4=5\\x_1-x_2=0\end{cases}$$

初等变换方程组有:

$$\begin{pmatrix}1&-1&2&1&1\\2&-1&1&2&3\\1&0&-1&1&2\\3&-1&0&3&5\\1&-1&0&0&0\end{pmatrix}\to\begin{pmatrix}1&-1&2&1&1\\0&1&-3&0&1\\0&0&0&0&0\\0&0&0&0&0\\1&-1&0&0&0\end{pmatrix}\to\begin{pmatrix}1&-1&2&1&1\\0&1&-3&0&1\\0&0&0&0&0\\0&0&0&0&0\\0&0&-2&-1&-1\end{pmatrix}$$

即：$\begin{cases} x_1-x_2+2x_3+x_4=1 \\ x_2-3x_3=1 \\ -2x_3-x_4=-1 \end{cases}$，则有：$\begin{cases} x_1=3x_3+1 \\ x_2=3x_3+1 \\ x_3=x_3 \\ x_4=-2x_3+1 \end{cases}$

故方程组的通解为

$$\boldsymbol{x}=\begin{pmatrix} x_1 \\ x_2 \\ x_3 \\ x_4 \end{pmatrix}=k\begin{pmatrix} 3 \\ 3 \\ 1 \\ -2 \end{pmatrix}+\begin{pmatrix} 1 \\ 1 \\ 0 \\ 1 \end{pmatrix} \quad (k\text{ 为任意常数}).$$

所以，原方程组满足条件 $x_1=x_2$ 的全部解为：

$$\boldsymbol{x}=\begin{pmatrix} x_1 \\ x_2 \\ x_3 \\ x_4 \end{pmatrix}=k\begin{pmatrix} 3 \\ 3 \\ 1 \\ -2 \end{pmatrix}+\begin{pmatrix} 1 \\ 1 \\ 0 \\ 1 \end{pmatrix} \quad (k\text{ 为任意常数}).$$

(21)【解析】

(Ⅰ)矩阵 $\boldsymbol{A}$ 的特征多项式 $|\lambda\boldsymbol{E}-\boldsymbol{A}|=\begin{vmatrix} \lambda-1 & -2 & 0 \\ -2 & \lambda-1 & 0 \\ 0 & 0 & \lambda+1 \end{vmatrix}=(\lambda+1)[(\lambda-1)^2-4]=0$，

所以，$\boldsymbol{A}$ 的特征值 $\lambda_1=3$，$\lambda_2=\lambda_3=-1$.

对于 $\lambda_1=3$，解齐次线性方程组 $(3\boldsymbol{E}-\boldsymbol{A})\boldsymbol{x}=\boldsymbol{0}$，得对应的特征向量 $\boldsymbol{\alpha}_1=(1,1,0)^{\mathrm{T}}$.

对于 $\lambda_2=\lambda_3=-1$，解齐次线性方程组 $(-\boldsymbol{E}-\boldsymbol{A})\boldsymbol{x}=\boldsymbol{0}$，得对应的特征向量 $\boldsymbol{\alpha}_2=(-1,1,0)^{\mathrm{T}}$，$\boldsymbol{\alpha}_3=(0,0,1)^{\mathrm{T}}$.

令 $\boldsymbol{P}=\begin{pmatrix} 1 & -1 & 0 \\ 1 & 1 & 0 \\ 0 & 0 & 1 \end{pmatrix}$，则 $\boldsymbol{P}^{-1}\boldsymbol{AP}=\boldsymbol{\Lambda}=\begin{pmatrix} 3 & & \\ & -1 & \\ & & -1 \end{pmatrix}$.

(Ⅱ)由 $\boldsymbol{P}^{-1}\boldsymbol{AP}=\boldsymbol{\Lambda}$ 知 $\boldsymbol{A}=\boldsymbol{P\Lambda P}^{-1}$，则：

$$\boldsymbol{A}^{101}=\boldsymbol{P\Lambda}^{101}\boldsymbol{P}^{-1}=\begin{pmatrix} 1 & -1 & 0 \\ 1 & 1 & 0 \\ 0 & 0 & 1 \end{pmatrix}\begin{pmatrix} 3^{101} & & \\ & -1 & \\ & & -1 \end{pmatrix}\begin{pmatrix} \frac{1}{2} & \frac{1}{2} & 0 \\ -\frac{1}{2} & \frac{1}{2} & 0 \\ 0 & 0 & 1 \end{pmatrix}$$

$$=\begin{pmatrix} \frac{3^{101}-1}{2} & \frac{3^{101}+1}{2} & 0 \\ \frac{3^{101}+1}{2} & \frac{3^{101}-1}{2} & 0 \\ 0 & 0 & -1 \end{pmatrix}.$$

(22)【解析】

(Ⅰ)由题意知 $X+Y=3$，(X,Y) 可能的取值为 $(0,3)$，$(1,2)$，$(2,1)$，

$$P\{X=0,Y=3\}=\frac{C_3^0C_2^2}{C_5^2}=\frac{1}{10},$$

$$P\{X=1,Y=2\}=\frac{C_3^1C_2^1}{C_5^2}=\frac{6}{10}=\frac{3}{5},$$

$$P\{X=2,Y=1\}=\frac{C_3^2C_2^0}{C_5^2}=\frac{3}{10},$$

所以，(X,Y)的概率分布为：

X \ Y	0	1	2	3
0	0	0	0	$\frac{1}{10}$
1	0	0	$\frac{3}{5}$	0
2	0	$\frac{3}{10}$	0	0

（Ⅱ）XY 可能的取值为 0 和 2.

$$P(XY=0)=P\{X=0,Y=3\}=\frac{1}{10},$$

$$P(XY=2)=P\{X=1,Y=2\}+P\{X=2,Y=1\}=\frac{9}{10},$$

所以 $E(XY)=0\times\frac{1}{10}+2\times\frac{9}{10}=\frac{9}{5}$，计算：

$$E(X)=0\times\frac{1}{10}+1\times\frac{3}{5}+2\times\frac{3}{10}=\frac{6}{5}$$

$$E(Y)=1\times\frac{3}{10}+2\times\frac{3}{5}+3\times\frac{1}{10}=\frac{9}{5}$$

所以 $\mathrm{Cov}(X,Y)=E(XY)-E(X)E(Y)=-\frac{9}{25}=-0.36$.

(23)【解析】

（Ⅰ）$f(x)=F'(x)=\begin{cases}x\mathrm{e}^{-x},x>0\\0,其他\end{cases}$.

（Ⅱ）$P(|X|>1)=P(X>1)+P(X<-1)=1-F(1)+F(-1)=1-(1-2\mathrm{e}^{-1})+0$
$=2\mathrm{e}^{-1}$.

（Ⅲ）$E(\mathrm{e}^{-X})=\int_0^{+\infty}\mathrm{e}^{-x}f(x)\mathrm{d}x=\int_0^{+\infty}\mathrm{e}^{-x}x\mathrm{e}^{-x}\mathrm{d}x=\int_0^{+\infty}x\mathrm{e}^{-2x}\mathrm{d}x=-\frac{1}{2}\int_0^{+\infty}x\mathrm{d}\mathrm{e}^{-2x}$

$$=-\frac{1}{2}\left(x\mathrm{e}^{-2x}\Big|_0^{+\infty}-\int_0^{+\infty}\mathrm{e}^{-2x}\mathrm{d}x\right)=\frac{1}{2}\int_0^{+\infty}\mathrm{e}^{-2x}\mathrm{d}x=\frac{1}{4}.$$

2014年全国硕士研究生招生考试
农学门类联考数学试题

一、选择题:1～8小题,每小题4分,共32分.下列每题给出的四个选项中,只有一个选项是符合题目要求的.请将所选项前的字母填在括号内.

(1)设 $f(x)$ 可导,$f'(x)=\mathrm{e}^{-f(x)}$,$f(0)=0$,当 $n\geqslant 1$ 时,$f^{(n)}(0)=$(　　).

(A) $(-1)^{n-1}(n-1)!$.　　(B) $(-1)^{n-1}n!$.

(C) $(-1)^{n}(n-1)!$.　　(D) $(-1)^{n}n!$.

(2)设函数 $f(x)$ 满足 $f''(x)-2f'(x)=\int_a^{x+1}\mathrm{e}^{-kt}\,\mathrm{d}t$,且 $f'(a)=0$,则 $f(x)$ 在 $x=a$ 处(　　).

(A)取得极大值.　　(B)取得极小值.

(C)没有极值.　　(D)是否取得极值与 k 有关.

(3)函数 $f(x,y)=\cos\dfrac{x}{y}$ 在点 $(\pi,2)$ 处的全微分为(　　).

(A) $-\dfrac{1}{4}(2\mathrm{d}x+\pi\mathrm{d}y)$.　　(B) $-\dfrac{1}{4}(2\mathrm{d}x-\pi\mathrm{d}y)$.

(C) $\dfrac{1}{4}(2\mathrm{d}x+\pi\mathrm{d}y)$.　　(D) $\dfrac{1}{4}(2\mathrm{d}x-\pi\mathrm{d}y)$.

(4)设 $I=\iint\limits_{|x|+|y|\leqslant 2}\dfrac{\mathrm{d}x\,\mathrm{d}y}{2+\cos^2x+\cos^2y}$,则(　　).

(A) $\dfrac{1}{4}<I<\dfrac{1}{2}$.　　(B) $\dfrac{1}{2}<I<1$.

(C) $1<I<2$.　　(D) $2<I<4$.

(5)设向量组 $\boldsymbol{\alpha}_1,\boldsymbol{\alpha}_2,\boldsymbol{\alpha}_3$ 线性无关,则下列向量组中线性无关的是(　　).

(A) $\boldsymbol{\alpha}_1+\boldsymbol{\alpha}_2,\boldsymbol{\alpha}_2-\boldsymbol{\alpha}_3,\boldsymbol{\alpha}_1+\boldsymbol{\alpha}_3$.　　(B) $\boldsymbol{\alpha}_1+\boldsymbol{\alpha}_2,\boldsymbol{\alpha}_2+\boldsymbol{\alpha}_3,\boldsymbol{\alpha}_3-\boldsymbol{\alpha}_1$.

(C) $\boldsymbol{\alpha}_1-\boldsymbol{\alpha}_2,\boldsymbol{\alpha}_2-\boldsymbol{\alpha}_3,\boldsymbol{\alpha}_3-\boldsymbol{\alpha}_1$.　　(D) $\boldsymbol{\alpha}_1+\boldsymbol{\alpha}_2,\boldsymbol{\alpha}_2-\boldsymbol{\alpha}_3,\boldsymbol{\alpha}_3-\boldsymbol{\alpha}_1$.

(6)设 $\boldsymbol{A}$ 为2阶可逆矩阵,$\boldsymbol{A}^*$ 为 $\boldsymbol{A}$ 的伴随矩阵,将 $\boldsymbol{A}$ 的第一行乘以 -1 得到矩阵 $\boldsymbol{B}$,则(　　).

(A) $\boldsymbol{A}^{-1}$ 的第一行乘以 -1 得到矩阵 $\boldsymbol{B}^{-1}$.　　(B) $\boldsymbol{A}^{-1}$ 的第一列乘以 -1 得到矩阵 $\boldsymbol{B}^{-1}$.

(C) $\boldsymbol{A}^*$ 的第一行乘以 -1 得到矩阵 $\boldsymbol{B}^*$.　　(D) $\boldsymbol{A}^*$ 的第一列乘以 -1 得到矩阵 $\boldsymbol{B}^*$.

(7)设随机变量 X 的分布为

X	-2	-1	0	1	2
P	0.1	0.3	0.2	0.3	0.1

则 $D(X-0.7)=$(　　).

(A)0.　　(B)0.7.

(C)1.4.　　(D)2.1.

(8)设总体 X 服从参数为 $\lambda(\lambda>0)$ 的泊松分布，$X_1,X_2,\cdots,X_n$ 为来自总体 X 的简单随机样本，记 $\overline{X}=\frac{1}{n}\sum_{i=1}^{n}X_i$，$T=\alpha\overline{X}+(\overline{X})^2$，其中 α 为常数，若 $E(T)=\lambda^2$，则 $\alpha=$(　　).

(A) $-\frac{1}{n}$.　　(B) $\frac{1}{n}$.

(C) -1.　　(D)1.

二、填空题:9～14 小题,每小题 4 分,共 24 分.请将答案写在题目中的横线上.

(9)当 $x\to0$，$\frac{\ln(1-2x^2)}{x}$ 与 $1-e^{kx}$ 是等价无穷小,常数 $k=$________.

(10)函数 $f(x)=\frac{1-\cos x}{x(x-1)\sin x}$ 的可去间断点为 $x=$________.

(11)已知函数 $y=y(x)$ 由方程 $xy^2-\ln(x+1)+\ln y=1$ 确定,则 $\frac{dy}{dx}\big|_{x=0}=$________.

(12)反常积分 $\int_0^{+\infty}x^3e^{-x^2}dx$ ________.

(13)设 2 阶矩阵 $\boldsymbol{A}$ 的特征值 1,2,则行列式 $|\boldsymbol{A}-3\boldsymbol{A}^*|=$________.

(14)设随机变量 X 的概率密度 $f(x)=\begin{cases}2x, & 0<x<1\\ 0, & 其他\end{cases}$，$Y$ 表示对 X 的 3 次独立重复观测中事件 $X\leqslant\frac{1}{2}$ 发生的次数,则 $P\{Y\leqslant2\}=$________.

三、解答题:15～23 小题,共 94 分.解答应写出文字说明、证明过程或演算步骤.

(15)(本题满分 10 分)

设曲线 $y=x^3+2x^2+x+C$ 在其拐点处的切线通过坐标原点，求常数 C.

(16)(本题满分 10 分)

求极限 $\lim\limits_{x\to0}\frac{e^x\sin x-x(x^2+1)}{\cos x-\cos^2x}$.

(17)(本题满分 10 分)

设函数 $z=f(x-y^2,x^2\sin\pi y)$，f 具有二阶连续的偏导数,求 $\frac{\partial^2z}{\partial x\partial y}\Big|_{(1,1)}$.

(18)(本题满分 10 分)

求不定积分 $\int\frac{x\ln(1+x^2)}{(1+x^2)^2}dx$.

(19)(本题满分 10 分)

设函数 $y=y(x)$ 是微分方程 $(e^y+e^{-y}+2)dx-(x+2)^2dy=0$ 满足条件 $y(0)=0$ 的解.

(Ⅰ)求 $y(x)$；

(Ⅱ)曲线 $y=y(x)$ 是否存在水平渐近线和铅直渐近线？若存在,写出其方程.

(20)(本题满分 11 分)

设矩阵 $\boldsymbol{A}=\begin{pmatrix}1&-1&-1\\-1&2&3\\0&1&2\\0&-1&1\end{pmatrix}$，$\boldsymbol{B}=\begin{pmatrix}0&-2\\1&6\\1&a\\-1&5\end{pmatrix}$，当 a 取何值时，存在矩阵 $\boldsymbol{X}$ 使得 $\boldsymbol{AX}=\boldsymbol{B}$，并求出矩阵 $\boldsymbol{X}$.

(21)(本题满分 11 分)

设矩阵 $\boldsymbol{A}=\begin{pmatrix}0&2&1\\0&1&0\\1&a&0\end{pmatrix}$ 相似于对角矩阵.

(Ⅰ)求 a 的值；

(Ⅱ)求可逆矩阵 $\boldsymbol{P}$ 和对角矩阵 $\boldsymbol{\Lambda}$，使得 $\boldsymbol{P}^{-1}\boldsymbol{AP}=\boldsymbol{\Lambda}$.

(22)(本题满分 11 分)

设随机变量 X 的概率密度 $f(x)=\begin{cases}\dfrac{1}{3}x^2, & -1<x<2\\ 0, & \text{其他}\end{cases}$，令随机变量 $Y=\begin{cases}1, & X\geqslant 0\\ -1, & X<0\end{cases}$.

(Ⅰ) 求 Y 的概率分布；

(Ⅱ) 求 $\mathrm{Cov}(X,Y)$.

(23)(本题满分 11 分)

设二维随机变量 (X,Y) 服从 D 上的均匀分布，其中 D 是由直线 $y=x$ 和曲线 $y=x^2$ 围成的平面区域.

(Ⅰ)求 X 和 Y 的边缘概率密度 $f_X(x)$ 和 $f_Y(y)$；

(Ⅱ)求 $E(XY)$.

2014 年全国硕士研究生招生考试
农学门类联考数学试题参考答案及解析

一、选择题:1～8 小题,每小题 4 分,共 32 分.下列每题给出的四个选项中,只有一个选项是符合题目要求的.请将所选项前的字母填在括号内.

(1)**【答案】**(A).

【解析】$f''(x)=-e^{-f(x)}f'(x)=-e^{-2f(x)}$,

$f'''(x)=-e^{-2f(x)}f'(x)(-2)=2!\ e^{-3f(x)}$,

$f^{(4)}(x)=2!\ e^{-3f(x)}f'(x)(-3)=-3!\ e^{-4f(x)}$,…,

$f^{(n)}(x)=(-1)^{n-1}(n-1)!\ e^{-nf(x)}$,于是

$f^{(n)}(0)=(-1)^{n-1}(n-1)!$,故选(A).

(2)**【答案】**(B).

【解析】由题设,可得

$f''(a)-2f'(a)=\int_a^{a+1}e^{-kt}dt$,因为 $f'(a)=0$,所以

$f''(a)=\int_a^{a+1}e^{-kt}dt>0$,因此 $f(x)$ 在 $x=a$ 处取得极小值,故选(B).

(3)**【答案】**(B).

【解析】由 $f'_x(x,y)=-\frac{1}{y}\sin\frac{x}{y}$,$f'_y(x,y)=\frac{x}{y^2}\sin\frac{x}{y}$,得

$f'_x(\pi,2)=-\frac{1}{2}$,$f'_y(\pi,2)=\frac{\pi}{4}$,因此

$df(\pi,2)=-\frac{1}{2}dx+\frac{\pi}{4}dy$,故选(B).

(4)**【答案】**(D).

【解析】在区域 $|x|+|y|\leqslant 2$ 内,$\frac{1}{4}\leqslant\frac{1}{2+\cos^2x+\cos^2y}\leqslant\frac{1}{2}$,且区域 $|x|+|y|\leqslant 2$ 的面积为 8,因此

$$2<\iint\limits_{|x|+|y|\leqslant 2}\frac{dx\,dy}{2+\cos^2x+\cos^2y}<4,$$

故选(D).

(5)**【答案】**(D).

【解析】设 $(\boldsymbol{\alpha}_1+\boldsymbol{\alpha}_2,\boldsymbol{\alpha}_2-\boldsymbol{\alpha}_3,\boldsymbol{\alpha}_3-\boldsymbol{\alpha}_1)\begin{pmatrix}k_1\\k_2\\k_3\end{pmatrix}=(\boldsymbol{\alpha}_1,\boldsymbol{\alpha}_2,\boldsymbol{\alpha}_3)\begin{pmatrix}1&0&-1\\1&1&0\\0&-1&1\end{pmatrix}\begin{pmatrix}k_1\\k_2\\k_3\end{pmatrix}$

由 $\boldsymbol{\alpha}_1,\boldsymbol{\alpha}_2,\boldsymbol{\alpha}_3$ 线性无关，推出 $\begin{pmatrix}1 & 0 & -1\\ 1 & 1 & 0\\ 0 & -1 & 1\end{pmatrix}\begin{pmatrix}k_1\\ k_2\\ k_3\end{pmatrix}=\mathbf{0}$，又 $\begin{vmatrix}1 & 0 & -1\\ 1 & 1 & 0\\ 0 & -1 & 1\end{vmatrix}\neq 0$

所以，$\begin{pmatrix}k_1\\ k_2\\ k_3\end{pmatrix}=\mathbf{0}$，故选(D).

(6)【答案】(B).

【解析】由题意 $\boldsymbol{B}=\begin{pmatrix}-1 & 0\\ 0 & 1\end{pmatrix}\boldsymbol{A}$，则 $\boldsymbol{B}^{-1}=\boldsymbol{A}^{-1}\begin{pmatrix}-1 & 0\\ 0 & 1\end{pmatrix}^{-1}=\boldsymbol{A}^{-1}\begin{pmatrix}-1 & 0\\ 0 & 1\end{pmatrix}$

故选(B).

(7)【答案】(C).

【解析】$D(X-0.7)=D(X)=E(X^2)-[E(X)]^2=1.4$，故选(C).

(8)【答案】(A).

【解析】$E(T)=\alpha E(\overline{X})+E(\overline{X})^2=\alpha\lambda+D(\overline{X})+[E(\overline{X})]^2=\lambda\alpha+\dfrac{\lambda}{n}+\lambda^2=\lambda^2,\alpha=-\dfrac{1}{n}$.

故选(A).

二、填空题：9～14小题，每小题4分，共24分. 请将答案写在题目中的横线上.

(9)【答案】2.

【解析】当 $x\to 0$ 时，$\ln(1-2x^2)\sim(-2x^2)$，$1-e^{kx}\sim(-kx)$

利用等价无穷小的代换

$$\lim_{x\to 0}\frac{\ln(1-2x^2)}{x(1-e^{kx})}=\lim_{x\to 0}\frac{-2x^2}{x(-kx)}=\frac{2}{k}=1,\text{得}$$

$k=2$.

(10)【答案】$2k\pi,k\in\mathbf{Z}$.

【解析】$f(x)=\dfrac{1-\cos x}{x(x-1)\sin x}$ 的间断点为 $x=1,x=k\pi,k\in\mathbf{Z}$.

$$\lim_{x\to 1}\frac{1-\cos x}{x(x-1)\sin x}=\infty;$$

当 k 是奇数时，$\lim\limits_{x\to k\pi}\dfrac{1-\cos x}{x(x-1)\sin x}=\infty$；

当 k 是非零的偶数时，$\lim\limits_{x\to k\pi}\dfrac{1-\cos x}{x(x-1)\sin x}=0$；

$\lim\limits_{x\to 0}\dfrac{1-\cos x}{x(x-1)\sin x}=-\dfrac{1}{2}$. 因此 $f(x)=\dfrac{1-\cos x}{x(x-1)\sin x}$ 的可去间断点为 $x=2k\pi$，$k\in\mathbf{Z}$.

(11)【答案】$e(1-e^2)$.

【解析】在方程 $xy^2-\ln(x+1)+\ln y=1$ 两端对 x 求导，得

$$y^2+2xy\frac{dy}{dx}-\frac{1}{x+1}+\frac{1}{y}\frac{dy}{dx}=0,\text{解得}$$

$$\frac{dy}{dx}=\frac{\frac{1}{x+1}-y^2}{2xy+\frac{1}{y}},$$

当 $x=0$ 时，从原方程可得 $y=\mathrm{e}$，所以

$\frac{\mathrm{d}y}{\mathrm{d}x}\Big|_{x=0}=\mathrm{e}(1-\mathrm{e}^2)$.

(12)【答案】$\frac{1}{2}$.

【解析】$\int_0^{+\infty}x^3\mathrm{e}^{-x^2}\mathrm{d}x=-\frac{1}{2}\int_0^{+\infty}x^2\mathrm{d}(\mathrm{e}^{-x^2})=-\frac{1}{2}\left[x^2\mathrm{e}^{-x^2}\Big|_0^{+\infty}-\int_0^{+\infty}\mathrm{e}^{-x^2}\mathrm{d}(x^2)\right]$

$=-\frac{1}{2}\left[\lim_{x\to+\infty}x^2\mathrm{e}^{-x^2}+\mathrm{e}^{-x^2}\Big|_0^{+\infty}\right]=-\frac{1}{2}\left(\lim_{x\to+\infty}\frac{x^2}{\mathrm{e}^{x^2}}-1\right)=\frac{1}{2}$.

(13)【答案】5.

【解析】因为 2 阶矩阵 $\mathbf{A}$ 的特征值为 1,2，则矩阵 $\mathbf{A}-3\mathbf{A}^*$ 的特征值为 -5 和 -1，所以 $|\mathbf{A}-3\mathbf{A}^*|=5$.

(14)【答案】$\frac{63}{64}$.

【解析】$Y\sim B(3,p)$，$p=P\left(X\leqslant\frac{1}{2}\right)=\int_0^{\frac{1}{2}}2x\,\mathrm{d}x=\frac{1}{4}$，$P(X\leqslant 2)=1-P(X=3)=\frac{63}{64}$.

三、解答题：15～23 小题，共 94 分. 解答应写出文字说明、证明过程或演算步骤.

(15)【解析】$y'=3x^2+4x+1$，$y''=6x+4$.

令 $y''(x)=0$，解得 $x=-\frac{2}{3}$.

当 $x<-\frac{2}{3}$ 时，$y''<0$；当 $x>-\frac{2}{3}$ 时，$y''>0$.

故点 $\left(-\frac{2}{3},-\frac{2}{27}+C\right)$ 是曲线的拐点.

因为 $y'\left(-\frac{2}{3}\right)=-\frac{1}{3}$，切线过原点，所以 $\frac{-\frac{2}{27}+C}{-\frac{2}{3}}=-\frac{1}{3}$，故 $C=\frac{8}{27}$.

(16)【解析】$\lim_{x\to0}\frac{\mathrm{e}^x\sin x-x(x^2+1)}{\cos x-\cos^2x}=\lim_{x\to0}\frac{1}{\cos x}\cdot\lim_{x\to0}\frac{\mathrm{e}^x\sin x-x(x^2+1)}{1-\cos x}$

$=\lim_{x\to0}\frac{\mathrm{e}^x\sin x-x(x^2+1)}{1-\cos x}$

$=\lim_{x\to0}\frac{\mathrm{e}^x\sin x+\mathrm{e}^x\cos x-3x^2-1}{\sin x}$

$=\lim_{x\to0}\mathrm{e}^x+\lim_{x\to0}\frac{\mathrm{e}^x\cos x-\mathrm{e}^x\sin x-6x}{\cos x}$

$=2$.

(17)【解析】$\frac{\partial z}{\partial x}=f'_1+2x\sin\pi y\ f'_2$.

$\frac{\partial^2 z}{\partial x\partial y}=-2y\ f''_{11}+\pi x^2\cos\pi y\ f''_{12}+2x\sin\pi y(-2yf''_{21}+\pi x^2\cos\pi y f''_{22})+2\pi x\cos\pi y f'_2$

$\frac{\partial^2 z}{\partial x\partial y}\Big|_{(1,1)}=-2f''_{11}(1,1)-\pi f''_{12}(1,1)-2\pi f'_2(1,1)$

(18)【解析】$\int\frac{x\ln(1+x^2)}{(1+x^2)^2}dx=\frac{1}{2}\int\frac{\ln(1+x^2)}{(1+x^2)^2}d(1+x^2)$

$=-\frac{1}{2}\int\ln(1+x^2)d\frac{1}{1+x^2}$

$=-\frac{\ln(1+x^2)}{2(1+x^2)}+\frac{1}{2}\int\frac{1}{(1+x^2)^2}d(1+x^2)$

$=-\frac{\ln(1+x^2)+1}{2(1+x^2)}+C$.

(19)【解析】

(Ⅰ)方程即$(e^y+1)^2dx-e^y(x+2)^2dy=0$,

分离变量并积分

$$\int\frac{e^y dy}{(e^y+1)^2}=\int\frac{dx}{(x+2)^2},$$

得

$$-\frac{1}{e^y+1}=-\frac{1}{x+2}+C.$$

由$y(0)=0$,得$C=0$.

故$e^y=x+1$,即 $y=\ln(x+1)$.

(Ⅱ)因为$\lim\limits_{x\to+\infty}y=\lim\limits_{x\to+\infty}\ln(x+1)=+\infty$,故曲线无水平渐近线;

又$\lim\limits_{x\to-1^+}y=\lim\limits_{x\to-1^+}\ln(x+1)=-\infty$,故曲线存在铅直渐近线,其方程为$x=-1$.

(20)【解析】设矩阵$\boldsymbol{X}=(\boldsymbol{x}_1,\boldsymbol{x}_2)$,$\boldsymbol{B}=(\boldsymbol{\beta}_1,\boldsymbol{\beta}_2)$,其中$\boldsymbol{\beta}_1=\begin{pmatrix}0\\1\\1\\-1\end{pmatrix}$,$\boldsymbol{\beta}_2=\begin{pmatrix}-2\\6\\a\\5\end{pmatrix}$

因此,存在矩阵$\boldsymbol{X}$使得$\boldsymbol{AX}=\boldsymbol{B}$当且仅当方程组$\boldsymbol{Ax}_1=\boldsymbol{\beta}_1$,$\boldsymbol{Ax}_2=\boldsymbol{\beta}_2$,均有解.

对矩阵$(\boldsymbol{A}\vdots\boldsymbol{B})$施以初等行变换得

$$(\boldsymbol{A}\vdots\boldsymbol{B})=\left(\begin{array}{ccc:cc}1&-1&-1&0&-2\\-1&2&3&1&6\\0&1&2&1&a\\0&-1&1&-1&5\end{array}\right)\to\left(\begin{array}{ccc:cc}1&0&0&1&-1\\0&1&0&1&-2\\0&0&1&0&3\\0&0&0&0&a-4\end{array}\right)$$

当$a\neq4$时,$\boldsymbol{Ax}_2=\boldsymbol{\beta}_2$无解.此时,不存在满足条件的矩阵$\boldsymbol{X}$使得$\boldsymbol{Ax}_1=\boldsymbol{\beta}_1$,$\boldsymbol{Ax}_2=\boldsymbol{\beta}_2$;

当$a=4$时,$\boldsymbol{Ax}_1=\boldsymbol{\beta}_1$,$\boldsymbol{Ax}_2=\boldsymbol{\beta}_2$均有解.

此时，$(\boldsymbol{A}\ \vdots\ \boldsymbol{B}) \to \left(\begin{array}{ccc:cc} 1 & 0 & 0 & 1 & -1 \\ 0 & 1 & 0 & 1 & -2 \\ 0 & 0 & 1 & 0 & 3 \\ 0 & 0 & 0 & 0 & 0 \end{array}\right)$

所以 $\boldsymbol{X}=\begin{pmatrix} 1 & -1 \\ 1 & -2 \\ 0 & 3 \end{pmatrix}$

(21)【解析】

(Ⅰ)由 $\boldsymbol{A}$ 的特征多项式 $|\lambda\boldsymbol{E}-\boldsymbol{A}|=\begin{vmatrix} \lambda & -2 & -1 \\ 0 & \lambda-1 & 0 \\ -1 & -a & \lambda \end{vmatrix}=(\lambda-1)^2(\lambda+1)$，

得特征值 $\lambda_1=\lambda_2=1$，$\lambda_3=-1$.

因为 $\boldsymbol{A}$ 相似于对角矩阵，$\lambda_1=\lambda_2=1$ 为二重特征值，所以 $R(\boldsymbol{E}-\boldsymbol{A})=1$，又

$$\boldsymbol{E}-\boldsymbol{A}=\begin{pmatrix} 1 & -2 & -1 \\ 0 & 0 & 0 \\ -1 & -a & 1 \end{pmatrix} \to \begin{pmatrix} 1 & -2 & -1 \\ 0 & a+2 & 0 \\ 0 & 0 & 0 \end{pmatrix}$$

于是 $a=-2$.

(Ⅱ)由(Ⅰ)知 $\boldsymbol{A}=\begin{pmatrix} 0 & 2 & 1 \\ 0 & 1 & 0 \\ 1 & -2 & 0 \end{pmatrix}$，

且 $\boldsymbol{A}$ 有特征值 $\lambda_1=\lambda_2=1$，$\lambda_3=-1$.

对于 $\lambda_1=\lambda_2=1$，求解方程组：$(\lambda\boldsymbol{E}-\boldsymbol{A})=\boldsymbol{0}$，

即 $(\boldsymbol{E}-\boldsymbol{A})\boldsymbol{X}=\boldsymbol{0}$

即 $\begin{pmatrix} 1 & -2 & -1 \\ 0 & 0 & 0 \\ -1 & 2 & 1 \end{pmatrix}\begin{pmatrix} x_1 \\ x_2 \\ x_3 \end{pmatrix}=\boldsymbol{0}$，

有 $x_1-2x_2-x_3=0$.

解得与特征值 $\lambda_1=\lambda_2=1$ 对应的特征向量为：

$\boldsymbol{\xi}_1=\begin{pmatrix} 2 \\ 1 \\ 0 \end{pmatrix}$，$\boldsymbol{\xi}_2=\begin{pmatrix} 1 \\ 0 \\ 1 \end{pmatrix}$.

对于特征值 $\lambda_3=-1$，求解齐次方程组 $(-\boldsymbol{E}-\boldsymbol{A})=\boldsymbol{0}$，即：$\begin{pmatrix} -1 & -2 & -1 \\ 0 & -2 & 0 \\ -1 & 2 & -1 \end{pmatrix}\begin{pmatrix} x_1 \\ x_2 \\ x_3 \end{pmatrix}=\boldsymbol{0}$，求

得对应特征向量 $\boldsymbol{\xi}_3=\begin{pmatrix} -1 \\ 0 \\ 1 \end{pmatrix}$.

由于 $\boldsymbol{\xi}_1,\boldsymbol{\xi}_2,\boldsymbol{\xi}_3$ 线性关系，故可得可逆矩阵 $\boldsymbol{P}$，

$$\boldsymbol{P}=(\boldsymbol{\xi}_1,\boldsymbol{\xi}_2,\boldsymbol{\xi}_3)=\begin{pmatrix}2&1&-1\\1&0&0\\0&1&1\end{pmatrix}，且有 \boldsymbol{P}^{-1}\boldsymbol{AP}=\begin{pmatrix}1&0&0\\0&1&0\\0&0&-1\end{pmatrix}.$$

(22)【解析】

(Ⅰ) $P\{Y=1\}=P\{X\geqslant 0\}=\int_0^2\frac{1}{3}x^2\mathrm{d}x=\frac{8}{9}$；$P\{Y=-1\}=1-P\{Y=1\}=\frac{1}{9}$.

所以，Y 的概率分布为

Y	-1	1
P	$\frac{1}{9}$	$\frac{8}{9}$

(Ⅱ) $E(X)=\int_{-1}^2 xf(x)\,\mathrm{d}x=\int_{-1}^2\frac{1}{3}x^3\mathrm{d}x=\frac{5}{4}$；

$E(Y)=P\{Y=1\}-P\{Y=-1\}=\frac{7}{9}$；

$E(XY)=E(|X|)=\int_{-1}^2|x|f(x)\,\mathrm{d}x=\int_{-1}^0\left(-\frac{1}{3}x^3\right)\mathrm{d}x+\int_0^2\frac{1}{3}x^3\mathrm{d}x=\frac{1}{12}+\frac{16}{12}=\frac{17}{12}$；

所以 $\mathrm{Cov}(X,Y)=E(XY)-E(X)\cdot E(Y)=\frac{17}{12}-\frac{5}{4}\cdot\frac{7}{9}=\frac{4}{9}$.

(23)【解析】

(Ⅰ)区域 D 的面积为 $S_D=\int_0^1(x-x^2)\,\mathrm{d}x=\frac{1}{6}$，所以 (X,Y) 的概率密度为

$$f(x,y)=\begin{cases}6, & x^2<y<x,0<x<1\\0, & 其他\end{cases}.$$

当 $0<x<1$ 时，$f_X(x)=\int_{x^2}^x 6\mathrm{d}y=6(x-x^2)$，

所以 X 的边缘概率密度为 $f_X(x)=\begin{cases}6(x-x^2), & 0<x<1\\0, & 其他\end{cases}$.

当 $0<y<1$ 时 $F_Y(y)=\int_y^{\sqrt{y}}6\mathrm{d}x=6(\sqrt{y}-y)$.

所以 Y 的边缘概率密度为 $f_Y(y)=\begin{cases}6(\sqrt{y}-y), & 0<y<1\\0, & 其他\end{cases}$.

(Ⅱ) $E(XY)=\int_{-\infty}^{+\infty}\int_{-\infty}^{+\infty}xyf(x,y)\,\mathrm{d}x\mathrm{d}y=\int_0^1\mathrm{d}x\int_{x^2}^x 6xy\mathrm{d}y=\int_0^1 3x(x^2-x^4)\,\mathrm{d}x=\frac{1}{4}$.

2015 年全国硕士研究生招生考试
农学门类联考数学试题

一、选择题:1～8 小题,每小题 4 分,共 32 分. 下列每题给出的四个选项中,只有一个选项是符合题目要求的. 请将所选项前的字母填在括号内.

(1)曲线 $y=3x\cos 3x$,在点 $(\pi,-3\pi)$ 处的法线方程为(　　).

(A) $3x+y=0$.　　(B) $3x-y-6\pi=0$.

(C) $x+3y+8\pi=0$.　　(D) $x-3y-10\pi=0$.

(2)曲线 $y=\dfrac{x}{(e^x-1)(x+2)}$ (　　).

(A)有水平渐近线 $y=0$ 和铅直渐近线 $x=0$ 及 $x=-2$.

(B)有水平渐近线 $y=0$ 及 $y=-1$ 和铅直渐近线 $x=-2$.

(C)仅有水平渐近线 $y=0$ 及 $y=-1$,无铅直渐近线.

(D)无水平渐近线,仅有铅直渐近线 $x=-2$.

(3)函数 $f(x)=\int_0^x e^{-u}\cos u\,du$ 在闭区间 $[0,\pi]$ 上的最小值和最大值依次为(　　).

(A) $f(0),f(\pi)$.　　(B) $f(\pi),f(\dfrac{\pi}{2})$.

(C) $f(0),f(\dfrac{\pi}{2})$.　　(D) $f(\dfrac{\pi}{2}),f(\pi)$.

(4)设函数 $f(x)$ 连续,记 $I=\int_{-1}^1 f(x)dx$, $D=\left\{(x,y)\mid |x|\leqslant 2,|y|\leqslant \dfrac{1}{3}\right\}$,

则 $\iint\limits_D f(\dfrac{x}{2})f(3y)dxdy=$(　　).

(A) $\dfrac{2}{3}I$.　　(B) $\dfrac{2}{3}I^2$.

(C) $\dfrac{3}{2}I$.　　(D) $\dfrac{3}{2}I^2$.

(5)设矩阵 $\boldsymbol{A}=\begin{pmatrix}1&-1&0&0\\0&1&-1&0\\0&0&1&-1\\-1&0&0&a\end{pmatrix}$, $\boldsymbol{\beta}=\begin{pmatrix}1\\2\\3\\b\end{pmatrix}$. 若线性方程组 $\boldsymbol{Ax}=\boldsymbol{\beta}$ 无解,则(　　).

(A) $a=1,\ b\neq-6$.　　(B) $a\neq1,\ b\neq-6$.

(C) $a=1,\ b=-6$.　　(D) $a\neq1,\ b=-6$.

(6)设 $\boldsymbol{A},\boldsymbol{B}$ 为5阶非零矩阵，且 $\boldsymbol{AB}=\boldsymbol{0}$(　　).

(A)若 $R(\boldsymbol{A})=1$，则 $R(\boldsymbol{B})=4$.　　(B)若 $R(\boldsymbol{A})=2$，则 $R(\boldsymbol{B})=3$.

(C)若 $R(\boldsymbol{A})=3$，则 $R(\boldsymbol{B})=2$.　　(D)若 $R(\boldsymbol{A})=4$，则 $R(\boldsymbol{B})=1$.

(7)设 A,B 为两个随机事件，且 $A\subset B$，$0<P(A)<1$，则(　　).

(A) $P(\overline{AB})=1-P(B)$.　　(B) $P(\bar{A}\bar{B})=1-P(B)$.

(C) $P(B|A)=P(B)$.　　(D) $P(B|\bar{A})=P(B)$.

(8)设 $t_\alpha(n)$ 表示自由度为 n 的 t 分布的 α 分位数，则(　　).

(A) $t_\alpha(n)\cdot t_{1-\alpha}(n)=1$.　　(B) $t_\alpha(n)\cdot t_{1-\alpha}(n)=\alpha$.

(C) $t_\alpha(n)+t_{1-\alpha}(n)=1$.　　(D) $t_\alpha(n)+t_{1-\alpha}(n)=0$.

二、填空题：9～14小题，每小题4分，共24分. 请将答案写在题目中的横线上.

(9) $\lim\limits_{x\to0^+}(1-\cos x)^{\frac{1}{\ln x}}=$ ________.

(10)函数 $f(x)=\dfrac{x}{\sqrt{1+\sin x}-1}$ 的第二类间断点为 $x=$ ________.

(11)若连续函数 $f(x)$ 满足 $\int_0^{e^x}f(t)\mathrm{d}t=e^{3x}$，则 $f(e)=$ ________.

(12)设 $f(x,y)$ 为连续函数，交换积分次序：$\int_1^2\mathrm{d}x\int_{2-x}^{\sqrt{2x-x^2}}f(x,y)\mathrm{d}y=$ ________.

(13)设3阶矩阵 $\boldsymbol{A}=(\boldsymbol{\alpha}_1,\boldsymbol{\alpha}_2,\boldsymbol{\alpha}_3)$，$\boldsymbol{B}=(\boldsymbol{\alpha}_1+\boldsymbol{\alpha}_3,\boldsymbol{\alpha}_1+2\boldsymbol{\alpha}_2,\boldsymbol{\alpha}_2-2\boldsymbol{\alpha}_3)$. 若 $|\boldsymbol{A}|=-1$，$|\boldsymbol{B}|=$ ________.

(14)某运动员每次投篮投中的概率为 $\dfrac{2}{3}$. 他连续投篮，直到投中2次为止. 若每次投篮的结果相互独立，则他投篮总次数为4的概率为________.

三、解答题：15～23小题，共94分. 解答应写出文字说明、证明过程或演算步骤.

(15)(本题满分10分)

设函数 $f(x)=\begin{cases}xe^{-x} & x<0\\ \sin(\sin^2x), & x\geqslant0\end{cases}$，求 $f'(x)$.

(16)(本题满分10分)

设函数 $z=z(x,y)$ 由方程 $x^2+3y^2+z^3=22$ 确定，求 $\left.\dfrac{\partial^2z}{\partial y^2}\right|_{(3,2)}$.

(17)(本题满分10分)

设 D 是由曲线 $y=4-x^2$ 和直线 $y=x+2$ 所围成的平面图形，求 D 的面积 S 及 D 绕 x 轴旋转所得旋转体的体积 V.

(18)(本题满分10分)

计算二重积分 $\iint\limits_D|x-1|\mathrm{d}x\mathrm{d}y$，其中区域 D 由直线 $x-y=0$，$x+3y-4=0$ 及 x 轴围成.

(19)(本题满分 10 分)

设函数 $y=f(x)$ 是微分方程 $xy'+y=x\ln x$ 满足条件 $y|_{x=1}=-\dfrac{1}{4}$ 的解,求 $y=f(x)$ 的极值.

(20)(本题满分 11 分)

已知向量组 $\boldsymbol{\alpha}_1=(1,-1,0,5)^{\mathrm T}$,$\boldsymbol{\alpha}_2=(2,0,1,4)^{\mathrm T}$,$\boldsymbol{\alpha}_3=(3,1,2,3)^{\mathrm T}$,$\boldsymbol{\alpha}_4=(4,2,3,a)^{\mathrm T}$,其中 a 是参数.求该向量组的秩与一个极大线性无关组,并将其余向量用该极大线性无关组线性表示.

(21)(本题满分 11 分)

已知矩阵 $\boldsymbol{A}=\begin{pmatrix}2&0&1\\3&1&3\\4&0&a\end{pmatrix}$ 相似于矩阵 $\boldsymbol{\Lambda}=\begin{pmatrix}1&0&0\\0&1&0\\0&0&b\end{pmatrix}$.

(Ⅰ)求 a,b 的值.

(Ⅱ)求可逆矩阵 $\boldsymbol{P}$,使 $\boldsymbol{P}^{-1}\boldsymbol{AP}=\boldsymbol{\Lambda}$.

(22)(本题满分 11 分)

设二维离散型随机变量 (X,Y) 的概率分布为

$X \backslash Y$	0	1
0	$\frac{1}{8}$	$\frac{1}{8}$
1	a	$\frac{1}{4}$
2	$\frac{1}{4}$	b

且 $E(Y)=\dfrac{1}{2}$.

(Ⅰ)求常数 a,b;

(Ⅱ)求 X 与 Y 的相关系数.

(23)(本题满分 11 分)

设二维随机变量 (X,Y) 的概率密度为

$$f(x,y)=\begin{cases}\dfrac{3}{4}(2x+y), & x>0,y>0,2x+y<2\\ 0, & \text{其他}\end{cases}.$$

(Ⅰ)求 $P\{Y\leqslant 1\}$;

(Ⅱ)求 $Z=2X+Y$ 的概率密度.

2015 年全国硕士研究生招生考试
农学门类联考数学试题参考答案及解析

一、选择题:1～8 小题,每小题 4 分,共 32 分. 下列每题给出的四个选项中,只有一个选项是符合题目要求的. 请将所选项前的字母填在括号内.

(1)【答案】(D).

【解析】求导, $y'=3\cos 3x-9x\sin 3x$, $y'|_{x=\pi}=-3$,故所求法线方程为 $y+3\pi=\dfrac{1}{3}(x-\pi)$,

整理得 $x-3y-10\pi=0$. 故选(D).

(2)【答案】(B).

【解析】因为 $\lim\limits_{x\to-\infty}y=-1$, $\lim\limits_{x\to+\infty}y=0$, $\lim\limits_{x\to-2}y=\infty$,所以曲线有水平渐近线 $y=0$ 及 $y=-1$ 和铅直渐近线 $x=-2$. 故选(B).

(3)【答案】(C).

【解析】$f'(x)=e^{-x}\cos x$,显然,当 $0<x<\dfrac{\pi}{2}$ 时, $f'(x)>0$,当 $\dfrac{\pi}{2}<x<\pi$ 时, $f'(x)<0$,

故 $f(x)$ 在闭区间 $[0,\pi]$ 上的最小值和最大值依次为 $f(0)$, $f(\dfrac{\pi}{2})$. 故选(C).

(4)【答案】(B).

【解析】$\iint\limits_D f(\dfrac{x}{2})f(3y)\mathrm{d}x\mathrm{d}y=\int_{-\frac{1}{3}}^{\frac{1}{3}}f(3y)\mathrm{d}y\int_{-2}^{2}f(\dfrac{x}{2})\mathrm{d}x$

$=\dfrac{1}{3}\int_{-1}^{1}f(u)\mathrm{d}u\cdot 2\int_{-1}^{1}f(u)\mathrm{d}u=\dfrac{2}{3}I^2$. 故选(B).

(5)【答案】(A).

【解析】对 $(\boldsymbol{A},\boldsymbol{\beta})=\begin{pmatrix}1&-1&0&0&1\\0&1&-1&0&2\\0&0&1&-1&3\\-1&0&0&a&b\end{pmatrix}\xrightarrow{r}\begin{pmatrix}1&-1&0&0&1\\0&1&-1&0&2\\0&0&1&-1&3\\0&0&0&a-1&b+6\end{pmatrix}$,

则当 $a=1$, $b\neq-6$, $R(\boldsymbol{A})=3$, $R(\boldsymbol{B})=4$,则方程组无解. 故选(A).

(6)【答案】(D).

【解析】若 $R(\boldsymbol{A})=r$,齐次线性方程组 $\boldsymbol{Ax}=\boldsymbol{0}$ 的基础解系中有 $5-r$ 个线性无关的解向量, $\boldsymbol{B}$ 的每个列向量都是 $\boldsymbol{Ax}=\boldsymbol{0}$ 的解,则 $R(\boldsymbol{B})\leqslant 5-r$,又 $\boldsymbol{B}$ 为非零矩阵,则 $R(\boldsymbol{B})\geqslant 1$.

因此,若 $R(\boldsymbol{A})=4$, 则 $R(\boldsymbol{B})=1$. 故选(D).

(7)【答案】(B).

【解析】$P(\overline{A}\,\overline{B})=P(\overline{A\cup B})=1-P(A\cup B)=1-P(B)$.

(8)【答案】(D).

【解析】$t_\alpha(n)$ 与 $t_{1-\alpha}(n)$ 关于原点对称,因而它们的和等于 0. 故选(D).

二、填空题:9～14 小题,每小题 4 分,共 24 分. 请将答案写在题目中的横线上.

(9)【解析】$\lim\limits_{x\to0^+}(1-\cos x)^{\frac{1}{\ln x}}=\lim\limits_{x\to0^+}e^{\ln(1-\cos x)^{\frac{1}{\ln x}}}$

$$\lim_{x\to0^+}\ln(1-\cos x)^{\frac{1}{\ln x}}=\lim_{x\to0^+}\frac{\ln(1-\cos x)}{\ln x}=\lim_{x\to0^+}\frac{\frac{\sin x}{1-\cos x}}{\frac{1}{x}}$$

$$=\lim_{x\to0^+}\frac{x\sin x}{1-\cos x}=\lim_{x\to0^+}\frac{x\sin x}{\frac{x^2}{2}}=2$$

故 $\lim\limits_{x\to0^+}(1-\cos x)^{\frac{1}{\ln x}}=e^2$.

(10)【解析】$\lim\limits_{x\to0}f(x)=\lim\limits_{x\to0}\dfrac{x}{\sqrt{1+\sin x}-1}=\lim\limits_{x\to0}\dfrac{x}{\sqrt{1+\sin x}-1}\cdot\dfrac{\sqrt{1+\sin x}+1}{\sqrt{1+\sin x}+1}$

$$=\lim_{x\to0}\frac{x}{\sin x}\cdot(\sqrt{1+\sin x}+1)=2$$

又 $\lim\limits_{x\to k\pi}f(x)=\lim\limits_{x\to k\pi}\dfrac{x}{\sqrt{1+\sin x}-1}=\infty, k=\pm1,\pm2,\cdots$

故 $f(x)$ 的第二类间断点为 $x=k\pi(k\in\mathbf{Z},k\neq0)$.

(11)【解析】方程两边求导,得 $e^xf(e^x)=3e^{3x}$,令 $x=1$, $f(e)=3e^2$.

(12)【解析】由积分上、下限知积分区域

$$D_1:\begin{cases}1\leqslant x\leqslant2\\2-x\leqslant y\leqslant\sqrt{2x-x^2}\end{cases}$$

交换积分次序,则积分区域为

$$D_2:\begin{cases}0\leqslant y\leqslant1\\2-y\leqslant x\leqslant1+\sqrt{1-y^2}\end{cases}$$

则 $\int_1^2dx\int_{2-x}^{\sqrt{2x-x^2}}f(x,y)dy=\int_0^1dy\int_{2-y}^{1+\sqrt{1-y^2}}f(x,y)dx$.

(13)【解析】$|\boldsymbol{B}|=|\boldsymbol{\alpha}_1+\boldsymbol{\alpha}_3,\boldsymbol{\alpha}_1+2\boldsymbol{\alpha}_2,\boldsymbol{\alpha}_2-2\boldsymbol{\alpha}_3|=-3|\boldsymbol{\alpha}_1,\boldsymbol{\alpha}_2,\boldsymbol{\alpha}_3|=3$.

(14)【解析】前三次中有一次投中,第四次投中的概率为 $C_3^1\dfrac{2}{3}(\dfrac{1}{3})^2\times\dfrac{2}{3}=\dfrac{4}{27}$.

三、解答题:15～23 小题,共 94 分. 解答应写出文字说明、证明过程或演算步骤.

(15)【解析】当 $x<0$ 时, $f'(x)=e^{-x}-xe^{-x}=(1-x)e^{-x}$;

当 $x>0$ 时, $f'(x)=\cos(\sin^2x)\cdot2\sin x\cos x=\cos(\sin^2x)\cdot\sin2x$;

$$f'_+(0)=\lim_{x\to0^+}\frac{f(x)-f(0)}{x-0}=\lim_{x\to0^+}\frac{\sin(\sin^2x)}{x}=\lim_{x\to0^+}\frac{\sin(\sin^2x)}{x}\cdot\frac{\sin x}{\sin x}=0,$$

$$f'_-(0)=\lim_{x\to0^-}\frac{f(x)-f(0)}{x-0}=\lim_{x\to0^-}\frac{xe^{-x}-0}{x}=1,$$

$f(x)$ 在 $x=0$ 处不可导.

故 $f'(x)=\begin{cases}(1-x)e^{-x}, & x<0\\ \cos(\sin^2 x)\cdot\sin 2x, & x>0\end{cases}$.

(16)【解析】方程两边同时对 y 求偏导,得 $6y+3z^2\dfrac{\partial z}{\partial y}=0$,则

$$\frac{\partial z}{\partial y}=-\frac{2y}{z^2}$$

$$\frac{\partial^2 z}{\partial y^2}=-\frac{2\left(z^2-2yz\dfrac{\partial z}{\partial y}\right)}{z^4}$$

将 $x=3,y=2$ 代入方程 $x^2+3y^2+z^3=22$ 中,得 $z=1$,故 $\left.\dfrac{\partial z}{\partial y}\right|_{(3,2)}=-4$

所以 $\left.\dfrac{\partial^2 z}{\partial y^2}\right|_{(3,2)}=-34$.

(17)【解析】曲线和直的交点为 $(-2,0),(1,3)$.

$S=\int_{-2}^{1}[(4-x^2)-(x+2)]dx$

$=\left.\left(2x-\dfrac{x^2}{2}-\dfrac{x^3}{3}\right)\right|_{-2}^{1}=\dfrac{9}{2}$.

$V=\pi\int_{-2}^{1}[(4-x^2)^2-(x+2)^2]dx$

$=\pi\left.\left(12x-2x^2-3x^3+\dfrac{x^5}{5}\right)\right|_{-2}^{1}=\dfrac{108}{5}\pi$.

(18)【解析】三直线的交点为 $(0,0),(1,1),(4,0)$,直线 $x=1$ 将 D 分为两部分:

$D_1=\{(x,y)|0\leqslant x\leqslant 1,0\leqslant y\leqslant x\}$,$D_2=\left\{(x,y)|1\leqslant x\leqslant 4,0\leqslant y\leqslant \dfrac{1}{3}(4-x)\right\}$

$$\begin{aligned}\iint_D |x-1|dxdy &=\iint_{D_1}(1-x)dxdy+\iint_{D_2}(x-1)dxdy\\ &=\int_0^1 dx\int_0^x(1-x)dy+\int_1^4 dx\int_0^{\frac{1}{3}(4-x)}(x-1)dy\\ &=\left.\left(\frac{x^2}{2}-\frac{x^3}{3}\right)\right|_0^1+\frac{1}{3}\left.\left(\frac{5}{2}x^2-\frac{x^3}{3}-4x\right)\right|_1^4=\frac{5}{3}.\end{aligned}$$

(19)【解析】原方程可化为 $y'+\dfrac{1}{x}y=\ln x$,因此

$$\begin{aligned}y&=e^{-\int\frac{1}{x}dx}\left(\int\ln x\cdot e^{\int\frac{1}{x}dx}dx+C\right)\\ &=e^{-\ln x}\left(\int x\ln x\,dx+C\right)\\ &=\frac{1}{2}x\ln x-\frac{x}{4}+\frac{C}{x}\end{aligned}$$

将 $y|_{x=1}=-\dfrac{1}{4}$ 代入得 $C=0$,故 $y=f(x)=\dfrac{x}{2}\left(\ln x-\dfrac{1}{2}\right)$.

令 $y'=0$,得 $x=\mathrm{e}^{-\frac{1}{2}}$

$$y''\Big|_{x=\mathrm{e}^{-\frac{1}{2}}}=\frac{1}{2x}\Big|_{x=\mathrm{e}^{-\frac{1}{2}}}=\frac{\sqrt{\mathrm{e}}}{2}>0$$

故 $y=f(x)$ 有极小值 $f(\mathrm{e}^{-\frac{1}{2}})=-\dfrac{1}{2\sqrt{\mathrm{e}}}$.

(20)【解析】经初等行变换得

$$(\boldsymbol{\alpha}_1,\boldsymbol{\alpha}_2,\boldsymbol{\alpha}_3,\boldsymbol{\alpha}_4)=\begin{pmatrix}1&2&3&4\\-1&0&1&2\\0&1&2&3\\5&4&3&a\end{pmatrix}\to\begin{pmatrix}1&0&-1&-2\\0&1&2&3\\0&0&0&a-2\\0&0&0&0\end{pmatrix}.$$

所以,当 $a=2$ 时,向量组 $\boldsymbol{\alpha}_1,\boldsymbol{\alpha}_2,\boldsymbol{\alpha}_3,\boldsymbol{\alpha}_4$ 的秩为 2,一个极大线性无关组为 $\boldsymbol{\alpha}_1,\boldsymbol{\alpha}_2$.

$\boldsymbol{\alpha}_3=-\boldsymbol{\alpha}_1+2\boldsymbol{\alpha}_2,\boldsymbol{\alpha}_4=-2\boldsymbol{\alpha}_1+3\boldsymbol{\alpha}_2$.

当 $a\neq 2$ 时,向量组 $\boldsymbol{\alpha}_1,\boldsymbol{\alpha}_2,\boldsymbol{\alpha}_3,\boldsymbol{\alpha}_4$ 的秩为 3,一个极大线性无关组为 $\boldsymbol{\alpha}_1,\boldsymbol{\alpha}_2,\boldsymbol{\alpha}_4$,

$\boldsymbol{\alpha}_3=-\boldsymbol{\alpha}_1+2\boldsymbol{\alpha}_2+0\boldsymbol{\alpha}_4$.

(21)【解析】

(Ⅰ)因为 $\boldsymbol{A}$ 与 $\boldsymbol{\Lambda}$ 是相似的,所以它们具有相同的迹和行列式,

故

$$a+3=b+2 \text{ 且 } 2a-4=b,$$

解得 $a=5$, $b=6$.

(Ⅱ)因为 $\boldsymbol{A}$ 与 $\boldsymbol{\Lambda}$ 是相似的,所以 $\boldsymbol{A}$ 特征值为 $\lambda_1=\lambda_2=1,\lambda_3=6$.

当 $\lambda_1=\lambda_2=1$ 时,解方程组 $(\boldsymbol{A}-\boldsymbol{E})\boldsymbol{x}=\boldsymbol{0}$,得 $\lambda_1=\lambda_2=1$ 对应的两个线性无关的特征向量 $\begin{pmatrix}-1\\0\\1\end{pmatrix}$, $\begin{pmatrix}0\\1\\0\end{pmatrix}$;

当 $\lambda_3=6$ 时,解方程组 $(\boldsymbol{A}-6\boldsymbol{E})\boldsymbol{x}=\boldsymbol{0}$,得 $\lambda_3=6$ 对应的一个线性无关的特征向量 $\begin{pmatrix}1\\3\\4\end{pmatrix}$.

令 $\boldsymbol{P}=\begin{pmatrix}-1&0&1\\0&1&3\\1&0&4\end{pmatrix}$, 则 $\boldsymbol{P}^{-1}\boldsymbol{A}\boldsymbol{P}=\boldsymbol{\Lambda}$.

(22)【解析】

(Ⅰ)由 $E(Y)=\dfrac{1}{2}$,可得 $P\{Y=1\}=\dfrac{1}{8}+\dfrac{1}{4}+b=\dfrac{1}{2}$,故 $b=\dfrac{1}{8}$.

又因为 $P\{Y=0\}=\dfrac{1}{2}$,可得 $a+\dfrac{1}{8}+\dfrac{1}{4}=\dfrac{1}{2}$,故 $a=\dfrac{1}{8}$.

(Ⅱ) $E(X)=0\times\dfrac{1}{4}+1\times\dfrac{3}{8}+2\times\dfrac{3}{8}=\dfrac{9}{8}$, $E(X^2)=0\times\dfrac{1}{4}+1\times\dfrac{3}{8}+2^2\times\dfrac{3}{8}=\dfrac{15}{8}$,

$D(X)=\frac{15}{8}-\left(\frac{9}{8}\right)^2=\frac{39}{64}$.

$E(Y^2)=0\times\frac{1}{2}+1\times\frac{1}{2}=\frac{1}{2}$, $D(Y)=\frac{1}{2}-\left(\frac{1}{2}\right)^2=\frac{1}{4}$.

$E(XY)=1\times\frac{1}{4}+2\times\frac{1}{8}=\frac{1}{2}$.

$\mathrm{Cov}(X,Y)=E(XY)-E(X)\cdot E(Y)=\frac{1}{2}-\frac{9}{8}\times\frac{1}{2}=-\frac{1}{16}$.

故 X 与 Y 的相关系数 $\rho=\frac{\mathrm{Cov}(X,Y)}{\sqrt{D(X)}\sqrt{D(Y)}}=-\frac{\sqrt{39}}{39}$.

(23)**【解析】**

(Ⅰ) $P\{Y\leqslant 1\}=\iint\limits_{y\leqslant 1} f(x,y)\,\mathrm{d}x\,\mathrm{d}y=\int_0^1\mathrm{d}y\int_0^{\frac{2-y}{2}}\frac{3}{4}(2x+y)\,\mathrm{d}x=\frac{11}{16}$.

(Ⅱ)设 Z 的分布函数为 $F_Z(z)$，由于 $P\{0<Z<2\}=1$,则

当 $z<0$ 时, $F_Z(z)=0$;

当 $z\geqslant 2$ 时, $F_Z(z)=1$;

当 $0\leqslant z<2$ 时,

$$F_Z(z)=P\{2X+Y\leqslant z\}=\iint\limits_{2x+y\leqslant z} f(x,y)\,\mathrm{d}x\,\mathrm{d}y$$

$$=\int_0^{\frac{z}{2}}\mathrm{d}x\int_0^{z-2x}\frac{3}{4}(2x+y)\,\mathrm{d}y=\frac{z^3}{8},$$

所以 Z 的分布函数为 $F_Z(z)=\begin{cases}0, & z<0\\ \frac{z^3}{8}, & 0\leqslant z<2.\\ 1, & z\geqslant 2\end{cases}$

故 Z 的概率密度为 $f_Z(z)=\begin{cases}\frac{3z^2}{8}, & 0\leqslant z<2\\ 0, & \text{其他}\end{cases}$.

2016 年全国硕士研究生招生考试
农学门类联考数学试题

一、选择题:1～8 小题,每小题 4 分,共 32 分. 下列每题给出的四个选项中,只有一个选项是符合题目要求的. 请将所选项前的字母填在括号内.

(1)设函数 $f(x)=\dfrac{1}{x}+e^{\frac{\sin x}{|x|}}$,则 $x=0$ 为 $f(x)$ 的(　　).

(A)可去间断点.　　(B)跳跃间断点.

(C)振荡间断点.　　(D)无穷间断点.

(2)设函数 $f(x)$ 在 $x=0$ 处可导,$f'(0)=6$,则 $\lim\limits_{h\to 0}\dfrac{f(-2h)-f(h)}{3h}=$(　　).

(A)-2.　　(B)2.　　(C)-6.　　(D)6.

(3)设 $I_1=\int_0^{\frac{\pi}{2}}\sin^4 x\,dx$,$I_2=\int_0^{\frac{\pi}{2}}\cos^3 x\,dx$,则(　　).

(A)$I_2<I_1<\dfrac{\pi}{4}$.　　(B)$I_1<I_2<\dfrac{\pi}{4}$.

(C)$I_2<\dfrac{\pi}{4}<I_1$.　　(D)$I_1<\dfrac{\pi}{4}<I_2$.

(4)设函数 $f(x,y)=\dfrac{xy}{x-y}$,则 $f''_{xx}(2,1)$,$f''_{xy}(2,1)$ 的值依次为(　　).

(A)$2,-4$.　　(B)$2,4$.　　(C)$-2,-4$.　　(D)$-2,4$.

(5)多项式 $f(x)=\begin{vmatrix}1&2&3&x\\1&2&x&3\\1&x&2&3\\x&1&2&x\end{vmatrix}$ 中 x^4 与 x^3 的系数依次为(　　).

(A)$-1,-1$.　　(B)$1,-1$.　　(C)$-1,1$.　　(D)$1,1$.

(6)设 $\boldsymbol{A}$ 为 4×5 矩阵,若 $\boldsymbol{\alpha}_1,\boldsymbol{\alpha}_2,\boldsymbol{\alpha}_3$ 为线性方程组 $\boldsymbol{A}^{\mathrm{T}}\boldsymbol{x}=\boldsymbol{0}$ 的基础解系,则 $R(\boldsymbol{A})=$(　　).

(A)4.　　(B)3.　　(C)2.　　(D)1.

(7)设二维随机变量 (X,Y) 的概率分布为

X \ Y	0	1	2
0	0.1	0.2	0.3
1	0.2	0.1	0.1

则 $P\{XY=0\}=$(　　).

(A)0.1.　(B)0.18.　(C)0.8.　(D)0.9.

(8)设 $X_1,X_2,\cdots,X_6$ 为来自总体 $N(0,1)$ 的简单随机样本. 如果 $\dfrac{C(X_1+X_2)}{\sqrt{X_3^2+X_4^2+X_5^2+X_6^2}}$ 服从 t 分布,则 $C=$(　　)

(A)$\sqrt{2}$.　(B)1.　(C)$\dfrac{\sqrt{2}}{2}$.　(D)$\dfrac{1}{2}$.

二、填空题:9～14 小题,每小题 4 分,共 24 分.

(9)$\lim\limits_{x\to 0}(\cos x)^{\frac{2}{x^2}}=$__________.

(10)曲线 $y=x\ln x-\dfrac{x^2}{2}$ 的凹区间是=__________.

(11)设函数 $z=x^y$,则 $\mathrm{d}z\Big|_{(\mathrm{e},1)}=$__________.

(12)反常积分 $\displaystyle\int_0^{+\infty}\frac{\mathrm{d}x}{3\mathrm{e}^x+\mathrm{e}^{-x}}=$__________.

(13)设矩阵 $\boldsymbol{A}=\begin{pmatrix}0&0&1\\0&2&2\\1&1&2\end{pmatrix}$,则 $\boldsymbol{A}^{-1}=$__________.

(14)设随机变量 $X\sim N(1,4)$,$Y\sim N(1,9)$,且 X 与 Y 相互独立,则 $E(X+Y)^2=$__________.

三、解答题:15～23 小题,共 94 分,解答应写出文字说明、证明过程或演算步骤.

(15)(本题满分 10 分)

设 $x_n=\dfrac{2}{n^2+2n+1}+\dfrac{4}{n^2+2n+2}+\cdots+\dfrac{2n}{n^2+2n+n}(n=1,2,3,\cdots)$,求 $\lim\limits_{n\to\infty}x_n$.

(16)(本题满分 10 分)

过点(0,0)作曲线 $y=\dfrac{1}{2}\mathrm{e}^{-x}$ 的切线 l,求该曲线与切线 l 及 y 轴所围有界图形的面积.

(17)(本题满分 10 分)

求微分方程 $\cos^2 y\,\mathrm{d}x+(x^2-2x+3)\sin y\,\mathrm{d}y=0$ 满足条件 $y\Big|_{x=1}=0$ 的解.

(18)(本题满分 10 分)

求函数 $f(x,y)=xy-\ln x+\dfrac{1}{y}$ 的极值.

(19)(本题满分 10 分)

计算二重积分 $I=\displaystyle\iint\limits_D\sqrt{x}\,\mathrm{e}^{-y^2}\,\mathrm{d}x\,\mathrm{d}y$,其中有界区域 D 由直线 $x=0$,$y=1$ 及曲线 $y=\sqrt{x}$ 围成.

(20)(本题满分 11 分)

设向量组

$$\boldsymbol{\alpha}_1=\begin{pmatrix}-2\\1\\1\end{pmatrix},\ \boldsymbol{\alpha}_2=\begin{pmatrix}1\\-2\\1\end{pmatrix},\ \boldsymbol{\alpha}_3=\begin{pmatrix}1\\1\\a\end{pmatrix},\ \boldsymbol{\beta}=\begin{pmatrix}0\\3\\b\end{pmatrix}.$$

当 a,b 为何值时,向量 $\boldsymbol{\beta}$ 能由向量组 $\boldsymbol{\alpha}_1,\boldsymbol{\alpha}_2,\boldsymbol{\alpha}_3$ 线性表示;当表示式不唯一时,求其一般表示式.

(21)(本题满分 11 分)

设向量 $\boldsymbol{\alpha}=(-1,-2,1)^{\mathrm{T}}$ 是矩阵 $\boldsymbol{A}=\begin{pmatrix}-1&1&0\\-4&a&0\\b&0&2\end{pmatrix}$ 的特征向量.

(Ⅰ)求常数 a,b 及向量 $\boldsymbol{\alpha}$ 所对应的特征值 λ;

(Ⅱ)求矩阵 $\boldsymbol{A}$ 的全部特征值和特征向量.

(22)(本题满分 11 分)

甲袋中有 1 个红球 2 个白球,乙袋中有 2 个红球 2 个白球,先从甲袋中任取 2 球放入乙袋中,再从乙袋中任取 2 球,X 表示从甲袋中取出的红球数,Y 表示从乙袋中取出的红球数.

(Ⅰ)求 (X,Y) 的概率分布;

(Ⅱ)求 $\mathrm{Cov}(X,Y)$.

(23)(本题满分 11 分)

盒子中有 A 和 B 两类电子产品各 10 个,A 类产品的寿命服从参数为 1 的指数分布,B 类产品的寿命服从参数为 2 的指数分布.随机地从盒子中取一个电子产品,以 X 表示所取产品的寿命.

(Ⅰ)求 X 的概率密度;

(Ⅱ)求 $D(X)$.

2016 年全国硕士研究生招生考试
农学门类联考数学试题参考答案及解析

一、选择题:1~8 小题,每小题 4 分,共 32 分.下列每题给出的四个选项中,只有一个选项是符合题目要求的.请将所选项前的字母填在括号内.

(1)【答案】(D).

【解析】$\lim\limits_{x\to 0^+} f(x)=\lim\limits_{x\to 0^+}\dfrac{1}{x}+e^{\frac{\sin x}{|x|}}=+\infty$,

$\lim\limits_{x\to 0^-} f(x)=\lim\limits_{x\to 0^-}\dfrac{1}{x}+e^{\frac{\sin x}{|x|}}=-\infty$,

则 $\lim\limits_{x\to 0^+} f(x)\neq\lim\limits_{x\to 0^-} f(x)$.又 $f(x)$ 在 $x=0$ 处没有定义,故 $x=0$ 为 $f(x)$ 的无穷间断点.

(2)【答案】(C).

【解析】因为函数 $f(x)$ 在 $x=0$ 处可导,

则 $\lim\limits_{h\to 0}\dfrac{f(-2h)-f(h)}{3h}=\dfrac{f(-2h)-f(0)-[f(h)-f(0)]}{3h}=\dfrac{2}{-3}f'(0)-\dfrac{1}{3}f'(0)=-f'(0)=-6$

(3)【答案】(B).

【解析】$I_1=\int_0^{\frac{\pi}{2}}\sin^4 x\,dx<\int_0^{\frac{\pi}{2}}\sin^3 x\,dx=\int_0^{\frac{\pi}{2}}\cos^3 x\,dx=I_2$

又 $I_2=\int_0^{\frac{\pi}{2}}\cos^3 x\,dx<\int_0^{\frac{\pi}{2}}\cos^2 x\,dx=\dfrac{\pi}{4}$,

故 $I_1<I_2<\dfrac{\pi}{4}$.

(4)【答案】(A).

【解析】$f''_{xx}=\dfrac{2y^2}{(x-y)^3}$,$f''_{xy}=\dfrac{-2xy}{(x-y)^3}$,代入(2,1)点得 $f''_{xx}(2,1)=2$,$f''_{xy}(2,1)=-4$.

(5)【答案】(B).

【解析】$f(x)=x^4-x^3-17x^2+39x-18$.

(6)【答案】(D).

【解析】基础解系中解向量的个数为 $n-r(\mathbf{A})=3$,其中 $n=4$,则 $r(\mathbf{A})=1$.

(7)【答案】(C).

【解析】$P\{XY=0\}=P\{X=0,Y=0\}+P\{X=0,Y=1\}+P\{X=0,Y=2\}+P\{X=1,Y=0\}$

代入表中数据得,$P\{XY=0\}=0.8$.

(8)【答案】(A).

【解析】$x_3^2+x_4^2+x_5^2+x_6^2\sim\chi^2(4)$,又 $x_1+x_2\sim N(0,2)$,则$\dfrac{x_1+x_2}{\sqrt{2}}\sim N(0,1)$,

$$\frac{\frac{x_1+x_2}{\sqrt{2}}}{\sqrt{\frac{x_3^2+x_4^2+x_5^2+x_6^2}{4}}}\sim t(4)\text{，因此，}C=\sqrt{2}.$$

二、填空题：9～14 小题，每小题 4 分，共 24 分.

(9)【答案】$\frac{1}{\mathrm{e}}$.

【解析】$\lim\limits_{x\to 0}(\cos x)^{\frac{2}{x^2}}=\lim\limits_{x\to 0}\left(1-2\sin^2\frac{x}{2}\right)^{\frac{2}{x^2}}=\lim\limits_{x\to 0}\left[1-2\left(\frac{x}{2}\right)^2\right]^{\frac{2}{x^2}}=\lim\limits_{x\to 0}\left(1-\frac{x^2}{2}\right)^{\frac{2}{x^2}}=\frac{1}{\mathrm{e}}$.

(10)【答案】$(0,1)$或$(0,1]$.

【解析】$y''=\frac{1}{x}-1$，令 $y''>0$ 得 $x\in(0,1)$，又在端点 $x=1$ 处有定义，也可记为$(0,1]$.

(11)【答案】$\mathrm{d}x+\mathrm{e}\mathrm{d}y$.

【解析】$\frac{\partial z}{\partial x}=yx^{y-1}$，$\frac{\partial z}{\partial y}=x^y\ln x$，故 $\mathrm{d}z=yx^{y-1}\mathrm{d}x+x^y\ln x\mathrm{d}y$，代入点$(\mathrm{e},1)$，$\mathrm{d}z=\mathrm{d}x+\mathrm{e}\mathrm{d}y$.

(12)【答案】$\frac{\sqrt{3}\pi}{18}$.

【解析】$\int_0^{+\infty}\frac{\mathrm{d}x}{3\mathrm{e}^x+\mathrm{e}^{-x}}=\int_0^{+\infty}\frac{\mathrm{d}\mathrm{e}^x}{3\mathrm{e}^{2x}+1}=\int_1^{+\infty}\frac{\sqrt{3}}{3}\frac{\mathrm{d}(\sqrt{3}\mathrm{e}^x)}{(\sqrt{3}\mathrm{e}^x)^2+1}=\frac{\sqrt{3}}{3}\arctan\sqrt{3}\mathrm{e}^x\Big|_1^{+\infty}=\frac{\sqrt{3}\pi}{18}$.

(13)【答案】$\begin{pmatrix}-1 & -\frac{1}{2} & 1\\ -1 & \frac{1}{2} & 0\\ 1 & 0 & 0\end{pmatrix}$

【解析】$\left(\begin{array}{ccc:ccc}0&0&1&1&0&0\\0&2&2&0&1&0\\1&1&2&0&0&1\end{array}\right)\xrightarrow[r_2\times\frac{1}{2}]{r_1+r_3}\left(\begin{array}{ccc:ccc}1&1&3&1&0&1\\0&1&1&0&\frac{1}{2}&0\\1&1&2&0&0&1\end{array}\right)$

$\xrightarrow{r_3-r_1}\left(\begin{array}{ccc:ccc}1&1&3&1&0&1\\0&1&1&0&\frac{1}{2}&0\\0&0&-1&-1&0&0\end{array}\right)\xrightarrow[r_2+r_3]{r_1-r_2+2r_3}\left(\begin{array}{ccc:ccc}1&0&0&-1&\frac{1}{2}&1\\0&1&0&-1&\frac{1}{2}&0\\0&0&1&1&0&0\end{array}\right)$.

(14)【答案】17.

【解析】由于 X 与 Y 相互独立，则有

$E[(X+Y)^2]=E(X^2+Y^2+2XY)=E(X^2)+E(Y^2)+2E(X)E(Y)$

$=D(X)+E^2(X)+D(Y)+E^2(Y)+2E(X)E(Y)$

$=4+1+9+1+2=17$.

三、解答题：15～23 小题，共 94 分. 解答应写出文字说明、证明过程或演算步骤.

(15)【解析】因为 $\dfrac{2+4+\cdots+2n}{n^2+2n+n}\leqslant x_n\leqslant\dfrac{2+4+\cdots+2n}{n^2+2n+1}$，

即 $\dfrac{n(n+1)}{n^2+3n}\leqslant x_n\leqslant\dfrac{n(n+1)}{n^2+2n+1}$，

而 $\lim\limits_{n\to\infty}\dfrac{n(n+1)}{n^2+3n}=1$，$\lim\limits_{n\to\infty}\dfrac{n(n+1)}{n^2+2n+1}=1$，

所以 $\lim\limits_{n\to\infty}x_n=1$.

(16)【解析】设切点为(x_0,y_0)，则 l 的方程为 $y-\dfrac{1}{2}e^{-x_0}=-\dfrac{1}{2}e^{-x_0}(x-x_0)$，而点(0,0)在 l 上，故有 $-\dfrac{1}{2}e^{-x_0}=-\dfrac{1}{2}e^{-x_0}(0-x_0)$，解得 $x_0=-1$，因此切点为 $\left(-1,\dfrac{e}{2}\right)$，所以 l 的方程为 $y=-\dfrac{e}{2}x$.

所围平面图形面积 $S=\displaystyle\int_{-1}^{0}\left(\frac{1}{2}e^{-x}+\frac{e}{2}x\right)dx$

$=\left(-\dfrac{1}{2}e^{-x}+\dfrac{e}{4}x^2\right)\Big|_{-1}^{0}$

$=\dfrac{e}{4}-\dfrac{1}{2}$.

(17)【解析】原方程分离变量为

$$\frac{1}{x^2-2x+3}dx+\frac{\sin y}{\cos^2 y}dy=0,$$

所以 $\displaystyle\int\frac{dx}{(x-1)^2+(\sqrt{2})^2}+\int\frac{\sin y}{\cos^2 y}dy=C$，

通解为 $\dfrac{1}{\sqrt{2}}\arctan\dfrac{x-1}{\sqrt{2}}+\dfrac{1}{\cos y}=C$，

将 $x=1,y=0$ 代入上式得 $C=1$，

故解为 $\dfrac{1}{\sqrt{2}}\arctan\dfrac{x-1}{\sqrt{2}}+\dfrac{1}{\cos y}=1$.

(18)【解析】$f'_x(x,y)=y-\dfrac{1}{x}$，$f'_y(x,y)=x-\dfrac{1}{y^2}$，

令 $\begin{cases}f'_x(x,y)=y-\dfrac{1}{x}=0,\\ f'_y(x,y)=x-\dfrac{1}{y^2}=0,\end{cases}$ 得驻点(1,1).

记 $A=f''_{xx}=\dfrac{1}{x^2}$，$B=f''_{xy}=1$，$C=f''_{yy}=\dfrac{2}{y^3}$.

在点(1,1)处，由于 $A=1,C=2,AC-B^2=1>0$，所以 $f(1,1)=2$ 是 $f(x,y)$ 的极小值.

(19)【解析】$I=\displaystyle\int_0^1 dy\int_0^{y^2}\sqrt{x}\,e^{-y^2}dx$

$=\dfrac{2}{3}\displaystyle\int_0^1 e^{-y^2}\cdot x^{\frac{3}{2}}\Big|_0^{y^2}dy$

$$=\frac{2}{3}\int_0^1 y^3 e^{-y^2}\,dy$$

$$=-\frac{1}{3}\int_0^1 y^2\,de^{-y^2}$$

$$=\frac{1}{3}-\frac{2}{3e}.$$

(20)【解析】设 $x_1\boldsymbol{\alpha}_1+x_2\boldsymbol{\alpha}_2+x_3\boldsymbol{\alpha}_3=\boldsymbol{\beta}$,得方程组

$$\begin{cases}-2x_1+x_2+x_3=0\\x_1-2x_2+x_3=3\\x_1+x_2+ax_3=b\end{cases}$$

记系数矩阵 $\boldsymbol{A}=\begin{pmatrix}-2&1&1\\1&-2&1\\1&1&a\end{pmatrix}$,对增广矩阵 $\boldsymbol{B}=(\boldsymbol{A}\,\vdots\,\boldsymbol{\beta})$施以初等行变换

$$\boldsymbol{B}=\left(\begin{array}{ccc:c}-2&1&1&0\\1&-2&1&3\\1&1&a&b\end{array}\right)\to\left(\begin{array}{ccc:c}1&0&-1&-1\\0&1&-1&-2\\0&0&a+2&b+3\end{array}\right).$$

当 $a\neq-2$,b 任意时,$r(\boldsymbol{A})=r(\boldsymbol{B})=3$,向量 $\boldsymbol{\beta}$ 能由向量组 $\boldsymbol{\alpha}_1,\boldsymbol{\alpha}_2,\boldsymbol{\alpha}_3$ 线性表示,且表示式唯一。

当 $a=-2$,$b=-3$ 时,$r(\boldsymbol{A})=r(\boldsymbol{B})=2<3$,方程组有无穷多解

$$\begin{pmatrix}x_1\\x_2\\x_3\end{pmatrix}=\begin{pmatrix}-1\\-2\\0\end{pmatrix}+k\begin{pmatrix}1\\1\\1\end{pmatrix},$$

其中 k 为任意常数. 此时向量 $\boldsymbol{\beta}$ 能量由向量组 $\boldsymbol{\alpha}_1,\boldsymbol{\alpha}_2,\boldsymbol{\alpha}_3$ 线性表示,且表示式不唯一,其一般表示式 $\boldsymbol{\beta}=(-1+k)\boldsymbol{\alpha}_1+(-2+k)\boldsymbol{\alpha}_2+k\boldsymbol{\alpha}_3$.

(21)【解析】(Ⅰ)由题设可得 $\boldsymbol{A\alpha}=\lambda\boldsymbol{\alpha}$,得$\begin{cases}-1=-\lambda\\4-2a=-2\lambda\\-b+2=\lambda\end{cases}$

解得 $\lambda=1,a=3,b=1$.

(Ⅱ)$\boldsymbol{A}$ 的特征多项式为

$$|\lambda\boldsymbol{E}-\boldsymbol{A}|=(\lambda-2)(\lambda-1)^2,$$

解得 $\boldsymbol{A}$ 的全部特征值为 $\lambda_1=2,\lambda_2=\lambda_3=1$.

当 $\lambda_1=2$ 时,解方程组 $(2\boldsymbol{E}-\boldsymbol{A})\boldsymbol{x}=\boldsymbol{0}$,得基础解系 $\boldsymbol{p}_1=\begin{pmatrix}0\\0\\1\end{pmatrix}$,则 $k_1\boldsymbol{p}_1$ 是对应于 $\lambda_1=2$ 的全部特征向量,其中 k_1 为任意非零常数.

当 $\lambda_2=\lambda_3=1$ 时,解方程组 $(\boldsymbol{E}-\boldsymbol{A})\boldsymbol{x}=\boldsymbol{0}$,得基础解系 $\boldsymbol{p}_2=\begin{pmatrix}-1\\-2\\1\end{pmatrix}$,则 $k_2\boldsymbol{p}_2$ 是对应于 $\lambda_2=\lambda_3=1$ 的全部特征向量,其中 k_2 为任意非零常数.

(22)【解析】(Ⅰ)X 可能的取值为 0,1;Y 可能的取值为 0,1,2.

$$P\{X=0,Y=0\}=P\{X=0\}P\{Y=0|X=0\}=\frac{1}{3}\times\frac{6}{15}=\frac{2}{15},$$

$$P\{X=0,Y=1\}=P\{X=0\}P\{Y=1|X=0\}=\frac{1}{3}\times\frac{8}{15}=\frac{8}{45},$$

$$P\{X=0,Y=2\}=P\{X=0\}P\{Y=2|X=0\}=\frac{1}{3}\times\frac{1}{15}=\frac{1}{45},$$

$$P\{X=1,Y=0\}=P\{X=1\}P\{Y=0|X=1\}=\frac{2}{3}\times\frac{3}{15}=\frac{2}{15},$$

$$P\{X=1,Y=1\}=P\{X=1\}P\{Y=1|X=1\}=\frac{2}{3}\times\frac{9}{15}=\frac{2}{5},$$

$$P\{X=1,Y=2\}=P\{X=1\}P\{Y=2|X=1\}=\frac{2}{3}\times\frac{3}{15}=\frac{2}{15},$$

故(X,Y)的概率分布为

X \ Y	0	1	2	
0	$\frac{2}{15}$	$\frac{8}{45}$	$\frac{1}{45}$	$\frac{1}{3}$
1	$\frac{2}{15}$	$\frac{2}{5}$	$\frac{2}{15}$	$\frac{2}{3}$
	$\frac{4}{15}$	$\frac{26}{45}$	$\frac{7}{45}$	

(Ⅱ)由(Ⅰ)知$E(X)=0\times\frac{1}{3}+1\times\frac{2}{3}=\frac{2}{3}$,

$$E(Y)=0\times\frac{4}{15}+1\times\frac{26}{45}+2\times\frac{7}{45}=\frac{8}{9},$$

$$E(XY)=1\times\frac{2}{5}+2\times\frac{2}{15}=\frac{2}{3},$$

所以 $\mathrm{Cov}(X,Y)=E(XY)-E(X)\cdot E(Y)=\frac{2}{27}.$

(23)【解析】(Ⅰ)记 A 表示事件“取出的是 A 类电子产品”,则 $P(A)=\frac{1}{2}$. 设 X 的分布函数

数为 $F(x)$,概率密度为 $f(x)$.

当 $x<0$ 时,$F(x)=0$,

$x\geqslant 0$ 时,
$$\begin{aligned}F(x)&=P\{X\leqslant x\}\\&=P\{X\leqslant x|A\}P(A)+P\{X\leqslant x|\overline{A}\}P(\overline{A})\\&=\frac{1}{2}(1-\mathrm{e}^{-x})+\frac{1}{2}(1-\mathrm{e}^{-2x})\\&=1-\frac{1}{2}\mathrm{e}^{-x}-\frac{1}{2}\mathrm{e}^{-2x},\end{aligned}$$

所以 $f(x)=F'(x)=\begin{cases}\dfrac{1}{2}e^{-x}+e^{-2x}, & x>0\\ 0, & 其他\end{cases}.$

（Ⅱ）由（Ⅰ）可得

$$E(X)=\int_0^{+\infty}\frac{x}{2}e^{-x}\,dx+\int_0^{+\infty}x\,e^{-2x}\,dx=\frac{3}{4},$$

$$E(X^2)=\int_0^{+\infty}\frac{x^2}{2}e^{-x}\,dx+\int_0^{+\infty}x^2e^{-2x}\,dx=\frac{5}{4},$$

因此 $$D(X)=E(X^2)-[E(X)]^2=\frac{11}{16}.$$

2017 年全国硕士研究生招生考试
农学门类联考数学试题

一、选择题:1～8 小题,每小题 4 分,共 32 分. 下列每题给出的四个选项中,只有一个选项是符合题目要求的. 请将所选项前的字母填在括号内.

1. 当 $x\to 0$ 时,下列变量中与 x 等价的无穷小量是(　　).

(A)$e^{-x}-1$.　　(B)$\ln(1+x)$.

(C)$(1+x)^2-1$.　　(D)$1-\cos x$.

2. 已知函数 $f(x)=\dfrac{\arctan(x+1)}{x^2-1}$,则(　　).

(A)$x=1,x=-1$ 都是 $f(x)$的可去间断点.

(B)$x=1,x=-1$ 都不是 $f(x)$的可去间断点.

(C)$x=1$ 是 $f(x)$的可去间断点,$x=-1$ 不是 $f(x)$的可去间断点.

(D)$x=1$ 不是 $f(x)$的可去间断点,$x=-1$ 是 $f(x)$的可去间断点.

3. 若 $\lim\limits_{x\to 0}\dfrac{\sqrt{1+2x}-ax-b}{x}=0$,则(　　).

(A)$a=1,b=1$.　　(B)$a=1,b=0$.

(C)$a=0,b=1$.　　(D)$a=2,b=1$.

4. 设函数 $f(x)$连续,$F(x)=\int_{\cos x}^{\sin x}f(t)\mathrm{d}t$,则 $F'(x)=$(　　).

(A)$f(\sin x)-f(\cos x)$.　　(B)$f(\sin x)+f(\cos x)$.

(C)$f(\sin x)\cos x-f(\cos x)\sin x$.　　(D)$f(\sin x)\cos x+f(\cos x)\sin x$.

5. 设 $\boldsymbol{A}$ 为 3 阶矩阵,$\boldsymbol{E}$ 为 3 阶单位矩阵,且$(\boldsymbol{A}-\boldsymbol{E})^{-1}=\boldsymbol{A}^2+\boldsymbol{A}+\boldsymbol{E}$,则 $\boldsymbol{A}$ 的行列式$|\boldsymbol{A}|=$(　　).

(A)0.　　(B)2.

(C)4.　　(D)8.

6. 设 $\boldsymbol{\alpha}_1=\begin{pmatrix}1\\2\\1\end{pmatrix}$,$\boldsymbol{\alpha}_2=\begin{pmatrix}-1\\1\\2\end{pmatrix}$可以由 $\boldsymbol{\beta}_1=\begin{pmatrix}1\\0\\a\end{pmatrix}$,$\boldsymbol{\beta}_2=\begin{pmatrix}0\\1\\b\end{pmatrix}$线性表示,则(　　).

(A)$a=1,b=1$.　　(B)$a=1,b=-1$.

(C)$a=-1,b=1$.　　(D)$a=-1,b=-1$.

7. 设随机变量 X 的概率密度为 $f_X(x)$,$Y=-2X$,则 Y 的概率密度 $f_Y(y)=$(　　).

(A)$f_Y\left(-\dfrac{y}{2}\right)$.　　(B)$f_X\left(\dfrac{y}{2}\right)$.

(C)$\dfrac{1}{2}f_X\left(-\dfrac{y}{2}\right)$.　　(D)$\dfrac{1}{2}f_Y\left(\dfrac{y}{2}\right)$.

8. $X_1,X_2,\cdots,X_n$ 为来自总体 $N(\mu,\sigma^2)$ 的简单随机样本，$\overline{X}$，S 分别为样本均值和样本标准差，则（　　）．

(A) $\dfrac{\overline{X}-\mu}{\sigma}\sim N(0,1)$.　　(B) $\dfrac{\sqrt{n}(\overline{X}-\mu)}{\sigma}\sim N(0,1)$.

(C) $\dfrac{\overline{X}-\mu}{S}\sim t(n)$.　　(D) $\dfrac{\sqrt{n}(\overline{X}-\mu)}{S}\sim t(n)$.

二、填空题：9～14 小题，每小题 4 分，共 24 分．

9. $\lim\limits_{x\to\infty}\left(\dfrac{2+x}{1+x}\right)^{-x}=$________．

10. 曲线 $y=\dfrac{1+\sin x}{1+x^2}$ 在点(0,1)处的切线方程为________．

11. 函数 $f(x)=2x^3-3x^2+1$ 的单调递减且其图形为凹的区间为________．

12. 曲线 $y=1+\ln x$ 与直线 $x=\mathrm{e}$ 及 $y=0$ 围成的有界区域的面积为________．

13. 行列式 $\begin{vmatrix}1&0&2&-1\\0&2&1&0\\1&-1&0&1\\1&2&3&4\end{vmatrix}=$________．

14. 设随机事件 A 与 B 相互独立，且 $P(A)=0.6$，$P(B)=0.5$，则 $P(A|A\cup B)=$________．

三、解答题：15～23 小题，共 94 分．解答应写出文字说明、证明过程或演算步骤．

15.（本题满分 10 分）

求 $\lim\limits_{x\to0}\dfrac{\mathrm{e}^{2x}-\sin 2x-1}{\ln(1+x^2)}$.

16.（本题满分 10 分）

求函数 $f(x)=|x|\mathrm{e}^{-x}$ 的极值．

17.（本题满分 10 分）

求微分方程 $xy'+y=\arctan x$ 满足初始条件 $y(1)=\dfrac{\pi}{4}$ 的特解．

18.（本题满分 10 分）

设函数 $f(u,v)$ 具有 2 阶连续偏导数，$z=f(\sqrt{xy},y)(x>0,y>0)$，求 $\dfrac{\partial z}{\partial x},\dfrac{\partial z}{\partial y},\dfrac{\partial^2 z}{\partial x\partial y}$.

19.（本题满分 10 分）

计算二重积分 $I=\iint\limits_D\sqrt{x^2+y^2}\,\mathrm{d}x\mathrm{d}y$，其中区域 D 由曲线 $y=\sqrt{2x-x^2}$，$y=\sqrt{4-x^2}$ 及直线 $x=0$ 围成．

20.（本题满分 11 分）

设矩阵 $\boldsymbol{A}=\begin{pmatrix}3&0&0\\2&4&0\\1&1&5\end{pmatrix}$，矩阵 $\boldsymbol{X}$ 满足等式 $\boldsymbol{XA}=2\boldsymbol{X}+\boldsymbol{A}$，求矩阵 $\boldsymbol{X}$．

21.(本题满分11分)

设向量 $\boldsymbol{\beta}=(1,1,2)^{\mathrm{T}}$ 是矩阵 $\boldsymbol{A}=\begin{pmatrix}1 & a & -1\\ 1 & 1 & -1\\ 0 & 4 & b\end{pmatrix}$ 的特征向量.

(Ⅰ)求 a,b 的值；

(Ⅱ)求方程组 $\boldsymbol{A}^2\boldsymbol{x}=\boldsymbol{\beta}$ 的通解.

22.(本题满分11分)

设离散型随机变量 X 的分布函数为 $F(x)=\begin{cases}0, & x<-1\\ \dfrac{1}{2}, & -1\leqslant x<1\\ \dfrac{3}{4}, & 1\leqslant x<2\\ 1, & x\geqslant 2\end{cases}$.

(Ⅰ)求 $P\{0.5<X\leqslant 2\}$；

(Ⅱ)求 X 的方差 $D(X)$；

(Ⅲ)求 $\mathrm{Cov}(X,X^2)$.

23.(本题满分11分)

设随机变量 X 和 Y 分别服从参数为1和参数为2的指数分布，且 X 与 Y 相互独立.

(Ⅰ)求二维随机变量 (X,Y) 的概率密度 $f(x,y)$；

(Ⅱ)求 $P\{X+Y\leqslant 1\}$；

(Ⅲ)求 (X,Y) 的分布函数 $F(x,y)$.

2017 年全国硕士研究生招生考试
农学门类联考数学试题参考答案及解析

一、选择题:1～8 小题,每小题 4 分,共 32 分. 下列每题给出的四个选项中,只有一个选项是符合题目要求的. 请将所选项前的字母填在括号内.

(1)**【答案】**(B).

【解析】容易验证只有$\lim\limits_{x\to 0}\dfrac{\ln(1+x)}{x}=1$,故选(B).

(2)**【答案】**(D).

【解析】显然 $x=-1,x=1$ 都是函数的间断点,由于

$\lim\limits_{x\to -1}f(x)=\lim\limits_{x\to -1}\dfrac{\arctan(x+1)}{x^2-1}=\lim\limits_{x\to -1}\dfrac{x+1}{(x-1)(x+1)}=\dfrac{1}{2}$,而

$\lim\limits_{x\to 1}f(x)=\lim\limits_{x\to 1}\dfrac{\arctan(x+1)}{x^2-1}=\infty$,故选(D).

(3)**【答案】**(A).

【解析】由题设知 $b=1$,又由$\lim\limits_{x\to 0}\dfrac{\sqrt{1+2x}-ax-1}{x}=\lim\limits_{x\to 0}\left(\dfrac{1}{\sqrt{1+2x}}-a\right)=0$,

则有 $a=1,b=1$,故选 (A).

(4)**【答案】**(D).

【解析】$F'(x)=f(\sin x)\cos x+f(\cos x)\sin x$,故选(D).

(5)**【答案】**(B).

【解析】由$(\boldsymbol{A}-\boldsymbol{E})^{-1}=\boldsymbol{A}^2+\boldsymbol{A}+\boldsymbol{E}$ 可得$(\boldsymbol{A}^2+\boldsymbol{A}+\boldsymbol{E})(\boldsymbol{A}-\boldsymbol{E})=\boldsymbol{E}$,所以 $\boldsymbol{A}^3=2\boldsymbol{E}$. 因此 $|\boldsymbol{A}|^3=|2\boldsymbol{E}|=2^3$,可得 $|\boldsymbol{A}|=2$,故选(B).

(6)**【答案】**(C).

【解析】因为 $\boldsymbol{\alpha}_1,\boldsymbol{\alpha}_2$ 可以由 $\boldsymbol{\beta}_1,\boldsymbol{\beta}_2$ 线性表示,所以方程组$(\boldsymbol{\beta}_1,\boldsymbol{\beta}_2)\boldsymbol{X}=(\boldsymbol{\alpha}_1,\boldsymbol{\alpha}_2)$ 有解.

$$(\boldsymbol{\beta}_1,\boldsymbol{\beta}_2,\boldsymbol{\alpha}_1,\boldsymbol{\alpha}_2)=\begin{pmatrix}1&0&1&-1\\0&1&2&1\\a&b&1&2\end{pmatrix}\to\begin{pmatrix}1&0&1&-1\\0&1&2&1\\0&0&1-a-2b&2+a-b\end{pmatrix}$$

当 $1-a-2b=0,2+a-b=0$ 时,方程组有解,所以 $a=-1,b=1$,故选(C).

(7)**【答案】**(C).

【解析】Y 的分布函数 $F_Y(y)=P\{Y\leqslant y\}=P\{-2z\leqslant y\}=P\left\{X\geqslant -\dfrac{y}{2}\right\}=$

$1-P\left\{X<-\dfrac{y}{2}\right\}=1-F_X\left(-\dfrac{y}{2}\right)$;

Y 的分布函数 $F_Y(y)=[F_Y(y)]'_y=-F'_X\left(-\dfrac{y}{2}\right)\cdot\left(-\dfrac{1}{2}\right)=\dfrac{1}{2}f_X\left(-\dfrac{y}{2}\right)$.

(8)【答案】(B).

【解析】由统计量分布可知：$\dfrac{\overline{Z}-\mu}{\delta} \sim N(0,1)$，故(B).

二、填空题：9～14小题，每小题4分，共24分.

(9)【答案】$\dfrac{1}{\mathrm{e}}$.

【解析】$\lim\limits_{x\to\infty}\left(\dfrac{2+x}{1+x}\right)^{-x}=\lim\limits_{x\to\infty}\left(1+\dfrac{1}{1+x}\right)^{-x}=\lim\limits_{x\to\infty}\left(1+\dfrac{1}{1+x}\right)^{(1+x)\cdot\frac{-x}{1+x}}=\dfrac{1}{\mathrm{e}}$.

(10)【答案】$y=x+1$.

【解析】$y'=\dfrac{(1+x^2)\cos x-2x(1+\sin x)}{(1+x^2)}$，$y'|_{(0,1)}=1$.

切线方程为 $y=x+1$.

(11)【答案】$\left[\dfrac{1}{2},1\right]$.

【解析】$f'(x)=6x^2-6x=6x(x-1)$，$f''(x)=(6x^2-6x)'=6(2x-1)$

令$(f'(x)=0$，得 $x=0$，$x=1$，当 $0<x<1$ 时，$f'(x)<0$，又只有当$\dfrac{1}{2}<x$ 时，

$f''(x)>0$，故当$\dfrac{1}{2}\leqslant x\leqslant 1$ 时，函数 $f(x)$ 单调递减且其图形是凹的.

(12)【答案】$\mathrm{e}+\dfrac{1}{\mathrm{e}}$.

【解析】曲线 $y=1+\ln x$ 与 x 轴交点为$\left(\dfrac{1}{\mathrm{e}},0\right)$，则所求面积为

$A=\int_{\frac{1}{\mathrm{e}}}^{\mathrm{e}}(1+\ln x)\mathrm{d}x=\mathrm{e}+\dfrac{1}{\mathrm{e}}$.

(13)【答案】-15.

【解析】
$$\begin{vmatrix}1&0&2&-1\\0&2&1&0\\1&-1&0&1\\1&2&3&4\end{vmatrix}=\begin{vmatrix}1&0&2&-1\\0&2&1&0\\0&-1&-2&2\\0&2&1&5\end{vmatrix}=\begin{vmatrix}2&1&0\\-1&-2&2\\2&1&5\end{vmatrix}$$
$$=\begin{vmatrix}0&-3&4\\-1&-2&2\\0&-3&9\end{vmatrix}=(-1)^3(-1)\begin{vmatrix}-3&4\\-3&9\end{vmatrix}=-15$$

(14)【答案】0.75.

【解析】$P(A\mid A\cup B)=\dfrac{P(A(A\cup B))}{P(A\cup B)}=\dfrac{P(A)}{P(A)+P(B)-P(A)P(B)}=0.75$.

三、解答题：15～23小题，共94分. 解答应写出文字说明、证明过程或演算步骤.

(15)【解析】$\lim\limits_{x\to 0}\dfrac{\mathrm{e}^{2x}-\sin 2x-1}{\ln(1+x^2)}=\lim\limits_{x\to 0}\dfrac{\mathrm{e}^{2x}-\sin 2x-1}{x^2}$

$=\lim\limits_{x\to 0}\dfrac{2\mathrm{e}^{2x}-2\cos 2x}{2x}$

$$=\lim_{x\to 0}(2e^{2x}+2\sin 2x)$$
$$=2.$$

(16)【解析】$f(x)=\begin{cases}-xe^{-x}, & x<0\\ xe^{-x}, & x\geqslant 0\end{cases}.$

当 $x\neq 0$ 时，$f'(x)=\begin{cases}e^{-x}(x-1), & x<0\\ e^{-x}(1-x), & x>0\end{cases}.$

当 $f'(x)=0$ 得驻点 $x=1$.

当 $x<0$ 时，$f'(x)<0$；

当 $0<x<1$ 时，$f'(x)>0$；

当 $x>1$ 时，$f'(x)<0$.

因为 $f(x)$ 在 $(-\infty,+\infty)$ 内连续，所以 $f(0)=0$ 为极小值，$f(1)=\frac{1}{e}$ 为极大值.

(17)【解析】原方程可化为 $y'+\frac{1}{x}y=\frac{\arctan x}{x}$，所以

$$y=e^{-\int\frac{1}{x}dx}\left(\int\frac{\arctan x}{x}e^{\int\frac{1}{x}dx}dx+C\right)$$
$$=\frac{1}{x}\left(\int\arctan x\,dx+C\right)$$
$$=\frac{1}{x}\left(x\arctan x-\int\frac{x}{1+x^2}dx+C\right)$$
$$=\frac{1}{x}\left[x\arctan x-\frac{1}{2}\ln(1+x^2)+C\right].$$

将 $y(1)=\frac{\pi}{4}$ 代入可求得 $C=\frac{1}{2}\ln 2$，故所求特解为

$$y=\arctan x-\frac{1}{2x}\ln(1+x^2)+\frac{\ln 2}{2x}.$$

(18)【解析】设 $u=\sqrt{xy}$，$v=y$. 因为 $f(u,v)$ 具有 2 阶连续偏导数，所以

$$\frac{\partial z}{\partial x}=\frac{\partial f(u,v)}{\partial u}\cdot\frac{\partial u}{\partial x}=\frac{\partial f(u,v)}{\partial u}\cdot\frac{\sqrt{y}}{2\sqrt{x}},$$

$$\frac{\partial z}{\partial y}=\frac{\partial f(u,v)}{\partial u}\cdot\frac{\partial u}{\partial y}+\frac{\partial f(u,v)}{\partial v}\cdot\frac{\partial v}{\partial y}=\frac{\partial f(u,v)}{\partial u}\cdot\frac{\sqrt{x}}{2\sqrt{y}}+\frac{\partial f(u,v)}{\partial v},$$

$$\frac{\partial^2 z}{\partial x\partial y}=\left(\frac{\partial^2 f(u,v)}{\partial u^2}\cdot\frac{\sqrt{x}}{2\sqrt{y}}+\frac{\partial^2 f(u,v)}{\partial u\partial v}\right)\cdot\frac{\sqrt{y}}{2\sqrt{x}}+\frac{\partial f(u,v)}{\partial u}\cdot\frac{1}{4\sqrt{xy}}$$
$$=\frac{1}{4\sqrt{xy}}\cdot\frac{\partial f(u,v)}{\partial u}+\frac{1}{4}\cdot\frac{\partial^2 f(u,v)}{\partial u^2}+\frac{\sqrt{y}}{2\sqrt{x}}\cdot\frac{\partial^2 f(u,v)}{\partial u\partial v}.$$

(19)【解析】因为 $D=\left\{(r,\theta)\,|\,2\cos\theta\leqslant r\leqslant 2,\ 0\leqslant\theta\leqslant\frac{\pi}{2}\right\}$，所以

$$I=\int_0^{\frac{\pi}{2}}\mathrm{d}\theta\int_{2\cos\theta}^{2}r^2\mathrm{d}r$$

$$=\frac{8}{3}\int_0^{\frac{\pi}{2}}(1-\cos^3\theta)\mathrm{d}\theta$$

$$=\frac{8}{3}\left(\frac{\pi}{2}-\int_0^{\frac{\pi}{2}}(1-\sin^2\theta)\mathrm{d}\sin\theta\right)$$

$$=\frac{8}{3}\left(\frac{\pi}{2}-\sin\theta\Big|_0^{\frac{\pi}{2}}+\frac{1}{3}\sin^3\theta\Big|_0^{\frac{\pi}{2}}\right)$$

$$=\frac{4\pi}{3}-\frac{16}{9}.$$

(20)**【解析】** 由 $\boldsymbol{XA}=2\boldsymbol{X}+\boldsymbol{A}$ 得 $\boldsymbol{X}(\boldsymbol{A}-2\boldsymbol{E})=\boldsymbol{A}$.

由于 $|\boldsymbol{A}-2\boldsymbol{E}|=\begin{vmatrix}1&0&0\\2&2&0\\1&1&3\end{vmatrix}=6\neq0$,所以矩阵 $\boldsymbol{A}-2\boldsymbol{E}$ 可逆,从而 $\boldsymbol{X}=\boldsymbol{A}(\boldsymbol{A}-2\boldsymbol{E})^{-1}$.

对 $\begin{pmatrix}1&0&0\\2&2&0\\1&1&3\end{pmatrix}$ 施以初等行变换,得

$$\begin{pmatrix}1&0&0&1&0&0\\0&1&0&-1&\frac{1}{2}&0\\0&0&1&0&-\frac{1}{6}&\frac{1}{3}\end{pmatrix},$$

所以 $(\boldsymbol{A}-2\boldsymbol{E})^{-1}=\begin{pmatrix}1&0&0\\-1&\frac{1}{2}&0\\0&-\frac{1}{6}&\frac{1}{3}\end{pmatrix}$.

于是 $\boldsymbol{X}=\boldsymbol{A}(\boldsymbol{A}-2\boldsymbol{E})^{-1}=\begin{pmatrix}3&0&0\\-2&2&0\\0&-\frac{1}{3}&\frac{5}{3}\end{pmatrix}$.

(21)**【解析】**(Ⅰ)设 $\boldsymbol{\beta}$ 对应的特征值为 λ,由 $\boldsymbol{A\beta}=\lambda\boldsymbol{\beta}$,可得

$$\begin{cases}1+a-2=\lambda,\\1+1-2=\lambda,\\4+2b=2\lambda.\end{cases}$$

解得 $\lambda=0,a=1,b=-2$.

(Ⅱ)因为 $\boldsymbol{A}=\begin{pmatrix}1&1&-1\\1&1&-1\\0&4&-2\end{pmatrix}$,所以 $\boldsymbol{A}^2=\begin{pmatrix}2&-2&0\\2&-2&0\\4&-4&0\end{pmatrix}$.

又 $\boldsymbol{\beta}=\begin{pmatrix}1\\1\\2\end{pmatrix}$，所以方程组 $\boldsymbol{A}^2\boldsymbol{x}=\boldsymbol{\beta}$ 的通解为

$$\begin{pmatrix}x_1\\x_2\\x_3\end{pmatrix}=\begin{bmatrix}\frac{1}{2}\\0\\0\end{bmatrix}+k_1\begin{pmatrix}1\\1\\0\end{pmatrix}+k_2\begin{pmatrix}0\\0\\1\end{pmatrix}，$$
其中 k_1,k_2 为任意常数.

(22)**【解析】**（Ⅰ）由题设条件得

$$P\{0.5<X\leqslant 2\}=P\{X=1\}+P\{X=2\}=\frac{1}{4}+\frac{1}{4}=\frac{1}{2}.$$

（Ⅱ）因为 $E(X)=(-1)\times\frac{1}{2}+1\times\frac{1}{4}+2\times\frac{1}{4}=\frac{1}{4}$，

$$E(X^2)=(-1)^2\times\frac{1}{2}+1^2\times\frac{1}{4}+2^2\times\frac{1}{4}=\frac{7}{4},$$

所以 $D(X)=E(X^2)-[E(X)]^2=\frac{27}{16}$.

（Ⅲ）因为 $E(X^3)=(-1)^3\times\frac{1}{2}+1^3\times\frac{1}{4}+2^3\times\frac{1}{4}=\frac{7}{4}$，所以

$$\mathrm{Cov}(X,X^2)=E(X^3)-E(X)\cdot E(X^2)=\frac{7}{4}-\frac{1}{4}\times\frac{7}{4}=\frac{21}{16}.$$

(23)**【解析】**（Ⅰ）X 的概率密度为

$$f_X(x)=\begin{cases}e^{-x}, & x>0\\0, & x\leqslant 0\end{cases}.$$

Y 的概率密度为

$$f_Y(y)=\begin{cases}2e^{-2y}, & y>0\\0, & y\leqslant 0\end{cases}.$$

因为 X 与 Y 相互独立，所以

$$f(x,y)=f_X(x)f_Y(y)=\begin{cases}2e^{-(x+2y)}, & x>0,y>0\\0, & \text{其他}\end{cases}.$$

（Ⅱ）$P\{X+Y\leqslant 1\}=\int_0^1\mathrm{d}x\int_0^{1-x}2e^{-(x+2y)}\mathrm{d}y=1-\frac{2}{e}+\frac{1}{e^2}$.

（Ⅲ）$F(x,y)=\int_{-\infty}^{x}\mathrm{d}x\int_{-\infty}^{y}f(x,y)\mathrm{d}y$

$$=\begin{cases}(1-e^{-x})(1-e^{-2y}), & x>0,y>0\\0, & \text{其他}\end{cases}.$$

2018年全国硕士研究生招生考试
农学门类联考数学试题

一、选择题:1~8小题,每小题4分,共32分.下列每题给出的四个选项中,只有一个选项是符合题目要求的.请将所选项前的字母填在括号内.

1. 函数 $f(x)=\dfrac{\sin x}{x}$ 是(　　).

(A)有界的奇函数.
(B)有界的偶函数.
(C)无界的奇函数.
(D)无界的偶函数.

2. 函数 $y=xe^{-\frac{x^2}{2}}$ 在区间(0,1)内(　　).

(A)单调减少且其图形是凹的.
(B)单调减少且其图形是凸的.
(C)单调增加且其图形是凹的.
(D)单调增加且其图形是凸的.

3. $\displaystyle\int_{e}^{+\infty}\frac{\ln x}{x^2}dx=$(　　).

(A)$\dfrac{1}{e}$.
(B)$\dfrac{2}{e}$.
(C)$\dfrac{1+e}{e^2}$.
(D)$\dfrac{2}{e^2}$.

4. 已知函数 $z=(x-y^2)e^{1+xy}$,则 $dz\big|_{(1,-1)}=$(　　).

(A)$dx+2dy$.
(B)$-dx+2dy$.
(C)$dx-2dy$.
(D)$-dx-2dy$.

5. 设向量组 $\boldsymbol{\alpha}_1,\boldsymbol{\alpha}_2,\boldsymbol{\alpha}_3$ 与向量组 $\boldsymbol{\alpha}_1,\boldsymbol{\alpha}_2$ 等价,则(　　).

(A)$\boldsymbol{\alpha}_1,\boldsymbol{\alpha}_2$ 线性相关.
(B)$\boldsymbol{\alpha}_1,\boldsymbol{\alpha}_2$ 线性无关.
(C)$\boldsymbol{\alpha}_1,\boldsymbol{\alpha}_2,\boldsymbol{\alpha}_3$ 线性相关.
(D)$\boldsymbol{\alpha}_1,\boldsymbol{\alpha}_2,\boldsymbol{\alpha}_3$ 线性无关.

6. 矩阵 $\begin{pmatrix}0&0&a\\0&b&0\\c&0&0\end{pmatrix}$ 的伴随矩阵为(　　).

(A)$\begin{pmatrix}0&0&-bc\\0&-ac&0\\-ab&0&0\end{pmatrix}$.
(B)$\begin{pmatrix}0&0&-ab\\0&-ac&0\\-bc&0&0\end{pmatrix}$.
(C)$\begin{pmatrix}0&0&-bc\\0&ac&0\\-ab&0&0\end{pmatrix}$.
(D)$\begin{pmatrix}0&0&-ab\\0&ac&0\\-bc&0&0\end{pmatrix}$.

7. 设随机变量 X,Y 相互独立，且 X,Y 分别服从参数为 1,2 的泊松分布，则 $P\{2X+Y=2\}=$ (　　).

(A) e^{-3}.　　(B) $2e^{-3}$.

(C) $3e^{-3}$.　　(D) $4e^{-3}$.

8. 设 $X_1,X_2,\cdots,X_{10}$ 是来自正态总体 $N(\mu,\sigma^2)(\sigma>0)$ 的简单随机样本，μ,σ^2 为未知参数. 令 $Q=\dfrac{3(X_1-\mu)}{\sqrt{\sum\limits_{i=2}^{10}(X_i-\mu)^2}}$，则(　　).

(A) Q 是统计量，服从分布 $t(10)$.　　(B) Q 是统计量，服从分布 $t(9)$.

(C) Q 不是统计量，服从分布 $t(10)$.　　(D) Q 不是统计量，服从分布 $t(9)$.

二、填空题：9～14 小题，每小题 4 分，共 24 分.

9. 已知函数 $y=\arctan\sqrt{x^2-1}$，则 $\left.\dfrac{dy}{dx}\right|_{x=3}=$ ________.

10. $\int(2^x+\cos 2x)dx=$ ________.

11. 已知函数 $z=xe^{\sin(x-y)}+y\ln x$，则 $\left.\dfrac{\partial z}{\partial x}\right|_{(1,1)}=$ ________.

12. 微分方程 $(1+x^2)y'+xy=0$ 的通解为 $y=$ ________.

13. 设 2 阶矩阵 $\boldsymbol{A}=(\boldsymbol{\alpha},\boldsymbol{\beta})$，$\boldsymbol{B}=\boldsymbol{\alpha}\boldsymbol{\beta}^T-\boldsymbol{\beta}\boldsymbol{\alpha}^T$. 若 $\boldsymbol{A}$ 的行列式 $|\boldsymbol{A}|=-2$，则 $|\boldsymbol{B}|=$ ________.

14. 设 A,B 为随机事件. 若 $P(A)=0.7$，$P(B)=0.4$，$P(A\bar{B})=0.5$，则 $P(B\mid A\cup\bar{B})=$ ________.

三、解答题：15～23 小题，共 94 分. 解答应写出文字说明、证明过程或演算步骤.

15.（本题满分 10 分）

已知实数 a,b 满足 $\lim\limits_{x\to 0}(e^x+ax^2+bx)^{\frac{1}{1-\cos x}}=1$，求 a,b.

16.（本题满分 10 分）

计算定积分 $\int_0^{\frac{\pi}{2}}\dfrac{2x-\sin x}{1+\cos x}dx$.

17.（本题满分 10 分）

设平面有界区域 D 由曲线 $x=y^2$ 与直线 $x+y=2$ 围成.

(1)求 D 的面积；

(2)求 D 绕 y 轴旋转形成的旋转体的体积.

18.（本题满分 10 分）

已知 $D=\{(x,y)\mid x^2+y^2\geqslant 1,(x-1)^2+y^2\leqslant 1\}$，计算二重积分 $\iint\limits_D\dfrac{1}{\sqrt{x^2+y^2}}dxdy$.

19.（本题满分 10 分）

证明曲线 $y=e^x$ 与 $y=e^x\sin x$ 在交点处有相同的切线，并求第一象限中离原点最近的交点处的切线方程.

20.(本题满分11分)

已知$A(1,1)$,$B(2,2)$,$C(a,1)$为坐标平面xOy上的点,其中a为参数.问是否存在经过点A,B,C的曲线$y=k_1x+k_2x^2+k_3x^3$?如果存在,求出曲线方程.

21.(本题满分11分)

设$\boldsymbol{P}=(\boldsymbol{\alpha}_1,\boldsymbol{\alpha}_2,\boldsymbol{\alpha}_3)$为3阶可逆矩阵,方阵$\boldsymbol{A}$满足$\boldsymbol{A\alpha}_1=\boldsymbol{\alpha}_1+\boldsymbol{\alpha}_3$,$\boldsymbol{A\alpha}_2=-\boldsymbol{\alpha}_1+2\boldsymbol{\alpha}_2+\boldsymbol{\alpha}_3$,$\boldsymbol{A\alpha}_3=2\boldsymbol{\alpha}_3$.

(1)求$\boldsymbol{P}^{-1}\boldsymbol{AP}$;

(2)证明$\boldsymbol{A}$可相似对角化.

22.(本题满分11分)

设二维离散型随机变量(X,Y)的概率分布为

X \ Y	-1	0	1
0	0.06	0.04	0.1
1	0.34	0.16	0.3

(1)求X与Y的相关系数ρ;

(2)求X^2与Y^2是否相互独立?

23.(本题满分11分)

已知随机变量X,Y相互独立,其中X的概率分布为

X	0	1
P	$\frac{1}{3}$	$\frac{2}{3}$

Y的概率密度为$f(y)=\begin{cases}1, & 0\leqslant y\leqslant 1\\ 0, & \text{其他}\end{cases}$.令$Z=X+Y$.

(1)求Z的概率密度$f_Z(z)$;

(2)求$D(Z)$.

2018 年全国硕士研究生招生考试
农学门类联考数学试题参考答案及解析

一、选择题:1～8 小题,每小题 4 分,共 32 分. 下列每题给出的四个选项中,只有一个选项是符合题目要求的. 请将所选项前的字母填在括号内.

(1)**【答案】**(B).

【解析】$f(-x)=\dfrac{\sin(-x)}{-x}=\dfrac{\sin x}{x}=f(x),\lim\limits_{x\to\infty}f(x)=\lim\limits_{x\to\infty}\dfrac{\sin x}{x}=0$, 故选(B).

(2)**【答案】**(D).

【解析】$y'=e^{-\frac{x^2}{2}}-x^2e^{-\frac{x^2}{2}}=e^{-\frac{x^2}{2}}(1-x^2),y''=-xe^{-\frac{x^2}{2}}(1-x^2)-2xe^{-\frac{x^2}{2}}=xe^{-\frac{x^2}{2}}(x^2-3)$
在区间$(0,1)$内,$y'>0,y''<0$,故选(D).

(3)**【答案】**(B).

【解析】$\int_e^{+\infty}\dfrac{\ln x}{x^2}dx=-\int_e^{+\infty}\text{in}x\,d\left(\dfrac{1}{x}\right)=-\dfrac{1}{x}\ln x\,\Big|_e^{+\infty}+\int_e^{+\infty}\dfrac{1}{x^2}dx=\dfrac{2}{e}$,故选(B).

(4)**【答案】**(A).

【解析】$\dfrac{\partial z}{\partial x}=e^{1+xy}+(x-y^2)ye^{1+xy},\dfrac{\partial z}{\partial y}=-2ye^{1+xy}+(x-y^2)ye^{1+xy}$

$\dfrac{\partial z}{\partial x}\Big|_{(1,-1)}=1,\dfrac{\partial z}{\partial y}\Big|_{(1,-1)}=2$,故$dz\,|_{(1,-1)}=\dfrac{\partial z}{\partial x}\Big|_{(1,-1)}dx+\dfrac{\partial z}{\partial y}\Big|_{(1,-1)}dy=dx+2dy$,故选(A).

(5)**【答案】**(C).

【解析】由于向量组$\boldsymbol{a}_1,\boldsymbol{a}_2,\boldsymbol{a}_3$与向理组$\boldsymbol{a}_1,\boldsymbol{a}_2$等价,则$\boldsymbol{a}_3$可由$\boldsymbol{a}_1,\boldsymbol{a}_2$线性表示,所以向量组$\boldsymbol{a}_1,\boldsymbol{a}_2,\boldsymbol{a}_3$线性相关,故选(C).

(6)**【答案】**(B).

【解析】根据伴随矩阵的定义可得$\begin{pmatrix}0&0&a\\0&b&0\\c&0&0\end{pmatrix}$的伴随矩阵是$\begin{pmatrix}0&0&-ab\\0&-ac&0\\-bc&0&0\end{pmatrix}$,故选(B).

(7)**【答案】**(C).

【解析】$X\sim\pi(1),Y\sim\pi(2)$ 则

$$P\{X=k\}=\frac{e^{-1}}{k!},k=0,1,\cdots$$

$$P\{Y=k\}=\frac{2^ke^{-2}}{k!},k=0,1,\cdots$$

$$P\{2X+Y=2\}=P\{X=0,Y=2\}+P\{X=1,Y=0\}$$

$$=P\{X=0\}\cdot P\{Y=2\}+P(X=1)\cdot P\{Y=0\}=3e^{-3}.$$

(8)【答案】(D).

【解析】因为 μ 是未知参数,则 Q 不是统计量.

二、填空题:9～14 小题,每小题 4 分,共 24 分.

(9)【答案】$\frac{\sqrt{2}}{12}$.

【解析】$\frac{dy}{dx}=\frac{\frac{x}{\sqrt{x^2-1}}}{1+(x^2-1)}=\frac{1}{\sqrt{x^2-1}},\frac{dy}{dx}\Big|_{x=3}=\frac{\sqrt{2}}{12}$.

(10)【答案】$\frac{2^x}{\ln 2}+\frac{1}{2}\sin 2x+C$.

【解析】$\int(2^x+\cos 2x)dx=\frac{2^x}{\ln 2}+\frac{1}{2}\sin 2x+C$.

(11)【答案】3.

【解析】$\frac{\partial z}{\partial x}=e^{\sin(x-y)}+xe^{\sin(x-y)}\cos(x-y)+\frac{y}{x},\frac{\partial z}{\partial x}\Big|_{(1,1)}=3$.

(12)【答案】$\frac{C}{\sqrt{1+x^2}}$.

【解析】方程化为 $y'+\frac{x}{1+x^2}y=0$,分离变量得$\frac{dy}{y}=-\frac{x}{1+x^2}dx$,两边积分得

$\ln y=-\frac{1}{2}\ln(1+x^2)+\ln C$,即所求通解为 $y=\frac{C}{\sqrt{1+x^2}}$.

(13)【答案】4.

【解析】$\boldsymbol{B}=(\boldsymbol{\alpha},\boldsymbol{\beta})\begin{pmatrix}\boldsymbol{\beta}^T\\-\boldsymbol{\alpha}^T\end{pmatrix}=\boldsymbol{A}\begin{pmatrix}0&1\\-1&0\end{pmatrix}\boldsymbol{A}^T$,所以 $|\boldsymbol{B}|=|\boldsymbol{A}|\begin{vmatrix}0&1\\-1&0\end{vmatrix}|\boldsymbol{A}^T|=(-2)(-2)$

$=4$

(14)【答案】0.25.

【解析】$P(B\mid A\cup\bar{B})=\frac{P(B(A\cup\bar{B}))}{P(A\cup\bar{B})}=\frac{P(AB)}{P(A)+P(B)-P(A\bar{B})}$,而 $P(AB)+P(A\bar{B})$

$=P(A)$,$P(AB)=P(A)-P(A\bar{B})$,得 $P(B)=0.25$.

三、解答题:15～23 小题,共 94 分.解答应写出文字说明、证明过程或演算步骤.

15.【解析】记 $y=(e^x+ax^2+bx)^{\frac{1}{1-\cos x}}$,则

$\ln y=\frac{\ln(e^x+ax^2+bx)}{1-\cos x}$,

$\lim\limits_{x\to 0}\ln y=\lim\limits_{x\to 0}\frac{\ln(e^x+ax^2+bx)}{1-\cos x}$

$$=\lim_{x\to0}\frac{e^x+2ax+b}{\sin x}\cdot\frac{1}{e^x+ax^2+bx}.$$

由题设知$\lim\limits_{x\to0}\ln y=0$，又$\lim\limits_{x\to0}\dfrac{1}{e^x+ax^2+bx}=1$，故$\lim\limits_{x\to0}\dfrac{e^x+2ax+b}{\sin x}=0$，从而 $b=-1$.

又 $\lim\limits_{x\to0}\dfrac{e^x+2ax-1}{\sin x}=\lim\limits_{x\to0}\dfrac{e^x+2a}{\cos x}=1+2a$，所以 $a=-\dfrac{1}{2}$.

16.**【解析】** $\displaystyle\int_0^{\frac{\pi}{2}}\frac{2x-\sin x}{1+\cos x}dx=2\int_0^{\frac{\pi}{2}}\frac{x}{1+\cos x}dx-\int_0^{\frac{\pi}{2}}\frac{\sin x}{1+\cos x}dx$

$$=2\int_0^{\frac{\pi}{2}}x\,d\tan\frac{x}{2}+\ln(1+\cos x)\Big|_0^{\frac{\pi}{2}}$$

$$=2x\tan\frac{x}{2}\Big|_0^{\frac{\pi}{2}}-2\int_0^{\frac{\pi}{2}}\tan\frac{x}{2}dx-\ln2$$

$$=\pi-\ln2+4\ln\cos\frac{x}{2}\Big|_0^{\frac{\pi}{2}}$$

$$=\pi-3\ln2.$$

17.**【解析】** 曲线 $x=y^2$ 与直线 $x+y=2$ 的交点为$(4,-2)$，$(1,1)$.

(1)D 的面积为

$$A=\int_{-2}^{1}(2-y-y^2)dy$$

$$=6-\frac{1}{2}y^2\Big|_{-2}^{1}-\frac{1}{3}y^3\Big|_{-2}^{1}$$

$$=\frac{9}{2}.$$

(2)D 绕 y 轴旋转形成的旋转体体积为

$$V=\int_{-2}^{1}\pi(2-y)^2dy-\int_{-2}^{1}\pi y^4dy$$

$$=\frac{\pi}{3}(y-2)^3\Big|_{-2}^{1}-\frac{\pi}{5}y^5\Big|_{-2}^{1}$$

$$=21\pi-\frac{33\pi}{5}$$

$$=\frac{72\pi}{5}.$$

18.**【解析】** 圆周 $x^2+y^2=1$，$(x-1)^2+y^2=1$ 的极坐标方程分别为 $r=1$，$r=2\cos\theta$，由此得两圆周交点的极坐标为 $r=1$，$\theta=\pm\dfrac{\pi}{3}$，从而

$$D=\left\{(r,\theta)\ \Big|-\frac{\pi}{3}\leqslant\theta\leqslant\frac{\pi}{3},1\leqslant r\leqslant2\cos\theta\right\}$$

故
$$\iint_D \frac{1}{\sqrt{x^2+y^2}}\mathrm{d}x\,\mathrm{d}y=\int_{-\frac{\pi}{3}}^{\frac{\pi}{3}}\mathrm{d}\theta\int_1^{2\cos\theta}\frac{1}{r}r\,\mathrm{d}r$$
$$=\int_{-\frac{\pi}{3}}^{\frac{\pi}{3}}(2\cos\theta-1)\mathrm{d}\theta$$
$$=(2\sin\theta-\theta)\Big|_{-\frac{\pi}{3}}^{\frac{\pi}{3}}$$
$$=2\sqrt{3}-\frac{2\pi}{3}.$$

19.【解析】令 $e^x=e^x\sin x$，得 $x=2n\pi+\frac{\pi}{2}, n=0,\pm1,\pm2,\cdots$，则曲线 $y=e^x$ 与 $y=e^x\sin x$ 交点的横坐标为 $x_n=2n\pi+\frac{\pi}{2}, n=0,\pm1,\pm2,\cdots$.

因为
$$(e^x)'\big|_{x_n}=e^{x_n},(e^x\sin x)'\big|_{x_n}=e^{x_n}\sin x_n+e^{x_n}\cos x_n=e^{x_n},$$
所以曲线 $y=e^x$ 与 $y=e^x\sin x$ 在交点处有相同的切线.

在第一象限中，两曲线离原点最近的交点为 $\left(\frac{\pi}{2},e^{\frac{\pi}{2}}\right)$，曲线在该点处的切线方程为
$$y=e^{\frac{\pi}{2}}\left(1+x-\frac{\pi}{2}\right).$$

20.【解析】假设存在经过点 A,B,C 的曲线 $y=k_1x+k_2x^2+k_3x^3$. 由题设得
$$\begin{cases}k_1+k_2+k_3=1\\2k_1+4k_2+8k_3=2\\ak_1+a^2k_2+a^3k_3=1\end{cases},$$
以 k_1,k_2,k_3 为未知量，解此线性方程组，对其增广矩阵 $(\boldsymbol{A}\vdots\boldsymbol{b})$ 施以初等行变换得
$$(\boldsymbol{A}\vdots\boldsymbol{b})=\left(\begin{array}{ccc:c}1&1&1&1\\2&4&8&2\\a&a^2&a^3&1\end{array}\right)\to\left(\begin{array}{ccc:c}1&0&-2&1\\0&1&3&0\\0&0&a(a-1)(a-2)&1-a\end{array}\right).$$

(i)当 $a\neq0,a\neq1,a\neq2$ 时，
$$(\boldsymbol{A}\vdots\boldsymbol{b})\to\left(\begin{array}{ccc:c}1&0&0&1-\frac{2}{a(a-2)}\\0&1&0&\frac{3}{a(a-2)}\\0&0&1&-\frac{1}{a(a-2)}\end{array}\right).$$

此时方程组有唯一解

$$k_1=1-\frac{2}{a(a-2)},k_2=\frac{3}{a(a-2)},k_3=-\frac{1}{a(a-2)},$$

于是得到经过点 A,B,C 的曲线

$$y=\left[1-\frac{2}{a(a-2)}\right]x+\frac{3}{a(a-2)}x^2-\frac{1}{a(a-2)}x^3.$$

(ii)当 $a=1$ 时,点 A 与点 C 重合,此时

$$(\boldsymbol{A}\vdots\boldsymbol{b})\rightarrow\left(\begin{array}{ccc:c}1&0&-2&1\\0&1&3&0\\0&0&0&0\end{array}\right),$$

方程组有无穷多解,其通解为

$$\begin{pmatrix}k_1\\k_2\\k_3\end{pmatrix}=c\begin{pmatrix}2\\-3\\1\end{pmatrix}+\begin{pmatrix}1\\0\\0\end{pmatrix},c\text{ 为任意常数}.$$

于是得到无穷多条经过点 A,B,C 的曲线,其方程的一般形式为

$$y=(1+2c)x-3cx^2+cx^3,c\text{ 为任意常数}.$$

(iii)当 $a=0$ 或 $a=2$ 时,

$$(\boldsymbol{A}\vdots\boldsymbol{b})\rightarrow\left(\begin{array}{ccc:c}1&0&-2&1\\0&1&3&0\\0&0&0&1\end{array}\right),$$

方程组无解,此时不存在满足题中要求的曲线.

21.**【解析】**(1)由题设得

$$\boldsymbol{A}(\boldsymbol{\alpha}_1,\boldsymbol{\alpha}_2,\boldsymbol{\alpha}_3)=(\boldsymbol{\alpha}_1,\boldsymbol{\alpha}_2,\boldsymbol{\alpha}_3)\begin{pmatrix}1&-1&0\\0&2&0\\1&1&2\end{pmatrix},$$

即 $\boldsymbol{AP}=\boldsymbol{P}\begin{pmatrix}1&-1&0\\0&2&0\\1&1&2\end{pmatrix}$.

因为 $\boldsymbol{P}$ 可逆,所以 $\boldsymbol{P}^{-1}\boldsymbol{AP}=\begin{pmatrix}1&-1&0\\0&2&0\\1&1&2\end{pmatrix}$.

(2)由(1)可知,矩阵 $\boldsymbol{A}$ 与矩阵 $\boldsymbol{B}=\begin{pmatrix}1&-1&0\\0&2&0\\1&1&2\end{pmatrix}$ 相似.

由于 $|\lambda\boldsymbol{E}-\boldsymbol{B}|=(\lambda-1)(\lambda-2)^2$,所以矩阵 $\boldsymbol{B}$ 的特征值为

$$\lambda_1=1,\lambda_2=\lambda_3=2.$$

对于二重特征值 2，$r(2\boldsymbol{E}-\boldsymbol{B})=1$.

综上所述，矩阵 $\boldsymbol{B}$ 有 3 个线性无关的特征向量，故矩阵 $\boldsymbol{B}$ 可相似对角化，于是矩阵 $\boldsymbol{A}$ 可相似对角化.

22.【解析】(1)因为 $E(XY)=-0.04,E(X)=0.8,E(Y)=0,D(X)=0.16,D(Y)=0.8$，
所以，$\mathrm{Cov}(X,Y)=E(XY)-E(X)\cdot E(Y)=-0.04$.

从而
$$\rho=\frac{\mathrm{Cov}(X,Y)}{\sqrt{D(X)}\sqrt{D(Y)}}=\frac{-0.04}{0.4\times\sqrt{0.8}}=-\frac{\sqrt{5}}{20}.$$

(2)由 (X,Y) 的概率分布知，(X^2,Y^2) 的概率分布为

X^2 \ Y^2	0	1
0	0.04	0.16
1	0.16	0.64

由 (X^2,Y^2) 的概率分布知

$$P\{X^2=i,Y^2=j\}=P\{X^2=i\}P\{Y^2=j\},i=0,1,j=0,1,$$

所以 X^2 与 Y^2 相互独立.

23.【解析】(1)设 Z 的分布函数为 $F_Z(z)$.

当 $z<0$ 时，$F_Z(z)=0$；

当 $z\geqslant 2$ 时，$F_Z(z)=1$；

当 $0\leqslant z<2$ 时，

$$\begin{aligned}F_Z(z)&=P\{Z\leqslant z\}\\&=P\{X=0\}P\{X+Y\leqslant z\mid X=0\}+P\{X=1\}P\{X+Y\leqslant z\mid X=1\}\\&=\frac{1}{3}P\{Y\leqslant z\}+\frac{2}{3}P\{Y\leqslant z-1\}\\&=\begin{cases}\dfrac{z}{3}, & 0\leqslant z<1\\ \dfrac{2z-1}{3}, & 1\leqslant z<2\end{cases}.\end{aligned}$$

所以 Z 的分布函数为

$$F_Z(z)=\begin{cases}0, & z<0\\ \dfrac{z}{3}, & 0\leqslant z<1\\ \dfrac{2z-1}{3}, & 1\leqslant z<2\\ 1, & z\geqslant 2\end{cases}.$$

故 Z 的概率密度为 $f_Z(z)=\begin{cases}\dfrac{1}{3}, & 0\leqslant z<1\\ \dfrac{2}{3}, & 1\leqslant z<2\\ 0, & 其他\end{cases}$.

(2)由题设得 $D(X)=\dfrac{2}{9}$,$D(Y)=\dfrac{1}{12}$,所以

$$D(Z)=D(X+Y)=D(X)+D(Y)=\frac{11}{36}.$$

2019 年全国硕士研究生招生考试
农学门类联考数学试题

一、选择题:1～8 小题,每小题 4 分,共 32 分. 下列每题给出的四个选项中,只有一个选项是符合题目要求的. 请将所选项前的字母填在括号内.

1. 设函数 $f(x)=\int_0^{2x} e^{t^2}\,dt$,则 $f'(x)=($ $)$.

(A) e^{4x^2}.　　(B) $2e^{4x^2}$.

(C) $2xe^{4x^2}$.　　(D) $4xe^{4x^2}$.

2. 当 $x\to 0$ 时,若 ae^x+be^{-x} 与 x 是等价无穷小量,则( ).

(A) $a=1,b=-1$.　　(B) $a=-1,b=1$

(C) $a=\frac{1}{2},b=-\frac{1}{2}$.　　(D) $a=-\frac{1}{2},b=\frac{1}{2}$

3. 设函数 $f(x)=\begin{cases}\frac{\sin x^2}{2}, & x\neq 0\\ 0, & x=0\end{cases}$, 则 $f(x)$ 在 $x=0$ 处( ).

(A)极限不存在.　　(B)极限存在,但不连续.

(C)连续,但不可导.　　(D)可导.

4. 设函数 $f(x)$ 在 $(0,1)$ 内可导,则 $f'(x)$ 在 $(0,1)$ 内有界是 $f(x)$ 在 $(0,1)$ 内有界的( ).

(A)充分不必要条件.　　(B)充分必要条件.

(C)必要不充分条件.　　(D)既不充分又不必要条件.

5. 设矩阵 $\boldsymbol{A}=\begin{pmatrix}a & b\\ c & d\end{pmatrix}$,且 $ad-bc=1$,则 $\boldsymbol{A}^{-1}=($ $)$.

(A) $\begin{pmatrix}d & -b\\ -c & a\end{pmatrix}$　　(B) $\begin{pmatrix}a & -b\\ -c & d\end{pmatrix}$

(C) $\begin{pmatrix}a & -c\\ -b & d\end{pmatrix}$　　(D) $\begin{pmatrix}d & -c\\ -b & a\end{pmatrix}$

6. 设向量组 $\boldsymbol{\alpha}_1,\boldsymbol{\alpha}_2,\boldsymbol{\alpha}_3$ 线性无关,则下列向量组中线性无关的是( ).

(A) $\boldsymbol{\alpha}_1-\boldsymbol{\alpha}_2,\boldsymbol{\alpha}_2-\boldsymbol{\alpha}_3,\boldsymbol{\alpha}_3-\boldsymbol{\alpha}_1$.　　(B) $\boldsymbol{\alpha}_1+\boldsymbol{\alpha}_2,\boldsymbol{\alpha}_2-\boldsymbol{\alpha}_3,\boldsymbol{\alpha}_3+\boldsymbol{\alpha}_1$.

(C) $\boldsymbol{\alpha}_1+\boldsymbol{\alpha}_2,\boldsymbol{\alpha}_2+\boldsymbol{\alpha}_3,\boldsymbol{\alpha}_3+\boldsymbol{\alpha}_1$.　　(D) $\boldsymbol{\alpha}_1-\boldsymbol{\alpha}_2,\boldsymbol{\alpha}_2+\boldsymbol{\alpha}_3,\boldsymbol{\alpha}_3+\boldsymbol{\alpha}_1$.

7. 设 A,B 互为对立事件,$0<P(B)<1$,则下列等式中错误的是( ).

(A) $P(A|B)+P(A|\overline{B})=1$.　　(B) $P(\overline{B}|B)+P(A|\overline{B})=0$.

(C) $P(A|B)+P(\overline{A}|B)=1$.　　(D) $P(A|B)+P(\overline{A}|\overline{B})=0$.

8. 设随机变量 $X\sim N(0,9)$，$Y\sim N(0,4)$，且 X 与 Y 相互独立，则 $D(2X-Y)=$(　　).

(A)14.　　(B)22.

(C)32.　　(D)40.

二、填空题：9～14 小题，每小题 4 分，共 24 分.

9. $\lim\limits_{x\to 0}(1-\sin 2x)^{\frac{1}{x}}=$__________.

10. 曲线 $y=\dfrac{1-2x}{x+2}$ 的水平渐近线方程是__________.

11. 设函数 $f(x)=x\sin\dfrac{1}{x}$，则 $f''\left(\dfrac{2}{\pi}\right)=$__________.

12. 设平面区域 $D=\{(x,y)\mid 0\leqslant x\leqslant 2,0\leqslant y\leqslant x\}$，则 $\iint\limits_D e^{-\frac{x^2}{2}}\,dx\,dy=$__________.

13. 若方程 $\begin{pmatrix}1 & 2 & 1\\ 1 & 1 & a+1\\ 0 & 3 & 3\end{pmatrix}\begin{pmatrix}x_1\\ x_2\\ x_3\end{pmatrix}=\begin{pmatrix}0\\ 0\\ 0\end{pmatrix}$ 有非零解，则 $a=$__________.

14. 设随机变量 X 在区间$[0,4]$上服从均匀分布，$E(X)$为 X 的数学期望，则 $P\{X>E(X)+1\}$ $=$__________.

三、解答题：15～23 小题，共 94 分. 解答应写出文字说明、证明过程或演算步骤.

15.(本题满分 10 分)

求不定积分 $\displaystyle\int\frac{x+1}{\sqrt{x}}e^{2\sqrt{x}}\,dx$.

16.(本题满分 10 分)

求微分方程 $xy'+y=x\cos x^2$ 的通解.

17.(本题满分 10 分)

已知点 $A(-1,4)$，$B(1,2)$，设曲线 $y=x^2$ 的一条切线 l 垂直于直线 AB.

(1)求切线 l 的方程；

(2)求该曲线与切线 l 及 y 轴所围平面区域的面积.

18.(本题满分 10 分)

设函数 $f(x)=x\ln x+\dfrac{1}{x}$. 求 $f(x)$ 的单调区间和极值.

19.(本题满分 10 分)

设函数 $f(u,v)$具有 2 阶连续偏导数，$z=f(2x+3y,xy)$，求$\dfrac{\partial z}{\partial x}$，$\dfrac{\partial^2 z}{\partial x^2}$，$\dfrac{\partial^2 z}{\partial x\partial y}$.

20.(本题满分 11 分)

已知矩阵 $\boldsymbol{A}=\begin{pmatrix}1 & -1 & 1\\ -1 & 1 & -1\\ 1 & -1 & 1\end{pmatrix}$，$\boldsymbol{E}$ 为 3 阶单位矩阵，向量 $\boldsymbol{\alpha}=(1,-1,1)^{\mathrm{T}}$ 设矩阵 $\boldsymbol{X}$ 满足

$\boldsymbol{AX}=\boldsymbol{X}+\boldsymbol{\alpha\alpha}^{\mathrm{T}}$.

(1)证明 $\boldsymbol{A}-\boldsymbol{E}$ 可逆.

(2)求 $\boldsymbol{X}$.

21.(本题满分 11 分)

已知矩阵 $\boldsymbol{A}=\begin{pmatrix}1 & -1 & 1\\ 2 & 4 & -2\\ -3 & -3 & 5\end{pmatrix}$.

(1)求 $\boldsymbol{A}$ 的特征值;

(2)求可逆矩阵 $\boldsymbol{P}$ 和对角阵 $\boldsymbol{C}$,使得 $\boldsymbol{P}^{-1}\boldsymbol{AP}=\boldsymbol{C}$.

22.(本题满分 11 分)

已知离散型随机变量 X 的概率分布为

X	-1	1	2
P	0.3	0.4	0.3

(1)求 X 的分布函数 $F(x)$;

(2)求 $E(X)$,$D(X)$;

(3)求随机变量 $Y=X^2+1$ 的概率分布.

23.(本题满分 11 分)

设二维随机变量(X,Y)的概率密度为

$$f(x,y)=\begin{cases}1, & 0<x<2,0<y<\dfrac{x}{2},\\ 0, & 其他.\end{cases}$$

(1) 求 X,Y 的边缘密度 $f_X(x)$,$f_Y(y)$,并判断 X 与 Y 是否相互独立;

(2) 求 $P\{X+Y\leqslant 2\}$.

2019年全国硕士研究生招生考试
农学门类联考数学试题参考答案及解析

一、选择题：1～8小题，每小题4分，共32分. 下列每题给出的四个选项中，只有一个选项是符合题目要求的. 请将所选项前的字母填在括号内.

1.**【答案】**(B).

【解析】变限积分求导公式为：$\left[\int_{\psi(x)}^{\varphi(x)} g(t)\mathrm{d}t\right]' = g(\varphi(x))\varphi'(x) - g(\psi(x))\psi'(x)$.

因为 $f(x) = \int_0^{2x} \mathrm{e}^{t^2}\mathrm{d}t$，所以 $f'(x) = \mathrm{e}^{(2x)^2} \times 2 = 2\mathrm{e}^{4x^2}$，故选(B).

2.**【答案】**(C).

【解析】由题意得，当 $x \to 0$ 时，$a\mathrm{e}^x + b\mathrm{e}^{-x}$ 与 x 是等价无穷小量，即

$\lim\limits_{x\to 0}\dfrac{a\mathrm{e}^x + b\mathrm{e}^{-x}}{x} = 1$. 所以当 $x \to 0$ 时，$a\mathrm{e}^x + b\mathrm{e}^{-x} \to 0$.

根据洛必达公式，$\lim\limits_{x\to 0}\dfrac{a\mathrm{e}^x + b\mathrm{e}^{-x}}{x} = \lim\limits_{x\to 0}\dfrac{a\mathrm{e}^x - b\mathrm{e}^{-x}}{1} = a - b = 1$.

选项(A)：$a = 1, b = -1$，则 $a - b = 2 \neq 1$，错误；

选项(B)：$a = -1, b = 1$，则 $a - b = -2 \neq 1$，错误；

选项(C)：$a = \dfrac{1}{2}, b = -\dfrac{1}{2}$，则 $a - b = 1$，正确；

选项(D)：$a = -\dfrac{1}{2}, b = \dfrac{1}{2}$，则 $a - b = -1 \neq 1$，错误. 故选(C).

3.**【答案】**(D).

【解析】$\lim\limits_{x\to 0} f(x) = \lim\limits_{x\to 0}\dfrac{\sin x^2}{2} = 0 = f(0)$

则 $f(x)$ 在 $x = 0$ 处连续；

$$\lim_{x\to 0}\frac{f(x) - f(0)}{x - 0} = \lim_{x\to 0}\frac{\frac{\sin x^2}{2}}{x} = \lim_{x\to 0}\frac{x\cos x^2}{1} = 0 = f'(0)$$

所以 $f(x)$ 在 $x = 0$ 处连续可导. 故选(D).

4.**【答案】**(A).

【解析】充分性：证明若 $f'(x)$ 在 $(0,1)$ 内有界，则 $f(x)$ 在 $(0,1)$ 内有界.

设 x_0 为 $(0,1)$ 内一定点，任取一点 $x \in (0,1)$，$x \neq x_0$，在以 x_0，x 为端点的区间上用拉格朗日中值定理，有 $f(x) - f(x_0) = f'(\xi)(x - x_0)$，设 $|f'(x)| \leqslant A$，则有

$$|f(x) - f(x_0)| \leqslant |f'(\xi)||x - x_0| \leqslant A$$

于是 $|f(x)|=|f(x)-f(x_0)+f(x_0)|$

$$\leqslant|f(x)-f(x_0)|+|f(x_0)|$$

$$\leqslant A+|f(x_0)|$$

令 $M=A+|f(x_0)|$，则 $|f(x)|\leqslant M$，即 $f(x)$ 在 $(0,1)$ 内有界.

必要性不成立.

反例：$f(x)=\sqrt{x}$ 在 $(0,1)$ 内有界，$f'(x)=\dfrac{1}{2\sqrt{x}}$ 在 $(0,1)$ 内无界，故 $f'(x)$ 在 $(0,1)$ 内有界是 $f(x)$ 在 $(0,1)$ 内有界的不必要条件. 因此，$f'(x)$ 在 $(0,1)$ 内有界是 $f(x)$ 在 $(0,1)$ 内有界的充分不必要条件. 故选(A).

5.**【答案】**(A).

【解析】$\boldsymbol{A}$ 的行列式 $|\boldsymbol{A}|=ad-bc=1$，$\boldsymbol{A}$ 的逆矩阵存在，且 $\boldsymbol{A}^{-1}=\dfrac{1}{|\boldsymbol{A}|}\boldsymbol{A}^*=\begin{pmatrix} d & -b \\ -c & a \end{pmatrix}$.

故选(A).

6.**【答案】**(C).

【解析】设 $k_1(\boldsymbol{\alpha}_1+\boldsymbol{\alpha}_2)+k_2(\boldsymbol{\alpha}_2+\boldsymbol{\alpha}_3)+k_3(\boldsymbol{\alpha}_3+\boldsymbol{\alpha}_1)=\boldsymbol{0}$，整理得

$(k_1+k_3)\boldsymbol{\alpha}_1+(k_1+k_2)\boldsymbol{\alpha}_2+(k_2+k_3)\boldsymbol{\alpha}_3=\boldsymbol{0}$.

因为 $\boldsymbol{\alpha}_1,\boldsymbol{\alpha}_2,\boldsymbol{\alpha}_3$ 线性无关，则 $k_1+k_3=0,k_1+k_2=0,k_2+k_3=0$，可得

$k_1=k_2=k_3=0$. 则向量组 $\boldsymbol{\alpha}_1+\boldsymbol{\alpha}_2,\boldsymbol{\alpha}_2+\boldsymbol{\alpha}_3,\boldsymbol{\alpha}_3+\boldsymbol{\alpha}_1$ 线性无关.

对于(A) 选项里的向量组，满足 $1(\boldsymbol{\alpha}_1-\boldsymbol{\alpha}_2)+1(\boldsymbol{\alpha}_2-\boldsymbol{\alpha}_3)+1(\boldsymbol{\alpha}_3-\boldsymbol{\alpha}_1)=\boldsymbol{0}$，所以线性相关.

对于(B) 选项里的向量组，满足 $1(\boldsymbol{\alpha}_1+\boldsymbol{\alpha}_2)-1(\boldsymbol{\alpha}_2-\boldsymbol{\alpha}_3)-1(\boldsymbol{\alpha}_3+\boldsymbol{\alpha}_1)=\boldsymbol{0}$，所以线性相关.

对于(D) 选项里的向量组，满足 $1(\boldsymbol{\alpha}_1-\boldsymbol{\alpha}_2)+1(\boldsymbol{\alpha}_2+\boldsymbol{\alpha}_3)-1(\boldsymbol{\alpha}_3+\boldsymbol{\alpha}_1)=\boldsymbol{0}$，所以线性相关.

故选(C).

7.**【答案】**(B).

【解析】由于 A,B 为互斥事件则 $P(AB)=0,P(A)=1-P(B),P(B)=1-P(A)$

可得 $P(A\mid B)=P(AB)/P(B)=0$,

$P(A\mid\overline{B})=P(A\overline{B})/P(\overline{B})=(P(A)-P(AB))/(1-P(B))=P(A)/P(A)=1$,

$P(\overline{A}\mid B)=P(\overline{A}B)/P(B)=(P(B)-P(AB))/P(B)=P(B)/P(B)=1$,

$P(\overline{A}\mid\overline{B})=P(\overline{A}\overline{B})/P(\overline{B})=(1-P(A\cup B))/(1-P(B))=0$.

所以(A),(C) 和(D) 都正确.

8.**【答案】**(D).

【解析】由 $X\sim N(0,9),Y\sim N(0,4)$，可得 $D(X)=9,D(Y)=4$，又因为 X 与 Y 相互独立，所以 $D(2X-Y)=4D(X)+D(Y)=40$

二、填空题:9～14 小题,每小题 4 分,共 24 分.

9.**【答案】** e^{-2}.

【解析】 $y=(1-\sin 2x)^{\frac{1}{x}}$

$$\ln y=\frac{\ln(1-\sin 2x)}{x}$$

$$\lim_{x\to 0}\ln y=\lim_{x\to 0}\frac{\ln(1-\sin 2x)}{x}=\lim_{x\to 0}\frac{\frac{-2\cos 2x}{1-\sin 2x}}{1}=-2$$

$\lim\limits_{x\to 0}y=e^{-2}$.

10.**【答案】** $y=-2$.

【解析】 若 $\lim\limits_{x\to\infty}f(x)=c$,则水平渐近线为 $y=c$.

$$y=\lim_{x\to\infty}\frac{1-2x}{x+2}=\lim_{x\to\infty}\frac{-2}{1}=-2$$

水平渐近线为 $y=-2$.

11.**【答案】** $-\frac{\pi^3}{8}$.

【解析】 $f(x)=x\sin\frac{1}{x}$

$$f'(x)=\sin\frac{1}{x}-\frac{1}{x}\cos\frac{1}{x},\ f''(x)=-\frac{1}{x^2}\cos\frac{1}{x}+\frac{1}{x^2}\cos\frac{1}{x}-\frac{1}{x^3}\sin\frac{1}{x}$$

$f''\left(\frac{2}{\pi}\right)=-\frac{\pi^3}{8}$.

12.**【答案】** $1-e^{-2}$.

【解析】 $D=\{(x,y)\mid 0\leqslant x\leqslant 2,0\leqslant y\leqslant x\}$,

$$\iint_D e^{-\frac{x^2}{2}}dx\,dy=\int_0^2 dx\int_0^x e^{-\frac{x^2}{2}}dy=\int_0^2 x e^{-\frac{x^2}{2}}dx=\int_0^2 e^{-\frac{x^2}{2}}d\frac{x^2}{2}=1-e^{-2}.$$

13.**【答案】** -1.

【解析】 因为方程组有非零解,所以矩阵 $\begin{pmatrix}1&2&1\\1&1&a+1\\0&3&3\end{pmatrix}$ 的秩小于 3;

又因为矩阵

$$\begin{pmatrix}1&2&1\\1&1&a+1\\0&3&3\end{pmatrix}\xrightarrow{r_2-r_1}\begin{pmatrix}1&2&1\\0&-1&a\\0&3&3\end{pmatrix}\xrightarrow{r_3\div 3}\begin{pmatrix}1&2&1\\0&-1&a\\0&1&1\end{pmatrix}\xrightarrow{r_3\leftrightarrow r_2}$$

$$\begin{pmatrix}1&2&1\\0&1&1\\0&-1&a\end{pmatrix}\xrightarrow{r_3+r_2}\begin{pmatrix}1&2&1\\0&1&1\\0&0&a+1\end{pmatrix}$$

$1+a=0 \Rightarrow a=-1$.

14.【答案】$\frac{1}{4}$.

【解析】由随机变量 X 在区间$[0,4]$上服从均匀分布得 $E(X)=2$,X 的分布函数

$$F(X)=\begin{cases}0, & x<0 \\ \frac{x}{4}, & 0 \leqslant x<4. \\ 1, & 4 \leqslant x\end{cases}$$

从而 $P\{X>E(X)+1\}=P(X>3)=1-P(X \leqslant 3)=1-F(3)=\frac{1}{4}$.

三、解答题:15~23小题,共94分.解答应写出文字说明、证明过程或演算步骤.

15.【解析】令 $\sqrt{x}=t$,则 $x=t^2$,

$$\int \frac{x+1}{\sqrt{x}} \mathrm{e}^{2\sqrt{x}} \mathrm{d}x=2\int (t^2+1)\mathrm{e}^{2t} \mathrm{d}t=\int t^2 \mathrm{d}\mathrm{e}^{2t}+\mathrm{e}^{2t}$$

$$=t^2\mathrm{e}^{2t}-\int t \mathrm{d}\mathrm{e}^{2t}+\mathrm{e}^{2t}=t^2\mathrm{e}^{2t}-t\mathrm{e}^{2t}+\frac{1}{2}\mathrm{e}^{2t}+\mathrm{e}^{2t}+C$$

$$=\left(t^2-t+\frac{3}{2}\right)\mathrm{e}^{2t}+C=\left(x-\sqrt{x}+\frac{3}{2}\right)\mathrm{e}^{2\sqrt{x}}+C.$$

16.【解析】 化原式为 $y'+\frac{1}{x}y=\cos x^2$.

记 $P(x)=\frac{1}{x}$,$Q(x)=\cos x^2$,

故方程的通解为

$$y=\mathrm{e}^{-\int P(x)\mathrm{d}x}\left(\int Q(x)\mathrm{e}^{\int P(x)\mathrm{d}x}\mathrm{d}x+C\right)$$

$$=\mathrm{e}^{-\int \frac{1}{x}\mathrm{d}x}\left(\int \mathrm{e}^{\int \frac{1}{x}\mathrm{d}x}\cos x^2 \mathrm{d}x+C\right)$$

$$=\frac{1}{x}\left(\int x\cos x^2 \mathrm{d}x+C\right)$$

$$=\frac{1}{2x}\sin x^2+\frac{C}{x}$$,其中 C 为任意常数.

17.【解析】 (1) 由于直线 AB 的斜率为 $k_1=-1$,从而所求切线 l 的斜率 $k=1$.

由 $y'=2x=1$ 得切点为$\left(\frac{1}{2},\frac{1}{4}\right)$,所以切线 l 的方程为 $y=x-\frac{1}{4}$.

(2) 曲线 $y=x^2$ 与切线 l 及 y 轴所围区域为

$$D=\left\{(x,y) \mid 0 \leqslant x \leqslant \frac{1}{2}, x-\frac{1}{4} \leqslant y \leqslant x^2\right\},$$

所以 D 的面积为

$$\int_0^{\frac{1}{2}}\left[x^2-\left(x-\frac{1}{4}\right)\right]\mathrm{d}x=\left(\frac{x^3}{3}-\frac{x^2}{2}+\frac{x}{4}\right)\Big|_0^{\frac{1}{2}}=\frac{1}{24}.$$

18.【解析】 由已知，$f(x)$ 的定义域为 $(0,+\infty)$，$f'(x)=\dfrac{x^2(\ln x+1)-1}{x^2}$.

当 $0<x<1$ 时，$x^2(\ln x+1)-1<x^2-1<0$，得 $f'(x)<0$；$f(x)$ 单调递减区间是 $(0,1)$；

当 $x>1$ 时，$x^2(\ln x+1)-1>x^2-1>0$，得 $f'(x)>0$；$f(x)$ 单调递增区间是 $(1,+\infty)$.

$f(x)$ 在 $x=1$ 处取得极小值，极小值为 $f(1)=1$.

19.【解析】 $\dfrac{\partial z}{\partial x}=2f'_u+yf'_v$，

$$\frac{\partial^2 z}{\partial x^2}=4f''_{uu}+2yf''_{uv}+2yf''_{vu}+y^2f''_{vv}$$

$$=4f''_{uu}+4yf''_{uv}+y^2f''_{vv}$$

$$\frac{\partial^2 z}{\partial x\partial y}=6f''_{uu}+2xf''_{uv}+f'_v+3yf''_{vu}+xyf''_{vv}$$

$$=6f''_{uu}+(2x+3y)f''_{uv}+xyf''_{vv}+f'_v.$$

20.【解析】 (1) 因为 $|\boldsymbol{A}-\boldsymbol{E}|=\begin{vmatrix}0&-1&1\\-1&0&-1\\1&-1&0\end{vmatrix}=2\neq0$，所以矩阵 $\boldsymbol{A}-\boldsymbol{E}$ 可逆.

(2) 由 $\boldsymbol{AX}=\boldsymbol{X}+\boldsymbol{\alpha\alpha}^{\mathrm{T}}$，得 $\boldsymbol{X}=(\boldsymbol{A}-\boldsymbol{E})^{-1}\boldsymbol{\alpha\alpha}^{\mathrm{T}}$

因为 $(\boldsymbol{A}-\boldsymbol{E})^{-1}=\dfrac{1}{2}\begin{pmatrix}-1&-1&1\\-1&-1&-1\\1&-1&-1\end{pmatrix}$，$\boldsymbol{\alpha\alpha}^{\mathrm{T}}=\begin{pmatrix}1&-1&1\\-1&1&-1\\1&-1&1\end{pmatrix}$，

所以 $\boldsymbol{X}=\dfrac{1}{2}\begin{pmatrix}-1&-1&1\\-1&-1&-1\\1&-1&-1\end{pmatrix}\begin{pmatrix}1&-1&1\\-1&1&-1\\1&-1&1\end{pmatrix}=\dfrac{1}{2}\begin{pmatrix}1&-1&1\\-1&1&-1\\1&-1&1\end{pmatrix}$.

21.【解析】 (1) $\boldsymbol{A}$ 的特征多项式为

$$f(\lambda)=|\boldsymbol{A}-\lambda\boldsymbol{E}|=\begin{vmatrix}1-\lambda&-1&1\\2&4-\lambda&-2\\-3&-3&5-\lambda\end{vmatrix}=-(\lambda-2)^2(\lambda-6).$$

所以 $\boldsymbol{A}$ 的特征根 $\lambda_1=\lambda_2=2$，$\lambda_3=6$.

(2) 当 $\lambda_1=\lambda_2=2$ 时，解方程组 $(\boldsymbol{A}-2\boldsymbol{E})\boldsymbol{x}=\boldsymbol{0}$ 得基础解系

$$\boldsymbol{p}_1=\begin{pmatrix}1\\-1\\0\end{pmatrix},\boldsymbol{p}_2=\begin{pmatrix}1\\0\\1\end{pmatrix}.$$

当 $\lambda_3=6$ 时，解方程组 $(\boldsymbol{A}-6\boldsymbol{E})\boldsymbol{x}=\boldsymbol{0}$，得基础解系 $\boldsymbol{p}_3=\begin{pmatrix}1\\-2\\3\end{pmatrix}$.

令 $\boldsymbol{P}=(\boldsymbol{p}_1,\boldsymbol{p}_2,\boldsymbol{p}_3)=\begin{pmatrix}1&1&1\\-1&0&-2\\0&1&3\end{pmatrix}$，$\boldsymbol{C}=\begin{pmatrix}2&0&0\\0&2&0\\0&0&6\end{pmatrix}$，则有 $\boldsymbol{P}^{-1}\boldsymbol{AP}=\boldsymbol{C}$.

22.**【解析】** (1) 当 $x<-1$ 时，$F(x)=P\{X\leqslant x\}=0$；

当 $-1\leqslant x<1$ 时，$F(x)=P\{X=-1\}=0.3$；

当 $1\leqslant x<2$ 时，$F(x)=P\{X=-1\}+P\{X=1\}=0.3+0.4=0.7$；

当 $x\geqslant 2$ 时，$F(x)=1$.

所以 X 的分布函数为

$$F(x)=\begin{cases}0, & x<-1\\ 0.3, & -1\leqslant x<1\\ 0.7, & 1\leqslant x<2\\ 1, & x\geqslant 2\end{cases}.$$

(2) 由题设得

$$E(X)=(-1)\times 0.3+1\times 0.4+2\times 0.3=0.7;$$
$$E(X^2)=(-1)^2\times 0.3+1^2\times 0.4+2^2\times 0.3=1.9;$$
$$D(X)=E(X^2)-[E(X)]^2=1.9-(0.7)^2=1.41.$$

(3) Y 的可能取值为 2 和 5.

$$P\{Y=2\}=P\{X=-1\}+P\{X=1\}=0.7;$$
$$P\{Y=5\}=P\{X=2\}=0.3.$$

所以 Y 的概率分布为

Y	2	5
P	0.7	0.3

23.**【解析】** (1) 当 $x\leqslant 0$ 时 $f_X(x)=0$；

当 $0<x<2$ 时，$f_X(x)=\int_{-\infty}^{+\infty}f(x,y)\mathrm{d}y=\int_0^{\frac{x}{2}}1\mathrm{d}y=\frac{x}{2}$；

当 $x\geqslant 2$ 时，$f_X(x)=0$.

所以 X 的边缘密度函数为

$$f_X(x)=\begin{cases}\frac{x}{2}, & 0<x<2\\ 0, & \text{其他}\end{cases}.$$

当 $y\leqslant 0$ 时，$f_Y(y)=0$；

当 $0<y<1$ 时，$f_Y(y)=\int_{-\infty}^{+\infty}f(x,y)\mathrm{d}x=\int_{2y}^{2}1\mathrm{d}x=2-2y$；

当 $y\geqslant 1$ 时，$f_Y(y)=0$.

所以 Y 的边缘密度函数为

$$f_Y(y)=\begin{cases}2-2y, & 0<y<1\\ 0, & \text{其他}\end{cases}.$$

因为 $f(x,y)\neq f_X(x)\cdot f_Y(y)$，所以 X 与 Y 不相互独立.

(2) 令 $D=\left\{(x,y)\mid x+y\leqslant 2,\ 0<x<2,0<y<\dfrac{x}{2}\right\}$

$$P\{X+Y\leqslant 2\}=\iint\limits_{x+y\leqslant 2}f(x,y)\mathrm{d}x\mathrm{d}y=\iint\limits_{(x,y)\in D}1\cdot\mathrm{d}x\mathrm{d}y=\int_0^{\frac{2}{3}}\mathrm{d}y\int_{2y}^{2-y}\mathrm{d}x=\frac{2}{3}.$$

2020年全国硕士研究生招生考试
农学门类联考数学试题

一、选择题:1~8小题,每小题4分,共32分.下列每题给出的四个选项中,只有一个选项是符合题目要求的.请将所选项前的字母填在括号内.

1. 设函数 $f(x)=\begin{cases}\sin\left(x\sin\dfrac{1}{x}\right), & x\neq 0,\\ 0, & x=0,\end{cases}$ 则 $x=0$ 为 $f(x)$ 的(　　).

(A)可去间断点.　　(B)跳跃间断点.

(C)第二类间断点.　　(D)连续点.

2. 曲线 $y=\ln(\sec x+\tan 3x)$ 在 $x=0$ 对应点处的切线方程为(　　).

(A) $3x+y=0$.　　(B) $3x-y=0$.

(C) $x+3y=0$.　　(D) $x-3y=0$.

3. 设函数 $f(x,y)=\sqrt{\sin^2 x+y^4}$,则(　　).

(A) $\left.\dfrac{\partial f}{\partial x}\right|_{(0,0)}$ 与 $\left.\dfrac{\partial f}{\partial y}\right|_{(0,0)}$ 都不存在.　　(B) $\left.\dfrac{\partial f}{\partial x}\right|_{(0,0)}$ 存在,$\left.\dfrac{\partial f}{\partial y}\right|_{(0,0)}$ 不存在.

(C) $\left.\dfrac{\partial f}{\partial x}\right|_{(0,0)}$ 不存在,$\left.\dfrac{\partial f}{\partial y}\right|_{(0,0)}$ 存在.　　(D) $\left.\dfrac{\partial f}{\partial x}\right|_{(0,0)}$ 与 $\left.\dfrac{\partial f}{\partial y}\right|_{(0,0)}$ 都存在.

4. 设函数 $f(x,y)$ 连续,区域 D 由曲线 $x=2+\sqrt{4-y^2}$ 与直线 $x=3$ 围成,则 $\iint\limits_D f(x,y)\mathrm{d}x\mathrm{d}y$ =(　　).

(A) $2\int_3^4 \mathrm{d}x\int_0^{\sqrt{4x-x^2}} f(x,y)\mathrm{d}y$.　　(B) $2\int_0^{\sqrt{3}} \mathrm{d}y\int_3^{2+\sqrt{4-y^2}} f(x,y)\mathrm{d}x$.

(C) $\int_{-\frac{\pi}{6}}^{\frac{\pi}{6}} \mathrm{d}\theta\int_{\frac{3}{\cos\theta}}^{4\cos\theta} f(r\cos\theta,r\sin\theta)r\mathrm{d}r$.　　D. $\int_{-\frac{\pi}{3}}^{\frac{\pi}{3}} \mathrm{d}\theta\int_{\frac{3}{\cos\theta}}^{4\cos\theta} f(r\cos\theta,r\sin\theta)r\mathrm{d}r$.

5. 将3阶矩阵 $\boldsymbol{A}$ 的第1行加到第2行得矩阵 $\boldsymbol{B}$,再将 $\boldsymbol{B}$ 的第1列加到第2列得矩阵 $\boldsymbol{C}$,令 $\boldsymbol{P}=\begin{pmatrix}1&0&0\\1&1&0\\0&0&1\end{pmatrix}$,则(　　).

(A) $\boldsymbol{C}=\boldsymbol{PAP}$.　　(B) $\boldsymbol{C}=\boldsymbol{PAP}^{\mathrm{T}}$.

(C) $\boldsymbol{C}=\boldsymbol{P}^{\mathrm{T}}\boldsymbol{AP}$.　　(D) $\boldsymbol{C}=\boldsymbol{P}^{\mathrm{T}}\boldsymbol{AP}^{\mathrm{T}}$.

6. 设3维向量 $\boldsymbol{\alpha}_1,\boldsymbol{\alpha}_2,\boldsymbol{\alpha}_3,\boldsymbol{\alpha}_4$ 两两线性无关,则向量组 $\boldsymbol{\alpha}_1,\boldsymbol{\alpha}_2,\boldsymbol{\alpha}_3,\boldsymbol{\alpha}_4$ 的秩(　　).

(A)等于2.　　(B)等于3.

(C)等于4.　　(D)不能确定.

7. 设 A,B 为两个随机事件，且 $P(A)=P(B)=\frac{1}{3}$，$P(AB)=\frac{1}{6}$，则 A,B 中恰有一个事件发生的概率为（　　）.

(A) $\frac{2}{3}$.　　(B) $\frac{1}{2}$.

(C) $\frac{1}{3}$.　　(D) $\frac{1}{4}$.

8. 设 $X_1,X_2,\cdots,X_9$ 是来自总体 $N(0,16)$ 的简单随机样本，则统计量 $Y=\frac{X_1^2+X_2^2+\cdots+X_6^2}{2(X_7^2+X_8^2+X_9^2)}$ 的概率分布为（　　）.

(A) $F(6,3)$.　　(B) $F(3,6)$.

(C) $\chi^2(9)$.　　(D) $\chi^2(6)$.

二、填空题：9～14 小题，每小题 4 分，共 24 分.

9. 函数 $f(x)=\frac{1}{x(x-3)^2}$ 的单调增加区间为________.

10. $\int_{-1}^{1} x^2\left(1-\ln\frac{\mathrm{e}+x}{\mathrm{e}-x}\right)\mathrm{d}x=$________.

11. 曲线 $y=1-\sqrt{1-x^2}$ 与直线 $y-x=0$ 所围平面图形绕 x 轴旋转得到的旋转体的体积为________.

12. 微分方程 $xy'-y=2x^3+x^2$ 满足条件 $y(1)=3$ 的解为 $y=$________.

13. 行列式 $\begin{vmatrix} a & 1 & 0 & 0 \\ b & a & 1 & 0 \\ 0 & b & a & 1 \\ 0 & 0 & b & a \end{vmatrix}=$________.

14. 箱中有 10 个同样大小的球，其中 7 个白球 3 个红球，10 个人依次各取出 1 球（不放回），则第 3 个人取到红球的概率为________.

三、解答题：15～23 小题，共 94 分. 解答应写出文字说明、证明过程或演算步骤.

15.（本题满分 10 分）

求极限 $\lim\limits_{x\to 0}\frac{\int_0^x (\mathrm{e}^{\sqrt{1+t}-1}-1)\mathrm{d}t}{x\ln(1+x)}$.

16.（本题满分 10 分）

设 $y=y(x)$ 由方程 $2x-x^2y+3\mathrm{e}^y=3$ 确定，求 $y''(0)$.

17.（本题满分 10 分）

已知平面有界区域 D 由曲线 $y=\ln(1+x)$ 与其在点 $(1,\ln 2)$ 处的法线和 x 轴围成，求 D 的面积.

18.（本题满分 10 分）

求函数 $f(x,y)=x^3+xy^2-3xy$ 的极值.

19. (本题满分 10 分)

设函数 $f(x)$ 对任意的 x 均有 $f(kx)=f(x)$,其中 $k>1$,且 $f(x)$ 在点 $x=0$ 处连续,$f(0)=4$.

(1) 求 $f(x)$;

(2) 计算二重积分 $\iint\limits_D (x+3\sqrt{y})\,\mathrm{d}x\,\mathrm{d}y$,其中区域 D 由曲线 $y=x^2$ 与 $y=f(x)$ 围成.

20. (本题满分 11 分)

设矩阵 $\boldsymbol{A}=\begin{pmatrix}1&0&b\\0&2&a\\1&0&1\end{pmatrix}$ 有特征向量 $\begin{pmatrix}1\\1\\1\end{pmatrix}$.

(1)求 a,b 的值;

(2)求可逆矩阵 $\boldsymbol{P}$,使得 $\boldsymbol{P}^{-1}\boldsymbol{AP}$ 为对角矩阵.

21. (本题满分 11 分)

设方程组(ⅰ):$\begin{cases}x_1+2x_2+x_3=0,\\2x_1+3x_2+x_3=-1,\\x_2+x_3=1.\end{cases}$

方程组(ⅱ):$ax_1+bx_2+2x_3=2$.

(1)求方程组(ⅰ)的通解;

(2)若方程组(ⅰ)的解均为(ⅱ)的解,求 a,b 的值,并判断两方程组是否同解.

22. (本题满分 11 分)

设二维离散型随机变量 (X,Y) 的概率分布为

X \ Y	1	2	3
1	0.2	0.1	a
2	b	c	0.1

且 $P\{Y=1\}=0.5$,$P\{X=1\mid Y=2\}=0.5$.

(1)求 a,b,c;

(2)求 $P\{X\geqslant Y\}$;

(3)求 $Z=XY$ 的概率分布.

23. (本题满分 11 分)

设随机变量 X 与 Y 相互独立,均服从区间 $[0,1]$ 上的均匀分布.令 $Z=|X-Y|$.

(1)求 Z 的概率密度 $f_Z(x)$;

(2)求 DZ.

2020 年全国硕士研究生招生考试
农学门类联考数学试题参考答案及解析

一、选择题：1～8 小题，每小题 4 分，共 32 分. 下列每题给出的四个选项中，只有一个选项是符合题目要求的. 请将所选项前的字母填在括号内.

1.**【答案】**(D).

【解析】因为$\lim\limits_{x\to 0}\sin\left(x\sin\dfrac{1}{x}\right)=0$，以及 $f(x)=0$，所以 $x=0$ 是连续点.

2.**【答案】**(B).

【解析】因为 $y'=\dfrac{\sec x\tan x+3\sec^3 3x}{\sec x+\tan 3x}=3$，$y'(0)=3$，又 $\ln(\sec x+\tan 3x)\big|_{x=0}=0$，故所求切线方程为 $3x-y=0$.

3.**【答案】**(C).

【解析】因为 $\dfrac{\partial f}{\partial x}\Big|_{(0,0)}$ 是$\dfrac{0}{0}$ 型，因此用偏导数的原定义可得

$$\frac{\partial f}{\partial x}\Big|_{(0,0)}=\lim_{\Delta x\to 0}\frac{f(0+\Delta x,0)-f(0,0)}{\Delta x}=\lim_{\Delta x\to 0}\frac{f(0+\Delta x,0)-0}{\Delta x}$$

$$=\lim_{\Delta x\to 0}\frac{f(\Delta x,0)}{\Delta x}=\lim_{\Delta x\to 0}\frac{\sqrt{\sin^2\Delta x}}{\Delta x}=\lim_{\Delta x\to 0}\frac{|\sin\Delta x|}{\Delta x}$$

由极限存在的定理"极限存在的充要条件是左右极限都存在且相等"不难判断本极限不存在，即偏导数$\dfrac{\partial f}{\partial x}\Big|_{(0,0)}$ 不存在.

因为，$\dfrac{\partial f}{\partial y}\Big|_{(0,0)}$ 是$\dfrac{0}{0}$ 型，因此用偏导数的原定义可得

$$\frac{\partial f}{\partial y}\Big|_{(0,0)}=\lim_{\Delta x\to 0}\frac{f(0,0+\Delta y)-f(0,0)}{\Delta y}=\lim_{\Delta y\to 0}\frac{f(0,0+\Delta y)-0}{\Delta y}$$

$$=\lim_{\Delta y\to 0}\frac{f(0,\Delta y)}{\Delta y}=\lim_{\Delta y\to 0}\frac{\sqrt{(\Delta y)^4}}{\Delta y}$$

$$=\lim_{\Delta y\to 0}\frac{(\Delta y)^2}{\Delta y}=\lim_{\Delta y\to 0}\Delta y=0.$$

因为，偏导数存在，且$\dfrac{\partial f}{\partial y}\Big|_{(0,0)}=0$.

4.**【答案】**(C).

【解析】由 $x=2+\sqrt{4-y^2}$，得$(x-2)^2+y^2=4$，半径为 2，圆心为(2，0).

令$\begin{cases}x=r\cos\theta\\y=r\sin\theta\end{cases}$，由极坐标变换可得$\begin{cases}r\cos\theta=3\\r\cos\theta=2+\sqrt{4-(r\sin\theta)^2}\end{cases}$，即$\dfrac{3}{\cos\theta}\leqslant r\leqslant 4\cos\theta$，

又$-\dfrac{\pi}{6}\leqslant\theta\leqslant\dfrac{\pi}{6}$，故

$$\iint\limits_D f(x,y)\mathrm{d}x\mathrm{d}y=\int_{-\frac{\pi}{6}}^{\frac{\pi}{6}}\mathrm{d}\theta\int_{\frac{3}{\cos\theta}}^{4\cos\theta}f(r\cos\theta,r\sin\theta)r\mathrm{d}r.$$

5.**【答案】**(B).

【解析】根据初等行列变换，左乘进行行变换，右乘进行列变换，则

$$\begin{pmatrix}1&0&0\\1&1&0\\0&0&1\end{pmatrix}\boldsymbol{A}=\boldsymbol{B}\Rightarrow\boldsymbol{PA}=\boldsymbol{B},\quad \boldsymbol{B}\begin{pmatrix}1&1&0\\0&1&0\\0&0&1\end{pmatrix}=\boldsymbol{C}\Rightarrow\boldsymbol{BP}^{\mathrm{T}}=\boldsymbol{C},$$

所以 $\boldsymbol{C}=\boldsymbol{PAP}^{\mathrm{T}}$.

6.**【答案】**(D).

【解析】因为向量的个数大于维数，则向量 $\boldsymbol{\alpha}_1,\boldsymbol{\alpha}_{,}\boldsymbol{\alpha}_3,\boldsymbol{\alpha}_4$ 必然线性相关，$r(\boldsymbol{\alpha}_1,\boldsymbol{\alpha}_2,\boldsymbol{\alpha}_3,\boldsymbol{\alpha}_4)\leqslant 3$.又 $\boldsymbol{\alpha}_1,\boldsymbol{\alpha}_{,}\boldsymbol{\alpha}_3,\boldsymbol{\alpha}_4$ 两两线性无关，故 $r(\boldsymbol{\alpha}_1,\boldsymbol{\alpha}_{,}\boldsymbol{\alpha}_3,\boldsymbol{\alpha}_4)\geqslant 2$，向量组的秩不能确定.

7.**【答案】**(C).

【解析】A，B 两个事件中恰有一个发生，则有两种情况：(1)A 发生，B 不发生；(2)B 发生，A 不发生。故，恰有一个事件发生的概率为：

$$\begin{aligned}P(\overline{A}B\cup A\overline{B})&=P(B-A)+P(A-B)\\&=P(B-AB)+P(A-AB)\\&=P(B)-P(AB)+P(A)-P(AB)\\&=P(A)+P(B)-2P(AB)\\&=\frac{1}{3}.\end{aligned}$$

8.**【答案】**(A).

【解析】因为 $X_1\sim N(0,16)$，则 $\dfrac{X_1^2}{4}\sim\chi^2(1)$，$\dfrac{X_1^2+X_2^2+\cdots+X_6^2}{16}\sim\chi^2(6)$，同理 $\dfrac{2(X_7^2+X_8^2+X_9^2)}{16}\sim\chi^2(3)$，故 $\dfrac{X_1^2+X_2^2+\cdots+X_6^2}{2(X_7^2+X_8^2+X_9^2)}\sim F(6,3)$.

二、填空题：9～14 小题，每小题 4 分，共 24 分.

9.**【答案】**(1,3).

【解析】因为 $f(x)=\dfrac{1}{x(x-3)^2}$ 的定义域为 $x\neq 0$、$x\neq 3$，则

$f'(x)=\dfrac{-[(x-3)^2+2x(x-3)]}{x^2(x-3)^4}>0$，故$(x-3)(3x-3)<0$，即$1<x<3$，

所以 $f(x)$ 的单调递增区间为(1,3).

10.【答案】$\frac{2}{3}$.

【解析】因为 $\int_{-1}^{1} x^2\left(1-\ln\frac{e+x}{e-x}\right)dx=\int_{-1}^{1}x^2dx-\int_{-1}^{1}x^2\ln\frac{e+x}{e-x}dx$，

令 $f(x)=x^2\ln\frac{e+x}{e-x}$，$f(-x)=x^2\ln\frac{e+x}{e-x}=-f(x)$，所以 $f(x)$ 是奇函数.

又因积分区间是对称的，所以 $\int_{-1}^{1}x^2\ln\frac{e+x}{e-x}dx=0$.

故，

$$\begin{aligned}\int_{-1}^{1} x^2\left(1-\ln\frac{e+x}{e-x}\right)dx&=\int_{-1}^{1}x^2dx-\int_{-1}^{1}x^2\ln\frac{e+x}{e-x}dx\\&=\int_{-1}^{1}x^2dx+0\\&=\frac{2}{3}.\end{aligned}$$

11.【答案】$\frac{\pi^2}{2}-\frac{4\pi}{3}$.

【解析】设旋转体的体积为 V_x，由题可知积分区间为[0,1]，故

$V_x=\int_0^1\pi\left[x^2-(1-\sqrt{1-x^2})^2\right]dx=\pi\left[\int_0^1x^2dx-\int_0^1(1-\sqrt{1-x^2})^2dx\right]$

$=\pi\left[\frac{1}{3}-\int_0^1(1-2\sqrt{1-x^2}+(1-x^2))dx\right]$

$=\pi\left[\frac{1}{3}-\int_0^1dx+\int_0^1 2\sqrt{1-x^2}dx-\int_0^1[1-x^2]dx\right]$

$=\pi\left[\frac{1}{3}-1+2\cdot\frac{\pi}{4}-\int_0^1[1-x^2]dx\right]=\pi\left[\frac{1}{3}-1+\frac{\pi}{2}-1+\frac{1}{3}\right]$

$=\frac{\pi^2}{2}-\frac{4\pi}{3}$.

12.【答案】x^3+x^2+x.

【解析】原方程化为 $y'=\frac{1}{x}y+(2x^2+x)$

第一步：求解齐次线性方程可得 $y=Cx$，C 为任意常数.

第二步：设 $y=c(x)$ 为非齐次方程的解，则 $y'=c'(x)x+c(x)$，故

$c'(x)x+c(x)=\frac{1}{x}\cdot c(x)\cdot x+(2x^2+x)$，

即 $c'(x)=2x+1$，

所以 $c(x)=x^2+x+C$，从而非齐次方程为 $y=x^3+x^2+Cx$，

因为 $y=(1)=3$，所以 $3=1+1+C$，故 $C=1$，

则非齐次方程为 $y=x^3+x^2+x$.

13.【答案】$a^4-3a^2b+b^2$.

【解析】观察行列式,按行展开

$$\begin{vmatrix} a & 1 & 0 & 0 \\ b & a & 1 & 0 \\ 0 & b & a & 1 \\ 0 & 0 & b & a \end{vmatrix} = a\begin{vmatrix} a & 1 & 0 \\ b & a & 1 \\ 0 & b & a \end{vmatrix} - \begin{vmatrix} b & 1 & 0 \\ 0 & a & 1 \\ 0 & b & a \end{vmatrix}$$

$$= a^2\begin{vmatrix} a & 1 \\ b & a \end{vmatrix} - a\begin{vmatrix} b & 1 \\ 0 & a \end{vmatrix} - b\begin{vmatrix} a & 1 \\ b & a \end{vmatrix}$$

$$= a^4-3a^2b+b^2$$

14.【答案】0.3.

【解析】设第三个人拿到红球为事件 B,A_1 表示第一个人拿到红球,第二人拿到红球;

A_2 表示第一个人拿到红球,第二人拿到白球;

A_3 表示第一个人拿到白球,第二人拿到红球;

A_4 表示第一个人拿到白球,第二人拿到白球;

则 A_1 发生的概率为 $P(A_1)=\frac{3}{10}\times\frac{2}{9}=\frac{1}{15}$,$A_2$ 发生的概率为 $P(A_2)=\frac{3}{10}\times\frac{7}{9}=\frac{7}{30}$,$A_3$ 发生的概率为 $P(A_3)=\frac{7}{10}\times\frac{3}{9}=\frac{7}{30}$,$A_4$ 发生的概率为 $P(A_4)=\frac{7}{10}\times\frac{6}{9}=\frac{7}{15}$.

所以,

A_1 发生的条件下,事件 B 发生的概率为 $P(B\mid A_1)=\frac{1}{8}$;

A_2 发生的条件下,事件 B 发生的概率为 $P(B\mid A_2)=\frac{2}{8}$;

A_3 发生的条件下,事件 B 发生的概率为 $P(B\mid A_3)=\frac{2}{8}$;

A_4 发生的条件下,事件 B 发生的概率为 $P(B\mid A_4)=\frac{3}{8}$;

由全概率公式可得

$$P(B)=\sum_{i=1}^{4}P(A_i)P(B\mid A_i)$$

$$=P(A_1)P(B\mid A_1)+P(A_2)P(B\mid A_2)+P(A_3)P(B\mid A_3)+P(A_4)P(B\mid A_4)$$

$$=\left(\frac{1}{15}\times\frac{1}{8}\right)+\left(\frac{7}{30}\times\frac{2}{8}\right)+\left(\frac{7}{30}\times\frac{2}{8}\right)+\left(\frac{7}{15}\times\frac{3}{8}\right)$$

$$=\frac{3}{10}=0.3.$$

三、解答题:15～23 小题,共 94 分.解答应写出文字说明、证明过程或演算步骤.

15.**【解析】** $\lim\limits_{x\to0}\dfrac{\int_0^x(e^{\sqrt{1+t}-1}-1)\,dt}{x\ln(1+x)}=\lim\limits_{x\to0}\dfrac{\int_0^x(e^{\sqrt{1+t}-1}-1)\,dt}{x^2}$

$$=\lim_{x\to0}\frac{e^{\sqrt{1+x}-1}-1}{2x}=\lim_{x\to0}\frac{e^{\sqrt{1+x}-1}}{4\sqrt{1+x}}=\frac{1}{4}.$$

16.**【解析】** 等式 $2x-x^2y+3e^y=3$ 两边对 x 求导得

$$2-2xy-x^2y'+3e^yy'=0,$$

$$y'=\frac{2xy-2}{3e^y-x^2},$$

$$y''=\frac{(2y+2xy')(3e^y-x^2)-(2xy-2)(3e^yy'-2x)}{(3e^y-x^2)^2}$$

当 $x=0$ 时,$y=0$,$y'=-\dfrac{2}{3}$,代入上式,得

$$y''(0)=-\frac{4}{9}.$$

17.**【解析】** 曲线 $y=\ln(1+x)$ 在点$(1,\ln2)$ 处的法线方程为

$$y=2+\ln2-2x.$$

法线与 x 轴的交点为$(1+\ln\sqrt{2},0)$,所以 D 的面积为

$$\frac{1}{2}\cdot\ln2\cdot\frac{1}{2}\cdot\ln2+\int_0^1\ln(1+x)\,dx$$

$$=\frac{1}{4}\ln^2 2+[(1+x)\ln(1+x)-x]\Big|_0^1$$

$$=\frac{1}{4}\ln^2 2+2\ln2-1.$$

18.**【解析】** 由 $f(x,y)=x^3+xy^2-3xy$ 得$\dfrac{\partial f}{\partial x}=3x^2+y^2-3y$,$\dfrac{\partial f}{\partial x}=2xy-3x$

令$\begin{cases}\dfrac{\partial f}{\partial x}=0.\\ \dfrac{\partial f}{\partial y}=0\end{cases}$ 得驻点$(0,0)$,$(0,3)$,$\left(\dfrac{\sqrt{3}}{2},\dfrac{3}{2}\right)$,$\left(-\dfrac{\sqrt{3}}{2},\dfrac{3}{2}\right)$.

记 $A=\dfrac{\partial^2 f}{\partial x^2}=6x$, $B==\dfrac{\partial^2 f}{\partial x\partial y}=2y-3$, $C\ \dfrac{\partial^2 f}{\partial y^2}=2x$.

在点$(0,0)$ 处,由于 $AC-B^2=-9<0$,所以$(0,0)$ 不是极值点;

在点$(0,3)$ 处,由于 $AC-B^2=-9<0$,所以$(0,3)$ 不是极值点;

在点$\left(\frac{\sqrt{3}}{2},\frac{3}{2}\right)$处，由于$AC-B^2=9>0$，且$A=3\sqrt{3}>0$，所以函数在$\left(\frac{\sqrt{3}}{2},\frac{3}{2}\right)$处有极小值$f\left(\frac{\sqrt{3}}{2},\frac{3}{2}\right)=-\frac{3\sqrt{3}}{4}$；

在点$\left(-\frac{\sqrt{3}}{2},\frac{3}{2}\right)$处，由于$AC-B^2=9>0$，且$A=-3\sqrt{3}<0$，所以函数在$\left(-\frac{\sqrt{3}}{2},\frac{3}{2}\right)$处有极大值$f\left(-\frac{\sqrt{3}}{2},\frac{3}{2}\right)=\frac{3\sqrt{3}}{4}$.

19.**【解析】** (1)由$f(kx)=f(x)$得

$$f(x)=f\left(\frac{x}{k}\right)=f\left(\frac{x}{k^2}\right)=f\left(\frac{x}{k^3}\right)=\cdots=f\left(\frac{x}{k^n}\right)=\cdots.$$

又$f(x)$在点$x=0$处连续，故$f(x)=\lim\limits_{n\to\infty}f\left(\frac{x}{k^n}\right)=f(0)=4$

(2)$D=\{(x,y)\mid -2\leqslant x\leqslant 2,x^2\leqslant y\leqslant 4\}$，

$$\begin{aligned}\iint_D(x+3\sqrt{y})\,\mathrm{d}x\,\mathrm{d}y&=\int_{-2}^{2}\mathrm{d}x\int_{x^2}^{4}(x+3\sqrt{y})\,\mathrm{d}y\\&=\int_{-2}^{2}(xy+2y^{\frac{3}{2}})\Big|_{x^2}^{4}\mathrm{d}x=\int_{-2}^{2}(16+4x-x^3+2|x|^3)\mathrm{d}x\\&=48.\end{aligned}$$

20.**【解析】** (1)由$\boldsymbol{A}\begin{pmatrix}1\\1\\1\end{pmatrix}=\lambda\begin{pmatrix}1\\1\\1\end{pmatrix}$，即$\begin{cases}b+1=\lambda\\1+a=\lambda\\2=\lambda\end{cases}$，得$a=0,b=1$.

(2)由(1)得，$\boldsymbol{A}=\begin{pmatrix}1&0&1\\0&2&0\\1&0&1\end{pmatrix}$，矩阵$\boldsymbol{A}$的特征多项式为

$$|\lambda\boldsymbol{E}-\boldsymbol{A}|=\begin{vmatrix}\lambda-1&0&1\\0&\lambda-2&0\\-1&0&\lambda-1\end{vmatrix}-(\lambda-2)^2\lambda,$$

则$\boldsymbol{A}$的特征值为$\lambda_1=\lambda_2=2,\lambda_3=0$.

当$\lambda_1=\lambda_2=2$时，由方程$(2\boldsymbol{E}-\boldsymbol{A})x=0$，得属于$\lambda_1=\lambda_2=2$的线性无关的特征向量$\boldsymbol{\alpha}_1=\begin{pmatrix}0\\1\\0\end{pmatrix},\boldsymbol{\alpha}_2=\begin{pmatrix}1\\0\\1\end{pmatrix}$.

当$\lambda_3=0$时，由方程$(0\boldsymbol{E}-\boldsymbol{A})x=0$，得属于$\lambda_3=0$的线性无关的特征向量$\boldsymbol{\alpha}_3=\begin{pmatrix}-1\\0\\1\end{pmatrix}$.

令 $\boldsymbol{P}=(\boldsymbol{\alpha}_1,\boldsymbol{\alpha}_2,\boldsymbol{\alpha}_3)=\begin{pmatrix}0&1&-1\\1&0&0\\0&1&1\end{pmatrix}$，则 $\boldsymbol{P}^{-1}\boldsymbol{AP}=\begin{pmatrix}2&0&0\\0&2&0\\0&0&0\end{pmatrix}$.

21.【解析】 (1) 对方程组(i) 的增广矩阵施以初等行变换

$$\left(\begin{array}{ccc|c}1&2&1&0\\2&3&1&-1\\0&1&1&1\end{array}\right)\to\left(\begin{array}{ccc|c}1&0&-1&-2\\0&1&1&1\\0&0&0&0\end{array}\right).$$

所以方程组(ⅰ)的通解为

$$x=\begin{pmatrix}-2\\1\\0\end{pmatrix}+k\begin{pmatrix}1\\-1\\1\end{pmatrix},k\text{ 为任意常数}.$$

(2) 因为方程组(ⅰ)的解为方程组(ⅱ)的解，所以

$$a(-2+k)+b(1+k)+2k=2.$$

即

$$(-2a+b-2)+k(a-b+2)=0.$$

解得 $a=0,b=2$.

方程组(ⅱ)转化成 $x_2+x_3=1$，通解为 $x=\begin{pmatrix}0\\1\\0\end{pmatrix}+k_1\begin{pmatrix}1\\0\\0\end{pmatrix}+k_2\begin{pmatrix}0\\-1\\0\end{pmatrix}$，$k_1,k_2$ 为任意常数.此时，

方程组(ⅱ)的解 $x_0=\begin{pmatrix}0\\1\\0\end{pmatrix}$ 不是方程组(ⅰ)的解，所以方程组(ⅰ)与方程组(ⅱ)不同解.

22.【解析】 (1) 由 $P\{Y=1\}=0.5$，得 $0.2+b=0.5$，所以 $b=0.3$.

由 $P\{Y=1\mid Y=2\}=0.5$，得 $\dfrac{P\{X=1,Y=2\}}{P\{Y=2\}}=\dfrac{0.1}{0.1+c}=0.5$，所以 $c=0.1$.

再由概率分布的性质，得 $a+b+c+0.4=1$，所以 $a=0.2$.

(2) $P\{X\geqslant Y\}=P\{X=1,Y=1\}+P\{X=2,Y=1\}+P\{X=2,Y=1\}+P\{X=2,Y=1\}=0.6$.

(3) Z 的所有可能取值为 1、2、3、4、6，并且

$$P\{Z=1\}=P\{X=1,Y=1\}=0.2$$
$$P\{Z=2\}=P\{X=1,Y=2\}+P\{X=2,Y=1\}=0.4$$
$$P\{Z=3\}=P\{X=1,Y=3\}=0.2$$
$$P\{Z=4\}=P\{X=2,Y=2\}=0.1$$
$$P\{Z=6\}=P\{X=2,Y=3\}=0.1$$

所以，Z 的概率分布为

Z	1	2	3	4	6
P	0.2	0.4	0.2	0.1	0.1

23.【解析】 (1) 因为随机变量 X 与 Y 相互独立，所以二维随机变量 (X,Y) 服从正方形区域 $\{(x,y) \mid 0 \leqslant x \leqslant 1, 0 \leqslant y \leqslant 1\}$ 上的均匀分布。

设 Z 的分布函数为 $F_Z(z)$，则当 $z<0$ 时，$F_Z(z)=0$；则当 $z \geqslant 1$，$F_Z(z)=1$；则当 $0 \leqslant z<1$ 时，

$$\begin{aligned} F_Z(z) &= P\{Z \leqslant z\} \\ &= P\{-z \leqslant (X-Y) \leqslant z\} \\ &= 1-(1-z)^2. \end{aligned}$$

所以 Z 的分布函数为

$$F_Z(z)=\begin{cases} 0, & z<0 \\ 1-(1-z)^2, & 0 \leqslant z<1 \\ 1, & z \geqslant 1 \end{cases},$$

故 Z 的概率密度为

$$f_Z(z)=\begin{cases} 2(1-z), & 0<z<1 \\ 0, & \text{其他} \end{cases}.$$

(2) $EZ=\int_{-\infty}^{+\infty} z f_Z(z) \mathrm{d} z=2 \int_0^1 z(1-z) \mathrm{d} z=\frac{1}{3}$;

$EZ^2=\int_{-\infty}^{+\infty} z^2 f_Z(z) \mathrm{d} z=2 \int_0^1 z^2(1-z) \mathrm{d} z=\frac{1}{6}$;

故 $DZ=EZ^2-(EZ)^2=\frac{1}{18}$.

2021 年全国硕士研究生招生考试
农学门类联考数学试题

一、选择题：1～10 小题，每小题 5 分，共 50 分. 下列每题给出的四个选项中，只有一个选项是最符合题目要求的.

1. 设 $x \to 0^+$ 时，$\sqrt{x^2+\sqrt{x+\sqrt{x}}}$ 与 x^k 是等价无穷小，则 $k=$（　　）.

A. $\frac{1}{8}$.　　　　B. $\frac{1}{4}$.

C. $\frac{1}{2}$.　　　　D. 1.

2. 设函数 $f(x)$ 连续，且 $\lim\limits_{x\to 0}\frac{f(x)}{x^2}=-2$，则下面结论不正确的是（　　）.

A. $f(0)=0$.　　　　B. $f(0)$ 为 $f(x)$ 的极大值.

C. $f'(0)=0$.　　　　D. $f(0)$ 为 $f(x)$ 的极小值.

3. 设函数 $f(x)$，$g(x)$ 满足 $f'(x)=g'(x)$ $(x\in \mathbf{R})$，则（　　）.

A. $f(x)=g(x)$.　　　　B. $\left[\int f(x)\mathrm{d}x\right]'=\left[\int g(x)\mathrm{d}x\right]'$.

C. $\int f(x)\mathrm{d}x=\int g(x)\mathrm{d}x$.　　　　D. $\int f'(x)\mathrm{d}x=\int g'(x)\mathrm{d}x$.

4. 设 D 是以点 $(1,0)$，$(1,1)$，$(2,0)$ 为顶点的三角形区域，$I_1=\iint\limits_D \ln(x+y)\mathrm{d}x\mathrm{d}y$，$I_2=\iint\limits_D \ln^2(x+y)\mathrm{d}x\mathrm{d}y$，则（　　）.

A. $I_1<I_2<\frac{1}{2}$.　　　　B. $I_2<I_1<\frac{1}{2}$.

C. $\frac{1}{2}<I_1<I_2$.　　　　D. $\frac{1}{2}<I_2<I_1$.

5. 若向量组 $\boldsymbol{\alpha}_1,\boldsymbol{\alpha}_2,\cdots,\boldsymbol{\alpha}_s$ 可由向量组 $\boldsymbol{\beta}_1,\boldsymbol{\beta}_2,\cdots,\boldsymbol{\beta}_s$ 线性表出，则 $\boldsymbol{\alpha}_1,\boldsymbol{\alpha}_2,\cdots,\boldsymbol{\alpha}_s$ 线性无关是 $\boldsymbol{\beta}_1,\boldsymbol{\beta}_2,\cdots,\boldsymbol{\beta}_s$ 线性无关的（　　）.

A. 充分必要条件.　　　　B. 充分不必要条件.

C. 必要不充分条件.　　　　D. 既不充分也不必要条件.

6. 设 A 是可逆矩阵，$\boldsymbol{A}^*$ 是 $\boldsymbol{A}$ 的伴随矩阵. 若 $\boldsymbol{\xi}$ 是 $\boldsymbol{A}$ 的属于特征值 $\boldsymbol{\lambda}$ 的特征向量，则 $\boldsymbol{A}^*$ 的一个特征值和相应的特征向量依次为（　　）.

A. $\frac{|\boldsymbol{A}|}{\boldsymbol{\lambda}}$，$\boldsymbol{\xi}$.　　　　B. $\frac{\boldsymbol{\lambda}}{|\boldsymbol{A}|}$，$\boldsymbol{\xi}$.

C. $\boldsymbol{\lambda}$，$|\boldsymbol{A}|\boldsymbol{\xi}$.　　　　D. $\boldsymbol{\lambda}$，$\frac{1}{|\boldsymbol{A}|}\boldsymbol{\xi}$.

7. 已知矩阵 $\boldsymbol{A}=\begin{pmatrix}1&1&1&1\\3&2&1&-2\\0&-1&-2&-5\end{pmatrix}$，$\boldsymbol{B}=\begin{pmatrix}1&0&-1&-4\\0&1&2&5\\0&0&0&0\end{pmatrix}$. 若可逆矩阵 $\boldsymbol{P}$ 满足 $\boldsymbol{PA}=\boldsymbol{B}$，则

P 可以为(　　).

A. $\begin{pmatrix} -2 & 1 & 0 \\ 3 & 1 & 0 \\ -3 & 1 & -1 \end{pmatrix}$.　　B. $\begin{pmatrix} 1 & 0 & 0 \\ -3 & 1 & 0 \\ -3 & 1 & 1 \end{pmatrix}$.

C. $\begin{pmatrix} 1 & 0 & 1 \\ 0 & 0 & -1 \\ -3 & 1 & -1 \end{pmatrix}$.　　D. $\begin{pmatrix} 1 & 1 & -3 \\ 0 & 1 & -1 \\ 0 & 0 & -1 \end{pmatrix}$.

8. 某校男生的身高近似服从正态分布 $N(172,5^2)$(单位:cm),$\Phi(x)$表示标准正态分布函数.从该校任选 3 位男生,其中至少有 1 位男生的身高超过 167 cm 的概率是(　　).

A. $1-\Phi(1)$.　　B. $2\Phi(1)-1$.

C. $(1-\Phi(1))^3$.　　D. $1-(1-\Phi(1))^3$.

9. 设总体 X 服从参数 $\lambda=1$ 的泊松分布,$X_1,X_2,\cdots,X_n$ 是来自 X 的简单随机样本,且 $E\left[\sum\limits_{i=1}^{n}(X_i-\overline{X})^2\right]=\dfrac{9n}{10}$,$n=$(　　).

A. 5.　　B. 9.

C. 10.　　D. 25.

10. 设随机变量 X 与 Y 相互独立,且 X 的概率密度为 $f(x)=\dfrac{1}{2}e^{-|x|}\ (x\in(-\infty,+\infty))$,$Y\sim B\left(1,\dfrac{1}{2}\right)$,则 $D(XY)=$(　　).

A. $\dfrac{1}{2}$.　　B. 1.

C. $\dfrac{3}{2}$.　　B. 2.

二、填空题:11~16 小题,每小题 5 分,共 30 分.

11. 若 $\lim\limits_{x\to\infty}\left(\dfrac{x+a}{x-1}\right)^{3x-2}=e^9$,则 $a=$________.

12. 已知函数 $f(x)=5x^2-2x$.若 $f'(\xi)=\dfrac{f(1)-f(-1)}{2}$,则 $\xi=$________.

13. $\displaystyle\int_1^9\frac{1+x}{x+\sqrt{x}}dx=$________.

14. 设函数 $z=z(x,y)$ 由方程 $2e^z-3^xy+1=0$ 确定,则 $dz\,|_{(1,1)}=$________.

15. 设 2 维向量 $\boldsymbol{\alpha}_1,\boldsymbol{\alpha}_2,\boldsymbol{\beta}_1,\boldsymbol{\beta}_2$ 满足 $\boldsymbol{\beta}_1=2\boldsymbol{\alpha}_1+\boldsymbol{\alpha}_2,\boldsymbol{\beta}_2=-\boldsymbol{\alpha}_1+\boldsymbol{\alpha}_2$.若行列式 $|\boldsymbol{\beta}_1\boldsymbol{\beta}_2|=2$,则 $|\boldsymbol{\alpha}_1\boldsymbol{\alpha}_2|=$________.

16. 设 A,B 是随机事件.若 $P(A)=\dfrac{1}{3},P(B|A)=\dfrac{1}{2},P(B\overline{A})=\dfrac{1}{12}$,则 $P(A|B)=$________.

三、解答题:17~22 小题,共 70 分.解答应写出文字说明、证明过程或演算步骤.

17. (本题满分 10 分)

设函数 $f(x)$ 连续且满足 $f(x)=4x-\displaystyle\int_1^2 f(x)dx-\int_0^1(1+2x)f(t)dt$,计算

$\int_{-\frac{\pi}{2}}^{\frac{\pi}{2}} f(x)\cos x\,\mathrm{d}x$.

18.（本题满分 12 分）

设函数 $f(u,v)$ 具有 2 阶连续偏导数，且满足

$$f(x+y,xy)=3xye^{x^2y+xy^2}+(x^2-xy+y^2)e^{x+y}+5,$$

求 $f(u,v)$ 及 $\left.\frac{\partial^2 f}{\partial u\partial v}\right|_{2,1}$.

19.（本题满分 12 分）

计算二重积分$\iint\limits_D (x+y+1)^2\,\mathrm{d}x\,\mathrm{d}y$，其中 $D=\{(x,y)\mid x^2+y^2\leqslant 1\}$.

20.（本题满分 12 分）

设连续函数 $f(x)$ 满足$\int_0^1 f(tx)\,\mathrm{d}t=x^2+f(x)-\frac{1}{x}\int_0^x f(t)\,\mathrm{d}t$，且 $f(1)=-2$，求 $f(x)$.

21.（本题满分 12 分）

设矩阵 $\boldsymbol{A}=\begin{pmatrix}2 & 1\\ 3 & a\end{pmatrix}$ 与 $\boldsymbol{B}=\begin{pmatrix}1 & b\\ 2 & 1\end{pmatrix}$ 相似.

(1) 求 a,b 的值；

(2) 求可逆矩阵 $\boldsymbol{P}$，使 $\boldsymbol{B}=\boldsymbol{P}^{-1}\boldsymbol{AP}$.

22.（本题满分 12 分）

将 2 个球依次随机地放入编号为 1,2,3,4 的四个盒子中，X,Y 分别表示 1 号和 2 号盒子中球的个数.

(1)求(X,Y)的联合概率分布；

(2)求 X 与 Y 的相关系数.

2021 年全国硕士研究生招生考试
农学门类联考数学试题参考答案及解析

一、选择题:1 ~10 小题,每小题 5 分,共 50 分. 下列每题给出的四个选项中,只有一个选项是最符合题目要求的.

1.**【答案】**(A).

【解析】 $\lim\limits_{x\to0^+}\dfrac{\sqrt{x^2+\sqrt{x+\sqrt{x}}}}{x^k}=\lim\limits_{x\to0^+}\sqrt{\dfrac{x^2}{x^{2k}}+\sqrt{\dfrac{x}{x^{4k}}+\sqrt{\dfrac{x}{x^{8k}}}}}$.

当 $k\in(1,+\infty)$ 时,$\lim\limits_{x\to0^+}\dfrac{x^2}{x^{2k}}=\infty$,$\lim\limits_{x\to0^+}\dfrac{x}{x^{4k}}=\infty$,$\lim\limits_{x\to0^+}\dfrac{x}{x^{8k}}=\infty$,故原式$=\infty$.

当 $k=1$ 时,$\lim\limits_{x\to0^+}\dfrac{x^2}{x^{2k}}=1$,$\lim\limits_{x\to0^+}\dfrac{x}{x^{4k}}=\infty$,$\lim\limits_{x\to0^+}\dfrac{x}{x^{8k}}=\infty$,故原式$=\infty$.

当 $k\in(\dfrac{1}{4},1)$ 时,$\lim\limits_{x\to0^+}\dfrac{x^2}{x^{2k}}=0$,$\lim\limits_{x\to0^+}\dfrac{x}{x^{4k}}=\infty$,$\lim\limits_{x\to0^+}\dfrac{x}{x^{8k}}=\infty$,故原式$=\infty$.

当 $k=\dfrac{1}{4}$ 时,$\lim\limits_{x\to0^+}\dfrac{x^2}{x^{2k}}=0$,$\lim\limits_{x\to0^+}\dfrac{x}{x^{4k}}=1$,$\lim\limits_{x\to0^+}\dfrac{x}{x^{8k}}=\infty$,故原式$=\infty$.

当 $k\in(\dfrac{1}{8},\dfrac{1}{4})$ 时,$\lim\limits_{x\to0^+}\dfrac{x^2}{x^{2k}}=0$,$\lim\limits_{x\to0^+}\dfrac{x}{x^{4k}}=0$,$\lim\limits_{x\to0^+}\dfrac{x}{x^{8k}}=\infty$,故原式$=\infty$.

当 $k=\dfrac{1}{8}$ 时,$\lim\limits_{x\to0^+}\dfrac{x^2}{x^{2k}}=0$,$\lim\limits_{x\to0^+}\dfrac{x}{x^{4k}}=0$,$\lim\limits_{x\to0^+}\dfrac{x}{x^{8k}}=1$,故原式$=1$.

当 $k<\dfrac{1}{8}$ 时,$\lim\limits_{x\to0^+}\dfrac{x^2}{x^{2k}}=0$,$\lim\limits_{x\to0^+}\dfrac{x}{x^{4k}}=0$,$\lim\limits_{x\to0^+}\dfrac{x}{x^{8k}}=0$,故原式$=0$.

综上所述,当且仅当 $k=\dfrac{1}{8}$ 时,有 $\lim\limits_{x\to0^+}\dfrac{\sqrt{x^2+\sqrt{x+\sqrt{x}}}}{x^k}=1$.

故选(A).

另解　当 $x\to0^+$ 时,$x=o(\sqrt{x})$,则有 $x+\sqrt{x}=\sqrt{x}+o(\sqrt{x})\sim\sqrt{x}$

$\sqrt{x+\sqrt{x}}\sim x^{\frac{1}{4}}$,$x^2+\sqrt{x+\sqrt{x}}=\sqrt{x+\sqrt{x}}+o(x^{\frac{1}{4}})\sim x^{\frac{1}{4}}$

所以　$\sqrt{x^2+\sqrt{x+\sqrt{x}}}\sim x^{\frac{1}{8}}$,故 $k=\dfrac{1}{8}$.

2.**【答案】**(D).

【解析】由题意,当 $x\to0$ 时,$f(x)$ 和x^2 是同阶无穷小,故有 $f(0)=0$,A 正确.

利用导数的定义,得 $f'(0)=\lim\limits_{x\to0}\dfrac{f(x)-f(0)}{x-0}=\lim\limits_{x\to0}\dfrac{f(x)}{x}=\lim\limits_{x\to0}x\cdot\dfrac{f(x)}{x^2}=0$,

故 C 正确。由极限的保号性,$\exists\delta>0$ 使得当 $x\in\mathring{U}(0;\delta)$ 时$\dfrac{f(x)}{x^2}<-1$即 $f(x)<-x^2<$

$0=f(0)$.故 0 是 $f(x)$ 的最大值点.B 正确,D 错误.

故选(D).

3.【答案】(D).

【解析】A 选项错误,因为 $f(x)$ 与 $g(x)$ 之间相差一个常数 K,不能严格取等.

B 选项错误,因为 $[\int f(x)\,dx]'=f(x)$,$[\int g(x)\,dx]'=g(x)$,B 选项等价于 A 选项.

C 选项错误,因为 $\int f(x)\,dx$ 与 $\int g(x)\,dx$ 之间相差一个常数 K_1,不能严格取等.

利用不定积分的定义可知 D 选项正确. 故选(D).

4.【答案】(B).

【解析】设区域 D 的面积为 S_D,则 $S_D=\frac{1}{2}$.

由题意,对于 $\forall(x,y)\in$ 区域 D 有 $1\leqslant x+y\leqslant 2$.

所以对于 $\forall(x,y)\in D$,有 $0\leqslant \ln^2(x+y)<\ln(x+y)\leqslant \ln 2$.

一方面,$I_1=\iint\limits_D \ln(x+y)\,dx\,dy\leqslant \ln 2\times S_D=\frac{\ln 2}{2}<\frac{1}{2}$.

另一方面,$I_2=\iint\limits_D \ln^2(x+y)\,dx\,dy<\iint\limits_D \ln(x+y)\,dx\,dy=I_1$. 故有 $I_2<I_1<\frac{1}{2}$ 成立.

故选(B).

5.【答案】(B).

【解析】由题意,$\boldsymbol{\alpha}_i=a_{i1}\boldsymbol{\beta}_1+a_{i2}\boldsymbol{\beta}_2+\cdots+a_{is}\boldsymbol{\beta}_s$,$i=1,2,\cdots,s$.

将上式代入 $k_1\boldsymbol{\alpha}_1+k_2\boldsymbol{\alpha}_2+\cdots+k_s\boldsymbol{\alpha}_s=\mathbf{0}$ 得 $\sum\limits_{i=1}^{s}(a_{1i},a_{2i},\cdots,a_{si})(k_1,k_2,\cdots,k_s)^{\mathrm{T}}\boldsymbol{\beta}_i=\mathbf{0}$.

当 $\boldsymbol{\alpha}_1,\boldsymbol{\alpha}_2,\cdots,\boldsymbol{\alpha}_s$ 线性无关时,$k_1=k_2=\cdots=k_s=\mathbf{0}$,从而 $\boldsymbol{\beta}_1,\boldsymbol{\beta}_2,\cdots,\boldsymbol{\beta}_s$ 线性无关.

当 $\boldsymbol{\beta}_1,\boldsymbol{\beta}_2,\cdots,\boldsymbol{\beta}_s$ 线性无关时,$(a_{1i},a_{2i},\cdots,a_{si})(k_1,k_2,\cdots,k_s)^{\mathrm{T}}=\mathbf{0}$,$i=1,2,\cdots,s$.

故 $k_1=k_2=\cdots=k_s=\mathbf{0}$ 不一定成立,即 $\boldsymbol{\alpha}_1,\boldsymbol{\alpha}_2,\cdots,\boldsymbol{\alpha}_s$ 不一定线性无关. 故选(B).

6.【答案】(A).

【解析】由伴随矩阵的定义,$\boldsymbol{AA}^*=\boldsymbol{A}^*\boldsymbol{A}=|\boldsymbol{A}|\boldsymbol{E}$.$\boldsymbol{A}$ 可逆,进而有 $\boldsymbol{A}^*=|\boldsymbol{A}|\boldsymbol{A}^{-1}$.

根据题意,$\boldsymbol{\xi}$ 是 $\boldsymbol{A}$ 的属于特征值 $\boldsymbol{\lambda}$ 的特征向量,故 $\boldsymbol{\xi}$ 是 $\boldsymbol{A}^{-1}$ 的属于特征值 $\boldsymbol{\lambda}^{-1}$ 的特征向量.

故有 $\boldsymbol{A}^{-1}\boldsymbol{\xi}=\frac{1}{\boldsymbol{\lambda}}\boldsymbol{\xi}$.等式两边同时乘 $|\boldsymbol{A}|$,得 $|\boldsymbol{A}|\boldsymbol{A}^{-1}\boldsymbol{\xi}=\boldsymbol{A}^*\boldsymbol{\xi}=\frac{|\boldsymbol{A}|}{\boldsymbol{\lambda}}\boldsymbol{\xi}$. 故选(A).

7.【答案】(C).

【解析】由于 $b_{21}=0$,故 $p_{21}a_{11}+p_{22}a_{21}+p_{23}a_{31}=p_{31}+3p_{32}=0$, 排除 A.

由于 $b_{32}=0$,故 $p_{31}a_{12}+p_{32}a_{22}+p_{33}a_{32}=p_{31}+2p_{32}-p_{33}=0$, 排除 B,D.

故选(C).

8.【答案】(D).

【解析】设 X_i =“第 i 位男生的身高不超过 167 cm”,$i=1,2,3$.

$P(X_i\leqslant 167)=P(X_i\leqslant 172-5)=P\left(\frac{X_i-172}{5}\leqslant -1\right)=\Phi(-1)=1-\Phi(1)$,$i=1,2,3$.

$\therefore P$(至少有一位男生身高超过 167 cm)$=1-\prod_{i=1}^{3}P(X_i\leqslant 167)=1-(1-\Phi(1))^3$.

故选(D).

9.【答案】(C).

【解析】样本方差是总体方差的无偏估计,即有 $E\left[\frac{1}{n-1}\sum_{i=1}^{n}(X_i-\bar{X})^2\right]=D(X)$ 成立.

$\therefore E\left[\sum_{i=1}^{n}(X_i-\bar{X})^2\right]=(n-1)D(X)=\frac{9n}{10}$.

此外,由于 $X\sim P(1)$,故有 $D(X)=1$. 代入上式解得 $n=10$. 故选(C).

10.【答案】(B).

【解析】随机变量 X 和 Y 相互独立,从而随机变量X^2 和Y^2 相互独立.

从而有 $E(XY)=E(X)E(Y)$ 且 $E(X^2Y^2)=E(X^2)E(Y^2)$.

利用随机变量方差的定义,并结合上式,得:

$$\begin{aligned}D(XY)&=E[XY-E(XY)]^2\\&=E[X^2Y^2-2XYE(XY)+E^2(XY)]\\&=E[X^2Y^2]-2E^2(XY)+E^2(XY)]\\&=E[X^2]E[Y^2]-E^2(X)E^2(Y).\end{aligned}$$

连续型随机变量 X 的一阶矩 $E[X]=\int_{-\infty}^{\infty}\frac{1}{2}x\mathrm{e}^{-|x|}\mathrm{d}x=0$.

连续型随机变量 X 的二阶矩 $E[X^2]=\int_{-\infty}^{\infty}\frac{1}{2}x^2\mathrm{e}^{-|x|}\mathrm{d}x=\int_0^{\infty}x^2\mathrm{e}^{-x}\mathrm{d}x=2!\ =2$.

此外,对于离散型随机变量 Y,显然有 $E[Y]=E[Y^2]=1/2$.

$\therefore D(XY)=2\times\frac{1}{2}-0\times\frac{1}{4}=1$. 故选(B).

二、填空题:11 ~16 小题,每小题 5 分,共 30 分.

11.【答案】2.

【解析】$\lim\limits_{x\to\infty}\left(\frac{x+a}{x-1}\right)^{3x-2}=\lim\limits_{x\to\infty}\left(1+\frac{1+a}{x-1}\right)^{3x-2}=\lim\limits_{x\to\infty}\left(1+\frac{1+a}{x-1}\right)^{\frac{(x-1)}{(1+a)}\frac{(1+a)}{(x-1)}(3x-2)}$

$=\mathrm{e}^{\lim\limits_{x\to\infty}\frac{(1+a)(3x-2)}{x-1}}=\mathrm{e}^9$.

$\therefore \lim\limits_{x\to\infty}\frac{(1+a)(3x-2)}{x-1}=9$,故 $a=2$.

12.【答案】0.

【解析】$f'(x)=10x-2$,$f'(\xi)=\frac{f(1)-f(-1)}{2}=-2$. 故有 $\xi=0$.

13.【答案】$4+4\ln 2$.

【解析】令 $\sqrt{x}=t$,从而$\int_1^9\frac{1+x}{\sqrt{x}+x}\mathrm{d}x=\int_1^3\frac{1+t^2}{t+t^2}\mathrm{d}(t^2)=2\int_1^3\frac{t+t^3}{t+t^2}\mathrm{d}t$.

由于$\int_1^3 \frac{t+t^3}{t+t^2}dt=\int_1^3\left(\frac{t^3+t^2}{t+t^2}+\frac{-t-t^2}{t+t^2}+\frac{2t+1}{t+t^2}-\frac{1}{t(t+1)}\right)dt$

$=\left(\frac{1}{2}t^2-t+\ln(t+t^2)-\ln t+\ln(t+1)\right)\Big|_1^3$

$=2+2\ln 2.$

$\therefore \int_1^9 \frac{1+x}{\sqrt{x}+x}dx=4+4\ln 2.$

14.【答案】$\frac{3}{2}(\ln 3dx+dy)$.

【解析】对原式作全微分,得 $2e^z dz-3^x dy-\ln 3\times 3^x y dx=0$.

移项,得 $dz=\frac{\ln 3\times 3^x y}{2e^z}dx+\frac{3^x}{2e^z}dy$.

对于 $2e^z-3^x y+1=0$,当 $x=1$ 且 $y=1$ 时有 $z=0$.

代入 $dz=\frac{\ln 3\times 3^x y}{2e^z}dx+\frac{3^x}{2e^z}dy$,得到$dz\mid_{(1,1)}=\frac{3}{2}(\ln 3dx+dy)$.

15.【答案】$\frac{2}{3}$.

【解析】$|\boldsymbol{\beta}_1\boldsymbol{\beta}_2|$

$=|2\boldsymbol{\alpha}_1+\boldsymbol{\alpha}_2-\boldsymbol{\alpha}_1+\boldsymbol{\alpha}_2|$

$=|2\boldsymbol{\alpha}_1-\boldsymbol{\alpha}_1|+|2\boldsymbol{\alpha}_1\boldsymbol{\alpha}_2|+|\boldsymbol{\alpha}_2-\boldsymbol{\alpha}_1|+|\boldsymbol{\alpha}_2\boldsymbol{\alpha}_2|$

$=|2\boldsymbol{\alpha}_1\boldsymbol{\alpha}_2|+|\boldsymbol{\alpha}_2-\boldsymbol{\alpha}_1|$

$=2|\boldsymbol{\alpha}_1\boldsymbol{\alpha}_2|+|\boldsymbol{\alpha}_1\boldsymbol{\alpha}_2|=3|\boldsymbol{\alpha}_1\boldsymbol{\alpha}_2|=2$. 故有$|\boldsymbol{\alpha}_1\boldsymbol{\alpha}_2|=\frac{2}{3}$.

16.【答案】$\frac{2}{3}$.

【解析】根据贝叶斯公式得 $P(A|B)=\frac{P(B|A)P(A)}{P(B|A)P(A)+P(\bar{B}|A)P(A)}$

$=\frac{P(B|A)P(A)}{P(B|A)P(A)+P(\bar{B}A)}$.

代入 $P(A)=\frac{1}{3}$,$P(B|A)=\frac{1}{2}$,$P(\bar{B}A)=\frac{1}{12}$得 $P(A|B)=\frac{2}{3}$.

三、解答题:17 ~22 小题,共 70 分. 解答应写出文字说明、证明过程或演算步骤.

17.【解析】令 $A=\int_0^1 f(x)dx$,$B=\int_1^2 f(x)dx$,则原式为

$$f(x)=4x-B-A(1+2x). \qquad (*)$$

上式两边分别在[0,1] 和[1,2] 上对 x 积分,得

$A=\int_0^1 f(x)dx=4\int_0^1 x dx-B\int_0^1 dx-A\int_0^1(1+2x)dx=2-B-2A$,

$B=\int_1^2 f(x)dx=4\int_1^2 x dx-B\int_1^2 dx-A\int_1^2(1+2x)dx=6-B-4A$.

解得 $A=-1,B=5$,代入(*)式得

$$f(x)=6x-4.$$

故$\int_{-\frac{\pi}{2}}^{\frac{\pi}{2}} f(x)\cos x\,\mathrm{d}x=\int_{-\frac{\pi}{2}}^{\frac{\pi}{2}}(6x-4)\cos x\,\mathrm{d}x=-8\int_{0}^{\frac{\pi}{2}}\cos x\,\mathrm{d}x=-8$.

18.【解析】$f(x+y,xy)=3xy\mathrm{e}^{xy(x+y)}+[(x+y)^2-3xy]\mathrm{e}^{x+y}+5$,得

$$f(u,v)=3v\mathrm{e}^{uv}+(u^2-3v)\mathrm{e}^{u}+5.$$

所以$f_u(u,v)=3v^2\mathrm{e}^{uv}+2u\mathrm{e}^{u}+(u^2-3v)\mathrm{e}^{u}$,

$$f_{uv}(u,v)=6v\mathrm{e}^{uv}+3uv^2\mathrm{e}^{uv}-3\mathrm{e}^{u}.$$

故$f_{uv}(2,1)=6\mathrm{e}^2+6\mathrm{e}^2-3\mathrm{e}^2=9\mathrm{e}^2$.

19.【解析】$I=\iint\limits_{D}(x^2+y^2+1+2xy+2x+2y)\mathrm{d}x\,\mathrm{d}y$

$=\iint\limits_{D}(x^2+y^2)\mathrm{d}x\,\mathrm{d}y+\iint\limits_{D}\mathrm{d}x\,\mathrm{d}y$

$=\int_0^{2\pi}\mathrm{d}\theta\int_0^1 r^3\,\mathrm{d}r+\pi$

$=\dfrac{3\pi}{2}$.

20.【解析】令 $tx=u$,则$\int_0^1 f(tx)\,\mathrm{d}t=\dfrac{1}{x}\int_0^x f(u)\,\mathrm{d}u$.代入原式,有

$\int_0^x f(u)\,\mathrm{d}u=x^3+xf(x)-\int_0^x f(t)\,\mathrm{d}t$.

两边对 x 求导,得

$$f(x)=3x^2+xf'(x),$$

即$f'(x)-\dfrac{1}{x}f(x)=-3x$.

解得

$$f(x)=\mathrm{e}^{\int\frac{1}{x}\mathrm{d}x}\left(\int-3x\mathrm{e}^{\int-\frac{1}{x}\mathrm{d}x}\mathrm{d}x+C\right)=x\left(\int-3x\cdot\frac{1}{x}\mathrm{d}x+C\right)=Cx-3x^2.$$

由 $f(1)=-2$ 得 $C=1$,故 $f(x)=x-3x^2$.

21.【解析】

(1)因为 $\boldsymbol{A}$ 与 $\boldsymbol{B}$ 相似,因此具有相同的迹和行列式,故

$$a+2=2,\ 2a-3=1-2b.$$

解得 $a=0,b=2$.

(2)由(1)得,$\boldsymbol{A}$ 和 $\boldsymbol{B}$ 的特征多项式为

$$|\lambda\boldsymbol{E}-\boldsymbol{A}|=|\lambda\boldsymbol{E}-\boldsymbol{B}|=\lambda^2-2\lambda-3,$$

所以 A 与 B 的特征值为$\lambda_1=-1,\lambda_2=3$.

$\boldsymbol{A}$ 的属于特征值 $\boldsymbol{\lambda}_1$ 的特征向量为 $\begin{pmatrix} 1 \\ -3 \end{pmatrix}$，$\boldsymbol{B}$ 的属于特征值 λ_1 的特征向量为 $\begin{pmatrix} -1 \\ 1 \end{pmatrix}$；

$\boldsymbol{A}$ 的属于特征值 $\boldsymbol{\lambda}_2$ 的特征向量为 $\begin{pmatrix} 1 \\ 1 \end{pmatrix}$，$\boldsymbol{B}$ 的属于特征值 λ_2 的特征向量为 $\begin{pmatrix} 1 \\ 1 \end{pmatrix}$.

令 $\boldsymbol{C}=\begin{pmatrix} 1 & 1 \\ -3 & 1 \end{pmatrix}$，$\boldsymbol{D}=\begin{pmatrix} -1 & 1 \\ 1 & 1 \end{pmatrix}$，则$\boldsymbol{C}^{-1}\boldsymbol{AC}=\boldsymbol{D}^{-1}\boldsymbol{BD}=\begin{pmatrix} -1 & 0 \\ 0 & 3 \end{pmatrix}$.

记 $\boldsymbol{P}=\boldsymbol{CD}^{-1}=\begin{pmatrix} 0 & 1 \\ 2 & -1 \end{pmatrix}$，则 $\boldsymbol{B}=\boldsymbol{P}^{-1}\boldsymbol{AP}$.

22.【解析】

(1) (X,Y) 的联合概率分布为

X \ Y	0	1	2
0	$\frac{1}{4}$	$\frac{1}{4}$	$\frac{1}{16}$
1	$\frac{1}{4}$	$\frac{1}{8}$	0
2	$\frac{1}{16}$	0	0

(2) $EX=EY=1\times\left(\frac{1}{4}+\frac{1}{8}\right)+2\times\frac{1}{16}=\frac{1}{2}$,

$$EX^2=EY^2=1\times\left(\frac{1}{4}+\frac{1}{8}\right)+2^2\times\frac{1}{16}=\frac{5}{8},$$

$DX=DY=\frac{3}{8}$,

$$E(XY)=\frac{1}{8},\mathrm{Cov}(X,Y)=E(XY)-EX\cdot EY=-\frac{1}{8}.$$

故 X 和 Y 的相关系数 $\rho=\frac{\mathrm{Cov}(X,Y)}{\sqrt{DX}\cdot\sqrt{DY}}=-\frac{1}{3}$.

2022 年全国硕士研究生招生考试
农学门类联考数学试题

一、选择题：1～10 小题，每小题 5 分，共 50 分. 下列每题给出的四个选项中，只有一个选项是最符合题目要求的.

1. 已知函数 $f(x)=\begin{cases}(1+e^{\frac{1}{x}})^{-1} & x\neq 0\\ 0, & x=0\end{cases}$，则 $x=0$ 是 $f(x)$ 的(　　).

A. 第二类间断点　　B. 可去间断点

C. 跳跃间断点　　D. 连续点

2. 设函数 $f(x)$ 连续，$F(2x)=\int_0^x (x-t)f(t)\mathrm{d}t$，则 $\mathrm{d}F(x)=$(　　).

A. 0　　B. $(x-t)f(x)\mathrm{d}x$

C. $\int_0^x f(t)\mathrm{d}t$　　D. $\left(\int_0^x f(t)\mathrm{d}t\right)\mathrm{d}x$

3. 设函数 $f(x,y)$ 可微，且 $\mathrm{d}f(x,y)=(ax^2y^2+3y\sin x)\mathrm{d}x+(2x^3y+b\cos x+1)\mathrm{d}y$，则(　　).

A. $a=3,b=-3$　　B. $a=-3,b=3$

C. $a=3,b=2$　　D. $a=2,b=3$

4. 已知区域 $D=\{(x,y)\mid \pi^2\leqslant x^2+y^2\leqslant 4\pi^2\}$，则 $\iint\limits_D \sin\sqrt{x^2+y^2}\,\mathrm{d}x\mathrm{d}y=$(　　).

A. 4π　　B. -4π

C. $6\pi^2$　　D. $-6\pi^2$

5. 行列式 $\begin{vmatrix}0 & a & 0 & 0 & b\\ b & 0 & a & 0 & 0\\ 0 & b & 0 & a & 0\\ 0 & 0 & b & 0 & a\\ a & 0 & 0 & b & 0\end{vmatrix}=$(　　).

A. a^5+b^5　　B. $-a^5+b^5$

C. a^5-b^5　　D. $-a^5-b^5$

6. 设 3 维向量组 $\boldsymbol{\alpha}_1,\boldsymbol{\alpha}_2,\boldsymbol{\alpha}_3$ 的秩为 2，则向量组 $\boldsymbol{\alpha}_1-\boldsymbol{\alpha}_2,\boldsymbol{\alpha}_2-\boldsymbol{\alpha}_3,\boldsymbol{\alpha}_3-\boldsymbol{\alpha}_1$ 的秩是(　　).

A. 0 或 1　　B. 1 或 2

C. 1 或 3　　D. 2 或 3

7. 若线性方程组$\begin{cases}x_1+ax_2=1,\\ x_2-ax_3=1,\\ x_3-ax_4=1,\\ ax_1+x_4=a\end{cases}$有无穷多解,则 $a=$(　　).

A. 1　　B. 0

C. -1　　D. -2

8. 已知随机变量 $X\sim N(1,2)$,则 $E(X^2-2X-1)=$(　　).

A. -1　　B. 0

C. 1　　D. 2

9. 设 $\chi_\alpha^2(n)$表示自由度为 n 的χ^2 分布的是上侧 α 分位数. 设 $X_1,X_2,\cdots,X_{10}$ 是来自 $N(0,1)$ 的简单随机样本,记 $\overline{X}=\frac{1}{10}\sum_{i=1}^{10}X_i$,$S^2=\frac{1}{9}\sum_{i=1}^{10}(X_i-\overline{X})^2$,则(　　).

A. $P\{\chi_{0.95}^2(9)<S^2<\chi_{0.05}^2(9)\}=0.9$　　B. $P\{\chi_{0.95}^2(10)<S^2<\chi_{0.05}^2(10)\}=0.9$

C. $P\{\chi_{0.95}^2(9)<9S^2<\chi_{0.05}^2(9)\}=0.9$　　D. $P\{\chi_{0.95}^2(10)<9S^2<\chi_{0.05}^2(10)\}=0.9$

10. 袋子中有 1 个红球、2 个黄球、2 个白球,从中任取 4 个,以 X 表示取出的红球数,Y 表示取出的黄球数,则 $\mathrm{Cov}(X,Y)=$(　　).

A. $-\frac{1}{5}$　　B. $-\frac{2}{25}$

C. $\frac{1}{25}$　　D. $\frac{1}{10}$

二、填空题:11～16 小题,每小题 5 分,共 30 分.

11. $\lim\limits_{x\to 0}\frac{x\sin x+\cos x-1}{\ln^2(1+x)}=$________.

12. 已知函数 $f(x)=(2x+1)\mathrm{e}^{-x^2}$,则 $f''(0)$________.

13. $\int_1^{+\infty}\frac{1}{x^3}\sin\frac{\pi}{x}\mathrm{d}x=$________.

14. 微分方程 $y'=\frac{(2+x)y}{1+x}$满足条件 $y|_{x=1}=2$ 的解为 $y=$________.

15. 已知矩阵 $\boldsymbol{A}=\begin{pmatrix}1&1&0\\0&1&0\\0&0&1\end{pmatrix}$,则$(\boldsymbol{A}^2+\boldsymbol{A}+\boldsymbol{E})^{-1}$ 的行列式的值为________.

16. 设随机事件 A,B,C 两两独立,$ABC=\varnothing$,且 $P(A)=\frac{1}{3}$,$P(B)=\frac{1}{4}$,$P(A\cup B\cup C)=\frac{7}{12}$,则 $P(C)=$________.

三、解答题:17～22 小题,共 70 分. 解答应写出文字说明、证明过程或演算步骤.

17.(本题满分 10 分)

设函数 $f(x)$在$[0,1]$上连续,在$(0,1)$内可导,$\lim\limits_{x\to 1^-}\frac{f(x)}{x-1}=2$.

(1)求 $f(x)$在 $x=1$ 处的左导数 $f'_-(1)$;

(2)证明:存在 $\xi\in(0,1)$,使得 $f(\xi)+\xi f'(\xi)=0$.

18.(本题满分12分)

设 D 是曲线 $y=\sin\frac{\pi x}{2}$ 与 $y=x^3(x\geqslant 0)$ 围成的平面有界区域,Ω 是 D 绕 x 轴旋转所得旋转体,求 D 的面积与 Ω 的体积.

19.(本题满分12分)

计算 $\int_0^1 \mathrm{d}x\int_{x^2}^1 \frac{xy}{\sqrt{1+y^3}}\mathrm{d}y$.

20.(本题满分12分)

求函数 $f(x,y)=(y+\sin x-2)[1-\ln(y-1)]$ 在区域 $D=\{(x,y)\mid 0<x<\pi,1<y<\pi\}$ 内的极值.

21.(本题满分12分)

设矩阵 $\boldsymbol{A}=\begin{pmatrix}1 & a & -1\\ a & 1 & 0\\ 0 & 1 & a\end{pmatrix}$ 的一个特征值为1.

(1)求 a 的值;

(2)求可逆矩阵 $\boldsymbol{P}$,使 $\boldsymbol{P}^{-1}\boldsymbol{A}\boldsymbol{A}^{\mathrm{T}}\boldsymbol{P}$ 为对角矩阵.

22.(本题满分12分)

设随机变量 X 的概率密度为 $f(x)=\begin{cases}\cos x, & 0<x<\frac{\pi}{2},\\ 0, & \text{其他},\end{cases}$

记 X 的分布函数为 $F(x)$,令 $Y=F(X)$.

(1)求 $F(x)$ 及 DX;

(2)求 Y 的概率密度.

2022 年全国硕士研究生招生考试
农学门类联考数学试题参考答案及解析

一、选择题:1～10 小题,每小题 5 分,共 50 分.下列每题给出的四个选项中,只有一个选项是最符合题目要求的.

1.【答案】(C).

【解析】 $f(x)=\dfrac{1}{1+e^{\frac{1}{x}}}$, $\lim\limits_{x\to0^+}e^{\frac{1}{x}}=+\infty$, $\lim\limits_{x\to0^+}f(x)=0$,

$\lim\limits_{x\to0^-}e^{\frac{1}{x}}=0$, $\lim\limits_{x\to0^-}f(x)=1$

所以,$x=0$ 是跳跃间断点.

2.【答案】(D).

【解析】 $F(x)=\int_0^x(x-t)f(t)\mathrm{d}t=x\int_0^x f(t)\mathrm{d}t-\int_0^x tf(t)\mathrm{d}t$

$F'(x)=(x\int_0^x f(t)\mathrm{d}t-\int_0^x tf(t)\mathrm{d}t)'_x=\int_0^x f(t)\mathrm{d}t+xf(x)+xf(x)=\int_0^x f(t)\mathrm{d}t$

3.【答案】(A).

【解析】 $\mathrm{d}f(x,y)=(ax^2y^2+3y\sin x)\mathrm{d}x+(2x^3y+b\cos x+1)\mathrm{d}y$,知 $f(x,y)$ 可微;

$\dfrac{\partial f}{\partial x}=ax^2y^2+3y\sin x$, $\dfrac{\partial f}{\partial y}=2x^3y+b\cos x+1$

$\dfrac{\partial^2 f}{\partial x\partial y}=(ax^2y^2+3y\sin x)'_y=2ax^2y+3\sin x$

$\dfrac{\partial^2 f}{\partial y\partial x}=(2x^3y+b\cos x+1)'_x=6x^2y-b\sin x$

因$\dfrac{\partial^2 f}{\partial x\partial y}$,$\dfrac{\partial^2 f}{\partial y\partial x}$ 连续,则相等,因此,$a=3$,$b=-3$.

4.【答案】(D).

【解析】 $\iint\limits_D\sin\sqrt{x^2+y^2}\,\mathrm{d}x\mathrm{d}y=\int_0^{2\pi}\mathrm{d}\theta\int_\pi^{2\pi}r\sin r\,\mathrm{d}r$

$$=2\pi(-r\cos r+\sin r)\Big|_\pi^{2\pi}=-6\pi^2$$

5.【答案】(A).

【解析】 行列式展开得 $\begin{vmatrix}0&a&0&0&b\\b&0&a&0&0\\0&b&0&a&0\\0&0&b&0&a\\a&0&0&b&0\end{vmatrix}=-a\begin{vmatrix}b&a&0&0\\0&0&a&0\\0&b&0&a\\a&0&b&0\end{vmatrix}+b\begin{vmatrix}b&0&a&0\\0&b&0&a\\0&0&b&0\\a&0&0&b\end{vmatrix}=$

$$-a\left(b\begin{vmatrix}0&a&0\\b&0&a\\0&b&0\end{vmatrix}-a\begin{vmatrix}0&a&0\\0&0&a\\a&b&0\end{vmatrix}\right)+b\left(b\begin{vmatrix}b&0&a\\0&b&0\\0&0&b\end{vmatrix}+a\begin{vmatrix}0&b&a\\0&0&0\\a&0&b\end{vmatrix}\right)=a^5+b^5$$

6.**【答案】**(B).

【解析】设存在3个实数 a,b,c 使得

$$a(\boldsymbol{\alpha}_1-\boldsymbol{\alpha}_2)+b(\boldsymbol{\alpha}_2-\boldsymbol{\alpha}_3)+c(\boldsymbol{\alpha}_3-\boldsymbol{\alpha}_1)=0$$

成立。

整理上式得:$(a-c)\boldsymbol{\alpha}_1+(b-a)\boldsymbol{\alpha}_2+(c-b)\boldsymbol{\alpha}_3=0$

因向量组 $\boldsymbol{\alpha}_1,\boldsymbol{\alpha}_2,\boldsymbol{\alpha}_3$ 的秩为2,则 $a-c,b-c,c-b$ 中至少有一个不为零.

不妨设 $a-c=k\neq 0$,得

$$k\boldsymbol{\alpha}_1+(b-c-k)\boldsymbol{\alpha}_2+(c-b)\boldsymbol{\alpha}_3=0,$$

整理得:$k(\boldsymbol{\alpha}_1-\boldsymbol{\alpha}_2)+(b-c)(\boldsymbol{\alpha}_2-\boldsymbol{\alpha}_3)+0(\boldsymbol{\alpha}_3-\boldsymbol{\alpha}_1)=0$,因 $k\neq 0$

所以向量组 $\boldsymbol{\alpha}_1-\boldsymbol{\alpha}_2,\boldsymbol{\alpha}_2-\boldsymbol{\alpha}_3,\boldsymbol{\alpha}_3-\boldsymbol{\alpha}_1$ 线性相关,其秩小于3.

7.**【答案】**(C).

【解析】因方程组有无穷多解,则 $a\neq 0$

方程组的增广矩阵,进行行初等变换

$$\begin{pmatrix}1&a&0&0&1\\0&1&-a&0&1\\0&0&1&-a&1\\a&0&0&1&a\end{pmatrix}\sim\begin{pmatrix}1&a&0&0&1\\0&1&-a&0&1\\0&0&1&-a&1\\0&-a^2&0&1&0\end{pmatrix}\sim\begin{pmatrix}1&a&0&0&1\\0&1&-a&0&1\\0&0&1&-a&1\\0&0&-a^3&1&a^2\end{pmatrix}\sim$$

$$\begin{pmatrix}1&a&0&0&1\\0&1&-a&0&1\\0&0&1&-a&1\\0&0&0&-a^4+1&a^2+a^3\end{pmatrix}$$,方程组有无穷多解,所以 $a^4-1=a^3+a^2=0$,得 $a=-1$.

8.**【答案】**(B).

【解析】$E(X)=1,D(X)=2$

$E(X^2-2X-1)=E(X^2)-2E(X)-1=D(X)+(EX)^2-2E(X)-1=0$

9.**【答案】**(C).

【解析】知样本方差 S^2 满足:$\dfrac{(n-1)S^2}{\sigma^2}\sim\chi^2(n-1)$,总体 $X\sim N(0,1)$

而且:$P\left\{\chi^2_{1-\frac{\alpha}{2}}(n-1)<\dfrac{(n-1)S^2}{\sigma^2}<\chi^2_{\frac{\alpha}{2}}(n-1)\right\}=$

$1-\alpha$,当 $\alpha=0.1,n=10$

因此,$P\left\{\chi^2_{0.95}(9)<9S^2<\chi^2_{0.05}(9)\right\}=0.9$

10.**【答案】**(B).

【解析】X 表示取出的红球个数,Y 表示取出的黄球个数,则随机变量 X 可能取值 $X=0$ 和 $X=1$,随机变量 Y 可能取值 $Y=1$ 和 $Y=2$;

则 X,Y 的分布律分别为：

$$X\sim\begin{pmatrix}0 & 1\\ \frac{1}{5} & \frac{4}{5}\end{pmatrix},Y\sim\begin{pmatrix}1 & 2\\ \frac{2}{5} & \frac{3}{5}\end{pmatrix},$$

$$E(X)=\frac{4}{5},E(Y)=\frac{8}{5}$$

XY 的分布律：$XY\sim\begin{pmatrix}0 & 1 & 2\\ \frac{1}{5} & \frac{2}{5} & \frac{2}{5}\end{pmatrix},E(XY)=\frac{6}{5}$

协方差 $\mathrm{Cov}(X,Y)=E(XY)-E(X)E(Y)=-\frac{2}{25}$

二、填空题：11～16 小题，每小题 5 分，共 30 分.

11.**【答案】**$\frac{1}{2}$.

【解析】

$$\lim_{x\to0}\frac{x\sin x+\cos x-1}{\ln^2(1+x)}=\lim_{x\to0}\frac{x\sin x+\cos x-1}{x^2}$$

$$=\lim_{x\to0}\left(\frac{\sin x}{x}-\frac{1-\cos x}{x^2}\right)=1-\frac{1}{2}=\frac{1}{2}$$

12.**【答案】**-2.

【解析】

$$f'(x)=\mathrm{e}^{-x^2}(2-4x^2-2x)$$

$$f''(x)=-2x\mathrm{e}^{-x^2}(2-4x^2-2x)+\mathrm{e}^{-x^2}(-8x-2)$$

$$f''(0)=f''(x)\Big|_{x=0}=-2$$

13.**【答案】**$\frac{1}{\pi}$.

【解析】

$$\int\frac{1}{x^3}\sin\frac{\pi}{x}\mathrm{d}x=\frac{1}{\pi}\int\frac{1}{x}\mathrm{d}\cos\frac{\pi}{x}=\frac{1}{\pi}\left[\frac{1}{x}\cos\frac{\pi}{x}-\int\cos\frac{\pi}{x}\mathrm{d}\frac{1}{x}\right]$$

$$=\frac{1}{\pi}\left[\frac{1}{x}\cos\frac{\pi}{x}+\int\frac{1}{x^2}\cos\frac{\pi}{x}\mathrm{d}x\right]$$

$$=\frac{1}{\pi}\left[\frac{1}{x}\cos\frac{\pi}{x}-\frac{1}{\pi}\sin\frac{\pi}{x}\right]+C$$

所以，$\displaystyle\int_1^{+\infty}\frac{1}{x^3}\sin\frac{\pi}{x}\mathrm{d}x=\lim_{b\to+\infty}\left[\frac{1}{\pi}\left(\frac{1}{x}\cos\frac{\pi}{x}-\frac{1}{\pi}\sin\frac{\pi}{x}\right)\right]\Bigg|_1^b=\frac{1}{\pi}$

14.【答案】$(1+x)e^{x-1}$.

【解析】由方程 $y'=\dfrac{(2+x)y}{1+x}$ 得 $\dfrac{dy}{dx}=\dfrac{(2+x)y}{(1+x)}$,

分离变量得:$\dfrac{dy}{y}=\dfrac{(2+x)}{(1+x)}dx$，积分得:$\int\dfrac{dy}{y}=\int\dfrac{(2+x)}{(1+x)}dx$

得：$y=C[(1+x)e^x]$,由 $y|_{x=1}=2$ 得,$C=\dfrac{1}{e}$，$y=(1+x)e^{x-1}$

15.【答案】$\dfrac{1}{27}$.

【解析】矩阵 $\boldsymbol{A}$ 可逆，$\boldsymbol{A}^{-1}=\dfrac{1}{|\boldsymbol{A}|}\boldsymbol{A}^*$,$\boldsymbol{A}^2=\begin{pmatrix}1&2&0\\0&1&0\\0&0&1\end{pmatrix}$

得 $\boldsymbol{A}^2+\boldsymbol{A}+\boldsymbol{E}=\begin{pmatrix}3&3&0\\0&3&0\\0&0&3\end{pmatrix}=27\boldsymbol{A}$

所以 $|\boldsymbol{A}^2+\boldsymbol{A}+\boldsymbol{E})^{-1}|=|(27\boldsymbol{A})^{-1}|=\dfrac{1}{27}|\boldsymbol{A}^{-1}|=\dfrac{1}{27}$

16.【答案】$\dfrac{1}{5}$.

【解析】$ABC=\phi$，则 $P(ABC)=0$

$P(A\cup B\cup C)=P(A)+P(B)+P(C)-P(AB)-P(BC)-P(AC)+P(ABC)=$
$P(A)+P(B)+P(C)-P(A)P(B)-P(B)P(C)-P(A)P(C)$

由 $P(A)=\dfrac{1}{3}$,$P(B)=\dfrac{1}{4}$,$P(A\cup B\cup C)=\dfrac{7}{12}$,得 $P(C)=\dfrac{1}{5}$

三、解答题:17～22 小题,共 70 分.解答应写出文字说明、证明过程或演算步骤.

17.【解析】

(1) 由 $\lim\limits_{x\to1^-}\dfrac{f(x)}{x-1}=2$,得 $\lim\limits_{x\to1^-}f(x)=0$.

又 $f(x)$ 在 $x=1$ 处左连续,故 $f(1)=0$.

$f'_-(1)=\lim\limits_{x\to1^-}\dfrac{f(x)}{x-1}=\lim\limits_{x\to1^-}\dfrac{f(x)}{x-1}=2$.

(2) 令 $g(x)=xf(x)$.

由题意知,$g(x)$ 在$[0,1]$上连续,在$(0,1)$内可导,且 $g(0)=g(1)=0$,由罗尔中值定理知:存在 $\xi\in(0,1)$ 使得 $g'(\xi)=0$,即 $f(\xi)+\xi f'(\xi)=0$.

18.【解析】

两条曲线的交点为$(0,0)$,$(1,1)$. 区域 D 的面积为

$$S=\int_0^1\left(\sin\frac{\pi x}{2}-x^3\right)dx=\left(-\frac{2}{\pi}\cos\frac{\pi x}{2}-\frac{x^4}{4}\right)\Bigg|_0^1$$

$$=\frac{2}{\pi}-\frac{1}{4}$$

Ω 的体积为

$$V=\pi\int_0^1 \sin^2\frac{\pi x}{2}\mathrm{d}x-\pi\int_0^1 x^6\mathrm{d}x=$$

$$\frac{\pi}{2}\left(x-\frac{1}{\pi}-\sin\pi x\right)\Big|_0^1-\frac{\pi}{7}=\frac{5\pi}{14}$$

19.【解析】

$$\int_0^1\mathrm{d}x\int_{x^2}^1\frac{xy}{\sqrt{1+y^3}}\mathrm{d}y=\int_0^1\mathrm{d}y\int_0^{\sqrt{y}}\frac{xy}{\sqrt{1+y^3}}\mathrm{d}x=\frac{1}{2}\int_0^1\frac{y^2}{\sqrt{1+y^3}}\mathrm{d}y=\frac{1}{3}\sqrt{1+y^3}\Big|_0^1$$

$$=\frac{1}{3}(\sqrt{2}-1)$$

20.【解析】

由 $f(x,y)=(y+\sin x-2)[1-\ln(y-1)]$ 得

$$f_x(x,y)=[1-\ln(y-1)]\cos x$$

$$f_y(x,y)=[1-\ln(y-1)]-\frac{y+\sin x-2}{y-1}$$

令 $f_x(x,y)=0,f_y(x,y)=0$,得 D 内唯一驻点 $\left(\frac{\pi}{2},2\right)$

$f_{xx}(x,y)=-[1-\ln(y-1)]\sin x$, $f_{xy}(x,y)=-\frac{\cos x}{y-1}$

$f_{yy}(x,y)=\frac{-1}{y-1}+\frac{\sin x-1}{(y-1)^2}$

在点 $\left(\frac{\pi}{2},2\right)$ 处,$A=f_{xx}\left(\frac{\pi}{2},2\right)=-1$, $B=f_{xy}\left(\frac{\pi}{2},2\right)=0$, $C=f_{yy}\left(\frac{\pi}{2},2\right)=-1$, 因为 $AC-B^2>0$, $A<0$, 所以 $f(x,y)$ 在点 $\left(\frac{\pi}{2},2\right)$ 处取极大值,且极大值为 $f\left(\frac{\pi}{2},2\right)=1$.

21.【解析】

(1) 因为 1 是 $\boldsymbol{A}$ 的特征值,所以 $|\boldsymbol{E}-\boldsymbol{A}|=a(a^2-a+1)=0$

解得 $a=0$.

(2) 由于 $\boldsymbol{A}\boldsymbol{A}^{\mathrm{T}}=\begin{pmatrix}2&0&0\\0&1&1\\0&1&1\end{pmatrix}$, $|\lambda\boldsymbol{E}-\boldsymbol{A}\boldsymbol{A}^{\mathrm{T}}|=\lambda(\lambda-2)^2$,解得 $\boldsymbol{A}\boldsymbol{A}^{\mathrm{T}}$ 的特征值 $\lambda_1=\lambda_2=2$, $\lambda_3=0$

当 $\lambda_1=\lambda_2=2$ 时,解方程组 $(2\boldsymbol{E}-\boldsymbol{A}\boldsymbol{A}^{\mathrm{T}})\boldsymbol{x}=\boldsymbol{0}$,得 $\boldsymbol{A}\boldsymbol{A}^{\mathrm{T}}$ 的两个线性无关特征向量 $\begin{pmatrix}1\\0\\0\end{pmatrix}$, $\begin{pmatrix}0\\1\\1\end{pmatrix}$;

当 $\lambda_3=0$ 时,解方程组 $(0E-\boldsymbol{A}\boldsymbol{A}^{\mathrm{T}})\boldsymbol{x}=\boldsymbol{0}$,得 $\boldsymbol{A}\boldsymbol{A}^{\mathrm{T}}$ 的特征向量 $\begin{pmatrix}0\\-1\\1\end{pmatrix}$.

令 $\boldsymbol{P}=\begin{pmatrix}1&0&0\\0&1&-1\\0&1&1\end{pmatrix}$，则 $\boldsymbol{P}^{-1}\boldsymbol{A}\boldsymbol{A}^{\mathrm{T}}\boldsymbol{P}=\begin{pmatrix}2&0&0\\0&2&0\\0&0&0\end{pmatrix}$.

22.【解析】

(1) 当 $x<0$ 时，分布函数 $F(x)=0$；当 $x\geqslant\frac{\pi}{2}$ 时，$F(x)=1$；

当 $0\leqslant x<\frac{\pi}{2}$，$F(x)=P\{X\leqslant x\}=\int_0^x\cos u\,\mathrm{d}u=\sin x$，因此，$X$ 的分布函数

$$F(x)=\begin{cases}0, & x<0\\ \sin x, & 0\leqslant x<\dfrac{\pi}{2},\\ 1, & x\geqslant\dfrac{\pi}{2}\end{cases}$$

又 $E(X)=\int_0^{\frac{\pi}{2}}x\cos x\,\mathrm{d}x=\frac{\pi}{2}-1$，$E(X^2)=\int_0^{\frac{\pi}{2}}x^2\cos x\,\mathrm{d}x=\frac{\pi^2}{4}-2$.

故 $D(X)=E(X^2)-(E(X))^2=\pi-3$.

(2) 记 Y 的分布函数为 $G(y)$，

当 $y<0$ 时，$G(y)=0$，当 $y\geqslant 1$ 时，$G(y)=1$；

当 $0\leqslant y<1$ 时，

$G(y)=P\{\sin X\leqslant y\}=P\{X\leqslant\arcsin y\}=\int_0^{\arcsin y}\cos u\,\mathrm{d}u=\sin x=y$.

因此，Y 的分布函数为

$$G(y)=\begin{cases}0, & y<0,\\ y, & 0\leqslant y<1,\\ 1, & y\geqslant 1,\end{cases}$$

故 Y 的密度函数 $g(y)=\begin{cases}1, & 0<y<1,\\ 0, & \text{其他}.\end{cases}$

2023 年全国硕士研究生招生考试
农学门类联考数学试题

一、选择题：1～10 小题，每小题 5 分，共 50 分. 下列每题给出的四个选项中，只有一个选项是最符合题目要求的.

1. 已知函数 $f(x)=\cos^2\left(\cos^2\dfrac{x}{2}\right)$，则 $f'\left(\dfrac{\pi}{2}\right)=$（　　）.

A. $-\dfrac{1}{2}\sin 1$　　B. $-\cos\dfrac{1}{2}$

C. $\dfrac{1}{2}\sin 1$　　D. $\cos\dfrac{1}{2}$

2. 若 $\lim\limits_{x\to 0}\dfrac{x-\sin x}{x^3}=\int_0^{+\infty}e^{-\lambda x}dx$，则 $\lambda=$（　　）.

A. 6　　B. 3

C. $\dfrac{1}{3}$　　D. $\dfrac{1}{6}$

3. 设函数 $f(x)$ 在 $[-1,1]$ 上可导，且 $f(0)=0$，$|f'(x)|\leqslant 1$，则（　　）.

A. $1\leqslant\int_{-1}^{1}f^2(x)dx\leqslant\int_{-1}^{1}|f(x)|dx$　　B. $\int_{-1}^{1}f^2(x)dx\leqslant\int_{-1}^{1}|f(x)|dx\leqslant 1$

C. $1\leqslant\int_{-1}^{1}|f(x)|dx\leqslant\int_{-1}^{1}f^2(x)dx$　　D. $\int_{-1}^{1}|f(x)|dx\leqslant\int_{-1}^{1}f^2(x)dx\leqslant 1$

4. 已知函数 $f(x,y)=\begin{cases}\dfrac{\sin(xy)}{x^2+y^2}, & (x,y)\neq(0,0),\\ 0, & (x,y)=(0,0),\end{cases}$ 则 $f(x,y)$ 在点 $(0,0)$ 处（　　）.

A. 连续，偏导数不存在　　B. 不连续，偏导数不存在

C. 连续，偏导数存在　　D. 不连续，偏导数存在

5. 设 $\boldsymbol{A}$ 为 $m\times n$ 矩阵，则非齐次线性方程组 $\boldsymbol{Ax}=\boldsymbol{b}$ 有解的一个充分条件为（　　）.

A. $r(\boldsymbol{A})=m$　　B. $r(\boldsymbol{A})=n$

C. $r(\boldsymbol{A},\boldsymbol{b})=m$　　D. $r(\boldsymbol{A},\boldsymbol{b})=n$

6. 已知矩阵 $\boldsymbol{A}=\begin{pmatrix}1&1&1\\1&1&1\\1&1&1\end{pmatrix}$，$\boldsymbol{B}=\begin{pmatrix}0&0&1\\0&0&2\\0&0&3\end{pmatrix}$，则（　　）.

A. $\boldsymbol{A}$ 与 $\boldsymbol{B}$ 等价，$\boldsymbol{AB}\neq\boldsymbol{BA}$　　B. $\boldsymbol{A}$ 与 $\boldsymbol{B}$ 等价，$\boldsymbol{AB}=\boldsymbol{BA}$

C. $\boldsymbol{A}$ 与 $\boldsymbol{B}$ 不等价，$\boldsymbol{AB}=\boldsymbol{BA}$　　D. $\boldsymbol{A}$ 与 $\boldsymbol{B}$ 不等价，$\boldsymbol{AB}\neq\boldsymbol{BA}$

7. 若矩阵$\begin{pmatrix}2 & 4 & -4\\ a & -3 & 2\\ 0 & 0 & b\end{pmatrix}$相似于矩阵$\begin{pmatrix}1 & 0 & 0\\ 0 & 2 & 0\\ 0 & 0 & -2\end{pmatrix}$,则(　　).

A. $a=1,b=2$　　B. $a=-1,b=-2$

C. $a=1,b=-2$　　D. $a=-1,b=2$

8. 设A,B为两个随机事件,且$A\subset B$,$P(A)=\frac{1}{6}$,$P(B-A)=\frac{1}{3}$,则$P(A|B)=$(　　).

A. $\frac{1}{2}$　　B. $\frac{1}{3}$

C. $\frac{1}{4}$　　D. $\frac{1}{5}$

9. 设随机变量X的概率密度为$f(x)=\begin{cases}a(1-x^2), & -1<x<1,\\ 0, & 其他,\end{cases}$则$P\left\{|X|<\frac{1}{2}\right\}=$(　　).

A. $\frac{1}{2}$　　B. $\frac{5}{8}$

C. $\frac{11}{16}$　　D. $\frac{13}{16}$

10. 设X_1,X_2,X_3,X_4为来自总体$N(0,1)$的简单随机样本,则(　　).

A. $\frac{(X_1-X_2)^2}{X_1^2+X_2^2}\sim F(1,2)$　　B. $\frac{(X_1-X_2)^2}{X_3^2+X_4^2}\sim F(1,2)$

C. $(X_1-X_2)^2+(X_3-X_4)^2\sim\chi^2(2)$　　D. $(X_1+X_2)^2+(X_3+X_4)^2\sim\chi^2(2)$

二、填空题:11～16小题,每小题5分,共30分.

11. 设可导函数$f(x)$在$x=1$处取得极值2,则$\lim\limits_{x\to 1}\frac{f(x)-2+\ln^2 x}{x-1}=$________.

12. 设平面有界区域D由曲线$y=x^2$与$x=y^3$围成,则D绕y轴旋转所得旋转体的体积为________.

13. 曲线$y=\frac{x-x^2}{3-3x+x^2}\cos\frac{2}{x}$的渐近线方程为________.

14. 已知函数$f(x,y)=\ln(\sec 3x+\tan 2y)$,则$\mathrm{d}f\big|_{(\frac{\pi}{9},\frac{\pi}{8})}=$________.

15. $\begin{vmatrix}1 & 1 & 1 & 1\\ 1 & 2 & 0 & 0\\ 1 & 0 & 3 & 0\\ 1 & 0 & 0 & 4\end{vmatrix}=$________.

16. 某网站在时间间隔$(0,t]$(单位:min)内收到的访问次数服从参数为t的泊松分布,则收到第一个访问的等待时间大于1 min的概率为________.

三、解答题:17～22 小题,共 70 分.解答应写出文字说明、证明过程或演算步骤.

17.(本题满分 10 分)

已知函数 $f(x)=\begin{cases}\cos\left(\dfrac{\pi}{2}x\right), & 0\leqslant x\leqslant 1,\\ 0, & \text{其他}.\end{cases}$ 记 $F(x)=\int_0^x f(t)\mathrm{d}t$,求 $F(x)$ 的表达式.

18.(本题满分 12 分)

设函数 $f(x)$ 在 $[0,+\infty)$ 上连续,$f(1)=5$,且 $\int_0^1 f(xt)\,\mathrm{d}t=\dfrac{1}{2}f(x)-3x^4$.

(1)求 $f(x)$ 的表达式;

(2)求 $f(x)$ 的极值,并判断曲线 $y=f(x)$ 的凹凸性.

19.(本题满分 12 分)

已知函数 $f(x,y)=x^2\int_0^{\frac{y}{x}}\mathrm{e}^{-t^2}\mathrm{d}t$,求 $\left.\dfrac{\partial^2 f}{\partial x\partial y}\right|_{(1,1)}$.

20.(本题满分 12 分)

设平面区域 $D=\{(x,y)\mid 1\leqslant x^2+y^2\leqslant 4, 0\leqslant y\leqslant x\}$,计算 $\iint\limits_D\left(1+\arctan\dfrac{y}{x}\right)\mathrm{d}x\mathrm{d}y$.

21.(本题满分 12 分)

求向量组 $\boldsymbol{\alpha}_1=\begin{pmatrix}1\\1\\1\\1\end{pmatrix},\boldsymbol{\alpha}_2=\begin{pmatrix}-1\\-3\\1\\7\end{pmatrix},\boldsymbol{\alpha}_3=\begin{pmatrix}-2\\-5\\a\\10\end{pmatrix},\boldsymbol{\alpha}_4=\begin{pmatrix}3\\2\\4\\7\end{pmatrix}$ 的秩与一个极大线性无关组,并用所求极大线性无关组线性表示其余向量.

22.(本题满分 12 分)

设二维随机变量 (X,Y) 的概率密度为

$$f(x,y)=\begin{cases}\dfrac{1}{4}\mathrm{e}^{-|x|}, & -\infty<x<+\infty,-1<y<1,\\ 0, & \text{其他}.\end{cases}$$

令 $Z=|X|+|Y|$.

(1) X 与 Y 是否相互独立?

(2)求 Z 的概率密度;

(3)求 Z 的数学期望和方差.

2023 年全国硕士研究生招生考试
农学门类联考数学试题参考答案及解析

一、选择题:1～10 小题,每小题 5 分,共 50 分. 下列每题给出的四个选项中,只有一个选项是最符合题目要求的.

1.【答案】(C).

【解析】 $f'(x)=2\cos\left(\cos^2\frac{x}{2}\right)\left(-\sin\left(\cos^2\frac{x}{2}\right)\right)2\cos\frac{x}{2}\left(-\sin\frac{x}{2}\right)\frac{1}{2}$

$=-\sin\left(2\cos^2\frac{x}{2}\right)(-\sin x)\frac{1}{2}$

$=\sin\left(2\cos^2\frac{x}{2}\right)(\sin x)\frac{1}{2}$

$f'\left(\frac{\pi}{2}\right)=f'(x)\Big|_{x=\frac{\pi}{2}}=\frac{1}{2}\sin 1$,故选(C).

2.【答案】(A).

【解析】 $\lim\limits_{x\to 0}\frac{x-\sin x}{x^3}=\lim\limits_{x\to 0}\frac{1-\cos x}{3x^2}=\frac{1}{3}\cdot\frac{1}{2}=\frac{1}{6}$

而 $\int_0^{+\infty}e^{-\lambda x}dx=-\frac{1}{\lambda}e^{-\lambda x}\Big|_0^{+\infty}=\frac{1}{\lambda}$.

由 $\lim\limits_{x\to 0}\frac{x-\sin x}{x^3}=\int_0^{+\infty}e^{-\lambda x}dx$ 得 $\lambda=6$,故选(A).

3.【答案】(B).

【解析】$\forall x\in[-1,1]$,$x\neq 0$,$f(x)$ 在以 0 和 x 为段端点的区间上应用拉格朗日中值定理有:$f(x)-f(0)=f'(\xi)x$,ξ 在 0 与 x 之间.

因 $f(0)=0$,得 $f(x)=f'(\xi)x$,因 $|f'(x)|\leqslant 1$,

得 $|f(x)|=|f'(\xi)x|\leqslant|x|\leqslant 1$,$\forall x\in[-1,1]$

因此 $f^2(x)\leqslant|f(x)|$

得 $\int_{-1}^{1}f^2(x)dx\leqslant\int_{-1}^{1}|f(x)|dx\leqslant\int_{-1}^{1}|x|=2\int_0^1 x\,dx=1$

故选(B).

4.【答案】(D).

【解析】考虑 $f(x,y)$ 沿直线 $y=kx$ 趋于原点时的极限

$\lim\limits_{\substack{x\to 0\\ y=kx}}f(x,y)=\lim\limits_{\substack{x\to 0\\ y=kx}}\frac{\sin kx^2}{x^2+kx^2}=\lim\limits_{\substack{x\to 0\\ y=kx}}\left(\frac{\sin kx^2}{kx^2}\cdot\frac{kx^2}{x^2+k^2x^2}\right)\frac{k}{1+k^2}$,随 k 值而变化,

因此，$f(x,y)$ 在原点极限不存在，不连续.

原点的偏导数：

$$f_x(0,0)=\lim_{\Delta x\to 0}\frac{f(0+\Delta x,0)-f(0,0)}{\Delta x}=\lim_{\Delta x\to 0}0=0$$

$$f_y(0,0)=\lim_{\Delta x\to 0}\frac{f(0,0+\Delta y)-f(0,0)}{\Delta y}=\lim_{\Delta x\to 0}0=0$$

$f(x,y)$ 在原点的偏导数存在. 故选(D).

5.【答案】(A).

【解析】矩阵 $\boldsymbol{A}$ 的秩满足：$r(\boldsymbol{A})\leqslant\min\{m,n\}$. 当 $r(\boldsymbol{A})=m$，方程未知量的个数 $n\leqslant m$，方程组有解. 故选(A).

6.【答案】(A).

【解析】$\boldsymbol{A}=\begin{pmatrix}1&1&1\\1&1&1\\1&1&1\end{pmatrix}\xrightarrow[r_2-r_3]{r_1-r_3}\begin{pmatrix}0&0&1\\0&0&1\\0&0&1\end{pmatrix}\xrightarrow[3\times r_3]{2\times r_2}\begin{pmatrix}0&0&1\\0&0&2\\0&0&3\end{pmatrix}=\boldsymbol{B}$，因此，矩阵 $\boldsymbol{A}$ 与矩阵 $\boldsymbol{B}$ 等价. 明显 $\boldsymbol{AB}\neq\boldsymbol{BA}$. 故选(A).

7.【答案】(D).

【解析】设 $\boldsymbol{A}=\begin{pmatrix}2&4&-4\\a&-3&2\\0&0&b\end{pmatrix}$，$\boldsymbol{B}=\begin{pmatrix}1&0&0\\0&2&0\\0&0&-2\end{pmatrix}$

由矩阵 $\boldsymbol{A}$ 与 $\boldsymbol{B}$ 相似得：$tr(\boldsymbol{A})=tr(\boldsymbol{B})$，$|\boldsymbol{A}|=|\boldsymbol{B}|$，有 $b=2$，$a=-1$.

故选(D).

8.【答案】(B).

【解析】$A\subset B$，则 $A\cap B=A$，$P(AB)=P(A)$.

$$P(B-A)=P(B)-P(A),P(B)=P(A)+P(B-A)=\frac{1}{6}+\frac{1}{3}=\frac{1}{2}$$

$$P(A\mid B)=\frac{P(A\cap B)}{P(B)}=\frac{P(A)}{P(B)}=\frac{1}{3}$$

故选(B).

9.【答案】(C).

【解析】由 $\int_{-\infty}^{+\infty}f(x)=1$ 得 $\int_{-1}^{1}a(1-x^2)=1$，$a=\frac{3}{4}$

$$P\left(|X|<\frac{1}{2}\right)=\int_{-\frac{1}{2}}^{\frac{1}{2}}a(1-x^2)\mathrm{d}x=\int_{-\frac{1}{2}}^{\frac{1}{2}}\frac{3}{4}(1-x^2)\mathrm{d}x=\frac{11}{16}$$

故选(C).

10.【答案】(B).

【解析】由 $X_i \sim N(0,1)$ 知：$X_i^2 \sim \chi(1),(i=1,2,3,4)$，$X_3^2+X_4^2 \sim \chi(2)$.

有 $X_1-X_2 \sim N(0,2)$，$\dfrac{X_1-X_2}{\sqrt{2}} \sim N(0,1)\left(\dfrac{X_1-X_2}{\sqrt{2}}\right)^2 \sim \chi^2(1)$.

又 X_1,X_2,X_3,X_4 相互独立.

因此：$\dfrac{\left(\dfrac{X_1-X_2}{\sqrt{2}}\right)^2}{\dfrac{X_3^2+X_4^2}{2}} \sim F(1,2)$，故选(B).

二、填空题：11～16 小题，每小题 5 分，共 30 分.

11.【答案】0.

【解析】知 $f(x)$ 在 $x=1$ 处可导且取极值 2，因此 $f'(1)=0,f(1)=2$.

$$\lim_{x\to1}\frac{f(x)-2+\ln^2 x}{x-1}=\lim_{x\to1}\left(\frac{f(x)-2}{x-2}+\frac{\ln^2 x}{x-1}\right)=f'(1)+\lim_{x\to1}\frac{2\ln x\cdot\frac{1}{x}}{1}=\lim_{x\to1}\frac{2\ln x}{x}=0$$

12.【答案】$\dfrac{5\pi}{14}$.

【解析】平面区域 $\begin{cases}0\leqslant y\leqslant 1\\ y^3\leqslant x\leqslant\sqrt{y}\end{cases}$ 绕 y 轴旋转所得旋转体的体积：

$$V_y=\pi\int_0^1[(\sqrt{y})^2-(y^3)^2]\mathrm{d}y=\pi\int_0^1(y-y^6)\mathrm{d}y=\frac{5\pi}{14}$$

13.【答案】$y=-1$.

【解析】$\lim\limits_{x\to\infty}\dfrac{x-x^2}{x^2-3x+3}\cos\dfrac{2}{x}=\lim\limits_{x\to\infty}\dfrac{x-x^2}{x^2-3x+3}\cdot\lim\limits_{x\to\infty}\cos\dfrac{2}{x}=-1$

所以 $y=-1$ 为水平渐近线.

14.【答案】$2\sqrt{3}\,\mathrm{d}x+\dfrac{4}{3}\mathrm{d}y$.

【解析】$f_x(x,y)=\dfrac{1}{\sec 3x+\tan 2y}\cdot\dfrac{3\sin 3x}{\cos^2 3x}$

$$f_y(x,y)=\frac{1}{\sec 3x+\tan 2y}\cdot\frac{2}{\cos^2 2y}$$

$$f_x\left(\frac{\pi}{9},\frac{\pi}{8}\right)=f_x(x,y)\Big|_{(\frac{\pi}{9},\frac{\pi}{8})}=2\sqrt{3},f_y\left(\frac{\pi}{9},\frac{\pi}{8}\right)=f_y(x,y)\Big|_{(x=\frac{\pi}{9},y=\frac{\pi}{8})}=\frac{4}{3}$$

$$\mathrm{d}f\Big|_{(x=\frac{\pi}{9},y=\frac{\pi}{8})}=2\sqrt{3}\,\mathrm{d}x+\frac{4}{3}\mathrm{d}y$$

15.【答案】-2.

【解析】$\begin{vmatrix}1&1&1&1\\1&2&0&0\\1&0&3&0\\1&0&0&4\end{vmatrix}=(-1)^{4+1}\begin{vmatrix}1&1&1\\2&0&0\\0&3&0\end{vmatrix}+(-1)^{4+4}4\begin{vmatrix}1&1&1\\1&2&0\\1&0&3\end{vmatrix}=-2.$

16.【答案】$\frac{1}{\mathrm{e}}$.

【解析】设在时间间隔$(0,t]$内收到的访问次数为X,则随机变量X服从参数为t的泊松分布,其分布律$P(X=k)=\frac{\mathrm{e}^{-t}}{k!}t^k,(k=0,1,\cdots)$,则

$$P(X=k)=\frac{\mathrm{e}^{-t}}{k!}t^k,(k=0,1,\cdots)$$

则收到第一个访问的等待时间大于1 min的概率为:$P(X=1)=\mathrm{e}^{-1}$.

三、解答题:17～22小题,共70分.解答应写出文字说明、证明过程或演算步骤.

17.【解析】

当$x\in(-\infty,0)$时,

$F(x)=\int_0^x f(t)\mathrm{d}t=0$

当$x\in[0,1]$时,

$F(x)=\int_0^x f(t)\mathrm{d}t=\int_0^x\cos\left(\frac{\pi}{2}t\right)\mathrm{d}t=\frac{2}{\pi}\sin\left(\frac{\pi}{2}x\right)$;

当$x\in(1,+\infty)$时,

$F(x)=\int_0^1 f(t)\mathrm{d}t+\int_1^x f(t)\mathrm{d}t=\int_0^1\cos\left(\frac{\pi}{2}t\right)\mathrm{d}t=\frac{2}{\pi}\sin\left(\frac{\pi}{2}t\right)\Big|_0^1=\frac{2}{\pi}.$

故 $F(x)=\begin{cases}0, & x<0,\\ \frac{2}{\pi}\sin\left(\frac{\pi}{2}x\right), & 0\leqslant x\leqslant 1,\\ \frac{2}{\pi}, & x>1.\end{cases}$

18.【解析】

(1)令$u=xt$,代入$\int_0^1 f(xt)\mathrm{d}t=\frac{1}{2}f(x)-3x^4$得$\int_0^x f(u)\mathrm{d}u=\frac{1}{2}xf(x)-3x^5$.

两边对x求导,得$f(x)=\frac{1}{2}f(x)+\frac{1}{2}xf'(x)-15x^4$,整理得$f'(x)-\frac{1}{x}f(x)=30x^3$.

解得$f(x)=\mathrm{e}^{\int\frac{1}{x}\mathrm{d}x}\left(\int 30x^3\mathrm{e}^{-\int\frac{1}{x}\mathrm{d}x}\mathrm{d}x+C\right)=10x^4+Cx$.

由$f(1)=5$,得$C=-5$,故$f(x)=10x^4-5x,x\in(0,+\infty)$.

又 $f(x)$ 在 $[0,+\infty)$ 上连续，所以 $f(x)=10x^4-5x,x\in[0,+\infty)$.

(2)由(1)知 $f'(x)=40x^3-5$.

令 $f'(x)=0$，得 $x=\dfrac{1}{2}$. 当 $0<x<\dfrac{1}{2}$ 时，$f'(x)<0$；当 $x>\dfrac{1}{2}$ 时，$f'(x)>0$.

所以当 $x=\dfrac{1}{2}$ 时，函数取得极小值，极小值为 $f\left(\dfrac{1}{2}\right)=-\dfrac{15}{8}$.

因为 $f''(x)=120x^2>0$，故曲线 $y=f(x)$ 为凹的.

19.**【解析】** $$\frac{\partial f}{\partial x}=2x\int_0^{\frac{y}{x}}e^{-t^2}dt+x^2e^{-\left(\frac{y}{x}\right)^2}\left(-\frac{y}{x^2}\right)$$
$$=2x\int_0^{\frac{y}{x}}e^{-t^2}dt-ye^{-\left(\frac{y}{x}\right)^2}.$$
$$\frac{\partial^2 f}{\partial x\partial y}=2xe^{-\left(\frac{y}{x}\right)^2}\frac{1}{x}-e^{-\left(\frac{y}{x}\right)^2}-ye^{-\left(\frac{y}{x}\right)^2}\left(-\frac{2y}{x^2}\right)$$
$$=e^{-\left(\frac{y}{x}\right)^2}+2\left(\frac{y}{x}\right)^2e^{-\left(\frac{y}{x}\right)^2}.$$

从而 $$\left.\frac{\partial^2 f}{\partial x\partial y}\right|_{(1,1)}=e^{-1}+2e^{-1}=3e^{-1}.$$

20.**【解析】** $D=\left\{(r,\theta)\,|\,1\leqslant r\leqslant 2,0\leqslant\theta\leqslant\dfrac{\pi}{4}\right\}$.
$$\iint_D\left(1+\arctan\frac{y}{x}\right)dx\,dy=\iint_D dx\,dy+\int_0^{\frac{\pi}{4}}\theta d\theta\int_1^2 r\,dr$$
$$=\frac{3\pi}{8}+\left.\frac{\theta^2}{2}\right|_0^{\frac{\pi}{4}}\cdot\left.\frac{r^2}{2}\right|_1^2$$
$$=\frac{3\pi}{8}+\frac{3\pi^2}{64}.$$

21.**【解析】** 对矩阵 $(\boldsymbol{\alpha}_1,\boldsymbol{\alpha}_2,\boldsymbol{\alpha}_3,\boldsymbol{\alpha}_4)$ 施以初等行变换得
$$(\boldsymbol{\alpha}_1,\boldsymbol{\alpha}_2,\boldsymbol{\alpha}_3,\boldsymbol{\alpha}_4)\to\begin{pmatrix}1&0&-\frac{1}{2}&\frac{7}{2}\\0&1&\frac{3}{2}&\frac{1}{2}\\0&0&a-1&0\\0&0&0&0\end{pmatrix}.$$

当 $a\neq1$ 时，$$(\boldsymbol{\alpha}_1,\boldsymbol{\alpha}_2,\boldsymbol{\alpha}_3,\boldsymbol{\alpha}_4)\to\begin{pmatrix}1&0&0&\frac{7}{2}\\0&1&0&\frac{1}{2}\\0&0&1&0\\0&0&0&0\end{pmatrix},$$

故向量组 $\boldsymbol{\alpha}_1,\boldsymbol{\alpha}_2,\boldsymbol{\alpha}_3,\boldsymbol{\alpha}_4$ 的秩为 3，$\boldsymbol{\alpha}_1,\boldsymbol{\alpha}_2,\boldsymbol{\alpha}_3$ 为一个极大线性无关组，且

$$\boldsymbol{\alpha}_4=\frac{7}{2}\boldsymbol{\alpha}_1+\frac{1}{2}\boldsymbol{\alpha}_2+0\boldsymbol{\alpha}_3;$$

当 $a=1$ 时，$(\boldsymbol{\alpha}_1,\boldsymbol{\alpha}_2,\boldsymbol{\alpha}_3,\boldsymbol{\alpha}_4)\to\begin{pmatrix}1&0&-\frac{1}{2}&\frac{7}{2}\\0&1&\frac{3}{2}&\frac{1}{2}\\0&0&0&0\\0&0&0&0\end{pmatrix}$，

故向量组 $\boldsymbol{\alpha}_1,\boldsymbol{\alpha}_2,\boldsymbol{\alpha}_3,\boldsymbol{\alpha}_4$ 的秩为 2，$\boldsymbol{\alpha}_1,\boldsymbol{\alpha}_2$ 为一个极大线性无关组，且

$$\boldsymbol{\alpha}_3=-\frac{1}{2}\boldsymbol{\alpha}_1+\frac{3}{2}\boldsymbol{\alpha}_2,\boldsymbol{\alpha}_4=\frac{7}{2}\boldsymbol{\alpha}_1+\frac{1}{2}\boldsymbol{\alpha}_2.$$

22.**【解析】**

(1)由已知可得 X 的边缘概率密度为

$$f_X(x)=\int_{-\infty}^{+\infty}f(x,y)\mathrm{d}y=\int_{-1}^{1}\frac{1}{4}\mathrm{e}^{-|x|}\mathrm{d}y=\frac{1}{2}\mathrm{e}^{-|x|},-\infty<x<+\infty.$$

Y 的边缘概率密度为

$$f_Y(y)=\int_{-\infty}^{+\infty}f(x,y)\mathrm{d}x=\begin{cases}\frac{1}{2},-1<y<1,\\0,\ 其他.\end{cases}$$

由于 $f(x,y)=f_X(x)f_Y(y)$，故 X 与 Y 相互独立.

(2)设 $U=|X|,V=|Y|$. 记 U 的分布函数为 $F_U(u)$.

当 $u<0$ 时，$F_U(u)=0$；

当 $u\geqslant0$ 时，$F_U(u)=P\{|X|\leqslant u\}=\int_{-u}^{u}\frac{1}{2}\mathrm{e}^{-|x|}\mathrm{d}x=\int_0^u\mathrm{e}^{-x}\mathrm{d}x=1-\mathrm{e}^{-u}$.

所以 U 的概率密度为

$$f_U(u)=\begin{cases}\mathrm{e}^{-u},u>0,\\0,\quad 其他.\end{cases}$$

由(1)知 V 的概率密度为

$$f_V(v)=\begin{cases}1,0<v<1,\\0,其他.\end{cases}$$

记 Z 的概率密度为 $f_Z(z)$. 由(1)知 U 与 V 相互独立，所以

$$f_Z(z)=\int_{-\infty}^{+\infty}f_U(z-v)f_V(v)\mathrm{d}v.$$

当 $z\leqslant0$ 时，$f_Z(z)=0$；

当 $0<z<1$ 时，$f_Z(z)=\int_0^z\mathrm{e}^{-(z-v)}\mathrm{d}v=1-\mathrm{e}^{-z}$；

当 $z\geqslant 1$ 时，$f_Z(z)=\int_0^1 e^{-(z-v)}dv=(e-1)e^{-z}$.

因此 Z 的概率密度为

$$f_Z(z)=\begin{cases}0, & z\leqslant 0,\\ 1-e^{-z}, & 0<z<1,\\ (e-1)e^{-z}, & z\geqslant 1.\end{cases}$$

(3)由(2)知，$EU=1,EV=\frac{1}{2},DU=1,DV=\frac{1}{12}$. 从而 Z 的数学期望为

$$EZ=EU+EV=1+\frac{1}{2}=\frac{3}{2}.$$

又因为 U 与 V 相互独立，所以 Z 的方差为

$$DZ=DU+DV=1+\frac{1}{12}=\frac{13}{12}.$$